数学物理

杨师杰 编著

清华大学出版社
北京

内 容 简 介

本书主要介绍了数学物理方法的基本原理,注重知识的系统性、内在逻辑性和思想性,尽力做到知其然且知其所以然。书中许多例证、讨论、图画和注记都是非传统的,并不拘泥于逻辑措辞的严密性,请读者知晓。

使用对象主要为综合类高校的物理系学生,作为教材或自我学习参考书均可。虽然相比于同类教材,本书内容更全面丰富,但学起来未必更费力。如果对数学物理感兴趣,其他专业的学生阅读本书也会有意外的收获,也许可以从中体会一些探究数学的乐趣。对于教师和科研人员来说,本书也是一本不错的参考书。

图书在版编目(CIP)数据

数学物理/杨师杰编著. —北京:清华大学出版社,2020.4
ISBN 978-7-302-55122-5

Ⅰ.①数… Ⅱ.①杨… Ⅲ.①数学物理方法 Ⅳ.①O411.1

中国版本图书馆 CIP 数据核字(2020)第 048575 号

责任编辑:鲁永芳
封面设计:常雪影
责任校对:刘玉霞
责任印制:沈 露

出版发行:清华大学出版社
　　　　　网　　址:http://www.tup.com.cn, http://www.wqbook.com
　　　　　地　　址:北京清华大学学研大厦 A 座　　　　　邮　　编:100084
　　　　　社 总 机:010-62770175　　　　　邮　　购:010-62786544
　　　　　投稿与读者服务:010-62776969,c-service@tup.tsinghua.edu.cn
　　　　　质量反馈:010-62772015,zhiliang@tup.tsinghua.edu.cn
印 装 者:三河市君旺印务有限公司
经　　销:全国新华书店
开　　本:185mm×260mm　　印　张:22.5　　　　　字　　数:545 千字
版　　次:2020 年 6 月第 1 版　　　　　印　　次:2020 年 6 月第 1 次印刷
定　　价:89.00 元

产品编号:086767-01

目　录

符 号 表

Z	整数集
N	正整数集
Q	有理数集
R	实数集
C	复数集
H	四元数集
O	八元数集
$\bar{C}$	闭复平面$C \cup \{\infty\}$
S	黎曼球
$\mathcal{F}$	开单位圆$\{|z| < 1\}$
$\mathcal{F}$	傅里叶变换
$\mathcal{L}$	拉普拉斯变换
$\mathcal{Z}$	z 变换
$\mathcal{J}$	茹利亚集
$\mathcal{M}$	曼德布罗集
$\mathcal{H}$	希尔伯特空间
V	线性向量空间

第1章

复变函数

1.1 复数及几何表示

1. 复数和复数域

1）复数

在求解实系数一元二次方程时,常常会遇到负实数开平方,最初人们只是简单地认为这是无意义的,即方程无解。后来在实践中发现,负实数开平方是一个普遍且不可回避的问题,于是引入了"虚数"单位 $i \equiv \sqrt{-1}$,满足 $i^2 = -1$,这样实数就推广到由两个实数组成的数对:

$$z = (x, y) \overset{\text{def}}{=} x + iy$$

称作复数。x 和 y 分别称作复数的实部和虚部,记作 $x = \mathrm{Re}z$,$y = \mathrm{Im}z$。如果两个复数相等,$z_1 = z_2$,则 $\mathrm{Re}z_1 = \mathrm{Re}z_2$,$\mathrm{Im}z_1 = \mathrm{Im}z_2$。

全部实数对 $(x, y) \in \mathbb{R}$ 的集合称作复数集 $\mathbb{C}$。另外,定义复数 z 的复共轭为 $\bar{z} = x - iy$,我们有时也用 z^* 表示复共轭。

2）运算法则

定义复数的四则运算法则如下。

（1）加减法

$$z_1 \pm z_2 = (x_1 \pm x_2) + i(y_1 \pm y_2)$$

即实部和虚部分别相加减,加法运算满足交换律、结合律和分配律。

（2）乘法

$$z_1 \cdot z_2 = (x_1 x_2 - y_1 y_2) + i(x_1 y_2 + x_2 y_1)$$

乘法运算按照实数的分配律进行,其结果仍然是一个复数。容易验证,复数的乘法运算满足交换律、结合律和分配律。对于复共轭,有 $\overline{z_1 \cdot z_2} = \bar{z}_1 \cdot \bar{z}_2$。

（3）除法

$$\frac{z_1}{z_2} = \frac{x_1 x_2 + y_1 y_2}{x_2^2 + y_2^2} + i \frac{x_1 y_2 - x_2 y_1}{x_2^2 + y_2^2}$$

其中$z_2 \neq 0$,可见复数做除法运算的结果仍然是复数。

3）复数域

对于由某类数构成的集合,如果其元素之间按加、减、乘、除做代数运算,得到的数仍然属于该集合,则称该集合构成数域。如全体有理数集$\mathbb{Q}$构成有理数域,全体实数集$\mathbb{R}$构成实数域。复数按照加、减、乘、除运算,仍然得到一个复数,因此,复数集$\mathbb{C}$构成复数域。与实数不同的是,复数不可比较大小,因此复数域不是有序域。

思考　如果采用下面的复数乘积定义,有什么不好?

(1) $z_1 \cdot z_2 = x_1 x_2 + \mathrm{i} y_1 y_2$; 　(2) $z_1 \cdot z_2 = (x_1 x_2 + y_1 y_2) + \mathrm{i}(x_1 y_2 + x_2 y_1)$。

2. 几何表示

用二维笛卡儿坐标系的横轴和纵轴分别表示一对有序实数(x, y),任意复数可以用平面上的一个点表示,这个平面称作复平面$\mathbb{C}$,横轴和纵轴分别称作实轴和虚轴,如图 1.1 所示。采用极坐标系,有

$$z = x + \mathrm{i} y = r(\cos\theta + \mathrm{i}\sin\theta)$$

1）复数的模

$$|z| \overset{\text{def}}{=\!=} (z \cdot \bar{z})^{1/2} = r = \sqrt{x^2 + y^2}$$

2）复数的辐角

$$\arg z \overset{\text{def}}{=\!=} \theta + 2k\pi \quad (k \in \mathbb{Z})$$

其中$\mathbb{Z}$表示整数集。通常将$k = 0$时的辐角称为主辐角,记作

$$\mathrm{Arg}\, z = \theta \quad (0 \leqslant \theta < 2\pi)$$

两个复数的加法和减法分别满足平行四边形法则和三角形法则(图 1.2)。由三角函数关系,复数的乘法可表示为

$$z_1 \cdot z_2 = r_1 r_2 [\cos(\theta_1 + \theta_2) + \mathrm{i}\sin(\theta_1 + \theta_2)] \tag{1.1.1}$$

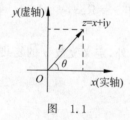

图　1.1

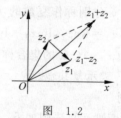

图　1.2

由式(1.1.1)可知,复数乘法存在映射关系,即

$$f(\theta_1) \cdot f(\theta_2) \mapsto f(\theta_1 + \theta_2)$$

它暗示复数的辐角可表示成指数形式。事实上我们将证明,复数z确实可以表示为

$$z = r(\cos\theta + \mathrm{i}\sin\theta) = r\mathrm{e}^{\mathrm{i}\theta} \tag{1.1.2}$$

这个重要的关系式称为欧拉公式。

因此,两个复数的乘(除)运算分别为两复数的模相乘(除)、辐角相加(减),即

$$z_1 \cdot z_2 = r_1 r_2 \mathrm{e}^{\mathrm{i}(\theta_1 + \theta_2)}, \quad \frac{z_1}{z_2} = \frac{r_1}{r_2} \mathrm{e}^{\mathrm{i}(\theta_1 - \theta_2)}$$

由欧拉公式(1.1.2),可以得到棣莫弗(A. De Moivre)公式:

$$(\cos\theta + \mathrm{i}\sin\theta)^n = \cos n\theta + \mathrm{i}\sin n\theta \tag{1.1.3}$$

以及传说中最完美的数学公式：

$$e^{i\pi} + 1 = 0$$

例 1.1 求复数值：(1) $(1+i)^{100}$；(2) $\sqrt[4]{1-i}$。

解

(1) $(1+i)^{100} = (\sqrt{2}\,e^{\pi i/4})^{100} = 2^{50}\,e^{25\pi i} = -2^{50}$；

(2) $\sqrt[4]{1-i} = (\sqrt{2}\,e^{-\frac{\pi i}{4}+2k\pi i})^{1/4} = \sqrt[8]{2}\,e^{-\frac{\pi i}{16}+\frac{k\pi i}{2}} = \sqrt[8]{2}\,e^{-\frac{\pi i}{16}}, \sqrt[8]{2}\,e^{\frac{7\pi i}{16}}, \sqrt[8]{2}\,e^{\frac{15\pi i}{16}}, \sqrt[8]{2}\,e^{\frac{23\pi i}{16}}$。

需要强调的是，开根式会出现多个复数值；在例 1.1(2) 中，四个复数值构成复平面上半径为 $\sqrt[8]{2}$ 的圆内接正四边形的顶点，它们的四次方都等于 $1-i$。

例 1.2 求复数值：(1) i^i；(2) i^{-i}。

解

(1) $i^i = e^{(\frac{\pi i}{2}+2k\pi i)i} = e^{-\frac{\pi}{2}}\,e^{-2k\pi}$ $(k \in \mathbb{Z})$；

(2) $i^{-i} = e^{-(\frac{\pi i}{2}+2k\pi i)i} = e^{\frac{\pi}{2}}\,e^{2k\pi}$ $(k \in \mathbb{Z})$。

说明 如果将两个多值复数做乘积，如

$$(i^i) \cdot (i^{-i}) = e^{2k\pi} \quad (k \in \mathbb{Z})$$

可见

$$(i^i) \cdot (i^{-i}) \neq i^0 = 1$$

这就是说，通常的代数乘积不适用于具有多值的复数运算。

例 1.3 用复数表示以 z_1 和 z_2 为焦点的椭圆方程。

解 椭圆为到两个固定点的距离之和不变的点集，所以用复数表示十分方便，即

$$|z - z_1| + |z - z_2| = 2a$$

其中 $2a$ 为椭圆的长轴。

3. 球极投影

将复数集 $\mathbb{C}$ 加上一个理想数 $z = \infty$，构成紧致的闭集合 $\overline{\mathbb{C}} = \mathbb{C} \cup \{\infty\}$，理想数 $z = \infty$ 不参与代数运算。这样闭复平面 $\overline{\mathbb{C}}$ 上任一点都和单位球面 S 上的点一一对应，构成如图 1.3 所示的球极投影 (stereographic projection)：$z \mapsto P$。闭复平面的 ∞ 点对应球面的北极点 N，球面 S 称作黎曼球。

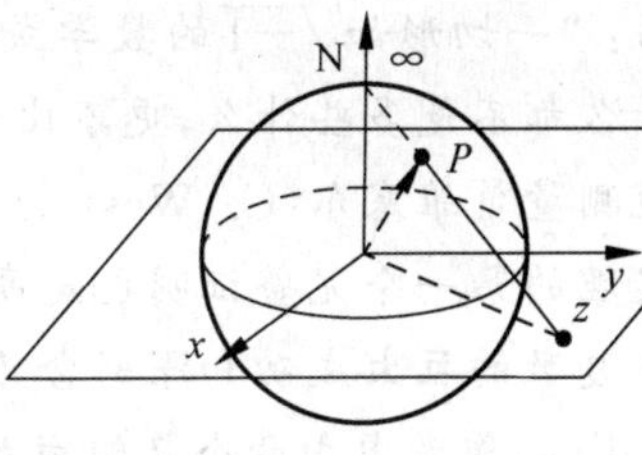

图 1.3

设黎曼球面 S 上点 P 的笛卡儿坐标为 (X, Y, Z)，有 $X^2 + Y^2 + Z^2 = 1$，它与闭复平面 $\overline{\mathbb{C}}$ 上的投影点 $z(x, y)$ 有如下关系：

$$X = \frac{2x}{1+|z|^2}, \quad Y = \frac{2y}{1+|z|^2}, \quad Z = \frac{|z|^2-1}{1+|z|^2} \tag{1.1.4}$$

4. 代数基本定理

任何多项式方程 $p(z) = 0$ 都至少有一个复数根。

如果每个多项式都有一个根 z_1，我们便可以从 $p(z)$ 中分解出一个乘积因子 $(z-z_1)$，

设 $p(z)$ 的次数为 n，于是可以将 $p(z)$ 分解为 n 个乘积因子。因此可以得到推论：任何 n 次多项式方程有且只有 n 个复数根。

注记

16 世纪的意大利数学家卡尔丹（G. Cardano）也许是最早提出复数作为负数平方根的人，虽然他并不认为复数有什么实际用处，是"虚幻的数"。对于一元二次代数方程，并不要求一定有解，因此复数可有可无。但对于一元三次方程，复数的出现就有其必然性了，如方程 $x^3 = px + q$，其解称作卡尔丹公式：

$$x = \sqrt[3]{\frac{q}{2} + \sqrt{\left(\frac{q}{2}\right)^2 - \left(\frac{p}{3}\right)^3}} + \sqrt[3]{\frac{q}{2} - \sqrt{\left(\frac{q}{2}\right)^2 - \left(\frac{p}{3}\right)^3}}$$

当 $(q/2)^2 - (p/3)^3 < 0$ 时，公式里就会出现负数开平方根！然而，我们不能再以方程无解为理由而忽视它，事实上该式确实表达方程的一个实数根，尽管它似乎含有虚数。于是提出了这样一个问题，即寻找如

$$x = \sqrt[3]{a + b\sqrt{-1}} + \sqrt[3]{a - b\sqrt{-1}}$$

表达形式的实数。1572 年，邦贝利（R. Bombelli）提出可以利用虚数来解三次方程，按照卡尔丹公式，方程 $x^3 = 15x + 4$ 的一个根是

$$x = \sqrt[3]{2 + 11\sqrt{-1}} + \sqrt[3]{2 - 11\sqrt{-1}}$$

显然该方程有一个实根 $x = 4$，邦贝利猜测公式中的两部分可能具有 $2 + n\sqrt{-1}$ 和 $2 - n\sqrt{-1}$ 的形式，将其分别取三次方，并利用 $(\sqrt{-1})^2 = -1$，果然有

$$\sqrt[3]{2 + 11\sqrt{-1}} = 2 + \sqrt{-1}, \quad \sqrt[3]{2 - 11\sqrt{-1}} = 2 - \sqrt{-1}$$

因此卡尔丹公式给出的确实是实数解 $x = 4$，尽管构成它的两部分都含有"虚幻的数"。卡尔丹还曾设计了一个智力挑战：能否将 10 分成两部分，使其乘积等于 40？他的答案是，如果将 10 写成 $5 + \sqrt{-15}$ 和 $5 - \sqrt{-15}$，就可以达到此目的。

复数的广泛应用主要是从欧拉开始的，但在其 1770 年的代数著作中，他还是写下了拗口的评语："一切形如 $\sqrt{-1}$ 的数学式都是不可能有的、想象的数，它们既不是什么都不是，也不比什么都不是多些什么，更不比什么都不是少些什么。"复数的几何表示首先出现在丹麦的大地测量员维塞尔（C. Wessel）的著作中。高斯第一次系统地阐述了复数及其运算，代数基本定理的第一个完整证明也是高斯做出的。

鉴于复数的巨大成功和深刻含义，人们开始寻求更具一般意义的数。很早以前，丢番都（Diophantine）曾考虑由两个数组成的有序数对的运算，发现了两平方数之和的规律，为后来的四平方数之和以及八平方数之和的探究奠定了基础。丢番都在他的《算数》中指出："65 有两种方式表示成两平方数之和，即 $65 = 7^2 + 4^2 = 8^2 + 1^2$，这是由于 $65 = 13 \times 5$，而 $13 = 2^2 + 3^2$ 和 $5 = 1^2 + 2^2$ 都是两平方数之和"，即两平方数之和的乘积仍然是两平方数之和：

$$(a^2 + b^2)(c^2 + d^2) = (ac - bd)^2 + (bc + ad)^2$$

将数组 (a, b) 理解成 $a + ib$，则上述公式正是复数的乘法法则，即将下列等式两边取模

$$(a + ib)(c + id) = (ac - bd) + i(ac + bd)$$

哈密顿（W. Hamilton）认识到有序实数组对乘法的重要性，他开始研究更大的数

组——三元数和四元数的乘法。但是他在三元数的乘法中遭遇了很大的挫折,耗费了大量的时间,因为无论他怎样定义乘法,都无法进行除法操作,更深刻的原因却是并不存在"自然数的三平方数之和的乘积公式",比如

$$3 = 1^2 + 1^2 + 1^2, \quad 21 = 1^2 + 2^2 + 4^2$$

但 3×21 却不能表示成三个自然数的平方和。

另一方面,巴歇(C. Bachet)和拉格朗日(J.-L. Lagrange)曾证明自然数的四平方数之和的乘积可以表示为四个平方数之和:

$$(a^2 + b^2 + c^2 + d^2)(\alpha^2 + \beta^2 + \gamma^2 + \delta^2)$$
$$= (a\alpha - b\beta - c\gamma - d\delta)^2 + (a\beta + b\alpha + c\delta - d\gamma)^2 +$$
$$(a\gamma - b\delta + c\alpha + d\beta)^2 + (a\delta + b\gamma - c\beta + d\alpha)^2$$

但其中的意义并没有被人们充分认识到。当哈密顿由三元数组转而考虑四元数组的乘法时,一切就豁然开朗了! 他引入三个虚数符号(i,j,k),令其满足

$$i^2 = j^2 = k^2 = ijk = -1$$

它们构成一个非交换的循环关系:

$$ij = -ji = k$$
$$jk = -kj = i$$
$$ki = -ik = j$$

以此代表的四元数(quaternions)表示为

$$(a, b, c, d) = a + bi + cj + dk$$

其一般乘积为

$$(a + bi + cj + dk)(\alpha + \beta i + \gamma j + \delta k)$$
$$= (a\alpha - b\beta - c\gamma - d\delta) + (a\beta + b\alpha + c\delta - d\gamma)i +$$
$$(a\gamma - b\delta + c\alpha + d\beta)j + (a\delta + b\gamma - c\beta + d\alpha)k$$

四平方数之和定理意味着存在模的乘积。不久,约翰·格雷夫斯(J. Graves)以及稍后的阿瑟·凯莱(A. Cayley)在四元数的基础上进一步发现了八元数(octonions),又被称为凯莱数或凯莱-格雷夫斯数

$$\alpha + \beta i + \gamma j + \delta k + \varepsilon l + \zeta m + \eta n + \theta o$$

其基向量分别称为(1,i,j,k,l,m,n,o),它对应于"八平方数之和定理"。八元数看上去相当怪异,它不仅不满足乘法的交换律,甚至不满足结合律:

$$(m \times j) \times i \neq m \times (j \times i)$$

具体关系可由图 1.4 表示,沿箭头方向规定乘积顺序:$j \times l = n$,$i \times j = k$,等等。四元数和八元数,以及由它们构成的多元数组,统称为超复数。

尽管哈密顿信心满满地宣称四元素是自然界最完美的数,但四元数并没有获得像二元复数一样的巨大成功。人们本来期望利用四元数来描述物理中常见的三维向量场,结果不成功。由吉布斯(J. W. Jibbs)和赫维赛德(O. Heaviside)创立的向量分析,实质上是将完整统一的四元数肢解为几个独立的分量,尽管它在物理学应用中大行其道,并且硕果累累,却令许多追求完美的数学家深感愤懑不平。四元数实际上表示空间转动而不是向量本身,并不适合描述经典的向量

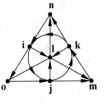

图　1.4

场。当卡丹(E. Cartan)将四元数等价于旋量后,它恰如其分地描述了微观粒子的量子化自旋。

最后,胡尔维茨(A. Hurwitz)证明除了 $n＝2,4,8$ 之外,不再有其他的 n 平方和恒等式,亦即基本数系在八元数之外,不可能再有更高维数的推广。图 1.5 展示了实数、复数与四元数、八元数的相互关系;图 1.6 是一幅各种数系在运算法则演进中的联络图,揭示了从自然数、实数扩展为复数、四元数组,直到超复数的逻辑过程。

顺便提一句,近年来八元数在描述基本粒子相互作用的基础物理理论中,出现了一些活跃的迹象。它会是那把打开新世界的钥匙吗?

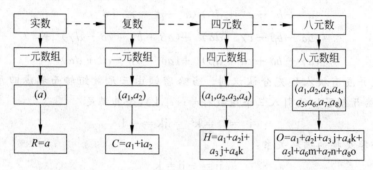

图　1.5

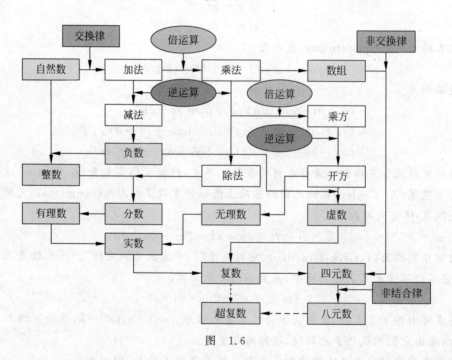

图　1.6

习题

[1] 计算:(1) $(-1)^i$;　(2) $\sqrt[i]{2+i}$;　(3) $(1+i\sqrt{3})^{1-i}$。

[2] 证明:

(1) $\cos\varphi+\cos2\varphi+\cos3\varphi+\cdots+\cos n\varphi=\dfrac{\sin\dfrac{n\varphi}{2}\cos\dfrac{(n+1)\varphi}{2}}{\sin\dfrac{\varphi}{2}}$;

(2) $\sin\dfrac{\pi}{n}\sin\dfrac{2\pi}{n}\sin\dfrac{3\pi}{n}\cdots\sin\dfrac{(n-1)\pi}{n}=\dfrac{n}{2^{n-1}}$。

[3] 设 $\omega_0,\omega_1,\omega_2,\cdots,\omega_{n-1}(n>1)$ 是方程 $z^n-1=0$ 的 n 个根,证明:

(1) $\omega_0+\omega_1+\omega_2+\cdots+\omega_{n-1}=0$;

(2) $\omega_0^k+\omega_1^k+\omega_2^k+\cdots+\omega_{n-1}^k=\begin{cases}0 & (1\leqslant k\leqslant n-1)\\[2mm] n & (k=n)\end{cases}$;

(3) $\omega_0\omega_1\omega_2\cdots\omega_{n-1}=(-1)^{n-1}$。

[4] 证明:三角形的内角和等于 π。

[5] 证明球极投影关系:

$$X=\dfrac{2x}{1+|z|^2},\quad Y=\dfrac{2y}{1+|z|^2},\quad Z=\dfrac{|z|^2-1}{1+|z|^2}$$

提示:过 N,P 直线的参数方程为 $Q(t)=N+t(P-N)$。

[6] 解释为什么有

$$6=\sqrt[3]{18+26\sqrt{-1}}+\sqrt[3]{18-26\sqrt{-1}}$$

1.2　函数定义

1. 映射与区域

设 E 是复数 $z=x+\mathrm{i}y$ 的集合,如果 E 中的每一个元素 z,都映射到另一个复数集合 B 中的一个或多个元素 w,那么称 w 是复变数 z 的函数,记为 $w=f(z),z\in E$。如果每个 z 值对应着 B 中唯一的一个 w 值,则称函数 $f(z)$ 是单值的。如果一个 z 对应多个 w 值,则称 $f(z)$ 为多值函数,如图 1.7 所示,其中 $B=B_1\bigcup B_2$。

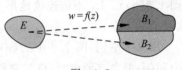

图　1.7

下面介绍几个基本概念:

(1) 邻域

复平面上以 z_0 为中心,以任意小的正数 ε 为半径的圆,其内部的点所组成的集合,称为 z_0 的邻域。

(2) 内点

如果 z_0 及其邻域内的点都属于集合 E,那么称 z_0 为 E 的内点。

(3) 外点

如果 z_0 及其邻域内的点都不属于 E,那么称 z_0 为 E 的外点。

(4) 开集

如果 E 内的每一点都是内点,那么称 E 为开集。

(5) 边界点

如果在 z_0 的邻域内,既有属于 E 的点,也有不属于 E 的点,则称 z_0 为集合 E 的边界点;边界点的全体构成集合 E 的边界线。

(6) 连通性

如果集合 E 中的任意两点,都可以用属于该集合的一条连续曲线连接起来,则称集合 E 是连通的。如果找不到这样一条线,则称集合 E 是非连通的(图 1.8(a))。

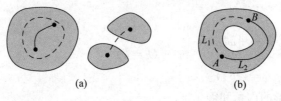

图　1.8

(7) 区域

如果集合 B 全部由内点组成,且整个集合是互相连通的,我们称该集合构成一个区域。

(8) 闭区域

区域 B 及其边界线所组成的集合,称作闭区域,以 $\bar{B}$ 表示。

(9) 单连通区域

如果区域中的任意一条闭合曲线可以连续收缩到一点(图 1.8(a)),则称该区域为单连通区域;在单连通区域中,连接任意两点之间的所有路径都可以连续地互相转化,它们在拓扑上都是互相等价的,称作路径同伦。

(10) 多连通区域

区域中的两点,可以用属于该点集的两条或多条拓扑不等价的连续曲线连接起来(图 1.8(b))。L_1 不能连续地形变到 L_2,或者说图中由 L_1 和 L_2 构成的闭合回路不能连续收缩到一点。

用汉字举例,图 1.9 中的(a)是单连通的,(b)是非连通的,(c)、(d)和(e)是多连通的。(c)和(d)都含有两个"亏格",它们在拓扑上互相等价,即从一个通过连续变形(不做割裂)可以变为另一个,在数学中称二者同胚(homeomorphism)。

图　1.9

2. 初等复变函数

对于复自变量 $z = x + iy$,定义几种常见的初等复变函数。

(1) 指数函数

$$\mathrm{e}^z \overset{\text{def}}{=} \lim_{n \to \infty} \left(1 + \frac{z}{n}\right)^n \tag{1.2.1}$$

对于任意 $z \in \mathbb{C}$,有

$$\left| \left(1 + \frac{z}{n}\right)^n \right| = \left(1 + \frac{2x}{n} + \frac{x^2 + y^2}{n^2}\right)^{n/2}$$

$$\arg\left(1+\frac{z}{n}\right)^n = n\arctan\frac{y/n}{1+x/n}$$

所以

$$\lim_{n\to\infty}\left|\left(1+\frac{z}{n}\right)^n\right| = e^x$$

$$\lim_{n\to\infty}\arg\left(1+\frac{z}{n}\right)^n = y$$

指数函数的模和辐角分别为 $|e^z| = e^x$ 和 $\arg e^z = y$，由此得到欧拉公式：

$$e^z = e^{x+iy} = e^x(\cos y + i\sin y)$$

由欧拉公式可以推知，指数函数在沿虚轴方向是周期函数：$e^{z+2\pi i} = e^z$，并且容易证明，指数函数满足关系：

$$e^{z_1+z_2} = e^{z_1}\cdot e^{z_2}$$

（2）三角函数

$$\sin z \overset{\text{def}}{=} \frac{e^{iz}-e^{-iz}}{2i}, \quad \cos z \overset{\text{def}}{=} \frac{e^{iz}+e^{-iz}}{2} \tag{1.2.2}$$

可以验证，复三角函数有类似于实三角函数的性质，即

$$\sin^2 z + \cos^2 z = 1$$

$$\sin(z_1 \pm z_2) = \sin z_1\cos z_2 \pm \cos z_1\sin z_2$$

$$\cos(z_1 \pm z_2) = \cos z_1\cos z_2 \mp \sin z_1\sin z_2$$

类似地，还可定义正切函数和余切函数等。

说明 只有在复数域中，三角函数才与指数发生联系。

例 1.4 令 $z = x+iy$，证明：① $|\sin z|^2 = \sin^2 x + \sinh^2 y$；② $|\cos z|^2 = \cos^2 x + \sinh^2 y$。

证明

① 根据定义，有

$$|\sin z|^2 = \frac{1}{4}|e^{iz}-e^{-iz}|^2 = \frac{1}{4}(e^{ix-y}-e^{-ix+y})(e^{-ix-y}-e^{ix+y})$$

$$= \frac{1}{4}(e^{-2y}+e^{2y}-e^{-2ix}-e^{2ix}) = \sin^2 x + \sinh^2 y$$

同样可证明②。可见 $|\sin z|$ 和 $|\cos z|$ 可以大于1，这与实变函数不同。

（3）双曲函数

$$\sinh z \overset{\text{def}}{=} \frac{e^z-e^{-z}}{2}, \quad \cosh z \overset{\text{def}}{=} \frac{e^z+e^{-z}}{2} \tag{1.2.3}$$

双曲函数在沿虚轴方向也是周期函数，且有

$$\sinh z = -i\sin(iz), \quad \cosh z = \cos(iz)$$

（4）对数函数

$$\ln z = \ln|z| + i(\arg z + 2k\pi) \quad (k \in \mathbf{Z}) \tag{1.2.4}$$

对数函数是指数函数的反函数，由于指数函数是周期函数，所以对数函数是多值函数。称 $k=0$ 为对数的主值，记作

$$\text{Ln}z = \ln|z| + i\arg z \quad (0 \leqslant \arg z < 2\pi)$$

例 1.5   计算对数值：① $\ln(-1)$；② $\ln(1+\mathrm{i})$。

解   根据定义,有

① $\ln(-1) = \ln \mathrm{e}^{\pi \mathrm{i} + 2k\pi \mathrm{i}} = \pi \mathrm{i} + 2k\pi \mathrm{i} \ (k \in \mathbb{Z})$；

② $\ln(1+\mathrm{i}) = \ln(\sqrt{2}\,\mathrm{e}^{\frac{\pi \mathrm{i}}{4} + 2k\pi \mathrm{i}}) = \ln\sqrt{2} + \dfrac{\pi \mathrm{i}}{4} + 2k\pi \mathrm{i} \ (k \in \mathbb{Z})$。

(5) 反三角/双曲函数

$$\begin{cases} \arcsin z = -\mathrm{i}\ln(\mathrm{i}z + \sqrt{1 - z^2}), & \arccos z = -\mathrm{i}\ln(z + \sqrt{z^2 - 1}) \\[2mm] \arctan z = \dfrac{1}{2\mathrm{i}}\ln\dfrac{1 + \mathrm{i}z}{1 - \mathrm{i}z}, & \operatorname{arcsinh} z = \ln(z + \sqrt{1 + z^2}) \end{cases} \quad (1.2.5)$$

由于三角函数是周期函数,所以反三角函数是多值函数,它们都可由对数函数表示。

(6) 一般幂函数

$$z^\alpha \overset{\text{def}}{=\!=} \mathrm{e}^{\alpha \ln z}$$

当 α 为整数时,幂函数是单值函数；当 α 为有理数时,分数幂函数是多值函数,比如 $\alpha = 1/2$ 称为根式函数,

$$\sqrt{z} = \sqrt{r}\left(\cos\frac{\theta + 2k\pi}{2} + \mathrm{i}\sin\frac{\theta + 2k\pi}{2}\right) \quad (k = 0, 1)$$

对应于每一个 z,有两个不同的函数值：$\sqrt{z} = \pm\sqrt{r}\,\mathrm{e}^{\mathrm{i}\theta/2}$。当 α 为无理数或复数时,幂函数是无穷重多值函数。

(7) 一般指数函数

$$w = a^z \overset{\text{def}}{=\!=} \mathrm{e}^{z \ln a}$$

式中 $a \neq 0, \infty$,函数 $w = a^z$ 不是通常语义下的函数,因为

$$\ln a = \ln|a| + \mathrm{i}\arg a + 2k\pi \mathrm{i} \quad (k \in \mathbb{Z})$$

取无穷多值,因而 a^z 有多重值,但它不是多值函数,它的多值性不是来自 z 的辐角增加,所以它应视作不同函数的集合：

$$\mathrm{e}^{z(\ln|a| + \mathrm{i}\arg a)}\mathrm{e}^{2\mathrm{i}k\pi z} \quad (k \in \mathbb{Z})$$

例 1.6   求方程的根：(1) $\sin z = 0$；(2) $\sin z = 2$。

解

(1) 根据定义

$$\sin z = \frac{1}{2\mathrm{i}}(\mathrm{e}^{\mathrm{i}z} - \mathrm{e}^{-\mathrm{i}z}) = 0$$

所以

$$\mathrm{e}^{2\mathrm{i}z} = 1 \rightarrow z = k\pi \quad (k \in \mathbb{Z})$$

(2) 根据

$$\sin z = \frac{1}{2\mathrm{i}}(\mathrm{e}^{\mathrm{i}z} - \mathrm{e}^{-\mathrm{i}z}) = 2$$

有

$$\mathrm{e}^{4\mathrm{i}z} - 4\mathrm{i}\mathrm{e}^{2\mathrm{i}z} - 1 = 0 \rightarrow \mathrm{e}^{\mathrm{i}z} = (2 \pm \sqrt{3})\mathrm{i}$$

于是有

$$z = -\mathrm{i}\ln(2 \pm \sqrt{3}) + \frac{\pi}{2} + 2k\pi \quad (k \in \mathbb{Z})$$

思考　三角函数沿实轴方向是周期函数,指数函数沿虚轴方向是周期函数,是否存在一种函数,同时沿实轴和虚轴方向均为周期函数?

注记

复对数函数源自约翰·伯努利的如下观察:

$$\frac{\mathrm{d}z}{1+z^2} = \frac{\mathrm{d}z}{2(1+z\sqrt{-1})} + \frac{\mathrm{d}z}{2(1-z\sqrt{-1})}$$

由此得到虚对数表示了圆扇形的结论,即

$$\arctan z = \frac{1}{2\mathrm{i}}\ln\frac{\mathrm{i}-z}{\mathrm{i}+z}$$

但伯努利的理解颇有局限,在他与莱布尼茨关于负数对数的争论中,伯努利断言它们是实数,并坚持认为 $\ln x = \ln(-x)$,他的理由是

$$(-x)^2 = x^2 \rightarrow 2\ln x = 2\ln(-x)$$

以及

$$\frac{\mathrm{d}}{\mathrm{d}x}\ln(-x) = \frac{1}{x} = \frac{\mathrm{d}}{\mathrm{d}x}\ln x$$

莱布尼茨则认为负数的对数是虚数,并且 $\ln(-x) \neq \ln x$,理由是

$$\ln(1+x) = x - \frac{x^2}{2} + \frac{x^3}{3} - \frac{x^4}{4} + \cdots$$

将 $x = -2$ 代入,有 $\ln(-1) = -2 - \frac{4}{2} - \frac{8}{3} - \cdots$,右边所有项均为负数,所以

$$\ln(-1) \neq 0$$

在这场争论中,达朗贝尔站在伯努利一边。欧拉则认为,按照伯努利的办法,

$$(x\sqrt{-1})^4 = x^4 \rightarrow \ln x + \ln\sqrt{-1} = \ln x$$

于是有 $\ln\sqrt{-1} = 0$,但伯努利自己就曾发现

$$\frac{\ln\sqrt{-1}}{\sqrt{-1}} = \frac{\pi}{2}$$

欧拉给出了争论的正确答案:负数的对数是一个无穷多值的集合,虽然他的理由看起来颇有些怪异。高斯最终澄清了这场混乱,他从对数函数是一个积分函数的事实,解释了其多值性。

习题

[1] 计算:(1) $\ln(1+\mathrm{i})^{2\mathrm{i}}$;　(2) $\sin(a+\mathrm{i}b)$ $(a, b \in \mathbb{R})$。

[2] 计算:i^{i},并证明它不等于 i^{-1}。

[3] 证明:(1) $\arcsin z = -\mathrm{i}\ln(\mathrm{i}z + \sqrt{1-z^2})$;　(2) $\arctan z = \frac{1}{2\mathrm{i}}\ln\frac{1+\mathrm{i}z}{1-\mathrm{i}z}$。

[4] 求方程的根:(1) $\tan z = 1$;　(2) $z^2 + 2z\cos\lambda + 1 = 0$ $(0 < \lambda < \pi)$。
答案:(1) 无解;　(2) $-\mathrm{e}^{\pm\mathrm{i}\lambda}$。

1.3   复变函数导数

1. 极限与导数

1）函数极限

设复变函数 $f(z)$ 定义在 z_0 的去心邻域,如果对于任意小的正数 ε,存在一个正数 δ,使得在 $0<|z-z_0|<\delta$ 内,$|f(z)-A|<\varepsilon$,则称 A 为 $f(z)$ 在 z 趋近 z_0 时的极限,记为 $\lim\limits_{z\to z_0} f(z)=A$。

由于 z 是复数,因此可以从复平面的不同方向趋于 z_0。函数存在极限表明,它们必须使函数值 w 趋于同一个极限值 A;反之,如果不同趋近方式的极限值不同,则函数在该点就不存在极限。回顾实变函数的极限定义,也是从左、右两边趋近该点时的极限必须相同,因此它们从机理上是一脉相承的。

例 1.7   求函数的极限:

$$\lim_{z\to 1} \frac{z\bar{z}+2z-\bar{z}-2}{z^2-1}$$

解   先计算从水平方向 $z\to 1$,令 $z=x$,所以

$$\lim_{z\to 1} \frac{z\bar{z}+2z-\bar{z}-2}{z^2-1}=\lim_{x\to 1}\frac{x^2+2x-x-2}{x^2-1}=\frac{3}{2}$$

再计算沿竖直方向 $z\to 1$,此时直线方程为 $z=1+\mathrm{i}y$,所以

$$\lim_{z\to 1} \frac{z\bar{z}+2z-\bar{z}-2}{z^2-1}=\lim_{y\to 0}\frac{(1+y^2)+2(1+\mathrm{i}y)-(1-\mathrm{i}y)-2}{(1+\mathrm{i}y)^2-1}=\frac{3}{2}$$

所以函数的极限为

$$\lim_{z\to 1} \frac{z\bar{z}+2z-\bar{z}-2}{z^2-1}=\frac{3}{2}$$

2）函数连续性

如果函数 $f(z)$ 在 $z=z_0$ 点满足条件:函数值 $f(z_0)$ 存在,函数的极限 $\lim\limits_{z\to z_0} f(z)$ 存在,且极限值 $\lim\limits_{z\to z_0} f(z)=f(z_0)$,则称函数在该点连续。

设 $f(z)=u(x,y)+\mathrm{i}v(x,y)$,$z_0=x_0+\mathrm{i}y_0$,那么 $f(z)$ 在 $z=z_0$ 点连续的充分必要条件是,实变函数 $u(x,y)$ 和 $v(x,y)$ 均在 (x_0,y_0) 点连续。

3）复变函数导数

设 $f(z)$ 是定义在区域 B 上的单值函数,在 B 内某点 z_0,若极限

$$\lim_{\Delta z\to 0} \frac{\Delta f(z)}{\Delta z}=\lim_{z\to z_0} \frac{f(z)-f(z_0)}{z-z_0} \tag{1.3.1}$$

存在,则称函数 $f(z)$ 在 z_0 点处可导,并称该极限值为函数 $f(z)$ 在 z_0 点的导数或微商,记作

$$f'(z_0)\equiv \frac{\mathrm{d}f(z)}{\mathrm{d}z}\bigg|_{z=z_0}\equiv \frac{\mathrm{d}f(z_0)}{\mathrm{d}z}$$

函数的导数存在,意味着式(1.3.1)的极限与 $z \to z_0$ 的方式无关。其实在一维的实变函数中,也需要从左边和从右边趋近该点时的导数都相同,函数在该点才可导,因此二者定义也是一致的。

例 1.8 证明 $f(z) = \bar{z}$ 在 z 平面上处处连续,但处处不可导。

证明 由于 $f(z) = x - \mathrm{i}y$,其实部和虚部均为连续函数,所以 $f(z)$ 在 z 平面上处处连续。取复平面上任意点 z_0,根据导数的定义,沿水平方向趋近 z_0 时的极限为

$$\lim_{\Delta z \to 0} \frac{\Delta f(z)}{\Delta z} = \lim_{x \to x_0} \frac{x - x_0}{x - x_0} = 1$$

沿竖直方向趋近 z_0 时的极限为

$$\lim_{\Delta z \to 0} \frac{\Delta f(z)}{\Delta z} = \lim_{x \to x_0} \frac{-\mathrm{i}y + \mathrm{i}y_0}{\mathrm{i}y - \mathrm{i}y_0} = -1$$

二者不等,所以在 z_0 点不可导。由于 z_0 是复平面上的任意点,所以函数 $f(z) = \bar{z}$ 在整个 z 平面上任何点均不可导。

2. 柯西-黎曼条件

设 $f(z) = u(x,y) + \mathrm{i}v(x,y)$,函数 $f(z)$ 可导的充分必要条件是:函数 $u(x,y)$ 和 $v(x,y)$ 在 (x,y) 点连续且可导,且偏导数满足柯西-黎曼条件(Cauchy-Riemann conditions):

$$\frac{\partial u}{\partial x} = \frac{\partial v}{\partial y}, \quad \frac{\partial v}{\partial x} = -\frac{\partial u}{\partial y} \tag{1.3.2}$$

证明 $f(z)$ 沿平行于实轴方向的导数为

$$\frac{\partial f(z)}{\partial x} = \frac{\partial u}{\partial x} + \mathrm{i}\frac{\partial v}{\partial x}$$

沿平行于虚轴方向的导数为

$$\frac{\partial f(z)}{\mathrm{i}\partial y} = \frac{\partial u}{\mathrm{i}\partial y} + \frac{\partial v}{\partial y}$$

根据复变函数导数的定义,导数值应当与趋近某点的方式 Δz 无关,所以二者必相等,即实部和虚部应分别相等:

$$\frac{\partial u}{\partial x} = \frac{\partial v}{\partial y}, \quad \frac{\partial v}{\partial x} = -\frac{\partial u}{\partial y}$$

柯西-黎曼条件表明,一个可导的复变函数,其实部和虚部是密切相关的,或者说,不是任意复函数都可导! 复变函数的实部和虚部分别可导,也不意味着该复变函数可导。

我们还可以写出极坐标下的柯西-黎曼条件:

$$\frac{\partial u}{\partial \rho} = \frac{1}{\rho}\frac{\partial v}{\partial \phi}, \quad \frac{1}{\rho}\frac{\partial u}{\partial \phi} = -\frac{\partial v}{\partial \rho} \tag{1.3.3}$$

3. 求导法则

根据导数的定义容易证明,复变函数具有和实变函数相同的求导法则,列举如下:

$$\frac{\mathrm{d}}{\mathrm{d}z}(w_1 \pm w_2) = \frac{\mathrm{d}w_1}{\mathrm{d}z} \pm \frac{\mathrm{d}w_2}{\mathrm{d}z}$$

$$\frac{d}{dz}(w_1 \cdot w_2) = w_1 \frac{dw_2}{dz} + w_2 \frac{dw_1}{dz}$$

$$\frac{d}{dz}\left(\frac{w_1}{w_2}\right) = \frac{w_1' w_2 - w_1 w_2'}{w_2^2}$$

$$\frac{dw}{dz} = 1 \Big/ \frac{dz}{dw}, \qquad \frac{dF(w)}{dz} = \frac{dF}{dw} \cdot \frac{dw}{dz}$$

设 $f(z) = u(x,y) + iv(x,y)$ 在点 $z = x + iy$ 可导,那么

$$\frac{df(z)}{dz} = \frac{\partial u}{\partial x} + i\frac{\partial v}{\partial x} = \frac{\partial v}{\partial y} - i\frac{\partial u}{\partial y}$$

从定义出发,可以直接证明以下初等复变函数的导数公式,它们与相应的实函数导数具有完全一样的形式:

$$\frac{de^z}{dz} = e^z, \qquad \frac{dLnz}{dz} = \frac{1}{z}$$

$$\frac{dsinz}{dz} = cosz, \qquad \frac{dcosz}{dz} = -sinz$$

$$\frac{dsinhz}{dz} = coshz, \qquad \frac{dcoshz}{dz} = sinhz$$

习题

[1] 设 α 为实数,对于 $z \neq 0$,证明:

$$\frac{dz^\alpha}{dz} = \alpha z^{\alpha-1}$$

[2] 研究复函数 $f(z) = (3x^2y - x^3) + ixy$ 的可导性。

[3] 推导公式:

$$\frac{dsinz}{dz} = cosz$$

[4] 推导极坐标下的柯西-黎曼条件:

$$\frac{\partial u}{\partial \rho} = \frac{1}{\rho}\frac{\partial v}{\partial \phi}, \qquad \frac{1}{\rho}\frac{\partial u}{\partial \phi} = -\frac{\partial v}{\partial \rho}$$

[5] 证明求导公式:(1) $\dfrac{d}{dz}\left(\dfrac{w_1}{w_2}\right) = \dfrac{w_1' w_2 - w_1 w_2'}{w_2^2}$; (2) $\dfrac{dF(w)}{dz} = \dfrac{dF}{dw} \cdot \dfrac{dw}{dz}$。

[6] 设 $f(z) = az^2 + bz\bar{z} + c\bar{z}^2$,其中 a,b,c 为复常数,证明当且仅当 $bz + 2c\bar{z} = 0$ 时函数 $f(z)$ 可导。

1.4 解析函数

1. 解析函数定义

设函数 $w = f(z)$ 在点 z_0 的邻域内处处可导,则称函数 $f(z)$ 在点 z_0 处解析;若 $f(z)$ 在区域 B 内的每一点都解析,则称 $f(z)$ 为在区域 B 内的解析函数。函数不可导的点称作函数的奇点。

函数在某点解析,则必在该点可导,反之不然。比如函数 $f(z)=|z|^2$,仅在 $z=0$ 点可导,在其邻域任何点均不可导,所以函数在 $z=0$ 点不解析。函数解析的充分必要条件是:函数 $f(z)$ 在区域 B 内解析,当且仅当实部和虚部在 B 内可导,且在 B 内每一点都满足柯西-黎曼条件。

2. 基本性质

1) 正交曲线族

设函数 $f(z)=u(x,y)+iv(x,y)$ 在区域 B 内解析,则 $u(x,y)=C_1,v(x,y)=C_2$ 是 B 内的两组正交曲线族。

证明 利用柯西-黎曼条件,有

$$\nabla u \cdot \nabla v = \frac{\partial u}{\partial x}\frac{\partial v}{\partial x}+\frac{\partial u}{\partial y}\frac{\partial v}{\partial y}=-\frac{\partial u}{\partial x}\frac{\partial u}{\partial y}+\frac{\partial u}{\partial y}\frac{\partial u}{\partial x}=0$$

由于梯度代表平面曲线的法向,所以两条曲线在交点的法向互相垂直。

图 1.10 展示了解析函数(a) $f(z)=z^3$ 和(b) $f(z)=e^z$ 实部(实线)和虚部(虚线)的等值线分布,这些曲线构成正交的网格线。

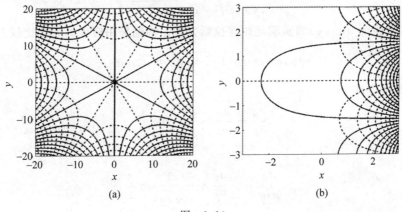

图 1.10

2) 调和性

若函数 $f(z)=u(x,y)+iv(x,y)$ 是区域 B 内的解析函数,则 $u(x,y)$、$v(x,y)$ 均为 B 内的调和函数,即满足拉普拉斯方程

$$\Delta u \equiv \nabla^2 u = 0, \quad \Delta v \equiv \nabla^2 v = 0$$

证明 由柯西-黎曼条件,将两边对 x 或 y 求导后再相加,即可得

$$\nabla^2 u = 0, \quad \nabla^2 v = 0$$

将 $u(x,y)$ 和 $v(x,y)$ 称作共轭调和函数。

解析函数的实部和虚部是相关的,图 1.11 直观地展示了解析函数 $f(z)=\sin z$ 的实部(a)与虚部(b)纹理图。如果已知实部或虚部,可以求出解析函数。

思考 仔细观察图 1.11,总结解析函数有什么基本特征?

例 1.9 已知某解析函数的实部为 $u(x,y)=x^2-y^2$,求该解析函数。

解 首先验证 $u(x,y)$ 确实满足拉普拉斯方程:$\Delta u(x,y)=0$。再利用柯西-黎曼条件,有

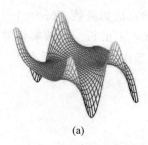
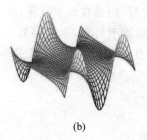

(a)   (b)

图　1.11

$$\frac{\partial u}{\partial x}=\frac{\partial v}{\partial y}=2x,\quad \frac{\partial u}{\partial y}=-\frac{\partial v}{\partial x}=-2y$$

$$\mathrm{d}v=\frac{\partial v}{\partial x}\mathrm{d}x+\frac{\partial v}{\partial y}\mathrm{d}y=2y\,\mathrm{d}x+2x\,\mathrm{d}y=\mathrm{d}(2xy)\rightarrow v=2xy+C$$

于是解析函数为

$$f(z)=(x^2-y^2)+2\mathrm{i}xy+C$$

例 1.10　求解析函数,已知其虚部为

$$v(x,y)=\sqrt{-x+\sqrt{x^2+y^2}}$$

解　首先验证 $v(x,y)$ 确实满足拉普拉斯方程。本题采用极坐标系会比较方便,即

$$v(\rho,\varphi)=\sqrt{\rho(1-\cos\phi)}=\sqrt{2\rho}\sin\frac{\phi}{2}$$

根据柯西-黎曼条件

$$\frac{\partial u}{\partial \rho}=\frac{\partial v}{\rho\partial\varphi}=\frac{1}{\sqrt{2\rho}}\cos\frac{\phi}{2}$$

以及

$$\frac{\partial u}{\rho\partial\varphi}=-\frac{\partial v}{\partial\rho}=-\frac{1}{\sqrt{2\rho}}\sin\frac{\phi}{2}$$

因此 $u=\sqrt{2\rho}\cos\dfrac{\phi}{2}+C$,最后得

$$f(z)=\sqrt{2\rho}\cos\frac{\phi}{2}+\mathrm{i}\sqrt{2\rho}\sin\frac{\phi}{2}+C=\sqrt{2z}+C$$

3）区域映射

解析函数将 z 平面上的某个区域,映射为 w 平面上的相应区域。图 1.12(a)显示函数 $f(z)=z^3$ 将 z 平面的一个 $\pi/3$ 的扇形区域映射为上半平面。图 1.12(b)显示分式线性函数

$$f(z)=\frac{z-\mathrm{i}a}{z+\mathrm{i}a}$$

将上半 z 平面映射为单位圆内部。我们将在第 6 章专门研究区域映射的性质及其应用。

习题

[1] 求解析函数,已知其实部为

(1) $u(x,y)=\mathrm{e}^x\sin y$;　　(2) $u(x,y)=x^2-y^2+xy,f(0)=0$;

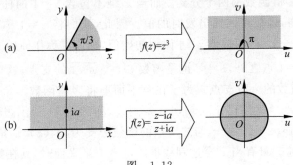

图　1.12

(3) $u(x,y) = \dfrac{2\sin 2x}{e^{2y} + e^{-2y} - 2\cos 2x}, f\left(\dfrac{\pi}{2}\right) = 0$;

(4) $x^4 - 6x^2 y^2 + y^4, f(0) = 0$。

答案：(1) $-ie^z + C$；　(2) $z^2\left(1 - \dfrac{i}{2}\right)$；　(3) $\cot z$；　(4) z^4。

[2] 能否构造一个解析函数，其虚部为 $v(x,y) = x^3 - 3xy$?

[3] 证明：如果函数 $f(z)$ 在某一区域解析，则其雅可比行列式为

$$\det J = \frac{\partial u}{\partial x}\frac{\partial v}{\partial y} - \frac{\partial u}{\partial y}\frac{\partial v}{\partial x} = |f'(z)|^2$$

[4] 画出下列函数曲线经过 $f(z) = z^2$ 的映像：

(1) $|z-1| = 1$；　(2) $y = \dfrac{1}{x}$。

[5] 函数 $f(z) = \sin z$ 将下列区域映射为什么区域？

$$-\frac{\pi}{2} \leqslant \mathrm{Re}z \leqslant \frac{\pi}{2}, \quad \mathrm{Im}z \geqslant 0$$

答案：上半平面。

[6] 函数 $f(z) = z^2$ 将直角三角形 $O(0,0), A(1,0), B(0,i)$ 映射成什么区域？

[7] 寻找一个解析函数，将单位圆变为右半平面。

答案：$\zeta = \dfrac{1-z}{1+z}$。

1.5　多值函数

1. 支点和割线

考虑根式函数 $w = \sqrt{z-1}$，当 z 在复平面上绕 $z=1$ 点一周时，如图 1.13 中的 L_1 回路，函数 w 的值并不能回到初始值；只有当 z 绕该点再转一周，函数 w 才回到初始值。因此，对应同一个自变量 z，存在两个不同的函数值：

$$w_1 = \sqrt{|z-1|}\, e^{\frac{i}{2}\arg(z-1)}$$

$$w_2 = \sqrt{|z-1|}\, e^{\frac{i}{2}\arg(z-1)+i\pi}$$

(1.5.1)

w_1 和 w_2 分别称作多值函数的两个分支。而当 z 绕不包含 $z=1$ 的任何闭合回路一周,如图 1.13 中的 L_2 回路,函数将回到出发时的值。因此,我们将 $z=1$ 称作多值函数的支点。如果 z 需要绕某点 $n+1$ 周,函数值 w 才回到初始值,则该点称作 n 阶支点。

事实上,除了 $z=1$ 点之外,$z=\infty$ 也是函数 $w=\sqrt{z-1}$ 的支点,这可以从令 $z-1=1/\xi$ 看出,此时 $\xi=0$ 是函数的一阶支点。为了在复平面上将多值函数形象地表示出来,我们在两个支点 $z=1$ 和 $z=\infty$ 之间沿正实轴切一条割线,如图 1.14 所示,规定割线上沿的辐角 $\arg(z-1)=0$,下沿 $\arg(z-1)=2\pi$,与之对应的函数分支为 $w_1(z)$,辐角为 $0\leqslant\arg w_1\leqslant\pi$,因此为 w 平面的上半部。只有当 z 穿过割线再次进入上半平面时,其在割线上沿的辐角变为 $\arg(z-1)=2\pi$,割线下沿辐角变为 $\arg(z-1)=4\pi$,相应的函数分支变成 $w_2(z)$,辐角为 $\pi\leqslant\arg w_2\leqslant2\pi$,构成 w 平面的下半部。

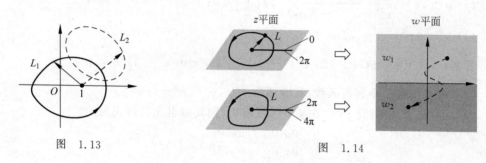

图 1.13   图 1.14

思考 如何判断 $z=\infty$ 是否为函数的支点?

2. 黎曼面

1）根式函数

每当 z 穿过一次割线,函数值将进入另外一个分支,我们以割线为连接纽带,将不同 z 平面交错粘合起来,形成所谓黎曼面表示。图 1.15 即为多值函数 $w=\sqrt{z-1}$ 的黎曼面,如果 z 在复平面上移动而不穿过割线,函数将永远保持在同一个分支里,因此具有单值性;只有当 z 穿过割线,函数才进入另一个分支。

2）对数函数

$$w=\ln z=\ln|z|+\mathrm{i}(\arg z+2k\pi)\quad(k\in\mathbb{Z})$$

对数函数具有无穷重多值性,其两个支点为 0 和 ∞,在 0 到 ∞ 之间切一条割线。辐角为 $0\leqslant\arg z\leqslant2\pi$ 的 z 平面对应于 w 平面上平行于实轴、宽度为 2π 的带状区域。每当 z 绕支点 $z=0$ 一周并穿过割线,函数值便进入另外一个分支,在 w 平面即进入相邻的一个带状区域,图 1.16 表示了对数函数的映射关系。图 1.17 则是其无穷多层的黎曼面,在割线处将不同分支面交错粘合起来,当 z 穿过割线时,函数值便进入到另一分支。

例 1.11 画出多值函数的黎曼面:$w=\sqrt{z(z-1)}$。

解 函数是双重值的,支点为 $z=0,1$,这时 $z=\infty$ 不是支点。在两支点之间切一条割线,再将两个分支面交错粘合起来,则黎曼面如图 1.18 所示。

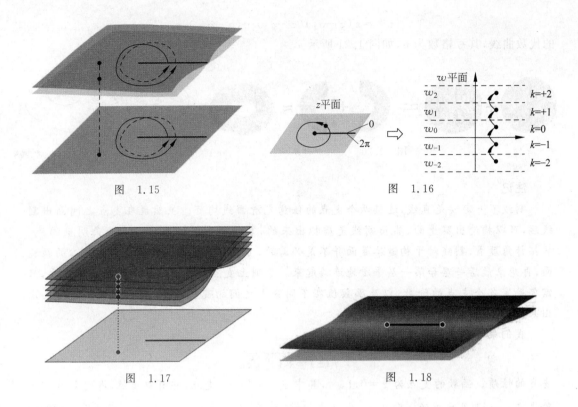

图　1.15

图　1.16

图　1.17

图　1.18

3. 复射影曲线

复曲线在拓扑上是一个曲面,即所谓黎曼面,其关键就是函数的分支点。考虑多值函数: $w=\sqrt{z}$,在它的两个支点 $z=0$ 和 $z=\infty$ 之间切一条割线。从黎曼球的观点看,一个单位球面被两层黎曼面所覆盖,两层球面在割线处粘合(图 1.19(b)),拓扑上等价于图 1.19(c)所示的一个闭合球面,虚线表示割线,这样根式函数便可视作定义在拓扑球面上的单值函数。

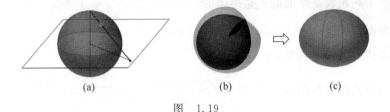

(a)　　　　　(b)　　　　　(c)

图　1.19

该方法可以应用到其他复代数曲线,如三次曲线方程

$$w^2=z(z-\alpha)(z-\beta) \tag{1.5.2}$$

它定义了单位球面的一个二层覆盖球面,两条分支割线为 $[0,\alpha]$ 和 $[\beta,\infty]$,经过适当地连续变形,我们发现拓扑曲面是一个轮胎状的环面(图 1.20),所以三次曲线可视作定义在环面上的单值函数。

莫比乌斯证明了空间中的任意闭曲面,都拓扑等价于如图 1.21 所示的亏格曲面。于是可以根据闭曲面上窟窿的数目对其进行拓扑分类,拓扑不变量就是“亏格”数。例如,图 1.20的环面亏格数为 1,而图 1.19 的亏格数为零。一般地,形如

$$w^2 = z(z - \alpha_1)(z - \alpha_2) \cdots (z - \alpha_{2n})$$

的代数曲线,其亏格数为 n,如图 1.21 所示。

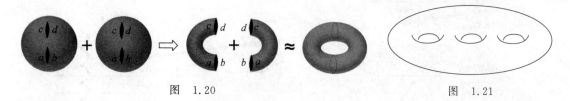

图 1.20 　　　　　　　　　　　　　　　　　　　 图 1.21

注记

割线不一定要是直线,连接两个支点的任意光滑曲线均可。虽然说在支点之间画出割线后,可以构造出黎曼面,然而割线是虚拟出来的,复平面上并不存在那么一条明确的线。从拓扑角度看,割线对于构造黎曼面并不是必需的,可以将黎曼面视作以支点为轴心的螺旋面,再想象最后一层和第一层平滑地连接起来。原则上支点的相对位置和顺序都不重要,只需要确定各个支点的阶数,以及函数值在不同分支之间的变化关系,就可以把黎曼面表示出来。

我们来研究多值函数

$$f(z) = \sqrt{1 + \sqrt{z}}$$

支点的性质。函数的支点为 $z = 0, 1, \infty$,其中 $z = 0$ 是一阶支点,它有双重性,即它是双重一阶支点;$z = 1$ 是单重的一阶支点,它是在 $z = 1$ 时取 $\sqrt{z} = -1$ 分支,最后 $z = \infty$ 是一个三阶支点,各个支点的性状可用如图 1.22 所示的黎曼面表示出来。

对于组合多值函数,每个部分的函数值互相交错,黎曼面通常比较复杂。思考一下,如何表示函数 $f(z) = \sqrt{z} + \sqrt{z-1}$ 的黎曼面?

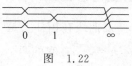

图 1.22

习题

[1] 判断下列函数是单值的还是多值的:(1) $\sqrt{z} \sin\sqrt{z}$;(2) $\sqrt{z} \cos\sqrt{z}$。

[2] 找出函数的支点:(1) $\sqrt[3]{z^2 + 1}$;(2) $\ln(\cos z)$。

[3] 画出函数的映射关系:$w = \sqrt[3]{1 - z}$。

[4] 画出多值函数的割线:(1) $w = \sqrt{z(z-i)(z+i)}$;(2) $\sqrt{z^2 - \dfrac{1}{z}}$

[5] 规定割线上沿的辐角为 $\arg(z-2) = 0$,求函数 $z\sqrt[3]{z-2}$ 沿着不穿过割线的路径,到达割线下沿 $z = 3$ 处的值。

答案:$3e^{2\pi i/3}$。

[6] 对于函数 $w = z + \sqrt{z-1}$,画割线 $[1, -\infty]$,规定 $w(2) = 1$,求割线上、下沿 $w(-3)$ 的值。

答案:$w(-3) = -3 - 2i$;$-3 + 2i$。

[7] 画出函数的黎曼面:$w = \sqrt{z^3 - 1}$。

[8] 画出多值函数的黎曼面：

(1) $f(z)=\sqrt[3]{z^2(z-1)}$;　　　(2) $f(z)=\sqrt{1+\sqrt{z^2-1}}$。

答案：(1) ;　(2)

1.6　复势

在物理及工程中常常要研究各种各样的场,若所研究的场在空间的某个方向上是均匀的,从而只需要研究垂直于该方向的平面分布,称为二维平面场。对于二维向量场,取定垂直于某方向的平面为 xOy 平面,其上的点用 $z=x+\mathrm{i}y$ 来表示,初看起来,具有分量 A_x,A_y 的向量场可表示为

$$\boldsymbol{A}=A(z)=A_x(x,y)+\mathrm{i}A_y(x,y) \tag{1.6.1}$$

但这种思路不正确！因为要使 $A(z)$ 具有解析函数的性质,意味着实部和虚部之间有柯西-黎曼关系约束,即 $A_x(x,y)$ 和 $A_y(x,y)$ 不是独立的。

究竟能否用解析函数来表示平面向量场呢？我们知道,如果向量场是无旋的,比如静电场,可以引进一个标量场即静电势来描述它,称为平面标量场。如果将静电势函数作为复变函数的实部,由于解析函数的实部和虚部是密切相关的,那么它的虚部会是什么呢？

1. 平面静电场

设二维静电场 $\boldsymbol{E}=E_x(x,y)\boldsymbol{i}+E_y(x,y)\boldsymbol{j}$,其中静电场分量 $E_x(x,y)$ 和 $E_y(x,y)$ 具有连续的偏导数。如果该静电场是无旋场,$\nabla\times\boldsymbol{E}=\boldsymbol{0}$,则存在静电势函数 $u(x,y)$,满足 $\boldsymbol{E}=-\nabla u$,所以

$$E_x=-\frac{\partial u}{\partial x},\quad E_y=-\frac{\partial u}{\partial y} \tag{1.6.2}$$

如果该静电场同时是无源场,$\nabla\cdot\boldsymbol{E}=0$,则存在电通量函数 $v(x,y)$,有

$$\frac{\partial E_x}{\partial x}+\frac{\partial E_y}{\partial y}=0\rightarrow E_x=-\frac{\partial v}{\partial y},\quad E_y=\frac{\partial v}{\partial x} \tag{1.6.3}$$

于是可以引入复势函数

$$f(z)=u(x,y)+\mathrm{i}v(x,y)$$

复势函数 $f(z)=u(x,y)+\mathrm{i}v(x,y)$ 是解析函数,它满足柯西-黎曼条件

$$\frac{\partial u}{\partial x}=\frac{\partial v}{\partial y},\quad \frac{\partial v}{\partial x}=-\frac{\partial u}{\partial y}$$

由于是无源场,$\nabla\cdot\boldsymbol{E}=0\rightarrow\nabla^2 u=0$,且

$$\frac{\partial u}{\partial x}=\frac{\partial v}{\partial y},\quad \frac{\partial u}{\partial y}=-\frac{\partial v}{\partial x}\rightarrow\nabla^2 v=0$$

所以,$u(x,y)$ 和 $v(x,y)$ 为共轭调和函数。平面静电场的场强用复势表示为

$$E=E_x+\mathrm{i}E_y=-\frac{\partial u}{\partial x}-\mathrm{i}\frac{\partial u}{\partial y}=-\frac{\partial u}{\partial x}+\mathrm{i}\frac{\partial v}{\partial x}=-\overline{f'(z)} \tag{1.6.4}$$

至此证明，没有电荷的二维静电场可以用一个解析函数——复势来描述，复势的实部和虚部分别为静电势和电通量函数。

等值线 $u(x,y)=D$ 描述的是等势线分布，等值线 $v(x,y)=C$ 描述的是电力线族分布，即每给定一个常数在平面内可画出一条电力线；$v(x,y)$ 称作通量函数，其物理意义是，两条电力线常数之差为穿过这两条线之间的电通量(图 1.23)，

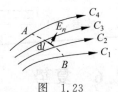

图　1.23

$$\Phi_{AB}=\int_A^B \boldsymbol{E}\cdot\boldsymbol{n}\,\mathrm{d}l=C_1-C_4$$

例 1.12　已知平面静电场的电场线为抛物线 $y^2=c^2+2cx$（常数 $c>0$），求等势线满足的方程。

解　从电力线方程解出参数 c，即

$$c=-x\pm\sqrt{x^2+y^2}$$

由于 $c>0$，故

$$-x+\sqrt{x^2+y^2}=c$$

电力线方程为 $v(x,y)=c$，是否意味着就可以取复势的虚部为 $v(x,y)=-x+\sqrt{x^2+y^2}$ 呢？但是经过验证，这个 $v(x,y)$ 不满足拉普拉斯方程，即不是调和函数，所以需要另外考虑别的函数。令

$$t=-x+\sqrt{x^2+y^2}$$

而 $v=F(t)$，因为这样的 $v(x,y)$ 同样可以取为常数，从而得到电力线方程。根据调和函数要求，有

$$\frac{\partial v}{\partial x}=F'(t)\left[\frac{x}{\sqrt{x^2+y^2}}-1\right]$$

$$\frac{\partial^2 v}{\partial x^2}=F''(t)\left[\frac{x}{\sqrt{x^2+y^2}}-1\right]^2+F'(t)\left[\frac{1}{\sqrt{x^2+y^2}}-\frac{x^2}{(x^2+y^2)^{\frac{3}{2}}}\right]$$

$$=F''(t)\left[\frac{x}{\sqrt{x^2+y^2}}-1\right]^2+F'(t)\frac{y^2}{(x^2+y^2)^{\frac{3}{2}}}$$

同理

$$\frac{\partial^2 v}{\partial y^2}=F''(t)\left[\frac{y}{\sqrt{x^2+y^2}}-1\right]^2+F'(t)\frac{x^2}{(x^2+y^2)^{3/2}}$$

代入拉普拉斯方程，有

$$2F''(t)\left[1-\frac{x}{\sqrt{x^2+y^2}}\right]+F'(t)\frac{1}{\sqrt{x^2+y^2}}=0$$

$$\rightarrow F(t)=C_1\sqrt{t}+C_2$$

于是

$$v=F(t)=C_1\sqrt{t}+C_2=C_1\sqrt{-x+\sqrt{x^2+y^2}}+C_2$$

引用 1.4 节例 1.10 的结果，有 $u=C_1\sqrt{2\rho}\cos\dfrac{\phi}{2}+C_3$，回到直角坐标系，得到等势线满足的

方程为

$$y^2 = c^2 - 2cx$$

2. 平面速度场

设二维向量场是不可压缩理想流体的稳定流速场 $\boldsymbol{v}$，如果速度场没有涡旋，$\nabla \times \boldsymbol{v} = \boldsymbol{0}$，则可以引入速度势函数 $\phi(x,y)$，有 $\boldsymbol{v} = \nabla \phi$，即

$$v_x = \frac{\partial \phi}{\partial x}, \quad v_y = \frac{\partial \phi}{\partial y}$$

如果速度场没有源或者漏，即散度为零，

$$\nabla \cdot \boldsymbol{v} = \frac{\partial v_x}{\partial x} + \frac{\partial v_y}{\partial y} = 0$$

则可以引入流量函数 $\psi(x,y)$，有

$$v_x = \frac{\partial \psi}{\partial y}, \quad v_y = -\frac{\partial \psi}{\partial x}$$

因此有等式

$$\frac{\partial \varphi}{\partial x} = \frac{\partial \psi}{\partial y}, \quad \frac{\partial \varphi}{\partial y} = -\frac{\partial \psi}{\partial x}$$

这就是柯西-黎曼条件。同时可以证明 $\phi(x,y)$ 和 $\psi(x,y)$ 为共轭调和函数，所以定义复势为

$$f(z) = \phi(x,y) + \mathrm{i}\psi(x,y)$$

于是二维速度场用复势表示为

$$\boldsymbol{v} = \nabla \phi = \frac{\partial \phi}{\partial x} + \mathrm{i}\frac{\partial \phi}{\partial y} = \frac{\partial \varphi}{\partial x} - \mathrm{i}\frac{\partial \psi}{\partial x} = \overline{f'(z)}$$

3. 平面热流场

同样可以用一个复势来描述没有热源的二维温度场，设实部 $u(x,y)$ 描述温度分布，那么虚部 $v(x,y)$ 将描述物体中的热流量函数，在此从略。

习题

[1] 已知等势线方程为 $x^2 + y^2 = c$，求复势。

答案：$a\ln z + b$。

[2] 已知电场线为与实轴相切于原点的圆族，求复势。

答案：$\dfrac{a}{z} + b$。

[3] 证明图 1.23 中穿过 A、B 之间的电通量为

$$\Phi_{AB} = \int_A^B \boldsymbol{E} \cdot \boldsymbol{n}\, \mathrm{d}l = C_1 - C_4$$

第2章

路径积分

2.1 复变函数积分

1. 积分定义

设 Γ 是二维复平面上一条分段光滑的曲线,在曲线上从起点到终点取一系列的点 $z_1, z_2, \cdots, z_n$,曲线被分割成 n 小段,如图 2.1 所示。在每一小段 $[z_{k-1}, z_k]$ 上任取一点 ζ_k,求和

$$\sum_{k=1}^{n} f(\zeta_k)(z_k - z_{k-1})$$

取极限 $n \to \infty$,有 $\mathrm{d}z = z_k - z_{k-1} \to 0$,复变函数的积分定义为

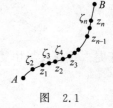

图 2.1

$$\int_{\Gamma} f(z)\mathrm{d}z \stackrel{\text{def}}{=\!=} \lim_{n \to \infty} \sum_{k=1}^{n} f(\zeta_k)(z_k - z_{k-1}) \tag{2.1.1}$$

由于复变函数的积分与路径 Γ 有关,也称作路径积分。在计算积分时,一般需要指明在复平面上沿什么样的路径。如果单值函数积分路径的首尾相连,则称作沿闭合回路积分,我们约定回路以沿逆时针方向为正方向。

说明 $z_k - z_{k-1}$ 不是线段的长度 $|z_k - z_{k-1}|$,它是"有方向"的线段,携带一个相位因子。

2. 基本性质

复变函数的路径积分具有如下基本性质:

(1) $\displaystyle\int_C [Af(z) + Bg(z)]\mathrm{d}z = A\int_C f(z)\mathrm{d}z + B\int_C g(z)\mathrm{d}z$;

(2) $\displaystyle\int_{C_1+C_2} f(z)\mathrm{d}z = \int_{C_1} f(z)\mathrm{d}z + \int_{C_2} f(z)\mathrm{d}z$;

(3) $\displaystyle\int_{C^-} f(z)\mathrm{d}z = -\int_C f(z)\mathrm{d}z$,其中 C^- 表示 C 的逆向路径;

(4) $\left| \int_C f(z)\mathrm{d}z \right| \leqslant \int_C |f(z)||\mathrm{d}z|$；

(5) $\left| \int_C f(z)\mathrm{d}z \right| \leqslant Ml$，其中 M 是 $|f(z)|$ 在积分路径上的最大值，l 为路径 C 的

长度。

　　上述性质与实变函数的积分性质在形式上是一致的。

3. 计算路径积分

　　(1) 化为二元实函数的积分

$$\int_C f(z)\mathrm{d}z = \int_C [u(x,y)\mathrm{d}x - v(x,y)\mathrm{d}y] + \mathrm{i}\int_C [v(x,y)\mathrm{d}x + u(x,y)]\mathrm{d}y$$

　　例 2.1　计算积分：(1) $\int_{C_1}\mathrm{Re}z\,\mathrm{d}z$；(2) $\int_{C_2}\mathrm{Re}z\,\mathrm{d}z$。其中积分路径

图　2.2

C_1、C_2 分别如图 2.2 所示。

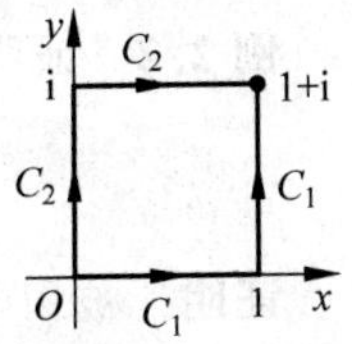

　　解　(1) 先计算沿路径 C_1 的积分：

$$\int_{C_1}\mathrm{Re}z\,\mathrm{d}z = \int_0^1 x\,\mathrm{d}x + \int_0^1 1 \cdot \mathrm{i}\mathrm{d}y = \frac{1}{2} + \mathrm{i}$$

再计算沿路径 C_2 的积分：

$$\int_{C_2}\mathrm{Re}z\,\mathrm{d}z = \int_0^1 0 \cdot \mathrm{i}\mathrm{d}y + \int_0^1 x\,\mathrm{d}x = \frac{1}{2}$$

可见二者不相等，积分结果与路径的选取有关！

　　(2) 路径 C 用参数方程 $z = z(t)$ 表示，即

$$\int_C f(z)\mathrm{d}z = \int_A^B f[z(t)]z'(t)\mathrm{d}t$$

　　问题　复变函数的积分一般会与路径有关，那么什么情况下积分只与起始和终点位置有关，而与路径无关呢？

　　习题

　　[1] 证明：

$$\left| \int_C f(z)\mathrm{d}z \right| \leqslant \int_C |f(z)||\mathrm{d}z|$$

　　[2] 令回路 Γ 为正方形，其四个顶点为：$z=0, z=1, z=1+\mathrm{i}, z=\mathrm{i}$，分别计算以下积分：

(1) $\oint_\Gamma (z^2+1)\mathrm{d}z$；　(2) $\oint_\Gamma (|z|^2+1)\mathrm{d}z$；　(3) $\oint_\Gamma \mathrm{e}^{\pi\bar{z}}\mathrm{d}z$；　(4) $\oint_\Gamma \frac{1}{z^2 - (1+\mathrm{i})/2}\mathrm{d}z$。

2.2　柯西定理

1. 单连通域

　　如果函数 $f(z)$ 在单连通区域 B 内解析，则沿 B 内任意一条光滑的闭合路径 C，有

$$\oint_C f(z)\mathrm{d}z = 0 \tag{2.2.1}$$

证明 考虑沿回路积分

$$\oint_C (z)\mathrm{d}z = \oint_C [u(x,y)\mathrm{d}x - v(x,y)\mathrm{d}y] + \mathrm{i}\oint_C [v(x,y)\mathrm{d}x + u(x,y)\mathrm{d}y]$$

由于 $f(z)$ 解析,故实部和虚部均可导,应用格林公式

$$\oint_C P\mathrm{d}x + Q\mathrm{d}y = \iint_S \left(\frac{\partial Q}{\partial x} - \frac{\partial P}{\partial y}\right)\mathrm{d}x\,\mathrm{d}y \tag{2.2.2}$$

将回路积分化成面积分

$$\oint_C f(z)\mathrm{d}z = \iint_S \left(-\frac{\partial v}{\partial x} - \frac{\partial u}{\partial y}\right)\mathrm{d}x\,\mathrm{d}y + \mathrm{i}\iint_S \left(\frac{\partial u}{\partial x} - \frac{\partial v}{\partial y}\right)\mathrm{d}x\,\mathrm{d}y$$

再利用柯西-黎曼条件,从而证明积分为零。

复变函数对任意闭合回路积分都为零,等价于闭合回路可以连续收缩到一点。

例 2.2 证明:

$$\oint_{|z|=1} \frac{1}{z^2 + 2z + 2}\mathrm{d}z = 0$$

证明 被积函数的奇点位置为 $z^2 + 2z + 2 = 0$,即 $z = -1 \pm \mathrm{i}$。由于这两个奇点都位于积分回路(单位圆)之外,如图 2.3 所示,所以在单位圆中为解析函数,根据柯西定理(Cauchy theorem),该回路积分必为零。

从柯西定理可知,对于单连通区域上的解析函数,只要起点和终点固定不变,当积分路径连续变形时,函数的积分值保持不变,与路径无关。

$$\oint_C f(z)\mathrm{d}z = 0 \rightarrow \int_{L_1} f(z)\mathrm{d}z + \int_{L_2} f(z)\mathrm{d}z = 0$$

所以

$$\int_{L_1} f(z)\mathrm{d}z = \int_{L_2^-} f(z)\mathrm{d}z$$

如图 2.4 所示,路径 L_1 可以通过连续变形变为 L_2,称路径 L_1 与 L_2 同伦(homotopy)。

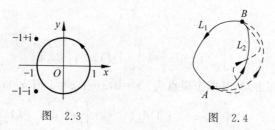

图 2.3   图 2.4

2. 多连通域

设 B 是由 $C_0, C_1, C_2, \cdots, C_n$ 围成的多连通区域(图 2.5(a)),函数 $f(z)$ 在 B 内解析,则有

$$\oint_{C_0} f(z)\mathrm{d}z = \sum_{k=1}^n \oint_{C_k} f(z)\mathrm{d}z \tag{2.2.3}$$

证明 如图 2.5(b)所示,在大回路 C_0 与所有挖空的回路 $C_1, C_2, \cdots, C_n$ 建立来回的桥路,这些路径构成一个单连通区域的闭合回路。由于沿着这些来回桥路积分的总效果为零,

因此对回路积分没有贡献,按照单连通域的柯西定理,下述积分为零:

$$\oint_{C_0+C_1^-+C_2^-+\cdots} f(z)\mathrm{d}z \equiv \oint_{C_0} f(z)\mathrm{d}z + \oint_{C_1^-} f(z)\mathrm{d}z + \oint_{C_2^-} f(z)\mathrm{d}z + \cdots + \oint_{C_n^-} f(z)\mathrm{d}z = 0$$

所以

$$\oint_{C_0} f(z)\mathrm{d}z = \sum_{k=1}^{n} \oint_{C_k} f(z)\mathrm{d}z$$

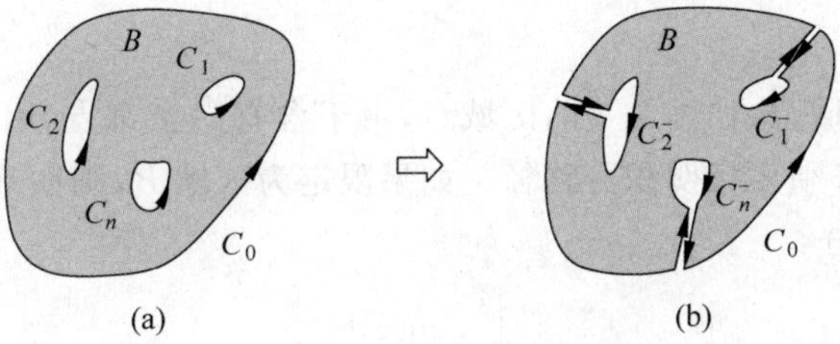

图　2.5

例 2.3　计算积分:

$$\oint_{|z|=2} \frac{3z-1}{z(z-1)}\mathrm{d}z$$

解　被积函数有两个奇点 $z=0,1$,都位于积分回路 $|z|=2$ 的内部,以奇点为圆心,分别作半径为 ε 的两个小圆周 C_1、C_2(图 2.6)。根据多连通域的柯西定理,沿回路 $|z|=2$ 的积分,就等于沿两个小圆周积分之和,有

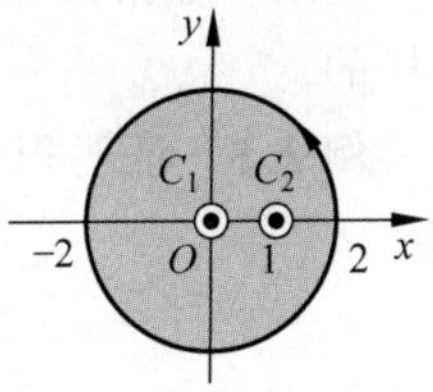

图　2.6

$$\oint_{|z|=2} \frac{3z-1}{z(z-1)}\mathrm{d}z = \oint_{C_1} \frac{3z-1}{z(z-1)}\mathrm{d}z + \oint_{C_2} \frac{3z-1}{z(z-1)}\mathrm{d}z$$

对于回路 C_1,取圆的参数方程为 $z=\varepsilon\mathrm{e}^{\mathrm{i}\theta}$,则

$$\oint_{C_1} \frac{3z-1}{z(z-1)}\mathrm{d}z = \int_0^{2\pi} \frac{3\varepsilon\mathrm{e}^{\mathrm{i}\theta}-1}{\varepsilon\mathrm{e}^{\mathrm{i}\theta}(\varepsilon\mathrm{e}^{\mathrm{i}\theta}-1)}\mathrm{i}\varepsilon\mathrm{e}^{\mathrm{i}\theta}\mathrm{d}\theta \xrightarrow{\varepsilon\to 0} \int_0^{2\pi}\mathrm{i}\mathrm{d}\theta = 2\pi\mathrm{i}$$

对于回路 C_2,取圆的参数方程为 $z-1=\varepsilon\mathrm{e}^{\mathrm{i}\theta}$,同样令 $\varepsilon\to 0$,可得

$$\oint_{C_2} \frac{3z-1}{z(z-1)}\mathrm{d}z = 4\pi\mathrm{i}$$

于是积分结果为

$$\oint_{|z|=2} \frac{3z-1}{z(z-1)}\mathrm{d}z = 6\pi\mathrm{i}$$

3. 原函数

若 $f(z)=\dfrac{\mathrm{d}}{\mathrm{d}z}F(z)$ 在单连通区域 B 上解析,则称 $F(z)$ 是 $f(z)$ 的原函数。由柯西定理可知,沿 B 内任一条路径的积分 $\int f(z)\mathrm{d}z$,只与起点和终点有关,而与积分路径无关。当起点 $z_0\in B$ 固定时,该积分就定义一个关于终点 z 的单值函数,物理学中称作态函数,记作

$$F(z)=\int_{z_0}^{z} f(\zeta)\mathrm{d}\zeta \tag{2.2.4}$$

函数 $f(z)$ 的原函数一般可表示为 $F(z)+c$，其中 c 是任意常数，称为函数 $f(z)$ 的不定积分，记作

$$\int f(z)\mathrm{d}z = F(z)+c$$

若函数 $f(z)$ 在单连通区域 B 内解析，则它具有原函数 $F(z)$，且

$$\int_{z_1}^{z_2} f(z)\mathrm{d}z = F(z_2)-F(z_1) \tag{2.2.5}$$

式中 $z_1, z_2 \in B$。

对于非单连通区域，比如图 2.7 的区域 G，由于含有一个奇点，因此函数的积分不能写成不定积分的形式，必须要指明积分路径。如果限定为区域 B，则在其中可以定义原函数。

例 2.4　计算积分：

$$\int_0^1 z\cos z\,\mathrm{d}z$$

解　本例没有指明积分路径，意味着被积函数在全平面解析，因此我们可以任意选择一条光滑的积分路径，比如沿实轴 $[0,1]$ 积分，于是

$$\int_0^1 z\cos z\,\mathrm{d}z = \int_0^1 x\cos x\,\mathrm{d}x = \sin 1 + \cos 1 - 1$$

说明　如果选择其他光滑路径，从技术上有可能无法计算出积分值来，但是结果必定是一样的。

例 2.5　证明积分：

$$\oint_{\Gamma} \frac{\mathrm{d}z}{(z-a)^n} = \begin{cases} 2\pi\mathrm{i} & (n=1) \\ 0 & (n\neq 1) \end{cases} \tag{2.2.6}$$

其中 Γ 是包围 a 点的任意闭合回路（图 2.8）。

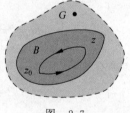
图　2.7

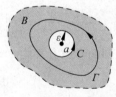
图　2.8

证明　作一个以 a 点为圆心、半径为 ε 的圆周 C，根据多连通域柯西定理，沿回路 Γ 的积分就等于沿圆周 C 的积分，即

$$\oint_{\Gamma} \frac{\mathrm{d}z}{(z-a)^n} = \oint_C \frac{\mathrm{d}z}{(z-a)^n} = \int_0^{2\pi} \frac{\mathrm{i}\varepsilon\,\mathrm{e}^{\mathrm{i}\theta}}{\varepsilon^n\,\mathrm{e}^{\mathrm{i}n\theta}}\mathrm{d}\theta$$

当 $n\neq 1$ 时，有

$$\int_0^{2\pi} \frac{\mathrm{i}\varepsilon\,\mathrm{e}^{\mathrm{i}\theta}}{\varepsilon^n\,\mathrm{e}^{\mathrm{i}n\theta}}\mathrm{d}\theta = \frac{\mathrm{i}}{\varepsilon^{n-1}}\int_0^{2\pi}\mathrm{e}^{\mathrm{i}(1-n)\theta}\mathrm{d}\theta = 0$$

当 $n=1$ 时，有

$$\int_0^{2\pi} \frac{\mathrm{i}\varepsilon\,\mathrm{e}^{\mathrm{i}\theta}}{\varepsilon^n\,\mathrm{e}^{\mathrm{i}n\theta}}\mathrm{d}\theta = \mathrm{i}\int_0^{2\pi}1\,\mathrm{d}\theta = 2\pi\mathrm{i}$$

讨论　为什么 $n=1$ 比较特殊？因为它的原函数对数函数是一个多值函数。它的辐角对于复变数 z 绕 a 一周正好增加 2π；而对于其他 $n\neq 1$，原函数是单值的，因此回路积分为零。

注记

如果向量场是无旋的，则可以引入一个标量势函数，这是我们在静电场或重力场中看到的。对于磁场，虽然由于不存在磁荷，可以引入矢势，但由于安倍环路定理，磁力线是闭合的，因此不能引入标量势函数。然而凡事也不是绝对的，如果我们划定一个范围，如图 2.9 所示的区域 B，在该区域里没有电流穿过，这时磁场强度的环路积分为零，因此可以引入磁标量势 φ_m：$\boldsymbol{H}=\nabla\varphi_m$，从而引入平面标量场和复势函数。后面我们还会讲到，复势是更一般的概念，即使对于环量不为零的涡旋场也能适用。

顺便提及一点，磁标势 φ_m 在电工学里是一个非常有用的概念。

习题

[1] 计算积分：

$$\oint_{|z|=2}\frac{z^2}{(z^2+1)(z-3)}\mathrm{d}z$$

[2] 对于如图 2.10 所示回路 Γ，计算积分：

$$\oint_{\Gamma}\frac{\sin z}{z^2-z}\mathrm{d}z$$

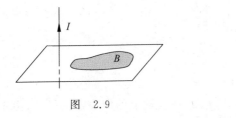

图　2.9

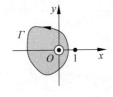

图　2.10

2.3　柯西积分公式

1. 单连通域

设 $f(z)$ 在单连通区域 B 内解析，在 $\bar{B}$ 上连续，则对 B 内任一点 ζ，取包含 ζ 点的任意闭合回路 Γ，有

$$f(\zeta)=\frac{1}{2\pi\mathrm{i}}\oint_{\Gamma}\frac{f(z)}{z-\zeta}\mathrm{d}z \tag{2.3.1}$$

证明　以 ζ 为圆心、ε 为半径作一圆周 C_{ε}（图 2.11），考虑到解析函数 $f(z)$ 在 ζ 点的连续性，令 $\varepsilon\to 0$，则有 $f(z)\to f(\zeta)$，所以

$$\frac{1}{2\pi\mathrm{i}}\oint_{\Gamma}\frac{f(z)}{z-\zeta}\mathrm{d}z=\frac{1}{2\pi\mathrm{i}}\oint_{C_{\varepsilon}}\frac{f(z)}{z-\zeta}\mathrm{d}z\xrightarrow{\varepsilon\to 0}$$

$$\frac{1}{2\pi\mathrm{i}}\oint_{C_{\varepsilon}}\frac{f(\zeta)}{z-\zeta}\mathrm{d}z=\frac{f(\zeta)}{2\pi\mathrm{i}}\oint_{C_{\varepsilon}}\frac{1}{z-\zeta}\mathrm{d}z=f(\zeta)$$

该公式也可写为

$$f(z) = \frac{1}{2\pi i}\oint_\Gamma \frac{f(\zeta)}{\zeta-z}\mathrm{d}\zeta \qquad (2.3.2)$$

它相当于在闭合回路 Γ 内人为地置入一个奇点,根据公式(2.2.6),绕该奇点的积分值就是 $2\pi i$。

由柯西积分公式可以很容易导出均值定理:设 $f(z)$ 在单连通区域 B 内解析,则 z 点的函数值等于以 z 为圆心、任意小半径 ε 的圆周上函数值的算数平均,即

$$f(z) = \frac{1}{2\pi}\int_0^{2\pi} f(z+\varepsilon e^{i\theta})\mathrm{d}\theta \qquad (2.3.3)$$

均值定理表明,解析函数有着非常规整的纹理,任一点的值都与其相邻点的值密切相关。

我们还可导出半平面和圆域的两种泊松公式,它们是柯西积分公式在特殊边界状况的具体应用。

1)半平面泊松公式

考虑如图 2.12 所示半圆回路,设 $f(z)$ 在上半平面内解析,且当 $z\to\infty$,$|f(z)|\to 0$,则有

$$f(z) = \frac{1}{2\pi i}\oint_C \frac{f(\zeta)}{\zeta-z}\mathrm{d}\zeta = \frac{1}{2\pi i}\int_{-R}^R \frac{f(\xi)}{\xi-z}\mathrm{d}\xi + \frac{1}{2\pi i}\int_{C_R} \frac{f(\zeta)}{\zeta-z}\mathrm{d}\zeta$$

由于 $|\zeta-z|\sim R$,上式第二项为

$$\left|\frac{1}{2\pi i}\int_{C_R}\frac{f(\zeta)}{\zeta-z}\mathrm{d}\zeta\right| \leqslant \frac{1}{2\pi}\int_{C_R}\left|\frac{f(\zeta)}{\zeta-z}\right||\mathrm{d}\zeta| \xrightarrow{R\to\infty} |f(\zeta)|\to 0$$

所以

$$f(z) = \frac{1}{2\pi i}\int_{-\infty}^\infty \frac{f(\xi)}{\xi-z}\mathrm{d}\xi \quad (\xi\in\mathbb{R})$$

即上半复平面内任意点的函数值,完全由 $f(z)$ 在实轴上的值决定。另外,由于 $\bar{z}$ 在回路之外,由柯西定理知

$$\frac{1}{2\pi i}\oint_C \frac{f(\zeta)}{\zeta-\bar{z}}\mathrm{d}\zeta = \frac{1}{2\pi i}\int_{-\infty}^\infty \frac{f(\xi)}{\xi-\bar{z}}\mathrm{d}\xi = 0$$

于是得到泊松公式:

$$f(z) = \frac{1}{2\pi i}\int_{-\infty}^\infty \frac{f(\xi)}{\xi-z}\mathrm{d}\xi + \frac{1}{2\pi i}\int_{-\infty}^\infty \frac{f(\xi)}{\xi-\bar{z}}\mathrm{d}\xi = \frac{y}{\pi}\int_{-\infty}^\infty \frac{f(\xi,0)}{(\xi-x)^2+y^2}\mathrm{d}\xi$$

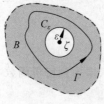

图 2.11

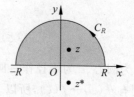

图 2.12

2)圆域泊松公式

设 $f(z)$ 在半径为 a 的圆内解析,令 $\zeta=ae^{i\theta}$,$z=re^{i\varphi}$,有

$$f(z) = \frac{1}{2\pi i}\oint_{|\zeta|=a} \frac{f(\zeta)}{\zeta-z}\mathrm{d}\zeta = \frac{1}{2\pi}\int_0^{2\pi}\frac{a^2-rae^{-i(\varphi-\theta)}}{a^2+r^2-2ra\cos(\varphi-\theta)}f(ae^{i\theta})\mathrm{d}\theta$$

另外,点 z 关于圆的共轭点为

$$z_1 = \frac{a^2}{\bar{z}} = r_1 e^{i\varphi}, \quad r_1 = \frac{a^2}{r}$$

注意到 z_1 处在圆域之外,因此根据柯西定理有

$$\frac{1}{2\pi i}\oint_{|\zeta|=a}\frac{f(\zeta)}{\zeta-z_1}\mathrm{d}\zeta = \frac{1}{2\pi}\int_0^{2\pi}\frac{a^2-r_1ae^{-i(\varphi-\theta)}}{a^2+r_1^2-2r_1a\cos(\varphi-\theta)}f(ae^{i\theta})\mathrm{d}\theta$$

$$= \frac{1}{2\pi}\int_0^{2\pi}\frac{r^2-rae^{-i(\varphi-\theta)}}{a^2+r^2-2ra\cos(\varphi-\theta)}f(ae^{i\theta})\mathrm{d}\theta \equiv 0$$

两式相减即得泊松公式

$$f(z) = \frac{a^2-r^2}{2\pi}\int_0^{2\pi}\frac{f(ae^{i\theta})}{a^2+r^2-2ra\cos(\varphi-\theta)}\mathrm{d}\theta$$

其实部表示为

$$u(r,\varphi) = \frac{a^2-r^2}{2\pi}\int_0^{2\pi}\frac{u(a,\theta)}{a^2+r^2-2ra\cos(\varphi-\theta)}\mathrm{d}\theta \tag{2.3.4}$$

讨论 柯西积分公式表明,解析函数在单连通区域内任意点的值,完全由其边界值决定。从物理上,解析函数对应于一个无源无旋的平面向量场,比如静电场,其电势满足拉普拉斯方程,其在区域内的分布完全由边界上的值决定。

2. 多连通域

设 B 是由 $C_0, C_1, C_2, \cdots, C_n$ 围成的多连通区域(图 2.13(a)),函数 $f(z)$ 在 B 内解析,在 $\bar{B}$ 上连续,则对 B 内任一点 ζ,有

$$f(\zeta) = \frac{1}{2\pi i}\oint_{C_0}\frac{f(z)}{z-\zeta}\mathrm{d}z + \frac{1}{2\pi i}\sum_{j=1}^n\oint_{C_j^-}\frac{f(z)}{z-\zeta}\mathrm{d}z \tag{2.3.5}$$

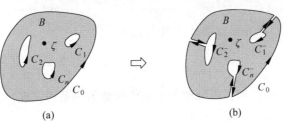

图 2.13

证明 类似于多连通域柯西定理的证明,构建如图 2.13(b)所示的桥路,将多连通区域变为单连通区域,然后利用柯西积分公式即可得证。

例 2.6 计算积分:

$$\oint_{|z|=3}\frac{e^z}{z(z^2+1)}\mathrm{d}z$$

解 被积函数的奇点为 $z=0, \pm i$,以每个奇点为圆心作一个小圆周得 C_1, C_2, C_3,则积

分可改写为多连通域的积分,即

$$\oint_{|z|=3} \frac{e^z}{z(z^2+1)}dz = \oint_{C_1} \frac{\left[\dfrac{e^z}{z^2+1}\right]}{z}dz + \oint_{C_2} \frac{\left[\dfrac{e^z}{z(z+i)}\right]}{z-i}dz + \oint_{C_3} \frac{\left[\dfrac{e^z}{z(z-i)}\right]}{z+i}dz$$

利用柯西积分公式,有

$$\oint_{|z|=3} \frac{e^z}{z(z^2+1)}dz = 2\pi i\left[\frac{e^z}{z^2+1}\Big|_{z=0} + \frac{e^z}{z(z+i)}\Big|_{z=i} + \frac{e^z}{z(z-i)}\Big|_{z=-i}\right] = 2\pi i(1-\cos 1)$$

3. 导数的积分表示

设 $f(z)$ 在单连通区域 B 内解析,在 $\bar{B}$ 上连续,则 $f(z)$ 在 B 内任一点 ζ 有高阶导数,且

$$f^{(n)}(\zeta) = \frac{n!}{2\pi i}\oint_\Gamma \frac{f(z)}{(z-\zeta)^{n+1}}dz \tag{2.3.6}$$

证明很简单,将方程两边同时对 ζ 求 n 次导数即可。该式也可表示为

$$f^{(n)}(z) = \frac{n!}{2\pi i}\oint_\Gamma \frac{f(\zeta)}{(\zeta-z)^{n+1}}d\zeta \tag{2.3.7}$$

即单连通区域内解析函数在任意点的导数值也完全由函数在边界上的值决定。

讨论 该公式告诉我们,如果一个单值函数在某区域内可导,则其必可无穷阶求导,这一超然于实变函数的事实,表明解析函数有着十分缜密的紧邻性状,最终导致解析函数理论出人意料地大放异彩。

例 2.7 计算积分:

$$\oint_{|z-i|=1} \frac{1}{(z^2+1)^2}dz$$

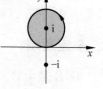

图 2.14

解 如图 2.14 所示,只有奇点 $z=i$ 位于积分回路以内,所以应用高阶导数公式(2.3.7),有

$$\oint_{|z-i|=1} \frac{1}{(z^2+1)^2}dz = \oint_{|z-i|=1} \frac{1/(z+i)^2}{(z-i)^2}dz = 2\pi i \frac{d}{dz}\left[\frac{1}{(z+i)^2}\right]\Big|_{z=i} = \frac{\pi}{2}$$

练习 试用圆的参数方程方法计算例 2.7。

4. 模定理

应用柯西积分公式,我们可以证明关于解析函数的一系列定理。

(1) 最大模定理

设 $f(z)$ 在某个区域 B 上解析,在 $\bar{B}$ 上连续,则 $|f(z)|$ 只能在边界线 Γ 上取最大值。

证明 考虑解析函数 $[f(z)]^n$,如果在边界线上 $\max|f(\zeta)|=M$,$|\zeta-z|\geqslant\delta$,设边界线总长为 l,应用柯西积分公式,有

$$\left|[f(z)]^n\right| = \left|\frac{1}{2\pi i}\oint_\Gamma \frac{[f(\zeta)]^n}{\zeta-z}d\zeta\right| \leqslant \frac{1}{2\pi}\oint_\Gamma \left|\frac{[f(\zeta)]^n}{\zeta-z}\right||d\zeta| \leqslant \frac{1}{2\pi}\frac{M^n}{\delta}l$$

令 $n\to\infty$,即得

$$|f(z)| \leqslant M\left(\frac{l}{2\pi\delta}\right)^{1/n} \leqslant M$$

等号仅当 $f(z)$ 为常数时成立。

讨论　关于最小模的类似论断并不成立,比如在闭圆域 $|z| \leqslant 1$ 内,$f(z) = z^2$ 的最小模不在圆周上;但做一定的约束后,下述定理成立。

（2）最小模定理

设 $f(z)$ 在某个区域 B 上解析,且在区域内没有零点,则 $|f(z)|$ 只能在边界线 Γ 上取最小值,除非 $f(z)$ 为常数。

证明　令

$$g(z) = \frac{1}{f(z)}$$

由于 $f(z)$ 没有零点,故 $g(z)$ 是区域 B 内的解析函数,由最大模定理,$|g(z)|$ 的最大值出现在边界线上,所以 $|f(z)|$ 的最小值在边界上。

（3）刘维尔定理

如果 $f(z)$ 在全平面解析,并且是有界的,即 $|f(z)| \leqslant M$,则 $f(z)$ 必为常数。

证明　应用柯西积分公式,有

$$f'(z) = \frac{1}{2\pi i} \oint_\Gamma \frac{f(\zeta)}{(\zeta - z)^2} d\zeta$$

取 Γ 为以 z 为圆心、半径为 R 的圆周,于是有

$$|f'(z)| \leqslant \frac{1}{2\pi} \frac{M}{R^2} 2\pi R = \frac{M}{R}$$

由于半径 R 可以任意取,令 $R \to \infty$,可知 $f'(z) = 0$,即 $f(z)$ 必为常数。

由刘维尔定理可得到以下推论:

推论 I：如果 $f(z)$ 在全平面解析,且 $|f(z)| \geqslant M$,则 $f(z)$ 必为常数;

推论 II：如果 $f(z)$ 在全平面解析,且 $\lim\limits_{z \to \infty} \dfrac{f(z)}{z} = 0$,则 $f(z)$ 必为常数;

推论 III：全平面解析的函数,如果不为常数,则必以 $z = \infty$ 为奇点。

在第 1 章中我们陈述了代数基本定理,现在可以给出一个证明,该定理表述为：任何多项式方程

$$P(z) = a_n z^n + a_{n-1} z^{n-1} + \cdots + a_1 z + a_0 = 0$$

必有一个复数根。

证明　首先 $P(z)$ 是复平面上的解析函数,且当 $z \to \infty$ 时,$|P(z)| \to \infty$。我们采用反正法：如果 $P(z)$ 没有复数根,即 $P(z) \neq 0$,那么 $g(z) = \dfrac{1}{P(z)}$ 必是复平面的解析函数。以原点为圆心,取一个半径为 R 的圆周,根据最大模定理,$|g(z)|$ 的最大值一定在圆周上,于是

$$|g(z)| = \frac{1}{|P(z)|} \xrightarrow{R \to \infty} 0$$

根据刘维尔定理必有 $g(z) \equiv 0$,这与假设相矛盾,证毕。

习题

[1] 试用参数积分的方法计算：

（1）$\oint_{|z-i|=1} \dfrac{1}{(z^2+1)^2} dz$;

(2) $\oint_{|z-1|+|z-i|=6} \dfrac{1}{z(z^2+4)}\,\mathrm{d}z$。

［2］ 计算积分：

$$\oint_{|z|=1} \frac{\sin z}{z^3}\,\mathrm{d}z$$

［3］ 证明刘维尔定理的推论 I 和推论 II。

［4］ 已知函数 $\psi(t,x)=\mathrm{e}^{2tx-t^2}$，令 t 为复变量，利用柯西积分公式证明：

$$\frac{\partial^n}{\partial t^n}\psi(t,x)\big|_{t=0}=(-1)^n\mathrm{e}^{x^2}\frac{\mathrm{d}^n}{\mathrm{d}x^n}\mathrm{e}^{-x^2}$$

2.4　多值函数积分

对于多值函数的积分，只有在给定单叶分支上才有明确定义，即积分路径上只能选取函数的一个确定分支，我们用一个例子说明。

例 2.8　计算沿如图 2.15 所示的 C_1 和 C_2 半圆路径积分，规定 $z=1$ 时，$\sqrt{z}=1$，

$$I=\int_C \frac{\mathrm{d}z}{\sqrt{z}}$$

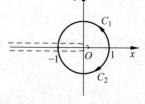

图　2.15

解　当 $z=1$ 时，$\sqrt{z}=1$，所以 $\arg z\big|_{z=1}=0$。

(1) 沿 C_1 路径：当 $z=-1$ 时，$\arg z=\pi$，有

$$\int_{C_1} \frac{\mathrm{d}z}{\sqrt{z}}=2\sqrt{z}\big|_{z=+1}^{z=-1}=2(\sqrt{\mathrm{e}^{\pi i}}-1)=2(i-1)$$

(2) 沿 C_2 路径：当 $z=-1$ 时，$\arg z=-\pi$，有

$$\int_{C_2} \frac{\mathrm{d}z}{\sqrt{z}}=2\sqrt{z}\big|_{z=+1}^{z=-1}=2(\sqrt{\mathrm{e}^{-\pi i}}-1)=-2(i+1)$$

沿单叶上的"回路"$C=C_1+C_2$ 的积分为

$$\int_C \frac{\mathrm{d}z}{\sqrt{z}}=4i$$

可见积分结果不满足柯西定理，因为这个积分回路并不是真正闭合的。

例 2.9　计算沿如图 2.16(a)所示回路 C 的积分，取割线上沿的 $\arg z=0$：

(1) $\oint_C \sqrt{z(z-1)}\,\mathrm{d}z$；　　(2) $\oint_C \dfrac{1}{\sqrt{z(z-1)}}\,\mathrm{d}z$。

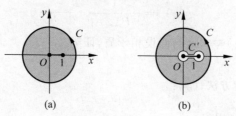

图　2.16

解

(1) 函数有两个支点：$z=0,1$，根据多连通域的柯西积分公式，沿回路 C 的积分可化为如图 2.16(b)所示的 C' 回路积分，容易证明沿两个小圆周的积分为零，于是

$$\oint_C \sqrt{z(z-1)}\,\mathrm{d}z = \int_1^0 \sqrt{x\,|x-1|\,\mathrm{e}^{\pi i}}\,\mathrm{d}x + \int_0^1 \sqrt{x\,\mathrm{e}^{2\pi i}\,|x-1|\,\mathrm{e}^{\pi i}}\,\mathrm{d}x$$

$$= -2\mathrm{i}\int_0^1 \sqrt{x(1-x)}\,\mathrm{d}x = -2\mathrm{i}B\left(\frac{3}{2},\frac{3}{2}\right) = -2\mathrm{i}\,\frac{\Gamma\left(\frac{3}{2}\right)\Gamma\left(\frac{3}{2}\right)}{\Gamma(3)} = -\frac{\pi i}{4}$$

(2) 根据同样道理，可以计算积分

$$\oint_C \frac{1}{\sqrt{z(z-1)}}\,\mathrm{d}z = \int_1^0 \frac{1}{\sqrt{x(1-x)\,\mathrm{e}^{\pi i}}}\,\mathrm{d}x + \int_0^1 \frac{1}{\sqrt{x\,\mathrm{e}^{2\pi i}(1-x)\,\mathrm{e}^{\pi i}}}\,\mathrm{d}x$$

$$= 2\mathrm{i}\int_0^1 \frac{1}{\sqrt{x(1-x)}}\,\mathrm{d}x = 2\mathrm{i}B\left(\frac{1}{2},\frac{1}{2}\right) = 2\mathrm{i}\,\frac{\Gamma(1/2)\Gamma(1/2)}{\Gamma(1)} = 2\pi\mathrm{i}$$

这里我们用到了 B 函数和 Γ 函数，以后会专门讲到。可以看到，在确定割线之后，可以在单叶上定义回路积分。割线相当于被挖掉的一个区域，割线上、下沿的函数值不一样，原来的积分区域 C 变为一个单值函数的多连通区域。本例也可以这样看：取圆周 C 的半径很大时，相当于从很远的地方看，两个单支点合流为一个单极点，等效于一个双连通区域的单值函数沿闭合回路积分。

习题

[1] 对于如图 2.15 所示的 C_1 和 C_2 路径，规定 $z=1$ 时，$\sqrt{z}=-1$，分别计算积分：

$$I = \int_C \frac{\mathrm{d}z}{\sqrt{z}}$$

答案：$2(1-\mathrm{i})$；$2(1+\mathrm{i})$。

[2] 取割线上沿的 $\arg z = 2\pi$，计算如图 2.16(a)所示回路的积分：

$$\oint_C \sqrt{z(z-1)}\,\mathrm{d}z$$

2.5　椭圆函数

1. 椭圆积分

形如 $\int R(u,\sqrt{p(u)})\,\mathrm{d}u$ 的积分称为椭圆积分，其中 R 是有理函数，p 是三次或四次多项式，取名为椭圆积分是因为它首次出现在计算椭圆的弧长公式里。考查积分

$$\int_0^z \frac{\mathrm{d}u}{\sqrt{u(u-\alpha)(u-\beta)}} \tag{2.5.1}$$

它的被积函数是双值函数，有四个分支点：$0,\alpha,\beta,\infty$，作如图 2.17 所示的割线，在每个单值分支里，积分都有很好的定义。当路径穿过割线时，积分定义是有歧义的：积分路径上的函数值会从一个分支进入到另一分支。但是当回路沿着图 2.17 中的 C_1 和 C_2（虚线表示函数值取另一分支）行进时，回路积分仍然有好的定义，并且积分值可能不为零。

从黎曼面来看这个积分路径更有启示意义。根据 1.6 节可知,积分式(2.5.1)中的双值函数可以表示为 u 球面的双层覆盖,它在拓扑上等价于亏格数为 1 的轮胎形环面。让我们想象从 0 到 z 的积分路径,它被视为该环面上的一条光滑曲线,注意到环面上存在这样一类闭合曲线,它们并不构成环面上一块面积的边界,如图 2.18 中的 C_1 和 C_2,因此格林公式不再适用。事实上,沿着这些闭合曲线的回路积分不为零:

$$\omega_1 = \int_{C_1} \frac{\mathrm{d}u}{\sqrt{u(u-\alpha)(u-\beta)}}$$

$$\omega_2 = \int_{C_2} \frac{\mathrm{d}u}{\sqrt{u(u-\alpha)(u-\beta)}}$$

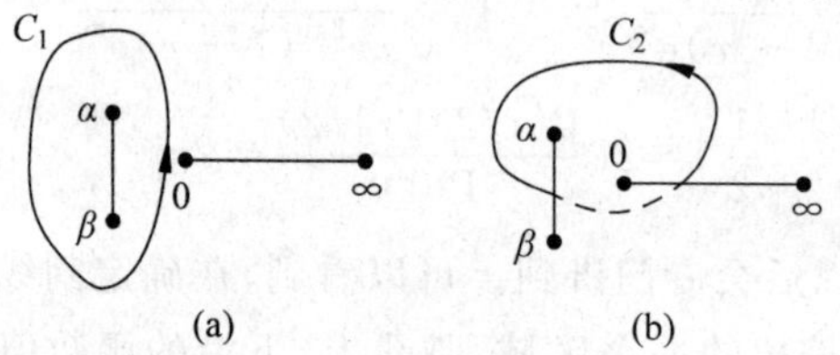

图 2.17 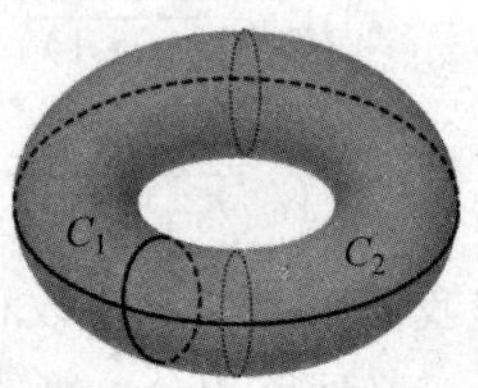　　　　　　　　　　图 2.18

2. 积分取逆

将椭圆积分取逆而得到的函数称为椭圆函数,对于逆函数

$$\Phi^{-1}(z) = \int_0^z \frac{\mathrm{d}u}{\sqrt{u(u-\alpha)(u-\beta)}} \tag{2.5.2}$$

按照第 1 章的球极投影可知,它是亏格数为 1 的三次曲线,不能用初等函数来表示。对于从 0 到 z 的某条路径 C 积分得到的值为 $\Phi^{-1} = w$,我们还可以给图 2.18 的路径添加沿 C_1 绕 m 圈及沿 C_2 绕 n 圈,按照式(2.5.2)得到的值将是

$$\Phi^{-1} = w + m\omega_1 + n\omega_2$$

因此逆函数 $\Phi^{-1}(w) = z$ 对于任意整数 m,n 均满足

$$\Phi(w) = \Phi(w + m\omega_1 + n\omega_2) \tag{2.5.3}$$

即椭圆函数 $\Phi(w)$ 是一个双周期函数,其中复数 ω_1 和 ω_2 在 w 平面上非共线。可以证明,具有相同双周期的两个椭圆函数的和、差、积、商,仍然是一个有相同双周期的函数。

一般的椭圆积分可以化为如下三种形式之一:

(1) $\mathrm{F}(z,k) = \displaystyle\int_0^z \frac{\mathrm{d}u}{\sqrt{(1-u^2)(1-k^2 u^2)}}$;

(2) $\mathrm{E}(z,k) = \displaystyle\int_0^z \sqrt{\frac{1-k^2 u^2}{1-u^2}}\,\mathrm{d}u$;

(3) $\Pi(z,k) = \displaystyle\int_0^z \frac{\mathrm{d}u}{(1+lu^2)\sqrt{(1-u^2)(1-k^2 u^2)}}$。

其中 k 和 l 为常数,它们分别称作第一、第二类和第三类勒让德椭圆积分,k 称作椭圆积分的模。作变量替换 $u = \sin\phi$,三类积分相应地变为

(1) $F(\phi,k)=\int_0^\phi \dfrac{\mathrm{d}\phi}{\sqrt{1-k^2\sin^2\phi}}$;

(2) $E(\phi,k)=\int_0^\phi \sqrt{1-k^2\sin^2\phi}\,\mathrm{d}\phi$;

(3) $\Pi(\phi,k,l)=\int_0^\phi \dfrac{\mathrm{d}\phi}{(1+l\sin^2\phi)\sqrt{1-k^2\sin^2\phi}}$。

取上限 $\phi=\pi/2$ 的积分称作完全椭圆积分,记作

$$F\left(\frac{\pi}{2},k\right)=K(k),\quad E\left(\frac{\pi}{2},k\right)=E(k) \tag{2.5.4}$$

3. 雅可比椭圆函数

1）第一类椭圆积分

$$w=\int_0^z \frac{\mathrm{d}u}{\sqrt{(1-u^2)(1-k^2u^2)}}$$

其逆函数就是雅可比椭圆正弦函数,用专门的符号表示:$u=\mathrm{sn}(z,k)$,它也是一个双周期函数

$$\mathrm{sn}(z+4K)=\mathrm{sn}z,\quad \mathrm{sn}(z+2\mathrm{i}K')=\mathrm{sn}z \tag{2.5.5}$$

两个周期分别是完全椭圆积分

$$T_1=4K(k),\quad T_2=2\mathrm{i}K'(k')$$

其中补模

$$k'\stackrel{\mathrm{def}}{=\!=}\sqrt{1-k^2},\quad K'\stackrel{\mathrm{def}}{=\!=}F\left(\frac{\pi}{2},k'\right)$$

类似于三角函数,可以引进椭圆余弦函数

$$\mathrm{cn}(z,k)=\sqrt{1-\mathrm{sn}^2(z,k)}$$

$$\mathrm{dn}(z,k)=\sqrt{1-k^2\mathrm{sn}^2(z,k)}$$

如此等等,图 2.19 描绘了 z 取实变量时这些曲线的特征,它们都是双周期的椭圆函数,存在如下导数关系:

$$\frac{\mathrm{d}}{\mathrm{d}z}\mathrm{sn}z=\mathrm{cn}z\,\mathrm{dn}z$$

$$\frac{\mathrm{d}}{\mathrm{d}z}\mathrm{cn}z=-\mathrm{sn}z\,\mathrm{dn}z$$

$$\frac{\mathrm{d}}{\mathrm{d}z}\mathrm{dn}z=-k^2\mathrm{sn}z\,\mathrm{cn}z$$

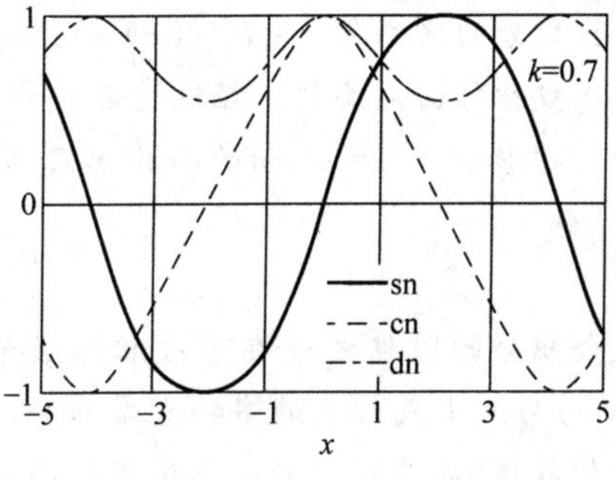

图 2.19

当 $k\to 0$ 时,

$$w=\int_0^z \frac{\mathrm{d}u}{\sqrt{(1-u^2)(1-k^2u^2)}}\to\int_0^z \frac{\mathrm{d}u}{\sqrt{(1-u^2)}}$$

于是雅可比椭圆函数退化为三角函数:

$$\mathrm{sn}(z,k)\to\sin z,\quad \mathrm{cn}(z,k)\to\cos z,\quad \mathrm{dn}(z,k)\to 1$$

当 $k \to 1$ 时，

$$w = \int_0^z \frac{\mathrm{d}u}{\sqrt{(1-u^2)(1-k^2 u^2)}} \to \int_0^z \frac{\mathrm{d}u}{1-u^2}$$

于是雅可比椭圆函数退化为双曲函数：

$$\operatorname{sn}(z,k) \to \tanh z, \quad \operatorname{cn}(z,k) \sim \operatorname{dn}(z,k) \to \operatorname{sech} z$$

因此，雅可比椭圆函数将三角函数与双曲函数联系起来。

2）加法公式

对于三角函数，我们有熟悉的加法公式，比如

$$\sin(u+v) = \sin u \cos v + \cos u \sin v$$

雅可比椭圆函数也有类似的加法公式：

$$\operatorname{sn}(u+v) = \frac{\operatorname{sn} u \operatorname{cn} v \operatorname{dn} v + \operatorname{sn} v \operatorname{cn} u \operatorname{dn} u}{1 - k^2 \operatorname{sn}^2 u \operatorname{sn}^2 v}$$

$$\operatorname{cn}(u+v) = \frac{\operatorname{cn} u \operatorname{cn} v - \operatorname{sn} u \operatorname{sn} v \operatorname{dn} u \operatorname{dn} v}{1 - k^2 \operatorname{sn}^2 u \operatorname{sn}^2 v}$$

$$\operatorname{dn}(u+v) = \frac{\operatorname{dn} u \operatorname{dn} v - k^2 \operatorname{sn} u \operatorname{sn} v \operatorname{cn} u \operatorname{cn} v}{1 - k^2 \operatorname{sn}^2 u \operatorname{sn}^2 v}$$

注记

将几何级数

$$\frac{1}{1+x} = 1 - x + x^2 - x^3 - \cdots$$

逐项积分便得到对数函数，即

$$\ln(1+x) = x - \frac{x^2}{2} + \frac{x^3}{3} - \frac{x^4}{4} + \cdots = \int_0^x \frac{\mathrm{d}t}{1+t}$$

事实上，绝大多数的超越函数，包括对数函数、指数函数及三角函数和双曲函数等，都可以经由有理函数积分并求逆而得到。比如对于圆方程 $x^2 + y^2 = 1$，它的一段弧长 $\theta(x)$ 由积分给出

$$\theta(x) = \int_0^x \frac{\mathrm{d}t}{\sqrt{1-t^2}}$$

弧长积分的逆函数 $x = \theta^{-1}(x) \equiv \sin\theta$，便是所谓的正弦函数，$\theta(x)$ 即反正弦函数，三角函数因此被称作圆周函数。经过适当的参数变换，它的被积函数可以化为有理函数。

对形如 $y'^2 = p(x)$ 的函数方程，定义积分的逆函数关系（三次椭圆曲线的弧长）

$$f^{-1}(x) = \int_0^x \frac{\mathrm{d}u}{\sqrt{p(x)}}$$

这个积分的困难之处在于被积函数的多值性。虽然从 17 世纪开始，人们就开始试图对 $p(x)$ 为三次或四次的多项式求积分，但直到雅可比的工作出现之前，一直没有人想到要对它们取逆，而其逆函数是单值周期函数。

需要经椭圆函数来进行参数化的曲线称为椭圆曲线。颇为奇特的是，椭圆可以用有理函数进行参数化，因此椭圆本身并不属于椭圆曲线。椭圆积分来自很多重要的几何和力学问题，它的被积函数不可能化为有理函数，因此它的逆函数是一类全新的超越函数。

雅各布·伯努利最先研究双纽线方程（lemniscate equation），如图 2.20 所示，

$$(x^2 + y^2)^2 = 2a^2(x^2 - y^2)$$

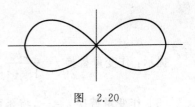

图　2.20

它的弧长可以用椭圆积分来表示

$$\int_0^x \frac{\mathrm{d}t}{\sqrt{1-t^4}}$$

高斯研究了该积分的逆函数，称为"双纽正弦函数"：$x = \mathrm{sl}(u)$，其中

$$u = \int_0^x \frac{\mathrm{d}t}{\sqrt{1-t^4}}$$

高斯发现这个函数像正弦函数一样具有周期性，周期为

$$2\widetilde{\omega} = 4\int_0^1 \frac{\mathrm{d}t}{\sqrt{1-t^4}}$$

推广到复变量情形，由于

$$\frac{\mathrm{d}(\mathrm{i}t)}{\sqrt{1-(\mathrm{i}t)^4}} = \frac{\mathrm{i}\,\mathrm{d}t}{\sqrt{1-t^4}}$$

因此 $\mathrm{sl}(\mathrm{i}t) = \mathrm{isl}(t)$，即双纽正弦函数在复数域里还具有第二个周期 $2\mathrm{i}\widetilde{\omega}$，于是发现椭圆函数最重要的性质之一，即双周期性。

欧拉曾发现三角函数的级数展开式（参看 5.2 节）：

$$\cot x = \sum_{n=-\infty}^{\infty} \frac{1}{x + n\pi} \tag{2.5.6}$$

表明它具有周期 π；爱森斯坦（M. Eisenstein）进一步证明所有双周期函数都有类似下面的级数表达式：

$$\sum_{m,n=-\infty}^{\infty} \frac{1}{(z + m\omega_1 + n\omega_2)^2} \quad (m,n \in \mathbb{Z}; \omega_1, \omega_2 \in \mathbb{C}) \tag{2.5.7}$$

事实上，这个级数等同于魏尔斯特拉斯 $\mathcal{P}$ 函数（可能差一个常数），它是下述椭圆积分的逆函数

$$\int_0^z \frac{\mathrm{d}u}{\sqrt{4u^3 - g_2 u - g_3}} \tag{2.5.8}$$

阿贝尔（N. Abel）证明了亚纯函数（只含有极点的解析函数）最多只有两个独立的周期；雅可比椭圆函数的几何意义我们在第 6 章还会讨论。

根据代数基本定理，五次多项式方程必有五个根。在卡尔丹的三次方程根式解之后，数学家们经过三百年的艰苦奋斗，直到两位命运同样悲催的年轻天才阿贝尔和伽罗华（É. Galois）出现，才最终证明五次多项式方程的根一般不能用基本代数运算，即加减乘除以及根式表示。这一历史难题的攻克，直接导致了群论的诞生。1858 年，厄米（C. Hermite）证明，任何五次方程的解都可以用椭圆函数表示出来。

习题

[1] 写出 $w = \mathrm{sn}(z, k)$ 所满足的微分方程。

[2] 证明下面积分可以表示为有理函数：

$$\int \frac{\mathrm{d}t}{\sqrt{1-t^2}}$$

提示：作变量替换 $t = \dfrac{2v}{1+v^2}$。

[3] 作变量替换 $t = \dfrac{1}{u}$，将函数变换为

$$\frac{\mathrm{d}t}{\sqrt{(t-a)(t-b)(t-c)}} \longrightarrow \frac{\mathrm{d}u}{\sqrt{u(1-au)(1-bu)(1-cu)}}$$

第3章

级 数 展 开

3.1 复函数项级数

对于由复数项 a_k 构成的级数

$$\sum_{k=1}^{\infty} a_k = a_1 + a_2 + a_3 + \cdots + a_k + \cdots$$

如果它的部分序列和具有有限的极限 s，即

$$s_n = \sum_{k=1}^{n} a_k \xrightarrow{\ n \to \infty\ } s$$

则称该级数收敛，称极限 s 为该级数的级数和，记作 $\lim\limits_{n \to \infty} s_n = s$。

如果复数项级数的每一项是复变函数，则称无穷求和表达式

$$\sum_{k=1}^{\infty} w_k(z) = w_1(z) + w_2(z) + \cdots + w_k(z) + \cdots \tag{3.1.1}$$

为函数项级数，其中 $w_k(z)$ 是复变函数。

1. 级数收敛性

对于无穷函数项级数，关键是级数的收敛性及其收敛范围，它由柯西判据来确定。

复数项级数在某点 z 收敛的充分必要条件是，对于任意小的给定正数 $\varepsilon > 0$，必存在正整数 N，使得当 $k > N$ 时，有

$$\left| \sum_{k=N+1}^{N+p} w_k(z) \right| < \varepsilon$$

其中 p 为任意正整数。

将复函数项写成实部和虚部之和：$w_k = u_k + \mathrm{i} v_k$，则函数项级数为

$$\sum_{k=1}^{\infty} w_k(z) = \sum_{k=1}^{\infty} u_k + \mathrm{i} \sum_{k=1}^{\infty} v_k$$

其收敛性可归结为两个实数项级数的收敛性问题。

1）绝对收敛

函数项级数式(3.1.1)中,如果由各项的模构成的级数

$$\sum_{k=1}^{\infty} |w_k(z)| = |w_1(z)| + |w_2(z)| + \cdots + |w_k(z)| + \cdots \qquad (3.1.2)$$

在 z 点收敛,则称该函数项级数在 z 点绝对收敛。

2）一致收敛

函数项级数式(3.1.1)的各项是 z 的函数,如果在某个区域 B 内所有点,级数都收敛,则称级数在区域 B 内收敛。如果上述柯西判据中的正整数 N 与 z 无关,则该复函数项级数在 B 区域上一致收敛。

3）绝对一致收敛

如果对于某个区域 B 上的所有各点,函数项级数各项的模构成的级数式(3.1.2)都一致收敛,则称该级数绝对一致收敛。如果函数项级数式(3.1.1)在区域 B 内收敛,其每一项函数 $w_k(z)$ 在 B 内连续,则级数也在 B 内连续。

关于收敛级数的解析性质,有魏尔斯特拉斯定理:

假设函数项级数式(3.1.1)的每项函数 $w_k(z)$ 都在区域 $\bar{B}$ 中单值解析,且

$$f(z) = \sum_{k=1}^{\infty} w_k(z)$$

在 $\bar{B}$ 内一致收敛,则函数 $f(z)$ 在 B 中单值解析且逐点可导,$f(z)$ 的各阶导数由无穷级数逐项求导得到,即

$$f^{(n)}(z) = \sum_{k=1}^{\infty} w_k^{(n)}(z)$$

2. 幂级数

1）定义

形如

$$\sum_{k=0}^{\infty} a_k (z - z_0)^k \qquad (3.1.3)$$

的级数被称为以 z_0 为中心的幂级数,其中 a_k 是复常数。若存在正数 R,使得当 $|z - z_0| < R$ 时,幂级数式(3.1.3)收敛;而当 $|z - z_0| > R$ 时,级数发散,则称 $|z - z_0| < R$ 为收敛圆,称 R 为级数的收敛半径。

幂级数在收敛圆 $|z - z_0| < R$ 的内部是解析函数,在收敛圆内不可能出现奇点,即收敛圆是单连通区域。

2）阿贝尔定理

若幂级数式(3.1.3)在 $z_0 \neq 0$ 处收敛,则它在圆 $|z| < |z_0|$ 内的任意点绝对收敛,且在圆 $|z| < \alpha |z_0|$ ($0 < \alpha < 1$)内一致收敛。

练习 求复几何级数的和:

$$s(z) = \sum_{k=0}^{\infty} z^k$$

3）收敛判据

对于幂级数,可根据以下几种方法判定其收敛性。

（1）比值判别法（达朗贝尔判别法）

如果幂级数的相邻两项之比

$$\lim_{k\to\infty}\frac{|a_{k+1}||z-z_0|^{k+1}}{|a_k||z-z_0|^k}=\lim_{k\to\infty}\frac{|a_{k+1}|}{|a_k|}|z-z_0|<1$$

则级数收敛,收敛半径为

$$R=\lim_{k\to\infty}\left|\frac{a_k}{a_{k+1}}\right|$$

（2）根值判别法（柯西判别法）

如果幂级数项

$$\lim_{k\to\infty}\sqrt[k]{|a_k||z-z_0|^k}<1$$

则级数收敛,收敛半径为

$$R=\lim_{k\to\infty}\frac{1}{\sqrt[k]{|a_k|}}$$

例 3.1 求级数的收敛半径:

$$\sum_{k=0}^{\infty}(-1)^k z^{2k}$$

解 由比值判别法,有

$$\frac{|(-1)^{k+1}z^{2(k+1)}|}{|(-1)^k z^{2k}|}<1$$

所以收敛半径 $R=1$。本例题级数是几何级数,可以直接求出来,即

$$\sum_{k=0}^{\infty}(-1)^k z^{2k}=1-z^2+z^4-\cdots=\frac{1}{1+z^2}$$

根据该解析表达式,函数除了在 $z=\pm i$ 处有奇异性,在全平面上解析。级数的收敛半径恰好是从原点开始扩张的圆,圆周达到奇点时的圆半径。

问题 当 $|z-z_0|<R$ 时,级数在圆周内收敛;那么在圆周 $|z-z_0|=R$ 上,幂级数是否收敛?这时需要考虑幂级数的前后项之比

$$\frac{w_k}{w_{k+1}}=1+\frac{\lambda}{k}+\frac{\omega_k}{k^p}$$

其中 $p>1$,ω_k 有界,则级数的收敛性由以下高斯判别法决定。

（3）高斯判别法

当 $k\to\infty$ 时,如果 $\lambda>1$,则级数收敛;如果 $\lambda\leq1$,则级数发散。

例 3.2 研究勒让德级数的收敛性:

$$y(x)=1+\frac{(-l)(l+1)}{2!}x^2+\frac{(2-l)(-l)(l+1)(l+3)}{4!}x^4+\cdots+$$

$$\frac{(2k-2-l)(2k-4-l)\cdots(-l)(l+1)\cdots(l+2k-1)}{(2k)!}x^{2k}+\cdots$$

解 由比值判别法,级数的收敛半径为

$$R = \lim_{k \to \infty} \left| \frac{a_k}{a_{k+1}} \right| = \lim_{k \to \infty} \left| \frac{(2k+2)(2k+1)}{(2k-l)(2k+l+1)} \right| = 1$$

现在考虑级数在 $x = \pm 1$ 是否收敛,由于

$$\lim_{k \to \infty} \left| \frac{a_k}{a_{k+1}} \right| = \lim_{k \to \infty} \left| \frac{(2k+2)(2k+1)}{(2k-l)(2k+l+1)} \right| = \frac{4k^2+6k+2}{4k^2+2k-l(l+1)}$$

$$= 1 + \frac{1}{k} + \frac{1}{k^2} \frac{l(l+1)(l+1/k)}{4+2/k-l(l+1)/k^2}$$

所以 $\lambda = 1$,根据高斯判别法,级数在 $x = \pm 1$ 发散。

习题

[1] 求幂级数的收敛域:

(1) $\sum_{k=1}^{\infty} \frac{k!}{k^k} z^k$;   (2) $\sum_{k=1}^{\infty} k^{\ln k} z^k$;

(3) $\sum_{k=1}^{\infty} (-1)^k (z^2+2z+2)^k$;   (4) $\sum_{k=1}^{\infty} 2^k \sin \frac{z}{3^k}$。

答案:(1) $R = e$;   (2) $R = 1$;   (3) $|z^2+2z+2| < 1$;   (4) $R = \infty$。

[2] 证明:

$$\ln(1-z) = -z - \frac{z^2}{2} - \frac{z^3}{3} - \frac{z^4}{4} - \cdots \quad (|z| < 1)$$

[3] 求级数和:

(1) $\sum_{k=1}^{\infty} k z^k$;   (2) $\sum_{k=1}^{\infty} k^2 z^k$。

答案:(1) $\frac{z}{(1-z)^2}$;   (2) $\frac{z(1+z)}{(1-z)^3}$。

[4] 研究级数在 $x = \pm 1$ 的收敛性:

$$y(x) = x + \frac{(1-l)(l+2)}{3!} x^3 + \frac{(3-l)(1-l)(l+2)(l+4)}{5!} x^5 + \cdots +$$

$$\frac{(2k-1-l)(2k-3-l) \cdots (1-l)(l+2) \cdots (l+2k)}{(2k+1)!} x^{2k+1} + \cdots$$

3.2 泰勒级数展开

1. 泰勒定理

设函数 $f(z)$ 在以 z_0 为圆心的圆 C_R 内解析,则对于圆内任一点 z,函数 $f(z)$ 可展开成幂级数形式:

$$f(z) = \sum_{k=0}^{\infty} a_k (z-z_0)^k$$

式中，

$$a_k = \frac{1}{2\pi i}\oint_{C_R}\frac{f(\zeta)}{(\zeta-z_0)^{k+1}}\mathrm{d}\zeta = \frac{1}{k!}f^{(k)}(z_0) \qquad (3.2.1)$$

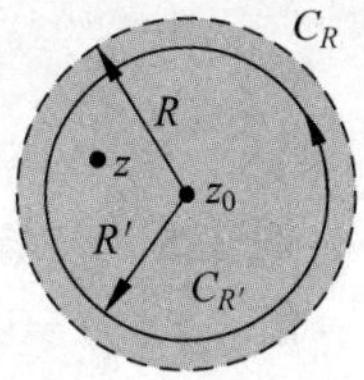

证明 根据柯西积分公式，图 3.1 中圆 $C_{R'}$ 内任一点 z 的函数值为

$$f(z) = \frac{1}{2\pi i}\oint_{C_{R'}}\frac{f(\zeta)}{\zeta-z}\mathrm{d}\zeta$$

图 3.1

由于在圆内 $|z-z_0|<|\zeta-z_0|$，根据几何级数展开表示，有

$$\frac{1}{\zeta-z} = \frac{1}{(\zeta-z_0)-(z-z_0)} = \frac{1}{\zeta-z_0}\cdot\frac{1}{1-\dfrac{z-z_0}{\zeta-z_0}}$$

$$= \frac{1}{\zeta-z_0}\sum_{k=0}^{\infty}\left(\frac{z-z_0}{\zeta-z_0}\right)^k = \sum_{k=0}^{\infty}\frac{(z-z_0)^k}{(\zeta-z_0)^{k+1}}$$

代入积分表示，得

$$f(z) = \sum_{k=0}^{\infty}(z-z_0)^k\cdot\frac{1}{2\pi i}\oint_{C_{R'}}\frac{f(\zeta)}{(\zeta-z_0)^{k+1}}\mathrm{d}\zeta = \sum_{k=0}^{\infty}\frac{f^{(k)}(z_0)}{k!}(z-z_0)^k$$

将解析函数表示成正幂级数的形式称为函数的泰勒级数展开。

唯一性定理：函数 $f(z)$ 在 B 内解析的充分必要条件是，$f(z)$ 在 B 内任一点的邻域内可展开成唯一的泰勒级数。

证明 假设解析函数 $f(z)$ 在 z_0 还可以展开成另一种不同的泰勒级数

$$f(z) = \sum_{k=0}^{\infty}b_k(z-z_0)^k$$

则有

$$b_0 + b_1(z-z_0)^1 + b_2(z-z_0)^2 + \cdots + b_k(z-z_0)^k + \cdots$$
$$= f(z_0) + \frac{f'(z_0)}{1!}(z-z_0)^1 + \frac{f''(z_0)}{2!}(z-z_0)^2 + \cdots + \frac{f^{(k)}(z_0)}{k!}(z-z_0)^k + \cdots$$

由于级数的每一项在 B 内解析，因此是逐项可导的，将上式逐次求导，然后取 $z=z_0$，必有

$$b_0 = f(z_0),\quad b_1 = \frac{f'(z_0)}{1!},\quad b_2 = \frac{f''(z_0)}{2!},\quad \cdots,\quad b_k = \frac{f^{(k)}(z_0)}{k!},\quad \cdots$$

例 3.3 求函数 $f(z)=\sin z$ 在 $z=0$ 点的展开。

解

$$f(z) = \sum_{k=0}^{\infty}\frac{f^{(k)}(z_0)}{k!}(z-z_0)^k = z - \frac{1}{3!}z^3 + \frac{1}{5!}z^5 - \cdots + \frac{(-1)^k}{(2k+1)!}z^{2k+1} + \cdots$$

可见，它具有与实变函数完全一样的形式。

例 3.4 证明欧拉公式：

$$\mathrm{e}^{i\theta} = \cos\theta + i\sin\theta$$

解 考虑泰勒级数展开

$$\mathrm{e}^z = 1 + \frac{1}{1!}z + \frac{1}{2!}z^2 + \frac{1}{3!}z^3 + \cdots$$

令 $z=i\theta$，有

$$e^{i\theta} = \left[1 - \frac{1}{2!}\theta^2 + \frac{1}{4!}\theta^4 - \cdots\right] + i\left[\frac{1}{1!}\theta - \frac{1}{3!}\theta^3 + \frac{1}{5!}\theta^5 - \cdots\right]$$
$$= \cos\theta + i\sin\theta$$

例 3.5 求函数 $f(z) = \ln z$ 在 $z = 1$ 点的泰勒级数展开。

解 $f(z) = \ln z$ 是多值函数，需选取其中一个分支进行泰勒展开，由于

$$f(1) = 2k\pi i, \quad f'(1) = 1, \quad f''(1) = -1!$$
$$f^{(3)}(1) = 2!, \quad f^{(4)}(1) = -3!, \quad \cdots$$

所以

$$\ln z = 2k\pi i + (z-1) - \frac{1}{2}(z-1)^2 + \frac{1}{3}(z-1)^3 - \frac{1}{4}(z-1)^4 + \cdots$$

其中 $|z-1| < 1, k \in \mathbb{Z}$。

2. 解析函数零点

如果函数 $f(z)$ 在 z_0 的邻域内解析，且 $f(z_0) = 0$，则称 $z = z_0$ 为 $f(z)$ 的零点。由于泰勒展开

$$f(z) = \sum_{n=0}^{\infty} a_n (z - z_0)^n$$

若 $z = z_0$ 为零点，且

$$a_0 = a_1 = \cdots = a_{n-1} = 0$$

则称 z_0 为 $f(z)$ 的 n 阶零点。关于零点的性质，我们有零点孤立性定理：

若 $f(z_0) = 0$，且 $f(z)$ 在包含 $z = z_0$ 的区域内解析且不恒为零，则必能找到有限的圆域 $|z - z_0| < \rho$，在其内 $f(z)$ 没有其他零点。

证明 设 $z = z_0$ 是 $f(z)$ 的 n 阶零点，必有

$$f(z) = (z - z_0)^n g(z)$$

其中 $g(z)$ 在 $z = z_0$ 的邻域内解析，且 $g(z_0) \neq 0$。由于 $g(z)$ 在 $z = z_0$ 连续，故存在圆域 $|z - z_0| < \rho$，其中 $g(z)$ 恒不为零，即 $f(z)$ 在 z_0 的邻域内没有其他零点。

根据零点孤立性定理，可得到如下推论：

推论 I：如果解析函数的零点是非孤立的，则此函数恒为零。

推论 II：设 $f_1(z)$ 和 $f_2(z)$ 都在区域 B 内解析，且在 B 内的某一段连续弧线或者某个子区域 $D \subset B$ 内相等，则在 B 内必有 $f_1(z) = f_2(z)$。

解析函数的零点是其实部和虚部同时为零的点，其实部和虚部为零时分别画出一条曲线，它们的交点即复变函数的零点。图 3.2(a) 描绘了函数

$$f(z) = (z^2 + 1)(z - 3 - i)^3$$

的实部和虚部零线，其中 $z = \pm i$ 和 $z = 3 + i$ 分别为一阶和三阶零点。零点同时是其相位或辐角的奇异点（无定义），当 z 绕零点一周时，函数的相位增加 $2n\pi(n \in \mathbb{Z})$，如图 3.2(b) 所示，其中 n 为零点的阶数，称作绕数（winding number）。在超导或超流体中，宏观波函数的零点对应于一个量子化的涡旋。

讨论 如果函数 $f(z)$ 在 z_0 的邻域内解析，且 $f'(z_0) = 0$，研究函数在该点的性质，比如实部和虚部有什么特征，并与实变函数进行对比。

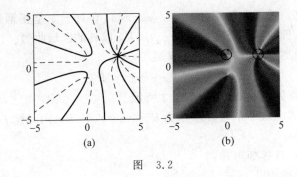

图　3.2

习题

[1] 在 $z=0$ 点将函数展开为泰勒级数：

(1) $\tan z$；　　(2) $\dfrac{1}{1-3z+2z^2}$。

[2] 在 $z=i$ 点将函数展开为泰勒级数：

(1) $\sqrt[3]{z}$；　　(2) $\ln z$。

[3] 求多值函数在 $z=0$ 点的泰勒级数展开：

$$f(z)=(1+z)^m \quad (m \notin \mathbb{Z})$$

[4] 运用泰勒定理证明刘维尔定理。

[5] 运用泰勒定理证明最大模定理。

提示：采用反证法，假设 $|f(z_0)|$ 最大，对以 z_0 为圆心的圆周积分。

3.3　洛朗级数展开

当 $f(z)$ 在圆 $|z-z_0|<R$ 内解析，泰勒定理告诉我们，$f(z)$ 必可展开成正幂级数，那么是否可以有收敛的负幂级数？其收敛性又如何呢？这就是下面我们要讨论的双边幂级数。

1. 双边幂级数

形如

$$\sum_{k=-\infty}^{\infty} a_k(z-z_0)^k = \cdots + a_{-k}(z-z_0)^{-k} + \cdots + a_{-1}(z-z_0)^{-1} + a_0 +$$

$$a_1(z-z_0) + a_2(z-z_0)^2 + \cdots + a_k(z-z_0)^k + \cdots \quad (3.3.1)$$

的级数称为双边幂级数，其中

$$S_+(z) = \sum_{k=0}^{\infty} a_k(z-z_0)^k$$

称为双边幂级数的正幂或解析部分，而

$$S_-(z) = \sum_{k=-1}^{-\infty} a_k(z-z_0)^k$$

称为双边幂级数的负幂或主要部分。

我们要求级数的正幂部分和负幂部分必须同时收敛。设正幂部分的收敛半径为 R_1，即在圆域 $|z-z_0|<R_1$ 内收敛。很明显，为了保证负幂级数收敛，必须限制 z 不能无限接近 z_0，

不然负幂部分将发散。可以取新变量 $\zeta = 1/(z-z_0)$，它对于 ζ 是正幂级数，因此存在收敛半径 $|\zeta| < h \equiv 1/R_2$，即负幂部分在圆 $|z-z_0| > R_2$ 以外的区域收敛。这样，如果 $R_2 < R_1$，那么双边幂级数式(3.3.1)就只能在环形区域

$$R_2 < |z-z_0| < R_1$$

内收敛，称为双边幂级数的收敛环，如图 3.3 所示。

如果双边幂级数式(3.3.1)的收敛环 B 为 $R_2 < |z-z_0| < R_1$，则函数 $f(z)$ 具有如下性质：

(1) 在 B 内连续；

(2) 在 B 内解析，且逐项可导；

(3) 在 B 内可逐项积分。

双边幂级数在收敛环 B 内绝对且一致收敛，其和在区域 B 内解析；其中负幂项的数目可能为有限多，也可能为无限多。

2. 洛朗定理

当复变函数 $f(z)$ 在区域 $|z-z_0| < R_1$ 内有奇点时，能否在 z_0 点展开成类似于幂级数的形式呢？这是可以的，有如下的洛朗定理：

如果函数 $f(z)$ 在环状域 $R_2 < |z-z_0| < R_1$ 的内部单值解析，则对于环内任一点 z，函数 $f(z)$ 可展开成双边幂级数

$$f(z) = \sum_{k=-\infty}^{\infty} a_k (z-z_0)^k$$

式中，

$$a_k = \frac{1}{2\pi i} \oint_C \frac{f(\zeta)}{(\zeta-z_0)^{k+1}} d\zeta \tag{3.3.2}$$

积分回路 C 如图 3.4 所示。

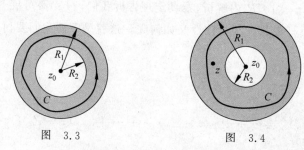

图　3.3　　　　　　　　　　　　图　3.4

证明　应用多连通区域的柯西积分公式，解析环内一点 z 可表示为

$$f(z) = \frac{1}{2\pi i} \oint_{C_{R_1}} \frac{f(\zeta)}{\zeta-z} d\zeta - \frac{1}{2\pi i} \oint_{C_{R_2}} \frac{f(\zeta)}{\zeta-z} d\zeta$$

对于沿 C_{R_1} 的积分，由于在环内 $|z-z_0| < |\zeta-z_0|$，有

$$\frac{1}{\zeta-z} = \frac{1}{(\zeta-z_0)-(z-z_0)} = \frac{1}{\zeta-z_0} \cdot \frac{1}{1-\dfrac{z-z_0}{\zeta-z_0}}$$

$$= \frac{1}{\zeta-z_0} \cdot \sum_{k=0}^{\infty} \left(\frac{z-z_0}{\zeta-z_0}\right)^k = \sum_{k=0}^{\infty} \frac{(z-z_0)^k}{(\zeta-z_0)^{k+1}}$$

对于沿 C_{R_2} 的积分,由于 $|z-z_0|>|\zeta-z_0|$,有

$$\frac{1}{\zeta-z}=\frac{1}{(\zeta-z_0)-(z-z_0)}=-\frac{1}{z-z_0}\cdot\frac{1}{1-\dfrac{\zeta-z_0}{z-z_0}}$$

$$=-\frac{1}{z-z_0}\cdot\sum_{k=0}^{\infty}\left(\frac{\zeta-z_0}{z-z_0}\right)^k=-\sum_{k=0}^{\infty}\frac{(\zeta-z_0)^k}{(z-z_0)^{k+1}}$$

将上两式代入积分表示,得

$$f(z)=\sum_{k=0}^{\infty}(z-z_0)^k\cdot\frac{1}{2\pi\mathrm{i}}\oint_{C_{R_1}}\frac{f(\zeta)}{(\zeta-z_0)^{k+1}}\mathrm{d}\zeta+$$

$$\sum_{k=0}^{\infty}(z-z_0)^{-k-1}\cdot\frac{1}{2\pi\mathrm{i}}\oint_{C_{R_2}}(\zeta-z_0)^k f(\zeta)\mathrm{d}\zeta$$

$$=\sum_{k=0}^{\infty}\left[\frac{1}{2\pi\mathrm{i}}\oint_{C}\frac{f(\zeta)}{(\zeta-z_0)^{k+1}}\mathrm{d}\zeta\right]\cdot(z-z_0)^k+$$

$$\sum_{k=-1}^{\infty}\left[\frac{1}{2\pi\mathrm{i}}\oint_{C}\frac{f(\zeta)}{(\zeta-z_0)^{k+1}}\mathrm{d}\zeta\right]\cdot(z-z_0)^k$$

$$=\sum_{k=-\infty}^{\infty}a_k(z-z_0)^k$$

展开系数为

$$a_k=\frac{1}{2\pi\mathrm{i}}\oint_{C}\frac{f(\zeta)}{(\zeta-z_0)^{k+1}}\mathrm{d}\zeta$$

环形区域内解析函数的双边幂级数表示称作洛朗级数(Laurent series)展开。可以证明,洛朗级数展开也是唯一的。

说明　展开级数中虽然含有 $z-z_0$ 的负幂项,但 z_0 可能是,也可能不是函数 $f(z)$ 的奇点,因此不能像泰勒级数一样,即

$$a_k\neq\frac{1}{k!}f^{(k)}(z_0)$$

例 3.6　在 $z_0=0$ 的邻域上把 $f(z)=\mathrm{e}^{1/z}$ 展开。

解　先作泰勒展开,

$$\mathrm{e}^z=1+\frac{1}{1!}z+\frac{1}{2!}z^2+\frac{1}{3!}z^3+\cdots$$

再令 $z\mapsto\dfrac{1}{z}$,得

$$\mathrm{e}^{\frac{1}{z}}=1+\frac{1}{1!}\frac{1}{z}+\frac{1}{2!}\frac{1}{z^2}+\frac{1}{3!}\frac{1}{z^3}+\cdots$$

例 3.7　将函数 $f(z)=\dfrac{1}{z^2-1}$ 在下列环形区域作洛朗级数展开(图 3.5):

(1) $1<|z|<\infty$;　(2) $0<|z-1|<2$。

解

(1) 在区域 $1<|z|<\infty$,按照几何级数展开,有

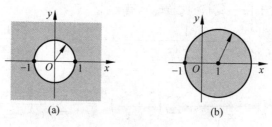

图　3.5

$$f(z) = \frac{1}{z^2} \frac{1}{1 - \frac{1}{z^2}} = \frac{1}{z^2} \sum_{k=0}^{\infty} \frac{1}{z^{2k}} = \sum_{k=1}^{\infty} \frac{1}{z^{2k}}$$

（2）在 $0 < |z-1| < 2$ 区域,有

$$f(z) = \frac{1}{z^2 - 1} = \frac{1}{2} \frac{1}{z-1} - \frac{1}{2} \frac{1}{z+1} = \frac{1}{2} \frac{1}{z-1} - \frac{1}{4} \frac{1}{1 + \frac{z-1}{2}}$$

$$= \frac{1}{2} \frac{1}{z-1} - \frac{1}{4} \sum_{k=0}^{\infty} \frac{(-1)^k}{2^k} (z-1)^k$$

由例 3.7(1)可见,虽然洛朗级数有无穷多负幂项,但 $z_0 = 0$ 并不是函数的奇点;在例 3.7(2)中,只有一项负幂项。

泰勒级数展开只需说明在某点的邻域进行展开。洛朗级数展开则需指明在哪个区域内进行展开,其展开的具体形式随指定的展开区域不同而不同。如果只有环心 z_0 是 $f(z)$ 的奇点,则内收敛半径可以任意小,这时称为 $f(z)$ 在孤立奇点 z_0 的去心邻域内作洛朗级数展开。

我们将看到,负一次幂的展开系数 a_{-1} 在复变函数积分中具有特殊的意义,被称为 $f(z)$ 在点 $z = z_0$ 处的留数,记作

$$a_{-1} = \operatorname*{Res}_{z=z_0}[f(z)]$$

注记

人们可以通过分析幂级数的普遍性特征来理解函数,然而不是所有函数都可以展开成幂级数,比如函数 $f(x) = \sqrt{x}$ 在 $x = 0$ 点有多值性,不是严格意义上的函数,幂级数无法反映这种性态,因为它只能是单值的。牛顿发现一般代数函数,即 x 和 y 满足一个多项式方程 $p(x,y) = 0$,因此 y 可以表示为 x 的分数幂级数,即

$$y = a_0 + a_1 x^{r_1} + a_2 x^{r_2} + a_3 x^{r_3} + \cdots$$

其中 $r_1, r_2, r_3, \cdots$ 是有理数,该式也可表示成幂级数乘以 x 的分数幂。

实数域里的分数幂是难以被理解的,复代数函数的分数幂级数展开被称为皮瑟展开 (Puiseux expansions)。它的意思是,当在支点 $z = z_0$ 对 n 阶多值函数作级数展开时,需先取定一个分支,引入新的复变量,比如令

$$\zeta = \sqrt[n]{z - z_0}$$

解析函数可以展开为

$$f(z) = \sum_{k=-\infty}^{\infty} c_k \zeta^k = \sum_{k=-\infty}^{\infty} c_k (z-z_0)^{k/n}$$

有时候,复平面上的某点在多值函数的主分支是奇点,但在其他分支不是奇点,因此在不同分支作级数展开会有不一样的结果,例如 $z=1$ 点对于函数 $f(z) = \dfrac{1}{\ln z}$。

习题

[1] 令 $z_0 = 1 + i/2$,求函数 $f(z) = \dfrac{1}{z^2 - 1}$ 在以下区域的洛朗级数展开:

(1) $|z - z_0| < \dfrac{1}{2}$;　　(2) $\dfrac{1}{2} < |z - z_0| < \dfrac{\sqrt{17}}{2}$;　　(3) $|z - z_0| > \dfrac{\sqrt{17}}{2}$。

[2] 将复变函数在 $z_0 = 0$ 的去心邻域内作洛朗级数展开:

(1) $f(z) = \sin \dfrac{1}{z}$;　　(2) $f(z) = \cot z$。

答案:(1) $\displaystyle\sum_{k=0}^{\infty} (-1)^{k-1} \dfrac{1}{(2k+1)!} \dfrac{1}{z^{2k+1}}$;　　(2) $\dfrac{1}{z} - \dfrac{1}{3}z - \dfrac{1}{45}z^3 - \cdots$。

[3] 证明 $f(z) = \sqrt{z}$ 在 $z = 0$ 不可能有通常的幂级数展开。

[4] 研究多值函数的奇异性:

$$f(z) = \frac{1}{\sqrt{z} + 1}$$

3.4　奇点分类

1. 奇点

数学中函数未定义的点被称作奇点(singular point)。在实分析中,奇点就是函数或者函数的导数不连续的点。在复分析中,奇点具有更丰富的内容,它定义为函数不可导的点,复变函数的奇点可分为孤立奇点和非孤立奇点。

(1) 孤立奇点

若单值函数 $f(z)$ 在某点 z_0 不可导,而在 z_0 的去心邻域内处处可导,则称 z_0 为 $f(z)$ 的孤立奇点。例如 $z=0$ 或 $z=\pm i$ 是以下函数的孤立奇点:

$$f(z) = \frac{1}{z}, \quad f(z) = e^{\frac{1}{z}}, \quad f(z) = \frac{1}{1+z^2}$$

(2) 非孤立奇点

若在 z_0 的任意小邻域内,总可以找到 z_0 以外的不可导点,则称 z_0 为 $f(z)$ 的非孤立奇点。下述函数的 $z=0$ 是非孤立奇点:

$$f(z) = \frac{1}{\sin(1/z)}$$

因为在 $z=0$ 的任意小邻域内,总存在其他奇点,如图 3.6 所示。

下面欣赏一个非孤立奇点的案例。对于由无穷级数定义的函数

$$f(z) = \sum_{k=0}^{\infty} z^{2^k} = z + z^2 + z^4 + z^8 + z^{16} + \cdots$$

该级数在 $|z|<1$ 的圆域内收敛,所以 $f(z)$ 在圆内解析,当沿实轴 $z\to 1$ 时级数发散,所以 $z=1$ 是它的奇点。另外,

$$f(z^2) = z^2 + z^4 + z^8 + z^{16} + \cdots = f(z) - z$$

当沿半径方向 $z\to -1$ 时,$f(z)$ 也发散,所以 $z=-1$ 也是函数的奇点。同理,

$$f(z^4) = z^4 + z^8 + z^{16} + \cdots = f(z) - z - z^2$$

或者更一般地,对任意自然数 n,有

$$f(z^{2^n}) = f(z) - (z + z^2 + z^4 + z^8 + z^{16} + \cdots + z^{2^{n-1}})$$

当沿半径方向 $z^{2^n}\to 1$ 时,级数均发散,所以,$z = e^{2k\pi i/2^n}$ $(n\in\mathbb{Z})$ 都是 $f(z)$ 的奇点。当 $n\to\infty$ 时,奇点之间的间隔无限靠近,这样 $f(z)$ 便有一整条由非孤立奇点构成的奇异圆环。这样一条密集奇点构成的栅栏,将单位圆内外区域完全隔绝(图 3.7)。

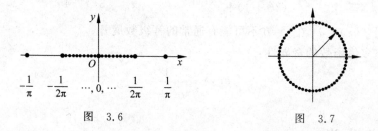

图 3.6　　　　　　　　　　图 3.7

说明　非孤立奇点并不稀罕,诸如 $f(z) = |z^2|$ 之类的函数,它在复平面上除了 $z=0$ 点外,处处不可导,因此整个复平面都是非孤立奇点!如果我们随意写出的一个复函数,尽管其实部和虚部都分别连续可导,但由于不满足柯西-黎曼条件,或者不是调和函数,那就意味着在所有区域内它都是处处奇异的,比如函数 $f(x,y) = (x^3 y + 2x) + i(y^4 + x^2)$。由于不具备解析性,我们以后将不考虑这类具有连片非孤立奇点的函数。

2. 孤立奇点分类

利用洛朗级数展开可以对单值函数的孤立奇点进行分类。在孤立奇点的去心邻域,解析函数可以作洛朗级数展开

$$f(z) = \sum_{k=-\infty}^{\infty} a_k (z - z_0)^k$$

式中,

$$a_k = \frac{1}{2\pi i} \oint_C \frac{f(\zeta)}{(\zeta - z_0)^{k+1}} d\zeta$$

我们可以根据最高负幂的阶数,对孤立奇点进行分类。

(1) 可去奇点

如果函数在 z_0 点存在有限极限,$\lim_{z\to z_0} f(z) = A$,则 z_0 称为可去奇点(removable singularity)。以可去奇点为中心的洛朗级数展开中没有负幂项。比如 $f(z) = \sin z / z$,函数

在 $z=0$ 邻域内有界，因此可以不视作奇点。

（2）极点

如果函数在 z_0 点存在无穷极限，$\lim\limits_{z \to z_0} f(z) = \infty$，则 z_0 称为极点（pole）。容易证明，当且仅当 $f(z)$ 在 z_0 点的洛朗级数展开只有有限的负整数幂项时，z_0 为极点。如果最高负整数幂项为 m 次，称作 m 阶极点，$m=1$ 称作单极点。

可以证明，如果 z_0 是解析函数 $\varphi(z)$ 的零点，则它是函数 $f(z) = 1/\varphi(z)$ 的极点，且 $f(z)$ 在 z_0 的极点阶数即 $\varphi(z)$ 在 z_0 的零点阶数。

（3）本性奇点

如果函数在 z_0 点既没有有限极限，也没有无穷极限，则 z_0 称为本性奇点（essential singularity）。当 $z \to z_0$ 时，函数 $f(z)$ 的极限值随着 $z \to z_0$ 的方式而定，其极限按不同点序列 $z_n \to z_0$ 的趋近方式不同而不同。单值函数中但凡不属于可去奇点和极点的孤立奇点都归类于本性奇点。可以证明，当且仅当 $f(z)$ 在 z_0 邻域的洛朗级数展开有无穷多负整数幂项，孤立奇点是本性奇点。比如 $z=0$ 是 $f(z) = e^{1/z}$ 的本性奇点，有

$$e^{\frac{1}{z}} = \sum_{n=0}^{\infty} \frac{1}{n!} \left(\frac{1}{z^n} \right)$$

我们来演示一下本性奇点究竟有多奇葩：令 $\alpha > 0$ 为任意实数，取

$$z = \frac{1}{\ln\alpha + 2n\pi i} \quad (n \in \mathbf{N})$$

可见当 $n \to \infty$ 时，$z \to 0$，而

$$e^{\frac{1}{z}} = e^{\ln\alpha + 2n\pi i} = \alpha e^{2n\pi i} = \alpha$$

表明在原点 $z=0$ 的任意小邻域内，函数 $f(z) = e^{1/z}$ 可以取任意的实数值！更一般地，当 $z \to 0$ 时，函数可以取任意复数值。所有本性奇点都具有这一特性，它表述为魏尔斯特拉斯-卡索拉定理：

如果 z_0 是函数 $f(z)$ 的本性奇点，则对于任意复数 $A \in \bar{\mathbf{C}}$，总可以找到无穷点序列 $z_n \to z_0$，使得 $\lim\limits_{n \to \infty} f(z_n) = A$。

为了对本性奇点有一个更直观的认识，我们描绘含有本性奇点 $z=0$ 的函数 $f(z) = e^{1/z}$，图 3.8(a) 的实线和虚线分别表示实部和虚部的零点分布，图 3.8(b) 表示相位分布。

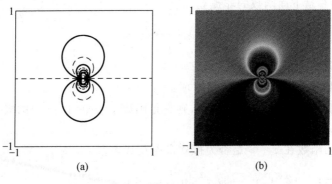

(a)　　　　　(b)

图 3.8

3. 支点分类

多值函数在支点没有定义,因此支点也是函数的奇点。由于多值性,在支点的去心邻域不能连续地定义函数,所以支点不属于孤立奇点,不能在支点作洛朗级数展开。类比孤立奇点的分类法,可将支点也分为两类:

(1) 代数支点

当 $z \to a$ 时所有分支都趋于一个有限的或者无限的极限,例如根式函数 $f(z) = \sqrt[n]{z}$ 的支点 $z=0$ 和 $z=\infty$。

(2) 超越支点

当 $z \to a$ 时各分支的极限不存在,例如函数 $f(z) = \mathrm{e}^{1/\sqrt{z}}$,其支点 $z=0$ 就是超越支点,但是 $z=\infty$ 是该函数的代数支点。另外,对数函数的支点也属于超越支点。

4. 解析函数分类

单值函数按照孤立奇点的特性,可以区分为两类。

(1) 全纯函数

全纯函数(holomorphic function)定义为在区域 B 内处处解析的函数,又称解析函数。如果函数在全复平面上解析,则称作整函数,其必以 $z=\infty$ 点为唯一的孤立奇点,否则的话,函数必为常数(刘维尔定理)。根据泰勒定理,任何整函数都可以用一个在全平面收敛的幂级数来表示。

(2) 亚纯函数

亚纯函数(meromorphic function)是在区域 B 内除若干个极点外,处处解析的函数。可以证明,亚纯函数能够表示为两个全纯函数之比,函数的极点即分母全纯函数的零点。根据定义可以推断,在一个有界的区域内,亚纯函数只能有有限多个极点,否则无穷多极点必然聚集成非孤立奇点。但在全平面上,亚纯函数可以有无限多的极点。

习题

[1] 比较下列函数在 $z=0$ 邻域作洛朗级数展开的收敛半径:

(1) $f(z) = \dfrac{z^2 - \pi^2}{\sin z}$;　　(2) $f(z) = \dfrac{z^2 - \pi^2}{\sin^2 z}$。

[2] 证明 $z=0$ 是下面函数的非孤立奇点:

$$f(z) = \frac{1}{\mathrm{e}^{1/z^2} + 1}$$

[3] 证明:

(1) 解析函数的极点只有有限的负幂项;

(2) 如果 z_0 是解析函数 $\varphi(z)$ 的零点,则它是函数 $f(z) = 1/\varphi(z)$ 的极点,且 $f(z)$ 在 z_0 的极点阶数即 $\varphi(z)$ 在 z_0 的零点阶数。

[4] 确定下列函数在 $z=\infty$ 是否为孤立奇点及其类型:

(1) $\dfrac{z}{(z^2-2)^2}$;　　(2) e^z;　　(3) $z^2 \sin \dfrac{1}{z}$;　　(4) $\dfrac{\ln z}{(z-1)^3}$。

答案:(1) 可去奇点;　　(2) 本性奇点;　　(3) 单极点;　　(4) 非孤立奇点。

[5]　证明：如果整函数 $f(z)$ 不是常数，则 $z=\infty$ 必为函数 $\mathrm{e}^{f(z)}$ 的本性奇点。

提示：$\mathrm{e}^{f(z)}$ 和 $\mathrm{e}^{-f(z)}$ 都是整函数。

3.5　奇性平面场

在 1.6 节中我们已经讨论了在无源和无旋的条件下，平面向量场 $\boldsymbol{A}=(A_x,A_y)$ 可以用一个复势来描述，$f(z)=u(x,y)+\mathrm{i}v(x,y)$。复势 $f(z)$ 的实部和虚部互为共轭调和函数，平面场可表示为

$$\boldsymbol{A}\equiv A_x+\mathrm{i}A_y=\frac{\partial u}{\partial x}+\mathrm{i}\,\frac{\partial u}{\partial y}=\frac{\partial u}{\partial x}-\mathrm{i}\,\frac{\partial v}{\partial x}=\overline{f'(z)} \tag{3.5.1}$$

现在的问题是，当平面场有奇异性，即有外源或者有涡旋的时候，是否还能用一个复势来描述呢？

1. 源点与涡点

在一个区域 B 中，如果二维向量场 $\boldsymbol{A}=(A_x,A_y)$ 的散度不为零，$\nabla\cdot\boldsymbol{A}\neq0$，我们称这个场有源（$\nabla\cdot\boldsymbol{A}>0$）或有漏（$\nabla\cdot\boldsymbol{A}<0$），$\nabla\cdot\boldsymbol{A}\neq0$ 的点称作源点。由斯托克斯公式，穿过一个闭合回路 C 的总流量（通量）为

$$N=\oint_C\boldsymbol{A}\cdot\hat{\boldsymbol{n}}\,\mathrm{d}l=\oint_C A_x\,\mathrm{d}y-A_y\,\mathrm{d}x \tag{3.5.2}$$

式中，$\hat{\boldsymbol{n}}$ 为曲线 C 的法向方向的单位向量，我们设定向外流出为正，S 是回路 C 所包围的区域。

另外，如果二维向量场的旋度不为零，我们称这个场有涡旋，$\nabla\times\boldsymbol{A}\neq\boldsymbol{0}$ 的点称为涡点，沿回路 C 的涡旋环量为

$$\Gamma=\oint_C\boldsymbol{A}\cdot\mathrm{d}\boldsymbol{l}=\oint_C A_x\,\mathrm{d}x+A_y\,\mathrm{d}y \tag{3.5.3}$$

由于在无源无旋的情况下，$A=\overline{f'(z)}=A_x+\mathrm{i}A_y$，所以

$$f'(z)\mathrm{d}z=(A_x\,\mathrm{d}x+A_y\,\mathrm{d}y)+\mathrm{i}(A_x\,\mathrm{d}y-A_y\,\mathrm{d}x) \tag{3.5.4}$$

于是沿环线 C 积分的流量和环量分别为

$$N=\mathrm{Im}\oint_C f'(z)\mathrm{d}z,\quad \Gamma=\mathrm{Re}\oint_C f'(z)\mathrm{d}z$$

因此，如果平面向量场 $\boldsymbol{A}$ 有源或有旋，意味着复势是具有某种奇异性的解析函数，其奇异性可统一表示为

$$\Gamma+\mathrm{i}N=\oint_C f'(z)\mathrm{d}z$$

2. 复势

1）有源场

为简明起见，假设向量场 $\boldsymbol{A}$ 在全平面内只有一个点源，没有涡旋。将点源取作坐标原点，由于轴对称性，向量场具有径向形式 $\boldsymbol{A}=\varphi(r)\hat{\boldsymbol{r}}$，通过圆心在原点的圆周边界的总通量为

$$N=\oint_\Gamma A_x\,\mathrm{d}y-A_y\,\mathrm{d}x=\varphi(r)\cdot2\pi r$$

由于流量守恒，这个通量应该与半径无关，所以 $\varphi(r)=\dfrac{N}{2\pi r}$，根据

$$\boldsymbol{A}\equiv A_x+\mathrm{i}A_y=\varphi(r)\hat{\boldsymbol{r}}=\frac{N}{2\pi}\frac{1}{\bar{z}}$$

可知 $f'(z)=\dfrac{N}{2\pi}\dfrac{1}{z}$，于是得到复势

$$f(z)=\frac{N}{2\pi}\ln z+C \tag{3.5.5}$$

它是一个对数函数，场的源点就是对数函数的支点。

2）涡旋场

如果向量场 $\boldsymbol{A}$ 只有一个涡点，旋度为 Γ，根据同样的推理可以得出

$$\boldsymbol{A}=\frac{\Gamma}{2\pi}\frac{\mathrm{i}}{\bar{z}}$$

于是复势为

$$f(z)=\frac{\Gamma}{2\pi\mathrm{i}}\ln z+C \tag{3.5.6}$$

所以对于有源有旋场，有

$$\boldsymbol{A}=\frac{N+\mathrm{i}\Gamma}{2\pi}\frac{1}{\bar{z}}$$

复势可以表示为

$$f(z)=\frac{N-\mathrm{i}\Gamma}{2\pi}\ln z+C \tag{3.5.7}$$

可见，具有源点或涡点的奇性平面向量场，其复势都可以表示为一个多值的对数函数，源点或涡点即对数函数的支点，流量或环量与复势的实部或虚部有关。

作为示例，我们考虑垂直于平面的多组电流线，由安培环路定理，电流线产生的磁场为

$$H=\sum_{n=1}^{N}\frac{2\mathrm{i}I_n}{\bar{z}-\bar{\alpha}_n}$$

相应的复势为

$$f(z)=\sum_{n=1}^{N}2I_n\ln(z-\alpha_n)+C \tag{3.5.8}$$

对于由两条相同电流线产生的磁场，复势为

$$f(z)=2I\ln(z^2-\alpha^2)$$

因此描述磁力线的方程是

$$|z-\alpha|\cdot|z+\alpha|=\mathrm{const} \tag{3.5.9}$$

这类方程曲线称作挤压的卵形线（图 3.9）。

思考　设 $I_1=\gamma I_2$，其对应的曲线方程如何？

注记

对于连续分布的场源，如金属表面的静电荷分布，其表面构成的线路 C 上的电荷密度为 $\rho(z)$，在导体外

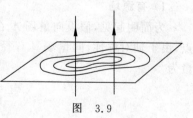

图　3.9

产生的电势分布为

$$u(z)=\frac{1}{2\pi}\int_C\rho(\zeta)\ln|\zeta-z|\mathrm{d}\zeta$$

将它视作复势的实部,可以看到,复势中含有一条由金属表面构成的奇异边界线,边界线上的点都是非孤立奇点。

如果向量场只含有一个源点和一个漏点,强度为 $\pm N$,相距为 h,称这一对正负场源为偶极子,$p=Nh$ 称作偶极矩,其平面场的复势为

$$f(z)=\frac{N}{2\pi}\ln(z+h)-\frac{N}{2\pi}\ln z$$

令 $h\to0$,有

$$f(z)=\lim_{h\to0}\frac{Nh}{2\pi}\frac{\ln(z+h)-\ln z}{h}=\frac{p}{2\pi}\frac{\mathrm{d}}{\mathrm{d}z}\ln z=\frac{p}{2\pi z}$$

可见,偶极子源构成复势的单极点。

如果在 α 点和 $\alpha-h$ 点各有一对偶极子,合在一起构成一个四极子,其平面向量场的复势为

$$f(z)=\lim_{h\to0}\frac{ph}{2\pi}\frac{1}{h}\left(\frac{1}{z-\alpha+h}-\frac{1}{z-\alpha}\right)=-\frac{ph}{2\pi}\frac{1}{(z-\alpha)^2}$$

所以四极子源构成复势的二阶极点。反之,一个有二阶极点的亚纯函数可以解释为描述一个偶极子和一个四极子产生的平面向量场。推而广之,亚纯函数的 n 阶极点被视作 2,4,$\cdots$,$2n$ 阶多极子场的总和。

习题

[1] 有两根平行、相距为 $2d$ 的均匀带电导线,单位长度电量分别为 $\pm q$,求垂直于导线平面内静电场的复势。

答案:$2q\ln\dfrac{z+d}{z-d}$。

[2] 如果平面里有距离很近的正反两个涡点,写出其复势。

[3] 设流体速度场 $\boldsymbol{v}=\nabla\phi$,其中速度势为

$$\phi(z)=\ln\left|\frac{z-1}{z+1}\right|$$

求流线方程,并计算从奇点 $z=\pm1$ 发出的流量。

[4] 分析复势的多极子结构:

$$f(z)=\frac{1}{(z+1)^2(z-1)}$$

第4章

留 数 积 分

4.1 留数定理

1. 留数

设 z_0 是单值解析函数 $f(z)$ 的孤立奇点，在 $z=z_0$ 的去心邻域内，$f(z)$ 可展开成洛朗级数

$$f(z)=\sum_{n=-\infty}^{\infty}a_n(z-z_0)^n \tag{4.1.1}$$

利用积分公式

$$I=\oint_C (z-z_0)^n dz=\begin{cases}0 & (n\neq -1)\\ 2\pi i & (n=-1)\end{cases} \tag{4.1.2}$$

对方程(4.1.1)两边沿包围 z_0 任意闭合回路 C 进行积分，得

$$\oint_C f(z)dz=\oint_C \sum_{n=-\infty}^{\infty}a_n(z-z_0)^n dz=2\pi i a_{-1}$$

称洛朗级数展开中的 $(z-z_0)^{-1}$ 项系数 a_{-1} 为 $f(z)$ 在 z_0 点的留数，记为

$$a_{-1}\overset{\text{def}}{=}\text{Res}\left[f(z)\right]|_{z=z_0}\equiv\underset{z=z_0}{\text{Res}}[f(z)]\equiv\text{Res}\left[f(z_0)\right] \tag{4.1.3}$$

有如下留数定理：

设函数 $f(z)$ 在闭合回路 C 所围成的区域 B 内除有限的孤立奇点 $z_1,z_2,\cdots,z_N$ 外解析，则有

$$\oint_C f(z)dz=2\pi i\sum_{k=1}^{N}\text{Res}\left[f(z)\right]|_{z=z_k} \tag{4.1.4}$$

证明 取图 4.1 的积分回路，利用多连通域的柯西定理，即可很容易证明该定理。

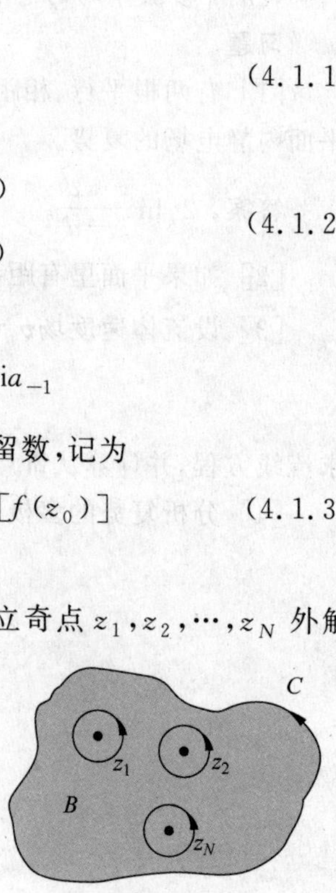

图 4.1

2. 留数计算

1）洛朗级数展开法

根据留数的定义,将函数 $f(z)$ 展开为洛朗级数,取负一次幂项的系数即可。

2）一阶极点

如果 z_0 是单值解析函数 $f(z)$ 的一阶极点,则

$$\operatorname*{Res}_{z=z_0}[f(z)] = \lim_{z \to z_0} (z - z_0) f(z) \tag{4.1.5}$$

如果 $f(z) = P(z)/Q(z)$,$P(z)$ 与 $Q(z)$ 均为解析函数,则

$$\operatorname*{Res}_{z=z_0}[f(z)] = \lim_{z \to z_0} \frac{P(z)}{Q'(z)} \tag{4.1.6}$$

3）m 阶极点

如果 z_0 是单值解析函数 $f(z)$ 的 m 阶极点,由于

$$f(z) = \frac{a_{-m}}{(z - z_0)^m} + \frac{a_{-m+1}}{(z - z_0)^{m-1}} + \cdots + \frac{a_{-1}}{(z - z_0)} + a_0 + a_1(z - z_0) + \cdots$$

所以留数为

$$a_{-1} \equiv \operatorname*{Res}_{z=z_0}[f(z)] = \frac{1}{(m-1)!} \lim_{z \to z_0} \left\{ \frac{\mathrm{d}^{m-1}}{\mathrm{d}z^{m-1}} \left[(z - z_0)^m f(z) \right] \right\} \tag{4.1.7}$$

例 4.1 求函数在 $z = 1$ 处的留数:

$$f(z) = \frac{1}{z^n - 1} \quad (n \in \mathbf{N})$$

解 $z = 1$ 是函数的一阶极点,所以

$$\operatorname{Res}[f(z)]|_{z=1} = \frac{1}{nz^{n-1}} \bigg|_{z=1} = \frac{1}{n}$$

例 4.2 试确定函数 $f(z)$ 的极点,并求其在这些极点处的留数:

$$f(z) = \frac{z + 2\mathrm{i}}{z^5 + 4z^3}$$

解

$$f(z) = \frac{z + 2\mathrm{i}}{z^5 + 4z^3} = \frac{1}{z^3(z - 2\mathrm{i})}$$

孤立奇点位置为 $z = 0$(三阶极点)和 $z = 2\mathrm{i}$(一阶极点),留数分别为

$$\operatorname{Res}[f(z)]|_{z=2\mathrm{i}} = \frac{z + 2\mathrm{i}}{4z^4 + 12z^2} \bigg|_{z=2\mathrm{i}} = \frac{\mathrm{i}}{8}$$

$$\operatorname{Res}[f(z)]|_{z=0} = \frac{1}{2} \frac{\mathrm{d}^2}{\mathrm{d}z^2} \left(\frac{1}{z - 2\mathrm{i}} \right) \bigg|_{z=-2\mathrm{i}} = -\frac{\mathrm{i}}{8}$$

3. 无穷远点留数

定义无穷远点的留数为

$$\operatorname*{Res}_{z=\infty}[f(z)] \overset{\text{def}}{=} \frac{1}{2\pi i} \oint_{C^-} f(z)\mathrm{d}z$$

其中 C^- 为顺时针方向绕 ∞ 点一周,回路内除了 ∞ 点,没有其他奇点。复平面上所有有限远奇点的留数之和,加上无穷远点的留数等于零,即

$$\sum_{z_k} \operatorname*{Res}_{\text{有限远奇点}}[f(z_k)] + \operatorname*{Res}[f(\infty)] = 0$$

C 为 C^- 的逆时针回路,这一结论从黎曼球的观点看很容易理解。

作变量替换 $\zeta = \dfrac{1}{z}$,有

$$\operatorname*{Res}_{z=\infty}[f(z)] = \frac{1}{2\pi i} \oint_{C^-} f(z)\mathrm{d}z = -\frac{1}{2\pi i} \oint_C \frac{f(\zeta)}{\zeta^2}\mathrm{d}\zeta \qquad (4.1.8)$$

值得注意的是,无穷远点虽然可能不是函数的奇点,但其留数并不为零!比如函数 $f(z) = \dfrac{1}{z}$,$z = \infty$ 不是它的奇点,但其留数为 $\operatorname*{Res}[f(\infty)] = -1$。一般地,如果 $f(z)$ 在 $|z| \geqslant R$ 解析,其洛朗级数展开为

$$f(z) = \sum_{k=-\infty}^{\infty} a_k z^k \qquad (|z| \geqslant R)$$

则其在 $z = \infty$ 的留数为 $\operatorname*{Res}_{z=\infty}[f(z)] = -a_{-1}$。

例 4.3 求函数在无穷远点的留数:

$$f(z) = \frac{e^z}{z^3}$$

解 将指数函数按泰勒级数展开,有

$$f(z) = \frac{1}{z^3} + \frac{1}{1!}\frac{1}{z^2} + \frac{1}{2!}\frac{1}{z} + \frac{1}{3!} + \cdots$$

所以

$$\operatorname*{Res}_{z=\infty}[f(z)] = -\frac{1}{2}$$

讨论 留数定理与柯西定理、柯西公式、柯西公式的高阶导数以及与泰勒级数展开之间的关系是什么?

习题

[1] 计算积分:

(1) $\displaystyle\oint_{|z|=2} \frac{z}{z^4-1}\mathrm{d}z$; (2) $\displaystyle\oint_{|z|=2} \frac{e^z}{z(z-1)^2}\mathrm{d}z$。

[2] 找出函数 $f(z) = \cot z^2$ 的所有奇点,并求出其留数。

[3] 求函数在无穷远点的留数:

(1) $f(z) = e^{\frac{1}{1-z}}$; (2) $f(z) = \dfrac{e^z}{(z-1)^n}$ $(n \in \mathbf{N})$; (3) $f(z) = \sqrt{(z-1)(2-z)}$。

答案:(1) 1;(2) $-\dfrac{e}{(n-1)!}$;(3) $-\dfrac{i}{8}$。

4.2　实函数积分

1. 三种基本积分类型

(1) 类型 I : $\int_0^{2\pi} R(\cos\theta, \sin\theta) \, d\theta$

其中被积函数 $R(\cos\theta, \sin\theta)$ 是三角函数的有理式。作自变量替换 $z = e^{i\theta}$，实变数 θ 从 0 增至 2π，则参数积分变为复变数 z 沿圆周回路 $|z| = 1$ 绕一周，有

$$I = \int_0^{2\pi} R(\cos\theta, \sin\theta) \, d\theta = \oint_{|z|=1} R\left(\frac{z + z^{-1}}{2}, \frac{z - z^{-1}}{2i}\right) \frac{dz}{iz} \qquad (4.2.1)$$

例 4.4　计算积分：

$$\int_0^{2\pi} \frac{1}{1 + \varepsilon\cos\theta} \, d\theta \quad (0 < \varepsilon < 1)$$

解　令 $z = e^{i\theta}$，有

$$\int_0^{2\pi} \frac{1}{1 + \varepsilon\cos\theta} \, d\theta = \oint_{|z|=1} \frac{1}{1 + \varepsilon(z + z^{-1})/2} \frac{dz}{iz} = \oint_{|z|=1} \frac{-2i}{\varepsilon z^2 + 2z + \varepsilon} \, dz$$

被积函数的极点为

$$z_1 = \frac{-1 + \sqrt{1 - \varepsilon^2}}{\varepsilon}, \quad z_2 = \frac{-1 - \sqrt{1 - \varepsilon^2}}{\varepsilon}$$

这是两个单极点，容易判断其中 z_1 位于积分回路 $|z| = 1$ 内部，z_2 位于回路以外，所以留数为

$$\operatorname*{Res}_{z=z_1}[f(z)] = \frac{-2i}{2\varepsilon z_1 + 2} = \frac{-i}{\sqrt{1 - \varepsilon^2}}$$

根据留数定理，有

$$\int_0^{2\pi} \frac{1}{1 + \varepsilon\cos\theta} \, d\theta = \frac{2\pi}{\sqrt{1 - \varepsilon^2}}$$

(2) 类型 II : $\int_{-\infty}^{\infty} f(x) \, dx$

其中被积函数 $f(z)$ 在实轴上无奇点。基本思想是：将实变函数的定积分与复变函数的回路积分联系起来，即首先将实变函数作解析延拓至复平面，然后增加路径 l_2 以构成如图 4.2 所示的闭合回路。

$$\int_a^b f(x) \, dx \to \int_{l_1} f(z) \, dz + \int_{l_2} f(z) \, dz \to \oint_{l_1 + l_2} f(z) \, dz$$

如果能够将路径 l_2 的积分计算出来，再利用留数定理计算出闭合环路积分，就可以得到左边实函数的积分。

具体来说，将被积函数 $f(x)$ 解析延拓为复变函数 $f(z)$ 后，如果 $f(z)$ 在复平面上的孤立奇点数目有限，我们作一个半圆周路径 $C_R(R \to \infty)$ 以构成如图 4.3 所示的积分回路，有

$$\oint_\Gamma f(z) \, dz = \int_{-R}^R f(x) \, dx + \int_{C_R} f(z) \, dz$$

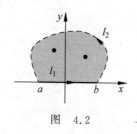

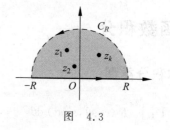

图 4.2   图 4.3

我们希望 $\int_{C_R} f(z)\mathrm{d}z \to 0$，由此可得到

$$\int_{-\infty}^{\infty} f(x)\mathrm{d}x = \oint_\Gamma f(z)\mathrm{d}z = 2\pi\mathrm{i} \sum_{\text{上半平面}} \mathrm{Res}\left[f(z_k)\right] \qquad (4.2.2)$$

可以证明，这一条件当 $R\to\infty$ 时，如果 $|zf(z)|$ 一致趋于零，便能够得到满足。

证明

$$\left| \int_{C_R} f(z)\mathrm{d}z \right| = \left| \int_{C_R} zf(z)\frac{\mathrm{d}z}{z} \right|$$

$$\leqslant \int_{C_R} |zf(z)| \frac{|\mathrm{d}z|}{|z|}$$

$$\leqslant \max|zf(z)| \frac{\pi R}{R}$$

$$= \pi\max|zf(z)| \xrightarrow{|z|\to\infty} 0$$

例 4.5 计算积分：

$$\int_{-\infty}^{\infty} \frac{\mathrm{d}x}{(1+x^2)^2}$$

解 将被积函数解析延拓至复平面 $f(z) = \dfrac{1}{(1+z^2)^2}$，由于

$$zf(z) = \frac{z}{(1+z^2)^2} \xrightarrow{|z|\to\infty} 0 \to \int_{C_R} \frac{1}{(1+z^2)^2}\mathrm{d}z = 0$$

$f(z)$ 的两个二阶极点为 $z = \pm\mathrm{i}$，其中 $z = \mathrm{i}$ 位于上半平面内
（图 4.4），所以

$$\int_{-\infty}^{\infty} \frac{\mathrm{d}x}{(1+x^2)^2} = 2\pi\mathrm{i}\,\mathrm{Res}_{z=\mathrm{i}}\left[\frac{1}{(1+z^2)^2}\right]$$

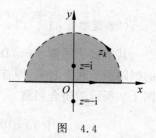

$$= 2\pi\mathrm{i}\,\frac{\mathrm{d}}{\mathrm{d}z}\frac{1}{(z+\mathrm{i})^2}\bigg|_{z=\mathrm{i}} = \frac{\pi}{4}$$

图 4.4

（3）类型Ⅲ：$\displaystyle\int_{-\infty}^{\infty} f(x)\cos mx\,\mathrm{d}x$，$\displaystyle\int_{-\infty}^{\infty} f(x)\sin mx\,\mathrm{d}x$

这是含有普通代数函数和三角函数的积分，假设被积函数 $f(z)$ 在实轴上没有奇点。不妨先令 $m>0$，作解析延拓 $f(x)\mathrm{e}^{\mathrm{i}mx} \to f(z)\mathrm{e}^{\mathrm{i}mz}$，并构建如图 4.3 所示的闭合回路，仍然希望沿 C_R 的积分为零，这就要求被积函数满足一定的条件，这个条件被称作约旦引理：

如果 $m>0$，C_R 是以原点为圆心而位于上半平面的半圆周，当 z 在上半平面或实轴上趋于无穷时 $f(z)$ 一致趋于 0，则

$$\lim_{R \to \infty} \int_{C_R} f(z)\,\mathrm{e}^{imz}\,\mathrm{d}z = 0$$

证明 取上半平面半圆 C_R,写出圆的参数方程 $z = R\,\mathrm{e}^{\mathrm{i}\phi}$,有

$$\left| \int_{C_R} f(z)\,\mathrm{e}^{imz}\,\mathrm{d}z \right| = \left| \int_0^\pi f(R\,\mathrm{e}^{\mathrm{i}\varphi})\,\mathrm{e}^{-mR\sin\varphi}\,\mathrm{e}^{imR\cos\varphi}R\,\mathrm{e}^{\mathrm{i}\varphi}\mathrm{i}\,\mathrm{d}\varphi \right|$$

$$\leqslant \max |f(z)| \cdot \int_0^\pi \mathrm{e}^{-mR\sin\varphi} R\,\mathrm{d}\varphi$$

由于当 $R \to \infty$ 时,$\max|f(z)| \to 0$,只需证明 $\int_0^\pi \mathrm{e}^{-mR\sin\varphi} R\,\mathrm{d}\varphi$ 是有限的即可。

注意到在 $0 \leqslant \varphi \leqslant \pi/2$ 区间内,$0 \leqslant 2\varphi/\pi \leqslant \sin\varphi$(图 4.5),有

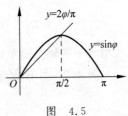

图 4.5

$$\lim_{R \to \infty} \int_0^\pi \mathrm{e}^{-mR\sin\varphi} R\,\mathrm{d}\varphi = 2\lim_{R \to \infty} \int_0^{\pi/2} \mathrm{e}^{-mR\sin\varphi} R\,\mathrm{d}\varphi \leqslant 2\lim_{R \to \infty} \int_0^{\frac{\pi}{2}} \mathrm{e}^{-\frac{2mR\varphi}{\pi}} R\,\mathrm{d}\varphi$$

$$= \lim_{R \to \infty} \frac{\pi}{m}(1 - \mathrm{e}^{-mR}) \to \frac{\pi}{m}$$

所以

$$\int_{-\infty}^{\infty} f(x)\,\mathrm{e}^{imx}\,\mathrm{d}x = 2\pi\mathrm{i} \sum_{\text{上半平面}} \mathrm{Res}\left[f(z)\,\mathrm{e}^{imz}\right]\big|_{z=z_k} \tag{4.2.3}$$

当被积函数含有三角函数时,利用

$$\int_{-\infty}^{\infty} f(x)\,\mathrm{e}^{-imx}\,\mathrm{d}x \xrightarrow{x \to -x} \int_{-\infty}^{\infty} f(-x)\,\mathrm{e}^{imx}\,\mathrm{d}x \quad (m > 0)$$

可以得到

$$\int_0^{\infty} f(x)\cos mx\,\mathrm{d}x = \pi\mathrm{i} \sum_{\text{上半平面}} \mathrm{Res}\left[f(z)\,\mathrm{e}^{imz}\right]\big|_{z=z_k} \tag{4.2.4}$$

及

$$\int_0^{\infty} f(x)\sin mx\,\mathrm{d}x = \pi \sum_{\text{上半平面}} \mathrm{Res}\left[f(z)\,\mathrm{e}^{imz}\right]\big|_{z=z_k} \tag{4.2.5}$$

例 4.6 计算积分:

$$\int_0^{\infty} \frac{x\sin mx}{1+x^2}\,\mathrm{d}x$$

解 利用被积函数为偶函数,先将三角函数化为指数函数形式,再解析延拓成复变函数,有

$$\int_0^{\infty} \frac{x\sin mx}{1+x^2}\,\mathrm{d}x = \frac{1}{2}\int_{-\infty}^{\infty} \frac{x\sin mx}{1+x^2}\,\mathrm{d}x = \frac{1}{2\mathrm{i}}\int_{-\infty}^{\infty} \frac{x\,\mathrm{e}^{imx}}{1+x^2}\,\mathrm{d}x$$

$$= \pi \mathop{\mathrm{Res}}_{z=\mathrm{i}}\left[f(z)\,\mathrm{e}^{imz}\right] = \frac{\pi}{2}\mathrm{e}^{-m}$$

2. 实轴上有单极点

考虑满足类型 II 或类型 III 条件的积分,其中 $f(x)$ 在实轴上 $z = \alpha$ 处有一阶极点(单极点),定义主值积分为

$$\mathcal{P}\int_{-\infty}^{\infty} f(x)\,\mathrm{d}x = \lim_{\varepsilon \to 0}\left[\int_{-\infty}^{\alpha-\varepsilon} f(x)\,\mathrm{d}x + \int_{\alpha+\varepsilon}^{\infty} f(x)\,\mathrm{d}x\right]$$

构造如图 4.6 所示的闭合回路 Γ,其积分为

$$\oint_\Gamma f(z)\mathrm{d}z = \int_{-R}^{a-\varepsilon} f(x)\mathrm{d}x + \int_{a+\varepsilon}^{R} f(x)\mathrm{d}x + \int_{C_R} f(z)\mathrm{d}z + \int_{C_\varepsilon} f(z)\mathrm{d}z$$

$$= 2\pi\mathrm{i} \sum_{\text{上半平面}} \mathrm{Res}[f(z_k)]$$

由于 $z=a$ 是单极点,有 $f(x)=\dfrac{a_{-1}}{z-a}+g(z)$,其中 $g(z)$ 在 $z=a$ 解析。令 $R\to\infty$,$\varepsilon\to0$,有

$$\int_{C_R} f(z)\,\mathrm{d}z \to 0, \qquad \int_{C_\varepsilon} f(z)\,\mathrm{d}z = -\frac{1}{2}a_{-1} = -\frac{1}{2}\mathrm{Res}[f(a)]$$

所以

$$\mathcal{P}\int_{-\infty}^{\infty} f(x)\mathrm{d}x = 2\pi\mathrm{i}\sum_{\text{上半平面}}\mathrm{Res}[f(z_k)] + \pi\mathrm{i}\sum_{\text{实轴上}}\mathrm{Res}[f(z_k)]$$

它相当于实轴上的单极点贡献一半的留数。

例 4.7 计算积分:

$$\int_0^\infty \frac{\sin x}{x}\mathrm{d}x$$

解 利用被积函数是偶函数,首先将积分化为

$$\int_0^\infty \frac{\sin x}{x}\mathrm{d}x = \frac{1}{2}\int_{-\infty}^\infty \frac{\sin x}{x}\mathrm{d}x = \frac{1}{2}\int_{-\infty}^\infty \frac{\mathrm{e}^{\mathrm{i}x}-\mathrm{e}^{-\mathrm{i}x}}{2\mathrm{i}x}\mathrm{d}x = \frac{1}{2\mathrm{i}}\int_{-\infty}^\infty \frac{\mathrm{e}^{\mathrm{i}x}}{x}\mathrm{d}x$$

函数 $f(z)=\dfrac{\mathrm{e}^{\mathrm{i}z}}{z}$ 在实轴上有单极点 $z=0$,在复平面上没有其他奇点,所以

$$\int_0^\infty \frac{\sin x}{x}\mathrm{d}x = \frac{1}{2\mathrm{i}}\times\pi\mathrm{i}\times\mathrm{Res}_{z=0}\left[\frac{\mathrm{e}^{\mathrm{i}z}}{z}\right] = \frac{\pi}{2}$$

例 4.8 计算积分:

$$\int_0^\infty \frac{\sin x}{x(x^2-1)}\mathrm{d}x$$

解 本例题被积函数在实轴上有三个单极点:$z_j=0,\pm1$,作如图 4.7 所示积分回路,可以解得

$$\mathcal{P}\int_0^\infty \frac{\sin x}{x(x^2-1)}\mathrm{d}x = \frac{\pi\mathrm{i}}{2\mathrm{i}}\times\sum_{\text{实轴上}z=z_j}\mathrm{Res}\left[\frac{\mathrm{e}^{\mathrm{i}z}}{z(z^2-1)}\right] = \frac{\pi}{2}(\cos1-1)$$

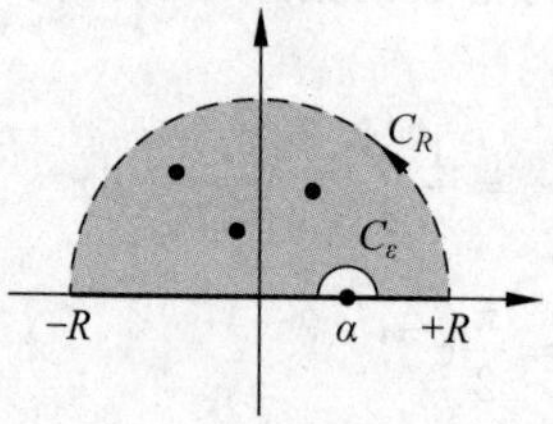

图 4.6 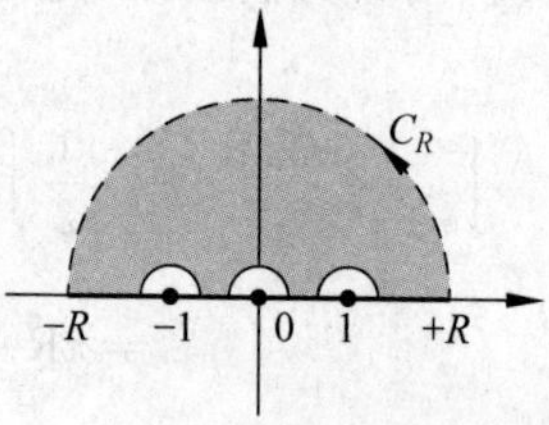   图 4.7

更一般地,如果回路上的 C_ε 不是半圆,而是以单极点 z_0 为圆心,夹角为 α 的一段圆弧,则有分数留数定理:

$$\lim_{\varepsilon\to0}\int_{C_\varepsilon} f(z)\mathrm{d}z = \alpha\mathrm{i}\,\mathrm{Res}[f(z)]\big|_{z=z_0}$$

讨论

(1) 实轴上的奇点只能是单极点,不能是二阶或更高阶的极点;

(2) C_ε 是否可以取下半圆弧?

当 $m < 0$ 时,我们可以先对实变函数作变量替换 $x \to -x$,再利用约旦引理进行计算。但有时候利用如下定理更加方便:

设 $f(z)$ 只有有限数目的极点,如果当 $|z| \to \infty$ 时,它在全平面一致趋于零,$|f(z)| \to \infty$,则有

$$\lim_{R \to \infty} \int_{C_R} f(z) e^{-imz} \, dz = 2\pi i \sum_{\text{全平面}} \mathrm{Res}[f(z) e^{-imz}]|_{z=z_k} \quad (m > 0) \qquad (4.2.6)$$

其中 C_R 为上半平面的半圆。

证明 本定理成立的条件是 $f(z)$ 在下半平面一致趋于零,表明约旦引理对于半径无穷大的下半圆周 C_R' 成立,即

$$\lim_{R \to \infty} \int_{C_R'} f(z) e^{-imz} \, dz = 0$$

而沿上半圆周 C_R 的积分不为零,所以

$$\lim_{R \to \infty} \int_{C_R} f(z) e^{-imz} \, dz = \lim_{R \to \infty} \int_{C_R + C_R'} f(z) e^{-imz} \, dz$$

$$= 2\pi i \sum_{\text{全平面}} \mathrm{Res}[f(z) e^{-imz}]|_{z=z_k} \quad (m > 0)$$

该定理表明,沿上半平面的 C_R 积分,结果与全半平面的极点有关。由于对回路积分

$$\int_{-\infty}^{\infty} f(x) e^{-imx} \, dx + \int_{C_R} f(z) e^{-imz} \, dz = 2\pi i \sum_{\text{上半平面}} \mathrm{Res}[f(z) e^{-imz}]|_{z=z_k}$$

利用式(4.2.6),有

$$\int_{-\infty}^{\infty} f(x) e^{-imx} \, dx = 2\pi i \sum_{\text{上半平面}} \mathrm{Res}[f(z) e^{-imz}]|_{z=z_k} - \int_{C_R} f(z) e^{-imz} \, dz$$

$$= -2\pi i \sum_{\text{下半平面}} \mathrm{Res}[f(z) e^{-imz}]|_{z=z_k}$$

即取函数 $f(z) e^{-imz}$ 在下半平面内奇点的全部留数之和,然后再乘以 $-2\pi i$。

例 4.9 计算积分:

$$\int_0^\infty \frac{\sin^3 x}{x^3} \, dx$$

解 直接考虑积分

$$\oint_\Gamma \frac{\sin^3 z}{z^3} \, dz$$

其中回路 Γ 仍为上半圆并绕过极点 $z = 0$,如图 4.8 所示。由于 $z = 0$ 是可去奇点,沿小半圆 C_ε 的积分为零,上半平面内没有奇点,所以

$$\oint_\Gamma \frac{\sin^3 z}{z^3} \, dz = \int_{-R}^R \frac{\sin^3 x}{x^3} \, dx + \int_{C_R} \frac{\sin^3 z}{z^3} \, dz = 0$$

令 $R \to \infty$,有

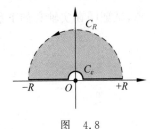

图 4.8

$$\int_{-\infty}^{\infty} \frac{\sin^3 x}{x^3}\mathrm{d}x = -\lim_{R\to\infty}\int_{C_R}\frac{\sin^3 z}{z^3}\mathrm{d}z$$

$$= \lim_{R\to\infty}\frac{1}{8\mathrm{i}}\int_{C_R}\frac{\mathrm{e}^{3\mathrm{i}z}-3\mathrm{e}^{\mathrm{i}z}+3\mathrm{e}^{-\mathrm{i}z}-\mathrm{e}^{-3\mathrm{i}z}}{z^3}\mathrm{d}z$$

根据约旦引理

$$\lim_{R\to\infty}\int_{C_R}\frac{\mathrm{e}^{3\mathrm{i}z}}{z^3}\mathrm{d}z = \lim_{R\to\infty}\int_{C_R}\frac{\mathrm{e}^{\mathrm{i}z}}{z^3}\mathrm{d}z = 0$$

以及式(4.2.6),有

$$\lim_{R\to\infty}\int_{C_R}\frac{\mathrm{e}^{-\mathrm{i}z}}{z^3}\mathrm{d}z = 2\pi\mathrm{i}\mathop{\mathrm{Res}}_{z=0}\left[\frac{\mathrm{e}^{-\mathrm{i}z}}{z^3}\right] = -\pi\mathrm{i}$$

$$\lim_{R\to\infty}\int_{C_R}\frac{\mathrm{e}^{-3\mathrm{i}z}}{z^3}\mathrm{d}z = 2\pi\mathrm{i}\mathop{\mathrm{Res}}_{z=0}\left[\frac{\mathrm{e}^{-3\mathrm{i}z}}{z^3}\right] = -9\pi\mathrm{i}$$

于是

$$\int_0^{\infty}\frac{\sin^3 x}{x^3}\mathrm{d}x = \frac{1}{2}\int_{-\infty}^{\infty}\frac{\sin^3 x}{x^3}\mathrm{d}x = \frac{3\pi}{8}$$

习题

[1] 计算积分:

(1) $\int_0^{2\pi}\dfrac{\sin^2\theta}{a+b\cos\theta}\mathrm{d}\theta\ (a>b>0)$;　　(2) $\int_0^{2\pi}\dfrac{1}{(1+\varepsilon\cos\theta)^2}\mathrm{d}\theta\ (1>\varepsilon>0)$.

答案:(1) $\dfrac{2\pi(a-\sqrt{a^2-b^2})}{b^2}$;　　(2) $\dfrac{2\pi}{(1-\varepsilon^2)^{3/2}}$。

[2] 证明积分:

(1) $\int_{-\infty}^{\infty}\dfrac{x^2\mathrm{d}x}{(1+x^2)^2}=\dfrac{\pi}{2}$;　　(2) $\int_{-\infty}^{\infty}\dfrac{x\,\mathrm{d}x}{(x^2+2x+2)(x^2+4)}=-\dfrac{\pi}{10}$。

[3] 设 $z=z_0$ 是函数 $f(z)$ 的单极点,证明分数留数定理:

$$\lim_{\varepsilon\to 0}\int_{C_\varepsilon}f(z)\mathrm{d}z = \alpha\mathrm{i}\,\mathrm{Res}[f(z)]\,|_{z=z_0}$$

[4] 证明积分:

(1) $\int_{-\infty}^{\infty}\dfrac{\sin^2 x}{x^2+1}\mathrm{d}x = \dfrac{\pi}{2}\left[1-\dfrac{1}{\mathrm{e}^2}\right]$;　　(2) $\int_{-\infty}^{\infty}\dfrac{\cos x}{(1+x^2)^2}\mathrm{d}x = \dfrac{\pi}{\mathrm{e}}$。

[5] 设 $f(z)=u(x,y)+\mathrm{i}v(x,y)$ 在上半平面解析,且满足类型Ⅱ的条件,x_0 为实轴上一点,试证明在实轴有如下色散关系(希尔伯特变换):

$$\begin{cases} u(x_0)=\dfrac{1}{\pi}\,\mathcal{P}\displaystyle\int_{-\infty}^{\infty}\dfrac{v(x)}{x-x_0}\mathrm{d}x \\[3mm] v(x_0)=\dfrac{1}{\pi}\,\mathcal{P}\displaystyle\int_{-\infty}^{\infty}\dfrac{u(x)}{x-x_0}\mathrm{d}x \end{cases}$$

4.3　特殊积分

1. 多值函数积分

例 4.10　计算积分:

$$\int_0^\infty \frac{x^{\alpha-1}}{1+x}\mathrm{d}x \quad (0<\alpha<1)$$

解　将被积实函数作解析延拓至复平面

$$f(z)=\frac{z^{\alpha-1}}{z+1}$$

这是一个多值函数,支点为 $z=0,\infty$,可以沿正实轴切一条割线,取割线上沿 z 的辐角为零,下沿辐角为 2π。当 $|z|\to\infty$ 时,$f(z)$ 满足 $|zf(z)|\to 0$,全平面上只有一个奇点 $z=-1$,所以取如图 4.9 所示的"钥匙孔"回路 Γ,有

$$\oint_\Gamma \frac{z^{\alpha-1}}{1+z}\mathrm{d}z = \int_\varepsilon^R \frac{x^{\alpha-1}}{1+x}\mathrm{d}x + \int_{C_R} \frac{z^{\alpha-1}}{1+z}\mathrm{d}z + \int_R^\varepsilon \frac{x^{\alpha-1}\mathrm{e}^{2\pi i(\alpha-1)}}{1+x}\mathrm{d}x + \int_{C_\varepsilon} \frac{z^{\alpha-1}}{1+z}\mathrm{d}z$$

$$= 2\pi i \operatorname*{Res}_{z=-1}\left[f(z)\right]$$

容易证明,当 $\varepsilon\to 0$ 时

$$\int_{C_\varepsilon} \frac{z^{\alpha-1}}{1+z}\mathrm{d}z \to 0$$

所以

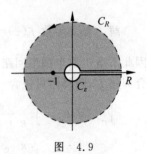

图　4.9

$$(1-\mathrm{e}^{2\pi i\alpha})\int_0^\infty \frac{x^{\alpha-1}}{1+x}\mathrm{d}x = 2\pi i \times \mathrm{e}^{\pi i(\alpha-1)}$$

$$\int_0^\infty \frac{x^{\alpha-1}}{1+x}\mathrm{d}x = -2\pi i \times \frac{\mathrm{e}^{\pi i\alpha}}{1-\mathrm{e}^{2\pi i\alpha}} = \frac{\pi}{\sin\pi\alpha}$$

说明　此题作变量替换 $x+1=\dfrac{1}{y}$ 后,也可利用 $B(p,q)$ 函数进行计算。

例 4.11　计算积分:

$$\int_0^\infty \frac{x^{\alpha-1}}{1-x}\mathrm{d}x \quad (0<\alpha<1)$$

解　复变函数

$$f(z)=\frac{z^{\alpha-1}}{1-z}$$

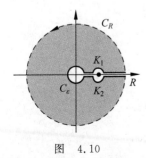

图　4.10

是多值函数,除 $z=1$ 之外,在复平面上没有奇点。可作如图 4.10 所示的积分回路,有

$$\int_0^R \frac{x^{\alpha-1}}{1-x}\mathrm{d}x + \int_{K_1} \frac{z^{\alpha-1}}{1-z}\mathrm{d}z + \int_{C_R} \frac{z^{\alpha-1}}{1-z}\mathrm{d}z +$$

$$\int_R^0 \frac{(x\mathrm{e}^{2\pi i})^{\alpha-1}}{1-x}\mathrm{d}x + \int_{K_2} \frac{z^{\alpha-1}}{1-z}\mathrm{d}z + \int_{C_\varepsilon} \frac{z^{\alpha-1}}{1-z}\mathrm{d}z = 0$$

由于

$$zf(z) = \frac{z^\alpha}{1-z} \xrightarrow{z \to \infty} 0$$

所以沿 C_R 的积分为零，同样可以证明沿 C_ε 的积分也为零。现在的关键是要求出沿 K_1 和 K_2 的积分。对于无穷小上半圆 K_1，其参数方程为 $z - 1 = \varepsilon e^{i\theta}$，所以

$$\int_{K_1} \frac{z^{\alpha-1}}{1-z} dz = \int_\pi^0 \frac{(1 + \varepsilon e^{i\theta})^{\alpha-1}}{-\varepsilon e^{i\theta}} i\varepsilon e^{i\theta} d\theta \xrightarrow{\varepsilon \to 0} \pi i$$

需要注意的是，对于无穷小下半圆 K_2，其参数方程应该写成 $z - e^{2\pi i} = \varepsilon e^{i\theta}$，于是

$$\int_{K_2} \frac{z^{\alpha-1}}{1-z} dz = \int_\pi^0 \frac{(e^{2\pi i} + \varepsilon e^{i\theta})^{\alpha-1}}{-\varepsilon e^{i\theta}} i\varepsilon e^{i\theta} d\theta \xrightarrow{\varepsilon \to 0} \pi i e^{2\pi\alpha i}$$

最后得到

$$\mathcal{P}\int_0^\infty \frac{x^{\alpha-1}}{1-x} dx = \frac{-\pi i(1 + e^{2\pi\alpha i})}{1 - e^{2\pi\alpha i}} = \pi\cot\pi\alpha$$

2. 特殊回路积分

例 4.12　计算积分：

$$\int_{-\infty}^\infty \frac{e^{\alpha x}}{1 + e^x} dx \quad (0 < \alpha < 1)$$

解　复变函数 $f(z) = \dfrac{e^{\alpha z}}{1 + e^z}$ 的奇点为 $z = (2k+1)\pi i \ (k \in \mathbb{Z})$，奇点沿虚轴等间距分布，因此不适于取半圆形回路。我们选用如图 4.11 所示的矩形闭合回路 Γ，回路内只包含一个奇点 $z = \pi i$，有

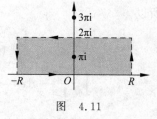

图　4.11

$$\oint_\Gamma f(z) dz = \int_{-R}^R \frac{e^{\alpha x}}{1 + e^x} dx + \int_0^{2\pi} \frac{e^{\alpha(R+iy)}}{1 + e^{R+iy}} i dy +$$

$$\int_R^{-R} \frac{e^{\alpha(x+2\pi i)}}{1 + e^{x+2\pi i}} dx + \int_{2\pi}^0 \frac{e^{\alpha(-R+iy)}}{1 + e^{-R+iy}} i dy$$

容易证明，当 $R \to \infty$ 时，上式中的第二项和第四项积分为零，于是

$$\int_{-\infty}^\infty \frac{e^{\alpha x}}{1 + e^x} dx + e^{2\pi\alpha i} \int_\infty^{-\infty} \frac{e^{\alpha x}}{1 + e^x} dx = 2\pi i \operatorname*{Res}_{z=\pi i} \left[\frac{e^{\alpha z}}{1 + e^z} \right]$$

$$\int_{-\infty}^\infty \frac{e^{\alpha x}}{1 + e^x} dx = 2\pi i \frac{e^{\pi(\alpha-1)i}}{1 - e^{2\pi\alpha i}} = \frac{\pi}{\sin\alpha\pi}$$

说明　将例 4.10 作变量替换 $x = e^y$ 后即化为本题，但不再涉及多值函数积分。

练习　试将例 4.11 作变量替换 $x = e^y$，再计算积分。

例 4.13　计算菲涅尔积分：

(1) $I_1 = \displaystyle\int_0^\infty \sin x^2 dx$；　(2) $I_2 = \displaystyle\int_0^\infty \cos x^2 dx$。

解　考虑积分

$$I_2 + iI_1 = \int_0^\infty e^{ix^2} dx$$

函数 $f(z)=\mathrm{e}^{\mathrm{i}z^2}$ 在全平面没有奇点,取如图 4.12 所示积分回路,有

$$\oint_{\Gamma} \mathrm{e}^{\mathrm{i}z^2}\,\mathrm{d}z = \int_0^R \mathrm{e}^{\mathrm{i}x^2}\,\mathrm{d}x + \int_{C_R} \mathrm{e}^{\mathrm{i}z^2}\,\mathrm{d}z + \int_R^0 \mathrm{e}^{\mathrm{i}(\rho \mathrm{e}^{\pi \mathrm{i}/4})^2}\,\mathrm{d}(\rho \mathrm{e}^{\pi \mathrm{i}/4}) = 0$$

下面需要证明沿 C_R 的积分为零,令 $\zeta=z^2$,$\mathrm{d}z=\dfrac{\mathrm{d}\zeta}{2\sqrt{\zeta}}$,所以

$$\int_{C_R} \mathrm{e}^{\mathrm{i}z^2}\,\mathrm{d}z = \int_{C_{R'}} \frac{\mathrm{e}^{\mathrm{i}\zeta}}{2\sqrt{\zeta}}\,\mathrm{d}\zeta$$

根据约旦引理同样的理由,该积分为零,于是有

$$I_2 + \mathrm{i}I_1 = \int_0^\infty \mathrm{e}^{\mathrm{i}x^2}\,\mathrm{d}x = \mathrm{e}^{\pi \mathrm{i}/4} \int_0^\infty \mathrm{e}^{-\rho^2}\,\mathrm{d}\rho = \frac{\sqrt{\pi}}{2}\mathrm{e}^{\pi \mathrm{i}/4}$$

$$\int_0^\infty \sin x^2\,\mathrm{d}x = \int_0^\infty \cos x^2\,\mathrm{d}x = \sqrt{\frac{\pi}{8}}$$

练习 令 $y=x^2$,按图 4.13 的回路计算本例。

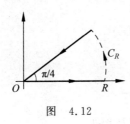

图 4.12

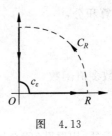

图 4.13

3. 半无穷积分

对于半无穷积分 $\int_0^\infty f(x)\,\mathrm{d}x$,如果被积函数 $f(z)$ 既不是奇函数,也不是偶函数,怎么办?

我们通过引入对数函数,将单值函数的积分变为多值函数的积分,然后取如图 4.9 所示的"钥匙孔"回路积分,有如下结论:

(1) 设 $P(x)$ 和 $Q(x)$ 分别为 m 阶和 n 阶多项式,其中 $m \leqslant n-2$,设 $Q(x)$ 没有非负的实根,则有

$$\int_0^\infty \frac{P(x)}{Q(x)}\,\mathrm{d}x = -\sum_{全平面} \mathrm{Res}\left[\frac{P(z)}{Q(z)}\ln z\right]\Big|_{z-z_k} \tag{4.3.1}$$

(2) 设 $f(z)$ 满足 $|z| \to \infty$ 时,$|zf(z)\ln z| \to 0$,则有

$$\int_0^\infty f(x)\ln x\,\mathrm{d}x = -\frac{1}{2}\mathrm{Re}\sum_{全平面} \mathrm{Res}\left[f(z)(\ln z)^2\right]\Big|_{z=z_k} \tag{4.3.2}$$

证明是直接的,可以从以下例题体会。

例 4.14 计算积分:

$$\int_0^\infty \frac{1}{1+x+x^2}\,\mathrm{d}x$$

解 考虑对数多值函数

$$f(z) = \frac{\ln z}{1 + z + z^2}$$

取如图 4.9 所示的"钥匙孔"闭合回路 Γ，$f(z)$ 的奇点位置为

$$z_1 = e^{\frac{2\pi i}{3}}, \quad z_2 = e^{\frac{4\pi i}{3}}$$

所以

$$\oint_\Gamma f(z)\mathrm{d}z = \int_0^\infty \frac{\ln x}{1 + x + x^2}\mathrm{d}x + \int_\infty^0 \frac{\ln x + 2\pi i}{1 + x + x^2}\mathrm{d}x + \int_{C_\varepsilon} f(z)\mathrm{d}z + \int_{C_R} f(z)\mathrm{d}z$$

$$= 2\pi i \sum_{z=z_{1,2}} \mathrm{Res}[f(z)]$$

依照前面的办法，可证沿 C_ε、C_R 的积分均为零，所以有

$$\int_0^\infty \frac{1}{1 + x + x^2}\mathrm{d}x = -\sum_{z=z_{1,2}} \mathrm{Res}\left[\frac{\ln z}{1 + z + z^2}\right] = \frac{2\pi}{3\sqrt{3}}$$

例 4.15 计算积分：

$$\int_0^\infty \frac{\ln x}{1 + x + x^2}\mathrm{d}x$$

解 考虑对数多值函数

$$f(z) = \frac{(\ln z)^2}{1 + z + z^2}$$

仍取如图 4.9 所示的"钥匙孔"闭合回路，$f(z)$ 的奇点位置为

$$z_1 = e^{2\pi i/3}, \quad z_2 = e^{4\pi i/3}$$

由于沿 C_ε、C_R 的积分仍为零，所以有

$$\oint_\Gamma f(z)\mathrm{d}z = \int_0^\infty \frac{(\ln x)^2}{1 + x + x^2}\mathrm{d}x + \int_\infty^0 \frac{(\ln x + 2\pi i)^2}{1 + x + x^2}\mathrm{d}x$$

$$= -4\pi i\int_0^\infty \frac{\ln x}{1 + x + x^2}\mathrm{d}x + 4\pi^2\int_0^\infty \frac{1}{1 + x + x^2}\mathrm{d}x$$

$$= 2\pi i \sum_{z=z_{1,2}} \mathrm{Res}[f(z)] = \frac{8\pi^3}{3\sqrt{3}}$$

比较实部和虚部，可得

$$\int_0^\infty \frac{\ln x}{1 + x + x^2}\mathrm{d}x = 0$$

作为红利，我们再一次得到积分公式

$$\int_0^\infty \frac{1}{1 + x + x^2}\mathrm{d}x = \frac{2\pi}{3\sqrt{3}}$$

4. "狗骨头"积分

例 4.16 计算积分：

$$\int_{-1}^1 \frac{\mathrm{d}x}{\sqrt[3]{(1 - x)(1 + x)^2}}$$

解　本积分不属于前述三种积分类型中的任一种,需要考虑绕无穷远点的积分。被积函数是多值函数

$$f(z) = \frac{1}{\sqrt[3]{(1-z)(1+z)^2}}$$

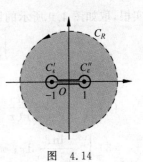

图　4.14

有两个支点 $z = \pm 1$,我们在两支点之间画出一条割线,取割线上沿为正实数的分支来计算积分,即 $\arg f(z) = 0$。选取如图 4.14 所示的"狗骨头"积分回路,当 z 绕到割线下沿时,函数 $f(z)$ 的辐角增加了 $-\dfrac{4\pi}{3}$,由于回路 Γ 包含的区域内没有奇点,有

$$\oint_\Gamma f(z)\mathrm{d}z = \int_{-1}^1 \frac{\mathrm{d}x}{\sqrt[3]{(1-x)(1+x)^2}} + \mathrm{e}^{-4\pi i/3}\int_{+1}^{-1} \frac{\mathrm{d}x}{\sqrt[3]{(1-x)(1+x)^2}} +$$

$$\int_{C_R} \frac{\mathrm{d}z}{\sqrt[3]{(1-z)(1+z)^2}} - \int_{C_\epsilon'} \frac{\mathrm{d}z}{\sqrt[3]{(1-z)(1+z)^2}} - \int_{C_\epsilon''} \frac{\mathrm{d}z}{\sqrt[3]{(1-z)(1+z)^2}} = 0$$

容易证明绕两个小圆周 C_ϵ' 和 C_ϵ'' 的积分均为零,所以

$$(1 - \mathrm{e}^{2\pi i/3})\int_{-1}^1 \frac{\mathrm{d}x}{\sqrt[3]{(1-x)(1+x)^2}} = -\int_{C_R} \frac{\mathrm{d}z}{\sqrt[3]{(1-z)(1+z)^2}}$$

等式右边沿圆周 C_R 的积分等于绕 $z = \infty$ 点的留数,展开 $f(z)$ 并注意到沿实轴 $x \to \infty$ 时辐角增加 $\mathrm{e}^{\pi i/3}$,有

$$f(z) = \frac{1}{\sqrt[3]{(1-z)(1+z)^2}} = \frac{1}{z\mathrm{e}^{-\pi i/3}}\left(1 - \frac{1}{z}\right)^{-1/3}\left(1 + \frac{1}{z}\right)^{-2/3}$$

可知 $z = \infty$ 的留数为

$$\mathrm{Res}[f(\infty)] = \mathrm{e}^{\pi i/3}$$

所以

$$\int_{-1}^1 \frac{\mathrm{d}x}{\sqrt[3]{(1-x)(1+x)^2}} = -\frac{2\pi i \mathrm{e}^{\pi i/3}}{1 - \mathrm{e}^{2\pi i/3}} = \frac{2\pi}{\sqrt{3}}$$

本例题也可以化为 B 函数积分求解,读者可以尝试一下。

习题

[1] 计算积分:

(1) $\displaystyle\int_0^\infty x^{\alpha-1}\sin x\,\mathrm{d}x$ $(0 < \alpha < 1)$;　　(2) $\displaystyle\int_0^\infty x^{\alpha-1}\cos x\,\mathrm{d}x$ $(0 < \alpha < 1)$。

答案:(1) $\Gamma(\alpha)\sin(\pi\alpha/2)$;　　(2) $\Gamma(\alpha)\cos(\pi\alpha/2)$。

[2] 计算积分:

(1) $\displaystyle\int_0^\infty \frac{x^{a-1}}{x^b+1}\mathrm{d}x$ $(0 < a < b)$;　　(2) $\displaystyle\int_0^\infty \frac{x^{a-1}}{x^b-1}\mathrm{d}x$ $(0 < a < b)$。

答案:

(1) $\dfrac{\pi}{b\sin\left(\dfrac{\pi a}{b}\right)}$;　　(2) $-\dfrac{\pi}{b}\cot\left(\dfrac{\pi a}{b}\right)$。

[3] 设 $P(x)$ 和 $Q(x)$ 分别为 m 阶和 n 阶多项式,其中 $m \leqslant n-2$,设 $Q(x)$ 没有非负的

实根,取如图 4.9 所示的回路,证明:

$$\int_0^\infty \frac{P(x)}{Q(x)}\mathrm{d}x = -\sum_{\text{全平面}} \mathrm{Res}\left[\frac{P(z)}{Q(z)}\ln z\right]\Big|_{z=z_k}$$

[4] 计算积分:

(1) $\displaystyle\int_0^\infty \frac{\ln x}{(x+a)(x+b)}\mathrm{d}x$ $(b>a>0)$;　(2) $\displaystyle\int_0^\infty \frac{\ln x}{x^a(x+1)}\mathrm{d}x$ $(0<a<1)$;

(3) $\displaystyle\int_0^\infty \frac{\ln x}{x^3+1}\mathrm{d}x$;　(4) $\displaystyle\int_0^\infty \frac{(\ln x)^2}{x^3+1}\mathrm{d}x$ 。

答案:

(1) $\dfrac{(\ln a)^2-(\ln b)^2}{2(a-b)}$;　(2) $\dfrac{\pi^2\cos\pi a}{\sin^2(\pi a)}$;　(3) $-\dfrac{\pi^2}{27}$;　(4) $\dfrac{10\pi^3}{81\sqrt{3}}$ 。

[5] 计算积分:

(1) $\displaystyle\int_0^1 \frac{1}{\sqrt{x(1-x)}}\mathrm{d}x$;　(2) $\displaystyle\int_{-1}^1 \frac{\sqrt{1-x^2}}{1+x^2}\mathrm{d}x$;

(3) $\displaystyle\int_0^1 \frac{x^4}{\sqrt{x(1-x)}}\mathrm{d}x$;　(4) $\displaystyle\int_0^1 \frac{\sqrt[4]{x(1-x)^3}}{(1+x)^3}\mathrm{d}x$ 。

答案:(1) π ;　(2) $(\sqrt{2}-1)\pi$;　(3) $\dfrac{35\pi}{128}$;　(4) $\dfrac{3\sqrt[4]{2}}{64}\pi$ 。

4.4　级数求和

考虑量子统计中的费米型和玻色型分布函数:

$$f_{\mathrm{F}}=\frac{1}{\mathrm{e}^{\beta z}+1}, \quad f_{\mathrm{B}}=\frac{1}{\mathrm{e}^{\beta z}-1} \tag{4.4.1}$$

选取 $\beta=2\pi$,函数在复平面上具有一阶极点

$$z_n=\begin{cases} \left(n+\dfrac{1}{2}\right)\mathrm{i} & \text{(费米型)}\\[2mm] n\mathrm{i} & \text{(玻色型)} \end{cases}$$

它们全部位于虚轴上(图 4.15),且所有极点的留数都相同,分别为

$$\begin{cases} -\dfrac{1}{2\pi\mathrm{i}} & \text{(费米型)}\\[2mm] \dfrac{1}{2\pi\mathrm{i}} & \text{(玻色型)} \end{cases}$$

对于复变函数 $F(z)$,如果当 $z\to\infty$ 时,$|zF(z)|\to 0$,可以证明 $|zF(z)f(z)|\to 0$,则有

$$\oint_{C+\Gamma} F(z)f(z)\mathrm{d}z = \oint_C F(z)f(z)\mathrm{d}z + \oint_\Gamma F(z)f(z)\mathrm{d}z = 2\pi\mathrm{i}\sum_{F(z)\text{极点}} \mathrm{Res}[F(z)f(z)]$$

另外

$$\oint_\Gamma F(z)f(z)\mathrm{d}z = -2\pi\mathrm{i}\sum_{z_n} \mathrm{Res}[F(z_n)f(z_n)]$$

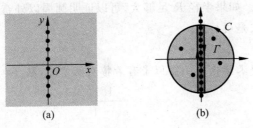

图 4.15

$$\oint_C F(z)f(z)\mathrm{d}z \xrightarrow{\ z\to\infty\ } 0$$

于是有

$$\sum_{n\in\mathbf{Z}}F(z_n)=\begin{cases}2\pi\mathrm{i}\displaystyle\sum_{F(z)\text{极点}}\mathrm{Res}\left[F(z)f_F(z)\right] & (\text{费米型})\\[4mm]-2\pi\mathrm{i}\displaystyle\sum_{F(z)\text{极点}}\mathrm{Res}\left[F(z)f_B(z)\right] & (\text{玻色型})\end{cases} \qquad(4.4.2)$$

例 4.17 求无穷级数和

$$\sum_{n=1}^{\infty}\frac{1}{n^p}\quad(p=2,4,6,\cdots)$$

解 考虑函数

$$F(z)=\frac{1}{z^p}$$

则 $z=0$ 为函数 $F(z)f_{\mathrm{B}}(z)$ 的 $p+1$ 阶极点。根据式(4.4.2),有

$$\sum_{n\neq 0}\frac{1}{n^p}=-2\pi\mathrm{i}\,\mathrm{Res}_{z=0}\left[F(z)f_{\mathrm{B}}(z)\right]=-\frac{2\pi\mathrm{i}}{p!}\frac{\mathrm{d}^p}{\mathrm{d}z^p}\left(\frac{z}{\mathrm{e}^{2\pi\mathrm{i}z}-1}\right)\Bigg|_{z=0}$$

经求导计算可得

$$p=2\ \to\ \sum_{n=1}^{\infty}\frac{1}{n^2}=\frac{\pi^2}{6}$$

$$p=4\ \to\ \sum_{n=1}^{\infty}\frac{1}{n^4}=\frac{\pi^4}{90}$$

$$p=6\ \to\ \sum_{n=1}^{\infty}\frac{1}{n^6}=\frac{\pi^6}{945}$$

$$p=8\ \to\ \sum_{n=1}^{\infty}\frac{1}{n^8}=\frac{\pi^8}{9450}$$

$$p=10\ \to\ \sum_{n=1}^{\infty}\frac{1}{n^{10}}=\frac{\pi^{10}}{93555}$$

当 p 为奇数时,没有人知道其表达式为何。当 p 取复数时,该无穷级数和便是著名的黎曼 ζ 函数。

讨论 费米和玻色分布函数在虚轴上有无穷多奇点,且等间距均匀分布,因此总有奇点处于圆周之外,究竟圆周 C 的半径取多大合适,这就是本问题的特别之处。事实上圆周应该在两个奇点之间穿过。如果半径 R 足够大,可以证明圆周以外奇点的留数对无穷级数的贡献趋于零,因此本方法是可行的。

注记

在数学中,玻色和费米型分布函数似乎有着特别的意义,取 $\beta=1$,有

$$f_B = \frac{1}{e^z - 1}$$

$$f_F = \frac{1}{e^z + 1}$$

(1) 对于玻色型分布函数,考虑函数 $F(x,z)$ 按变量 z 作泰勒级数展开

$$F(x,z) = \frac{z e^{xz}}{e^z - 1} = \sum_{n=0}^{\infty} \frac{B_n(x)}{n!} z^n$$

将 $F(x,z)$ 称作伯努利多项式 $B_k(x)$ 的生成函数或母函数。当 $x=0$ 时,有

$$\frac{z}{e^z - 1} = \sum_{n=0}^{\infty} \frac{B_n}{n!} z^n$$

其中 B_n 称作伯努利数,即

$$B_n = \frac{d^n}{dz^n} \frac{z}{e^z - 1} \Big|_{z=0}$$

通过展开可以求得 $B_0 = 0$,$B_1 = -1/2$,$B_{2n+1} = 0$,而 B_{2n} 满足递推关系

$$\sum_{k=0}^{[n/2]} \frac{n!}{(n-2k+1)!} \frac{B_{2k}}{(2k)!} = \frac{1}{2}$$

依次令 $n=2,4,6,\cdots$,即可计算出各个 B_{2n},前几个值见表 4.1。

表 4.1

B_2	B_4	B_6	B_8	B_{10}	B_{12}	B_{14}	B_{16}
$\dfrac{1}{6}$	$-\dfrac{1}{30}$	$\dfrac{1}{42}$	$-\dfrac{1}{30}$	$\dfrac{5}{66}$	$-\dfrac{691}{2730}$	$\dfrac{7}{6}$	$-\dfrac{3617}{510}$

根据柯西积分公式,伯努利数可以用回路积分表示为

$$B_n = \frac{n!}{2\pi i} \oint_C \frac{z}{e^z - 1} \frac{dz}{z^{n+1}}$$

其中回路 C 包围原点且在半径为 2π 的圆周内。当 $x \neq 0$ 时,有

$$\frac{z e^{xz}}{e^z - 1} = \sum_{k=0}^{\infty} \frac{B_k}{k!} z^k \cdot \sum_{l=0}^{\infty} \frac{x^l}{l!} z^l = \sum_{n=0}^{\infty} \frac{z^n}{n!} \cdot \sum_{k=0}^{n} \binom{n}{k} B_k x^{n-k}$$

所以伯努利多项式可表示为

$$B_n(x) = \sum_{k=0}^{n} \binom{n}{k} B_k x^{n-k}$$

例如:

$$B_0(x) = 1$$

$$B_1(x) = x - \frac{1}{2}$$

$$B_2(x) = x^2 - x + \frac{1}{6}$$

$$B_3(x) = x^3 - \frac{3}{2}x^2 + \frac{1}{2}x$$

...

（2）对于费米型分布函数，考虑生成函数

$$\frac{2e^{xz}}{e^z + 1} = \sum_{n=0}^{\infty} \frac{E_n(x)}{n!} z^n$$

称 $E_n(x)$ 为欧拉多项式。令 $x = 1/2$，有

$$\frac{2e^{z/2}}{e^z + 1} = \operatorname{sech} \frac{z}{2} = \sum_{n=0}^{\infty} \frac{E_n}{n!} \left(\frac{z}{2}\right)^n \quad (|z| < \pi)$$

其中 E_n 称作欧拉数，有 $E_{2n+1} = 0$，而 E_{2n} 满足递推关系

$$\sum_{n=0}^{k} \frac{(2k)!}{(2n)!(2k-2n)!} E_{2n} = 0 \quad (k \geqslant 1)$$

以及

$$E_{2n} = (-1)^n 2^{2n} E_{2n}\left(\frac{1}{2}\right)$$

前几个欧拉数见表 4.2。

表 4.2

E_2	E_4	E_6	E_8	E_{10}	E_{12}	E_{14}	E_{16}
-1	5	-61	1385	-50521	2702765	-199360981	19391512145

对于一般的 x，可以推得欧拉多项式为

$$E_n(x) = \sum_{k=0}^{[n/2]} \frac{(-1)^k E_{2k}}{2^{2k}} \binom{n}{2k} \left(x - \frac{1}{2}\right)^{n-2k}$$

例如：

$$E_0(x) = 1$$

$$E_1(x) = x - \frac{1}{2}$$

$$E_2(x) = x(x-1)$$

$$E_3(x) = \left(x - \frac{1}{2}\right)\left(x^2 - x - \frac{1}{2}\right)$$

...

伯努利数/伯努利多项式，以及欧拉数/欧拉多项式有许多玄奥的性质，我们仅举一例：

$$\sum_{n=1}^{\infty} \frac{1}{n^p} = -\frac{(2\pi i)^p}{2p!} B_p \quad (p \text{ 为正偶数})$$

习题

[1] 求无穷级数和：

$$\sum_{n=1}^{\infty}\frac{1}{n^2+a^2}$$

答案：$\dfrac{\pi}{2a}\coth(\pi a)-\dfrac{1}{2a^2}$。

[2] 证明：

$$\sum_{n=1}^{\infty}\frac{1}{n^p}=-\frac{(2\pi i)^p}{2p!}B_p \quad (p \text{ 为正偶数})$$

[3] 证明伯努利多项式满足下列关系式：

(1) $B_n(x+1)=\sum_{k=0}^{n}\binom{n}{k}B_k(x)$；　(2) $\sum_{k=0}^{n-1}\binom{n}{k}B_k(x)=nx^{n-1}$ $(n\geqslant 2)$。

[4] 证明欧拉多项式满足下列关系式：

(1) $E_n(x+1)=\sum_{k=0}^{n}\binom{n}{k}E_k(x)$；　(2) $\sum_{k=0}^{n}\binom{n}{k}E_k(x)+E_n(x)=2x^{n-1}$。

第5章

解 析 函 数

5.1　解析延拓

考查无穷级数及其解析函数表示：

$$1 - z^2 + z^4 - z^6 + \cdots = \frac{1}{1+z^2}$$

方程左边的无穷级数在 $|z| < 1$ 的圆内收敛，其和是解析函数 $g(z)$，超出此收敛圆，级数将发散而无意义。方程右边的函数 $f(z) = \dfrac{1}{1+z^2}$ 在除去奇点 $z = \pm i$ 的全复平面上解析，在二者重叠的区域，两个函数完全相等。但函数 $f(z)$ 与函数 $g(z)$ 相比，在更大的区域内解析，函数 $f(z)$ 称作函数 $g(z)$ 的解析延拓。

反过来，考虑函数 $f(z) = \dfrac{1}{1+z^2}$ 在 $z = 3/4$ 邻域的泰勒级数展开，其收敛域为 $|z - 3/4| < 5/4$，两个收敛域 B 和 B' 分别如图 5.1(a)所示。函数在两个收敛区域的交集 $B \bigcap B'$ 内相同，这样就定义了区域 $G = B \bigcup B'$ 上的一个解析函数。连续应用上述方法，除了一些奇点位置，可以将函数从区域 B 一直解析延拓到整个复平面，如图 5.1(b)所示，即 $f(z) = \dfrac{1}{1+z^2}$。

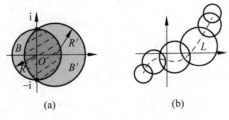

(a)　　　　　　　(b)

图　5.1

一般地，如果在某个区域 B 内有单值解析函数 $g(z)$，在保持其解析性质的条件下定义另一个解析函数 $f(z)$，其解析区域 $G \supset B$。在共同的区域 B 内，$f(z) \equiv g(z)$，则称 $f(z)$ 为 $g(z)$ 的解析延拓。关于解析延拓，有如下基本性质。

（1）连续延拓引理

设有两个不相交的区域 B_1 和 B_2 具有公共的边界线 γ，函数 $f_1(z)$ 和 $f_2(z)$ 分别在 B_1 和 B_2 解析，且分别在闭区域 $B_1 \bigcup \gamma$ 和 $B_2 \bigcup \gamma$ 上连续（图 5.2），如果对 所有的 $z \in \gamma$，有 $f_1(z) = f_2(z)$，则函数

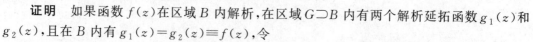

$$f(z) \stackrel{\text{def}}{=} \begin{cases} f_1(z) & (z \in B_1 \bigcup \gamma) \\ f_2(z) & (z \in B_2 \bigcup \gamma) \end{cases}$$

在区域 $B \equiv B_1 \bigcup \gamma \bigcup B_2$ 上解析，称 $f_1(z)$ 和 $f_2(z)$ 互为解析延拓。

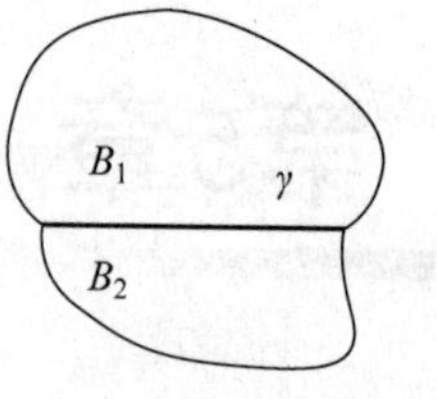

图 5.2

（2）解析延拓的唯一性

对于任何解析函数，其在解析延拓的函数是唯一的。

证明　如果函数 $f(z)$ 在区域 B 内解析，在区域 $G \supset B$ 内有两个解析延拓函数 $g_1(z)$ 和 $g_2(z)$，且在 B 内有 $g_1(z) = g_2(z) \equiv f(z)$，令

$$h(z) = g_1(z) - g_2(z)$$

则在区域 B 内 $h(z) = 0$，由零点孤立性定理的推论，可知在区域 G 内必有 $h(z) \equiv 0$。

（3）施瓦兹反射原理（Schwartz reflection principle）

设 $f(z)$ 是区域 B 内的解析函数，其中 B 的边界有一段为实轴，如果 $f(z)$ 在实轴上也 为实函数，则可将其解析延拓到关于实轴的镜像对称区域 $B \mapsto B'$，该解析延拓函数满足：

$$g(z) = \overline{f(\bar{z})} = \bar{f}(\bar{z})$$

证明　设法证明 $g(z)$ 是解析函数即可。

（4）弗罗贝尼乌斯定理

复数域是实数域保持其代数性质的唯一可能的扩张。

说明　根据弗罗贝尼乌斯定理，最常见的解析延拓就是直接将实变量变成复变量，我们 在采用留数定理计算实函数积分时就利用了这一性质。

注记

对于实数项等比级数，可以求得其和为

$$1 + x + x^2 + x^3 + x^4 + \cdots = \frac{1}{1-x} \quad (x \in \mathbb{R})$$

该级数的收敛范围为 $|x| < 1$。但等式右边的函数 $f(x) \equiv \dfrac{1}{1-x}$ 的定义域超出了 $|x| < 1$ 的 范围，事实上它在除 $x = 1$ 点之外的整个实轴上都有意义，二者在 $-1 < x < 1$ 区间内相等。 我们可以从 $f(x)$ 的奇点位置来理解左边级数的为何收敛半径是 $R = 1$（图 5.3(a)）。对于级数

$$1 - x^2 + x^4 - x^6 + \cdots = \frac{1}{1+x^2}$$

则不是一眼就能看清为何它的收敛范围也是 $|x| < 1$，因为等式右边的函数在整个实轴上都 没有奇异性（图 5.3(b)）。但是从复数域的观点看

$$1 - z^2 + z^4 - z^6 + \cdots = \frac{1}{1+z^2}$$

函数 $f(z) = \dfrac{1}{1+z^2}$ 的奇点位置为 $z = \pm \mathrm{i}$，它到 $z = 0$ 的距离恰好就是 $R = 1$。

解析延拓只有在复数域内才有意义，我们不能直接将实函数 $f(x) \equiv \dfrac{1}{1-x}$ 称作等比级

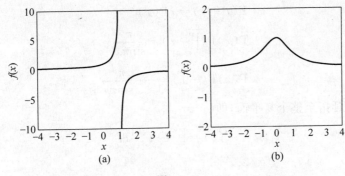

图　5.3

数 $1+x+x^2+x^3+x^4+\cdots$ 的解析延拓，因为后者无法连续地绕过 $x=1$ 这个发散点。解析函数的定义也只有在复数域内才是明确的，例如一个复变函数若在 $z=z_0$ 点解析，则它在该点无限可导。在实数域内，实变函数并不具备类似的性质。

对于无穷级数表示

$$\frac{1}{1-z^2}=1+z^2+z^4+z^6+\cdots \quad (|z|<1)$$

如果令 $z=2$，得到悖论性等式：

$$1+2^2+2^4+2^6+\cdots=-\frac{1}{3}$$

该结论只有在解析延拓的背景下才有意义。

习题

证明施瓦兹反射原理：$g(z)$ 是解析函数。

提示：证明 $g(z)$ 的实部和虚部满足柯西-黎曼条件。

5.2　解析延拓函数

1. Γ 函数

考虑整数的阶乘：$f(n)=n!$，其结果如图 5.4 所示的圆点。哥德巴赫曾提出这样的问题：能否找到一个连续函数，将这些点光滑地连接起来？

欧拉确实找到了这样的函数，但不是一个普通的函数，它定义为实变量的积分

$$\Gamma(x) \overset{\text{def}}{=\!=} \int_0^\infty \mathrm{e}^{-t} t^{x-1} \mathrm{d}t \quad (x>0) \quad (5.2.1)$$

称作 Γ 函数，也称为第二类欧拉积分。该积分只在 $x>0$ 时收敛，即 Γ 函数仅定义于正实轴上，其基本性质列举如下：

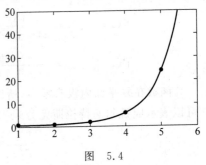

图　5.4

$$\Gamma(1)=1, \quad \Gamma(n+1)=n\Gamma(n)=n!$$

$$\Gamma\left(\frac{1}{2}\right)=\sqrt{\pi}, \quad \Gamma\left(n+\frac{1}{2}\right)=\frac{(2n-1)!!}{2^n}\sqrt{\pi}$$

$$\Gamma(x+1) = x\Gamma(x)$$

$$\Gamma(x)\Gamma(1-x) = \frac{\pi}{\sin \pi x}$$

$$\Gamma(x)\Gamma(-x) = -\frac{\pi}{x \sin \pi x}$$

如果将函数解析延拓至整个复平面，即

$$\Gamma(z) = \int_0^\infty e^{-t} t^{z-1} dt$$

仍然有关系式

$$\Gamma(z+1) = z\Gamma(z), \quad \Gamma(z)\Gamma(1-z) = \frac{\pi}{\sin \pi z} \tag{5.2.2}$$

图 5.5 描绘了 Γ 函数在全实数域的行为，可见在 $x < 0$ 时，积分仍有意义。图 5.6 为复平面上 Γ 函数的模分布。（图片来自 Wikipedia）

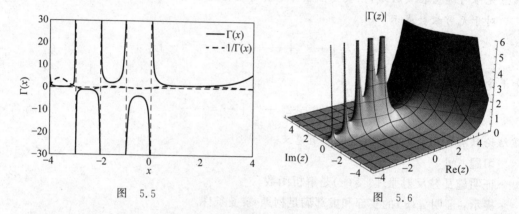

图   5.5   图   5.6

由于 $\Gamma(z) = \Gamma(z+1)/z$，$\Gamma$ 函数的所有奇点为 $z = 0, -1, -2, -3, \cdots$，即所有负整数值，所有奇点均为一阶极点，有

$$\Gamma(z)\big|_{z\to 0} = \frac{\Gamma(z+1)}{z}\bigg|_{z\to 0} \sim (-1)^0 \frac{1}{0!} \cdot \frac{1}{z}$$

$$\Gamma(z)\big|_{z\to -1} = \frac{\Gamma(z+2)}{z(z+1)}\bigg|_{z\to -1} \sim (-1)^1 \frac{1}{1!} \cdot \frac{1}{z+1}$$

$$\Gamma(z)\big|_{z\to -2} = \frac{\Gamma(z+3)}{z(z+1)(z+2)}\bigg|_{z\to -2} \sim (-1)^2 \frac{1}{2!} \cdot \frac{1}{z+2}$$

$$\Gamma(z)\big|_{z\to -n} = \frac{\Gamma(z+n+1)}{z(z+1)\cdots(z+n)}\bigg|_{z\to -n} \sim (-1)^n \frac{1}{n!} \cdot \frac{1}{z+n}$$

Γ 函数在复平面内没有零点，所以函数 $1/\Gamma(z)$ 在全平面没有奇点（图 5.6 中的虚线），它可以表示成魏尔斯特拉斯无穷乘积形式：

$$\frac{1}{\Gamma(z)} = z e^{\gamma z} \prod_{n=1}^\infty \left(1 + \frac{z}{n}\right) e^{-\frac{z}{n}} \tag{5.2.3}$$

式中，

$$\gamma = \lim_{n\to\infty} \left(\sum_{k=1}^n \frac{1}{k} - \ln n\right) = 0.577216\cdots$$

称作欧拉常数。根据式(5.2.2),可得

$$\sin\pi z = \frac{\pi}{\Gamma(z)\Gamma(1-z)} = \pi z \prod_{n=1}^{\infty}\left(1 - \frac{z^2}{n^2}\right) \tag{5.2.4}$$

$$\cos\pi z = \frac{\sin 2\pi z}{2\sin\pi z} = \prod_{n=1}^{\infty}\left(1 - \frac{4z^2}{(2n-1)^2}\right) \tag{5.2.5}$$

这些公式暗示了三角函数像多项式一样,可以按零点分解成乘积因子形式。这并不是一个特例,后面我们将看到,它是整函数具有的一般性质。

当 $|z|\rightarrow\infty$ 时,有斯特林渐近公式

$$\Gamma(z) \sim \sqrt{2\pi}\, z^{z-\frac{1}{2}}\mathrm{e}^{-z}$$

特别地,当 $n\rightarrow\infty$ 时,可得阶乘的近似公式

$$n! = n\Gamma(n) \approx \sqrt{2\pi n}\, n^{n}\mathrm{e}^{-n}$$

说明 关于欧拉常数 γ,事实上我们所知甚少,我们不知道它是否与圆周率 π 有关,甚至不知道它是不是一个无理数。

2. B 函数

$$\mathrm{B}(p,q) \stackrel{\text{def}}{=} \int_0^1 t^{p-1}(1-t)^{q-1}\mathrm{d}t \quad (p,q > 1) \tag{5.2.6}$$

B 函数也称为第一类欧拉积分,有 $\mathrm{B}(p,q) = \mathrm{B}(q,p)$,可以证明,B 函数与 Γ 函数之间有如下重要的关系:

$$\mathrm{B}(p,q) = \frac{\Gamma(p)\Gamma(q)}{\Gamma(p+q)} \tag{5.2.7}$$

作变量替换 $t = \sin^2\theta$,可得

$$\mathrm{B}(p,q) = 2\int_0^{\frac{\pi}{2}} \sin^{2p-1}\theta\cos^{2q-1}\theta\mathrm{d}\theta$$

实数 p、q 也可以解析延拓至复平面,得到复二元函数。

例 5.1 计算积分:

$$\int_{-1}^{1}(1-x^2)^{z-1}\mathrm{d}x \quad (\mathrm{Re}\, z > 0)$$

解 令 $t = x^2$,有

$$\int_{-1}^{1}(1-x^2)^{z-1}\mathrm{d}x = \int_0^1 (1-t)^{z-1}t^{-1/2}\mathrm{d}t = \mathrm{B}\left(z,\frac{1}{2}\right) = \frac{\Gamma(z)\Gamma(1/2)}{\Gamma\left(z+\frac{1}{2}\right)}$$

3. ψ 函数

1) 双伽马函数

其定义为 Γ 函数的对数导数:

$$\psi(z) \stackrel{\text{def}}{=} \frac{\Gamma'(z)}{\Gamma(z)} = \frac{\mathrm{d}}{\mathrm{d}z}\ln\Gamma(z) \tag{5.2.8}$$

ψ 函数也具有一阶极点: $z = 0, -1, -2, -3, \cdots$。基本性质如下:

$$\psi(1) = -\gamma, \quad \psi'(1) = \frac{\pi^2}{6}$$

$$\psi(z+n) = \psi(z) + \frac{1}{z} + \frac{1}{z+1} + \frac{1}{z+2} + \cdots + \frac{1}{z+n-1}$$

$$\psi(1-z) = \psi(z) + \pi\cot\pi z$$

$$\psi(z) - \psi(-z) = -\frac{1}{z} - \pi\cot\pi z$$

$$\lim_{n \to \infty} [\psi(z+n) - \ln n] = 0$$

利用 ψ 函数,可以很方便地求得许多分式有理项级数的表达式,设

$$\sum_{n=0}^{\infty} u_n = \sum_{n=0}^{\infty} \frac{p(n)}{q(n)}$$

其中 $p(n)$ 和 $q(n)$ 都是关于 n 的多项式,若 α_k 是 $q(n)$ 的全部一阶零点

$$q(n) = (n+\alpha_1)(n+\alpha_2)\cdots(n+\alpha_m)$$

则

$$u_n = \frac{p(n)}{q(n)} \equiv \sum_{k=1}^{m} \frac{b_k}{n+\alpha_k}$$

为了保证级数收敛,需有

$$\lim_{n \to \infty} u_n = \lim_{n \to \infty} n \cdot u_n \to 0$$

即 $\sum_{k=1}^{m} b_k = 0$,则有如下公式:

$$\sum_{n=0}^{\infty} u_n = -\sum_{k=1}^{m} b_k \psi(\alpha_k) \tag{5.2.9}$$

证明 利用公式

$$\psi(z+n) = \psi(z) + \frac{1}{z} + \frac{1}{z+1} + \frac{1}{z+2} + \cdots + \frac{1}{z+n-1}$$

有

$$\sum_{n=0}^{N} \sum_{k=1}^{m} \frac{b_k}{n+\alpha_k} = \sum_{k=1}^{m} b_k [\psi(\alpha_k + N + 1) - \psi(\alpha_k)]$$

又根据

$$\lim_{N \to \infty} [\psi(z+N) - \ln N] = 0$$

令 $N \to \infty$,有

$$\sum_{n=0}^{\infty} \sum_{k=1}^{m} \frac{b_k}{n+\alpha_k} = \lim_{N \to \infty} \sum_{k=1}^{m} b_k [\ln(N+1) - \psi(\alpha_k)]$$

由于 $\sum_{k=1}^{m} b_k = 0$,所以

$$\sum_{n=0}^{\infty} \sum_{k=1}^{m} \frac{b_k}{n+\alpha_k} = -\sum_{k=1}^{m} b_k \psi(\alpha_k)$$

例 5.2 求无穷级数的和式

$$\sum_{n=0}^{\infty} \frac{1}{n^2 + a^2}$$

解 由式(5.2.9),以及 ψ 函数的性质,有

$$\sum_{n=0}^{\infty} \frac{1}{n^2 + a^2} = \frac{i}{2a} \sum_{n=0}^{\infty} \left(\frac{1}{n + ia} - \frac{1}{n - ia} \right) = -\frac{i}{2a} \left[\psi(ia) - \psi(-ia) \right]$$

$$= -\frac{i}{2a} \left[-\frac{1}{ia} - \pi \cot(i\pi a) \right] = \frac{1}{2a^2} \left[1 + \pi a \coth(\pi a) \right]$$

2）多 Γ 函数

除了 ψ 函数外，数学上还引入 m 阶多 Γ 函数（polygamma function），它定义为 ψ 函数的 m 阶导数

$$\psi^{(m)}(z) \stackrel{\text{def}}{=\!=} \frac{\mathrm{d}^m}{\mathrm{d}z^m} \psi(z) = \frac{\mathrm{d}^{m+1}}{\mathrm{d}z^{m+1}} \ln \Gamma(z) \tag{5.2.10}$$

它们在 $z = 0, -1, -2, -3, \cdots$ 具有 $m+1$ 阶极点。多 Γ 函数有如下基本性质：

$$\psi^{(m)}(z) = (-1)^{m+1} \int_0^{\infty} \frac{t^m \mathrm{e}^{-zt}}{1 - \mathrm{e}^{-t}} \mathrm{d}t = -\int_0^1 \frac{t^{z-1}}{1 - t} (\ln t)^m \mathrm{d}t$$

$$\psi^{(m)}(z+1) = \psi^{(m)}(z) + \frac{(-1)^m m!}{z^{m+1}}$$

$$\psi^{(m)}(z) = (-1)^{m+1} m! \sum_{k=0}^{\infty} \frac{1}{(z+k)^{m+1}}$$

如此等等。图 5.7 展示了取实变量时各阶多 Γ 函数曲线。图 5.8 则是解析延拓至复平面上时多 Γ 函数的辐角分布。

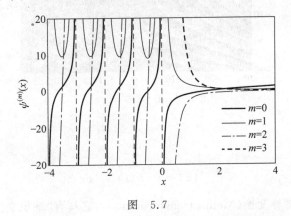

图　5.7

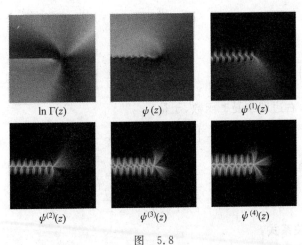

图　5.8

4. 黎曼 ζ 函数

1）黎曼级数

考虑无穷级数

$$\zeta(s) = 1 + \frac{1}{2^s} + \frac{1}{3^s} + \frac{1}{4^s} + \cdots \quad (s > 1)$$

当 $s = 2n$ 取偶数时，能够找到 $\zeta(2n)$ 的和式，如

$$\zeta(2) = 1 + \frac{1}{2^2} + \frac{1}{3^2} + \frac{1}{4^2} + \cdots = \frac{\pi^2}{6}$$

将实数 s 变为复数 z 时，称作黎曼级数。将它的解析区域从实数延拓至整个复平面上时，称为黎曼 ζ 函数。图 5.9 描绘了 $\zeta(z)$ 的二维分布，颜色表示相位。可见 $z = 1$ 是函数的奇点外，零点分布在 $z = -2k (k \in \mathbf{N})$ 及 $\operatorname{Re} z = 1/2$ 的直线上。

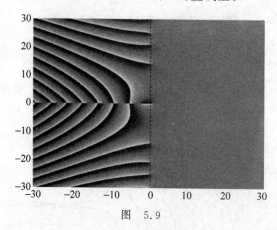

图 5.9

2）积分表示

积分

$$F(z) = \int_0^\infty \varphi(t) t^{z-1} \, \mathrm{d}t$$

被称作函数 $\varphi(t)$ 的梅林变换（Mellin transformation），它具有"乘积变换"不变性，即

$$\int_0^\infty f(at) \frac{\mathrm{d}t}{t} = \int_0^\infty f(t) \frac{\mathrm{d}t}{t}$$

令 $\varphi(t) = \mathrm{e}^{-nt}$，有

$$\int_0^\infty \mathrm{e}^{-nt} t^s \frac{\mathrm{d}t}{t} = \frac{1}{n^s} \int_0^\infty \mathrm{e}^{-t} t^s \frac{\mathrm{d}t}{t} \equiv \frac{1}{n^s} \Gamma(s) \quad (\operatorname{Re} s > 1)$$

上式两边对 n 求和，右边即黎曼 ζ 函数，于是

$$\Gamma(s)\zeta(s) = \int_0^\infty \sum_{n=1}^\infty \mathrm{e}^{-nt} t^s \frac{\mathrm{d}t}{t} = \int_0^\infty \frac{t^{s-1}}{\mathrm{e}^t - 1} \mathrm{d}t$$

于是得到 ζ 函数的积分表示

$$\zeta(z) = \frac{1}{\Gamma(z)} \int_0^\infty \frac{t^{z-1}}{\mathrm{e}^t - 1} \mathrm{d}t$$

由此可以证明如下关系式：

$$\zeta(1-z) = \frac{2}{(2\pi)^z} \cos\left(\frac{\pi z}{2}\right) \Gamma(z)\zeta(z) \tag{5.2.11}$$

注意,这里又出现了玻色分布函数的影子。

3) 黎曼猜想

除了某些平庸零点 $z = -2k (k \in \mathbf{N})$ 之外,黎曼 ζ 函数的全部非平庸零点均在实部为 $x = \frac{1}{2}$ 的平行于 y 轴的直线上(图 5.10(a))。图 5.10(b)描绘了沿着直线 $z = \frac{1}{2} + \mathrm{i}y$ 路径,在 $y = 0$ 附近的几个零点分布。图 5.10(c)则是 $\zeta(z) = u + \mathrm{i}v$ 的实部 u 和虚部 v 沿着直线 $z = \frac{1}{2} + \mathrm{i}y$ 变化的二维曲线,从图中可以看出,曲线反复经过原点,即 ζ 函数沿着直线 $z = \frac{1}{2} + \mathrm{i}y$ 不断出现零点。

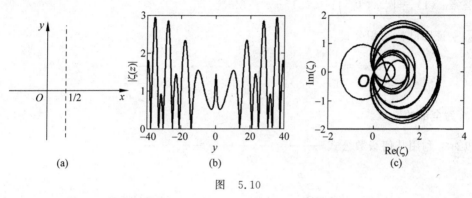

图 5.10

注记

自从 18 世纪欧拉建立三角函数与指数函数之间的关系(欧拉公式),复分析理论开始得到迅速发展,但直到 19 世纪复分析的基础才获得巩固,其中三个人的工作最为突出,他们是柯西、维尔斯特拉斯和黎曼。柯西发展了复积分理论;维尔斯特拉斯从幂级数的收敛性发展出形式化代数理论;黎曼则对几何方面作出了开拓性贡献,他的思想对整个数学大厦都是至关重要的。

复分析理论极大地促进了数论的发展。欧拉发现了 ζ 函数的无穷乘积形式;狄里希利(Dirichlet)利用 ζ 函数证明存在无穷多素数;在 20 世纪来临的前夜,阿达玛(J. Hadamard)和瓦莱普桑(C. J. de la Vallee Poussin)利用复分析理论最终证明了高斯提出的素数定理:随着数值 n 的增加,素数的密度随 $\ln n$ 成比例地下降。

通过计算机模拟,人们已经找出了黎曼 ζ 函数多达 10^{13} 个非平庸零点,它们都无一例外地出现在图 5.10(a)的临界线 $z = \frac{1}{2} + \mathrm{i}y$ 上。也许在其他领域中,大凡通情达理的学者都会承认,黎曼猜想正确无疑。但在这种事情上,数学家算不上是通情达理的人。黎曼猜想的证明仍然是挑战人类智力的珠穆朗玛峰,它还在等待另一个旷世天才的出现。

习题

[1] 证明:$\Gamma(z+1) = z\Gamma(z)$。

[2] 证明 Γ 函数在全复平面上没有零点。

[3] 计算积分:$\int_{-1}^{1}(1-x)^p(1+x)^q \mathrm{d}x$ $(\mathrm{Re}\,p > -1, \mathrm{Re}\,q > -1)$。

[4] 证明：

(1) $\mathrm{B}(p,q)=\dfrac{\Gamma(p)\Gamma(q)}{\Gamma(p+q)}$；　　(2) $\mathrm{B}(p,q)=\displaystyle\int_0^\infty\dfrac{x^{p-1}}{(1+x)^{p+q}}\mathrm{d}x$。

[5] 计算积分：$\displaystyle\int_0^{\pi/2}\tan^\alpha\theta\,\mathrm{d}\theta\ (-1<\alpha<1)$。

提示：令 $\tan^2\theta=x$；答案：$\dfrac{\pi}{2\cos\pi\alpha/2}$。

[6] 求无穷级数和：

(1) $\displaystyle\sum_{n=0}^\infty\dfrac{1}{(3n+1)(3n+2)(3n+3)}$；　　(2) $\displaystyle\sum_{n=0}^\infty\dfrac{1}{(n+1)^2(2n+1)^2}$。

答案：(1) $\dfrac{1}{4}\left(\dfrac{\pi}{\sqrt{3}}-\ln 3\right)$；　　(2) $\dfrac{2}{3}\pi^2-8\ln 2$。

[7] 证明欧拉乘积公式：

$$\zeta(s)=\dfrac{1}{1-\dfrac{1}{2^s}}\cdot\dfrac{1}{1-\dfrac{1}{3^s}}\cdot\dfrac{1}{1-\dfrac{1}{5^s}}\cdot\cdots\cdot\dfrac{1}{1-\dfrac{1}{p^s}}\cdot\cdots$$

其中 p 为全部的素数。

提示：利用几何级数公式 $\dfrac{1}{1-\dfrac{1}{p^s}}=1+\dfrac{1}{p^s}+\dfrac{1}{p^{2s}}+\dfrac{1}{p^{3s}}+\cdots$。

5.3　对数积分

1. 零点与极点

1) 对数导数

设 α 和 β 分别为函数 $f(z)$ 的 n 阶零点和 m 阶极点，则 α 和 β 均为 $f(z)$ 的对数导数函数 $[\ln f(z)]'$ 的一阶极点，其留数分别为

$$\begin{cases}\operatorname*{Res}_{z=\alpha}\left[\dfrac{\mathrm{d}}{\mathrm{d}z}\ln f(z)\right]=\operatorname*{Res}_{z=\alpha}\left[\dfrac{f'(z)}{f(z)}\right]=n\\[3mm]\operatorname*{Res}_{z=\beta}\left[\dfrac{\mathrm{d}}{\mathrm{d}z}\ln f(z)\right]=\operatorname*{Res}_{z=\beta}\left[\dfrac{f'(z)}{f(z)}\right]=-m\end{cases}\qquad(5.3.1)$$

证明　由于 $f(z)=(z-\alpha)^n h(z)$，$h(z)$ 在 α 的邻域内解析，且 $h(\alpha)\neq 0$，所以

$$\dfrac{f'(z)}{f(z)}=\dfrac{n}{z-\alpha}+\dfrac{h'(z)}{h(z)}$$

即 α 是 $f'(z)/f(z)$ 的一阶极点，其留数为

$$\operatorname*{Res}_{z=\alpha}\left[\dfrac{f'(z)}{f(z)}\right]=n$$

另外

$$f(z)=\dfrac{g(z)}{(z-\beta)^m}$$

$g(z)$ 在 β 的邻域内解析，且 $g(\beta)\neq 0$，所以

$$\frac{f'(z)}{f(z)}=-\frac{m}{z-\beta}+\frac{g'(z)}{g(z)}$$

即 β 也是 $f'(z)/f(z)$ 的一阶极点，其留数为

$$\mathop{\mathrm{Res}}\limits_{z=\beta}\left[\frac{f'(z)}{f(z)}\right]=-m$$

2）零点与极点个数定理

设亚纯函数 $f(z)$ 在闭合回路 C 解析，且在 C 上不为零，则其对数导数积分为

$$\frac{1}{2\pi\mathrm{i}}\oint_C\frac{f'(z)}{f(z)}\mathrm{d}z=\frac{1}{2\pi\mathrm{i}}\oint_C\mathrm{d}\ln f(z)=N(f,C)-P(f,C) \tag{5.3.2}$$

其中 $N(f,C)$ 和 $P(f,C)$ 分别为 $f(z)$ 在 C 内零点和极点的个数（n 阶零点算作 n 个单零点，m 阶极点算作 m 个单极点）。更一般地，如果 $\varphi(z)$ 在 C 围成的闭区域上解析，则

$$\frac{1}{2\pi\mathrm{i}}\oint_C\varphi(z)\frac{f'(z)}{f(z)}\mathrm{d}z=\sum_k n_k\varphi(\alpha_k)-\sum_j m_j\varphi(\beta_j) \tag{5.3.3}$$

证明是直接的，读者可自己完成。

2. 辐角原理

当闭合回路围绕一个单零点/单极点一周时，辐角增加/减少 2π，如图 5.11 所示的函数

$$f(z)=\frac{(z^2+1)(z-3-2\mathrm{i})^3}{(z+2+2\mathrm{i})^2}$$

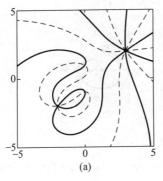
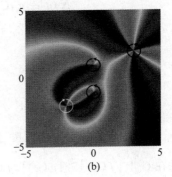

图　5.11

如果亚纯函数 $f(z)$ 在回路 C 内有 $N(f,C)$ 个零点和 $P(f,C)$ 个极点，在 C 上解析且不为零，则绕回路一周辐角的总增加量为

$$\Delta_C\arg[f(z)]=2\pi[N(f,C)-P(f,C)] \tag{5.3.4}$$

辐角原理实际上就是零点与极点个数定理的几何解释，由式(5.3.2)可知

$$\Delta_C\arg[f(z)]=-\mathrm{i}\oint_C\frac{f'(z)}{f(z)}\mathrm{d}z \tag{5.3.5}$$

3. 儒歇定理

设函数 $f(z)$ 及 $g(z)$ 在回路 C 及其内部解析，在 C 上有 $|f(z)|>|g(z)|$，则在 C 内 $f(z)+g(z)$ 与 $f(z)$ 的零点个数相同，即

$$N(f+g,C)=N(f,C)$$

证明   如图 5.12(a)所示,由于在回路 C 上有

$$|f(z)+g(z)| \geqslant |f(z)|-|g(z)| > 0$$

故 $f(z)+g(z)$ 和 $f(z)$ 在 C 内解析且在 C 上均无零点,根据

$$f(z)+g(z)=f(z)\left[1+\frac{g(z)}{f(z)}\right]$$

其绕一周的辐角增加为

$$\Delta_C \arg[f(z)+g(z)] = \Delta_C \arg[f(z)] + \Delta_C \arg\left[1+\frac{g(z)}{f(z)}\right]$$

考虑函数 $\zeta(z)=1+\dfrac{g(z)}{f(z)}$,由于在回路 C 上有

$$\left|\frac{g(z)}{f(z)}\right| = |\zeta(z)-1| < 1$$

故回路 C 映射到 ζ 平面上的映像 Γ 始终在单位圆 $|\zeta(z)-1|=1$ 的内部,如图 5.12(b)所示,于是绕 Γ 一周的辐角增量 $\Delta_C \arg[\zeta(z)]=0$,亦即

$$\Delta_C\left[1+\frac{g(z)}{f(z)}\right]=0$$

由此可知

$$\Delta_C[f(z)+g(z)] = \Delta_C[f(z)]$$

根据辐角原理有

$$N(f+g,C)=N(f,C)$$

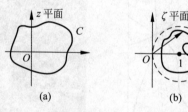

(a)   (b)

图   5.12

思考   如果在 C 上 $|f(z)| > |g(z)|$,$f(z)+g(z)$ 与 $f(z)$ 的极点个数是否相同?

例 5.3   证明代数基本定理:任一 n 次多项式方程有且只有 n 个根。

证明   设 n 次多项式为

$$P_n(z)=a_0 z^n + a_1 z^{n-1} + \cdots + a_{n-1}z + a_n \quad (a_0 \neq 0)$$

令 $f(z)=a_0 z^n$,取

$$\varphi(z) \equiv P_n(z)-f(z) = a_1 z^{n-1} + \cdots + a_{n-1}z + a_n$$

由于

$$\lim_{z\to\infty}\left|\frac{\varphi(z)}{f(z)}\right|=0$$

当圆周回路的半径 R 充分大时,在回路上必有 $|f(z)| > |\varphi(z)|$。根据儒歇定理(Rouche's theorem),$P_n(z)$ 与 $f(z)$ 在 C 内有相同的零点数,而方程 $f(z)=a_0 z^n =0$ 在圆 $|z| < R$ 内有 n 重根 $z=0$,因此原方程 $P_n(z)=0$ 在圆 $|z| < R$ 内有且仅有 n 个根。

例 5.4 设 n 次多项式 $P_n(z)=a_0z^n+a_1z^{n-1}+\cdots+a_{n-1}z+a_n(a_0\neq0)$ 满足条件 $|a_k|>|a_0|+\cdots+|a_{k-1}|+|a_{k+1}|+\cdots+|a_n|$，证明 $P_n(z)=0$ 在单位圆 $|z|<1$ 里有 $n-k$ 个根。

证明 令

$$f(z)=a_kz^{n-k}$$
$$g(z)=P_n(z)-a_kz^{n-k}$$

容易证明，在 $|z|=1$ 单位圆周上

$$|f(z)|>|g(z)|$$

由儒歇定理可知，$P_n(z)$ 与 $f(z)$ 在单位圆内的零点数目相同，所以多项式方程 $P_n(z)=0$ 在 $|z|<1$ 内有 $n-k$ 个根。

习题

[1] 证明零点与极点个数定理。

[2] 证明：方程 $z^7-z^3+12=0$ 的根全部在环形区域 $1<|z|<2$ 内。

[3] 求方程在单位圆 $|z|<1$ 内根的个数：

(1) $2z^5-z^3+z^2-2z+8=0$；　(2) $z^4-5z+1=0$。

答案：(1) 0；(2) 1。

[4] 方程 $z^9+z^5-8z^3+2z+1=0$ 在环形区域 $1<|z|<2$ 内有多少个根？

答案：6。

[5] 多项式 $p(z)=z^6+4z^4+z^3+2z^2+z+5$ 在第一象限里有多少个根？

提示：对于第一象限的扇形区域边界，研究其镜像路径的辐角变化量。

答案：2。

5.4 亚纯函数分解

1. 部分分式展开

设 $a_n(n=1,2,3,\cdots)$ 为亚纯函数 $f(z)$ 在闭复平面上的全部极点，极点的阶数分别为 p_n，我们先在 a_1 的去心邻域作洛朗级数展开

$$f(z)=f_1(z)+\sum_{\nu=1}^{p_1}\frac{c_{-\nu}^{(1)}}{(z-a_1)^\nu}$$

式中，$c_{-\nu}^{(1)}$ 表示极点 a_1 的各个负幂项的展开系数，p_1 是极点的阶数。洛朗级数的正幂部分 $f_1(z)$ 在 a_1 点解析，但 $a_n(n=2,3,\cdots)$ 仍然是它的极点，所以我们继续将 $f_1(z)$ 在 a_2 的去心邻域作洛朗级数展开

$$f_1(z)=f_2(z)+\sum_{\nu=1}^{p_2}\frac{c_{-\nu}^{(2)}}{(z-a_2)^\nu}$$

此时 $a_n(n=3,4,\cdots)$ 仍然是 $f_2(z)$ 的极点，如此继续下去，最终可将 $f(z)$ 在所有的极点展开

$$f(z)=f_N(z)+\sum_{n=1}^N g_n(z) \tag{5.4.1}$$

于是 $f_N(z)$ 在全平面不再含有任何极点，而洛朗级数在所有极点的主部（负幂部分）为

$$g_n(z)=\sum_{\nu=1}^{p_n}\frac{c_{-\nu}^{(n)}}{(z-a_n)^\nu} \tag{5.4.2}$$

如果 $f(z)$ 在全平面只有有限数目的极点,则 $h(z) \equiv f_N(z)$ 将是一个整函数,于是亚纯函数 $f(z)$ 可以分解为一个整函数与在所有奇点作洛朗级数展开的主部之和

$$f(z) = h(z) + g(z)$$

$$g(z) = \sum_{n=1}^{N} g_n(z)$$

这样,亚纯函数可以表示成两个多项式函数之比。

如果 $f(z)$ 在复平面上有无穷多极点,则无穷远点必为非孤立奇点。其主部之和

$$g(z) = \sum_{n=1}^{\infty} g_n(z)$$

为无穷级数,这时就存在一个收敛性问题。一般来说,这个级数在所有点都是发散的,为了获得有效的部分分式展开,需要引进一些修正来消除级数的发散性。假设 $z = z_0$ 不是 $f(z)$ 的极点,可以证明,这些修正可以取主部在 z_0 点的泰勒级数的一个截断。

2. 米塔-列夫勒定理

对于任何点序列 $a_n \in \mathbb{C}$,$\lim_{n \to \infty} a_n = \infty$ 以及形如式(5.4.2)的函数序列 $g_n(z)$,存在一个亚纯函数 $f(z)$,它的所有极点在 $z = a_n$,且每个极点的主部为 $g_n(z)$。

推论:任何亚纯函数 $f(z)$ 可以展开为级数

$$f(z) = h(z) + \sum_{n=1}^{\infty} (g_n(z) - P_n(z)) \tag{5.4.3}$$

它在任意紧集上一致收敛,其中 $h(z)$ 为整函数,$g_n(z)$ 为 $f(z)$ 的主部,$P_n(z)$ 为 $g_n(z)$ 在 $z = 0$ 点作泰勒级数展开的一个截断多项式

$$P_n(z) = \sum_{k=0}^{m_n} \frac{g_n^{(k)}(0)}{k!} z^k \tag{5.4.4}$$

其中 m_n 的选取满足

$$| g_n(z) - P_n(z) | < \frac{1}{2^n}$$

这种亚纯函数按极点分解的方式,称作米塔-列夫勒定理(Mittag-Leffler theorem)。(证略)

例 5.5   将亚纯函数作米塔-列夫勒展开:

$$f(z) = \frac{1}{\sin^2 z}$$

解   函数在点 $z_n = n\pi \ (n \in \mathbb{Z})$ 为二阶极点,其主部为

$$g_n(z) = \frac{1}{(z - n\pi)^2}$$

由主部构成的级数为

$$f_0(z) = \sum_{n=-\infty}^{\infty} \frac{1}{(z - n\pi)^2}$$

由于 $f_0(z)$ 在 $z \neq n\pi$ 任意紧集上一致收敛,因此不需要修正多项式 $P_n(z)$,整函数为

$$h(z) = \frac{1}{\sin^2 z} - \sum_{n=-\infty}^{\infty} \frac{1}{(z - n\pi)^2}$$

它沿实轴是一个周期为 π 的周期函数，考虑带状范围 $\{0 < \mathrm{Re}\, z \leqslant \pi\}$，有 $|z - n\pi| \geqslant (n-1)\pi$，于是

$$|f_0(z)| \leqslant \sum_{n=-m}^{m} \frac{1}{|z-n\pi|^2} + 2\sum_{n=m+1}^{\infty} \frac{1}{(n-1)^2\pi^2}$$

当 $\mathrm{Im}\,z \to \infty$ 时，上式右边第一项趋于零，第二项有限，所以 $f_0(z)$ 在带状区域有界。由于

$$\frac{1}{\sin^2 z} \xrightarrow{\mathrm{Im}\,z \to \infty} 0$$

可知整函数 $h(z)$ 在带状区域有界，又因为 $h(z)$ 沿实轴方向是周期函数，因此它在整个复平面上有界，由刘维尔定理推知 $h(z) \equiv 0$，于是函数的米塔-列夫勒展开为

$$\frac{1}{\sin^2 z} = \sum_{n=-\infty}^{\infty} \frac{1}{(z-n\pi)^2}$$

例 5.6 将亚纯函数作米塔-列夫勒展开：
$$f(z) = \cot z$$

解 函数在点 $z_n = n\pi$ ($n \in \mathbb{Z}$) 为单极点，由主部构成的级数为

$$f_0(z) = \sum_{n=-\infty}^{\infty} \frac{1}{z-n\pi}$$

这是一个发散的级数，$P_n(z)$ 可取 $f_0(z)$ 在 $z=0$ 点的零阶泰勒级数展开，有

$$\sum_{n\neq 0}\left(\frac{1}{z-n\pi} + \frac{1}{n\pi}\right) = \sum_{n\neq 0} \frac{z}{(z-n\pi)n\pi}$$

很明显，这个无穷求和在每一个闭集上一致收敛。采用与例 5.5 同样的方法可以证明整函数 $h(z) \equiv 0$，所以

$$\cot z = \frac{1}{z} + \sum_{n\neq 0}\left(\frac{1}{z-n\pi} + \frac{1}{n\pi}\right) = \frac{1}{z} + \sum_{n=1}^{\infty} \frac{2z}{z^2 - n^2\pi^2}$$

如果取 $f_0(z)$ 的泰勒级数展开零阶项还不足以消除发散，则需考虑高阶展开项作为修正。

练习 证明如下关系：
$$\coth z = \frac{1}{z} + \sum_{n=1}^{\infty} \frac{2z}{z^2 + n^2\pi^2}$$

注记
我们可以从级数在 $z=0$ 的发散性来理解消除级数发散的基本思想：
$$g(0) = \sum_{n=1}^{\infty} g_n(0) = \sum_{n=1}^{\infty}\sum_{\nu=1}^{p_n} \frac{c_{-\nu}^{(n)}}{(-a_n)^\nu} \quad (\nu = 1, 2, \cdots, p_n)$$

级数 $g(0)$ 发散的原因是当 $n \to \infty$ 时，级数项衰减得不够快，所以在级数的每一项中减除掉常数 $\sum_{\nu=1}^{p_n} \frac{c_{-\nu}^{(n)}}{(-a_n)^\nu}$，这样就把 $g(z)$ 中 z 的零次幂发散消除掉。如果减除后的级数在 $z=0$ 的导数 $g'(0)$ 也发散，那也需减除这个 z 的一次幂发散，即

$$\sum_{n=1}^{\infty}\left\{\left[\sum_{\nu=1}^{p_n} \frac{c_{-\nu}^{(n)}}{(z-a_n)^\nu} - \sum_{\nu=1}^{p_n} \frac{c_{-\nu}^{(n)}}{(-a_n)^\nu}\right] - \sum_{\nu=1}^{p_n} \frac{-\nu c_{-\nu}^{(n)}}{(-a_n)^{\nu+1}} z\right\}$$

如此逐级修正，直至将所有阶导数 $g^{(n)}(0)$ 的发散都消除掉，从而保证 $g(z)$ 在 $z=0$ 的有限性。

如果 $z=0$ 也是亚纯函数的极点，则将该点洛朗级数展开的负幂项单独搁置一边，对其

他极点带来的发散在 $z=0$ 进行泰勒级数展开修正，具体操作如例题所示。

考虑复平面上两个非共线的复数 ω_1 和 ω_2，以周期性格点 $z_{m,n}=m\omega_1+n\omega_2\,(m,n\in\mathbb{Z})$ 为二阶极点构造亚纯函数的主部

$$\sum_{m,n=-\infty}^{\infty}\frac{1}{(z-m\omega_1-n\omega_2)^2}$$

这个无穷级数不收敛，需要减除掉 $z=0$ 的发散部分，得到亚纯函数

$$\mathcal{P}(z)=\frac{1}{z^2}+\sum_{m,n\neq0}\left[\frac{1}{(z-m\omega_1-n\omega_2)^2}-\frac{1}{(m\omega_1+n\omega_2)^2}\right]$$

这就是魏尔斯特拉斯 $\mathcal{P}$ 函数，它具有双周期性，$\mathcal{P}(z+m\omega_1+n\omega_2)=\mathcal{P}(z)$。将 $\mathcal{P}$ 函数写成洛朗级数形式，通过比较系数可验证它满足方程

$$\mathcal{P}'(z)^2=4\,\mathcal{P}(z)^3-g_2\,\mathcal{P}(z)-g_3$$

其中 g_2,g_3 为常数，称作模不变量（modular invariants），

$$g_2=60\sum_{m,n\neq0}\frac{1}{(m\omega_1+n\omega_2)^4},\quad g_3=140\sum_{m,n\neq0}\frac{1}{(m\omega_1+n\omega_2)^6}$$

所以 $\mathcal{P}$ 函数具有椭圆积分的特征，

$$\int_0^z\frac{\mathrm{d}u}{\sqrt{4u^3-g_2u-g_3}}$$

它的定义域是一个轮胎形环面。

习题

[1] 证明：

(1) $\dfrac{1}{\mathrm{e}^z-1}=-\dfrac{1}{2}+\dfrac{1}{z}+\displaystyle\sum_{n=1}^{\infty}\dfrac{2z}{z^2+4n^2\pi^2}$；

(2) $\dfrac{\mathrm{e}^{az}}{\mathrm{e}^z-1}=\dfrac{1}{z}+\displaystyle\sum_{n=1}^{\infty}\dfrac{2z\cos2n\pi a-4n\pi\sin2n\pi a}{z^2+4n^2\pi^2}$。

[2] 证明：

(1) $\tan z=\displaystyle\sum_{n=1}^{\infty}\dfrac{8z}{(2n-1)^2\pi^2-4z^2}$； (2) $\dfrac{1}{\sin z}=\dfrac{1}{z}+\displaystyle\sum_{n=1}^{\infty}(-1)^n\dfrac{2z}{z^2-n^2\pi^2}$。

提示：利用公式

$$\frac{1}{\sin z}=\frac{1}{2}\left(\cot\frac{z}{2}+\tan\frac{z}{2}\right)$$

[3] 将亚纯函数作米塔-列夫勒展开：

$$f(z)=\frac{1}{\sin(z^2)}$$

提示：需要考虑泰勒展开的一阶修正项。

[4] 找出级数的极点及其主部，并将它用三角函数表示，

$$\sum_{n=-\infty}^{\infty}\frac{1}{z^3-n^3}$$

答案：$\dfrac{\pi}{3z^2}[\cot\pi z+\lambda\cot\lambda\pi z+\lambda^2\cot\lambda^2\pi z]$，$\lambda=\mathrm{e}^{2\pi\mathrm{i}/3}$。

[5] 对于 Γ 函数,

(1) 证明:$\dfrac{\Gamma'(z)}{\Gamma(z)}$ 在 $z=-n\,(n=0,1,2,\cdots)$ 为一阶极点,且所有极点的留数均为

$$\operatorname{Res}\left[\frac{\mathrm{d}}{\mathrm{d}z}\ln\Gamma(-n)\right]=-1;$$

(2) 将 $\dfrac{\Gamma'(z)}{\Gamma(z)}$ 按极点作米塔-列夫特展开,消除无穷级数的发散,并证明整函数为常数:

$$\frac{\Gamma'(z)}{\Gamma(z)}=-\gamma-\frac{1}{z}+\sum_{n=1}^{\infty}\left(\frac{1}{n}-\frac{1}{z+n}\right)$$

$$\gamma=-\frac{\Gamma'(1)}{\Gamma(1)}$$

(3) 证明:

$$\gamma=\lim_{n\to\infty}\left(1+\frac{1}{2}+\frac{1}{3}+\cdots+\frac{1}{n}-\ln n\right)$$

(4) 由此证明 Γ 函数可表示为

$$\frac{1}{\Gamma(z)}=z\,\mathrm{e}^{\gamma z}\prod_{n=1}^{\infty}\left(1+\frac{z}{n}\right)\mathrm{e}^{-z/n}$$

5.5　整函数乘积展开

1. 整函数因式分解

每个 n 次多项式 $P_n(z)$ 有 n 个零点 $\alpha_k\,(k=1,2,\cdots,n)$,因此可将多项式作因式分解:

$$P_n(z)=A'\prod_{k=1}^{n}(z-\alpha_k)=A\prod_{k=1}^{n}\left(1-\frac{z}{\alpha_k}\right)\tag{5.5.1}$$

对于整函数也有类似的性质,整函数可以没有零点,也可以有无穷多零点。容易证明,没有零点的整函数可以表示为 $f(z)=\mathrm{e}^{g(z)}$,其中 $g(z)$ 也是整函数。如果整函数有 n 个零点 α_k,则它可形式上表示为

$$f(z)=A\,\mathrm{e}^{g(z)}\prod_{k=1}^{n}\left(1-\frac{z}{\alpha_k}\right)\tag{5.5.2}$$

但如果整函数具有无穷多可数的零点,这就涉及无穷乘积,于是也存在收敛性问题。

2. 无穷乘积收敛性

1) 收敛条件

对于复数项无穷乘积

$$\prod_{k=1}^{\infty}q_k=\prod_{k=1}^{\infty}(1+c_k)\tag{5.5.3}$$

如果其部分乘积具有非零的极限 Π,即

$$\Pi_n=\prod_{k=1}^{n}(1+c_k)\xrightarrow{\ n\to\infty\ }\Pi$$

则它是收敛的,记作 $\Pi = \lim\limits_{n\to\infty}\Pi_n$。

因为 $1 + c_n = \Pi_n/\Pi_{n-1}$,故 $c_n \to 0$ 是乘积收敛的必要条件。将无穷乘积式(5.5.3)取对数,就变成无穷级数

$$\sum_{k=1}^{\infty}\ln q_k = \sum_{k=1}^{\infty}\ln(1+c_k)$$

因此,无穷乘积的收敛性就与其对数的无穷级数联系起来。

2)收敛判据

(1)无穷乘积式(5.5.3)收敛的充分必要条件,是无穷级数 $\sum\limits_{k=1}^{\infty}\ln q_k$ 收敛;

(2)无穷乘积式(5.5.3)收敛的充分必要条件,是无穷级数 $\sum\limits_{k=1}^{\infty}c_k$ 收敛;

(3)无穷乘积式(5.5.3)绝对收敛的充分必要条件,是无穷级数 $\sum\limits_{k=1}^{\infty}|c_k|$ 绝对收敛。

无穷乘积收敛的概念同样可以推广到由函数项组成的无穷乘积。我们称函数项乘积

$$\prod_{k=1}^{\infty}|1+w_k(z)| \tag{5.5.4}$$

是收敛的,如果它在某个区域 B 内的每一点都收敛。

3. 魏尔斯特拉斯乘积定理

对于任何点序列 $\alpha_k \in \mathbb{C}$,满足 $\lim\limits_{k\to\infty}\alpha_k = \infty$,存在一个整函数 $f(z)$,它的所有零点在 $z = \alpha_k$,且 $f(z)$ 在每个零点 α_k 的阶数等于所给点序列中 α_k 出现的次数。

推论:任意整函数可以分解为其零点的无穷乘积

$$f(z) = z^m e^{g(z)}\prod_{k=1}^{\infty}\left(1 - \frac{z}{\alpha_k}\right)e^{\frac{z}{\alpha_k}+\frac{1}{2}\left(\frac{z}{\alpha_k}\right)^2+\cdots+\frac{1}{p_k}\left(\frac{z}{\alpha_k}\right)^{p_k}} \tag{5.5.5}$$

其中 $m \geq 0$ 为 $f(z)$ 在 $z=0$ 的零点阶数,$g(z)$ 是某个整函数,p_k 的选取是使级数 $\sum\limits_{k=1}^{\infty}(z/\alpha_k)^{p_k+1}$ 在任意紧集上绝对和一致收敛。

整函数 $h(z)$ 的因式分解与亚纯函数的米塔-列夫勒展开有密切关系,这一点可以这样来理解:将整函数取对数导数 $f(z) = [\ln h(z)]'$,其零点转变为 $f(z)$ 的一阶极点,然后可对其作米塔-列夫勒展开。

例 5.7 证明:

$$\sin z = z\prod_{n=1}^{\infty}\left(1 - \frac{z^2}{n^2\pi^2}\right)$$

证明 根据例5.6的米塔-列夫勒展开式,有

$$\frac{d}{dz}\ln(\sin z) = \cot z = \frac{1}{z} + \sum_{n=1}^{\infty}\left(\frac{2z}{z^2 - n^2\pi^2}\right)$$

对两边进行积分,即得

$$\sin z = z\prod_{n=1}^{\infty}\left(1 - \frac{z^2}{n^2\pi^2}\right)$$

例 5.8 构造一个整函数,使其所有单零点位于负整数值。

解 这种情形下的无穷乘积为

$$\prod_{k=1}^{\infty}\left(1+\frac{z}{k}\right)$$

该无穷乘积不收敛,需要消除发散。由于

$$\left|\ln\left(1+\frac{z}{k}\right)-\frac{z}{k}\right|\leqslant C\,\frac{|z|^2}{k^2},\quad |z|\leqslant R, k\geqslant 2R$$

所以乘积

$$\prod_{k=1}^{\infty}\left(1+\frac{z}{k}\right)\mathrm{e}^{-z/k}$$

在全平面一致收敛且具有所需的零点。

注记

根据第 3 章,具有奇异性的平面标量场可以用有奇异性的复势描述,其中偶极子场产生的场对应于单极点,四极子产生的场对应于二阶极点,如此等等,即亚纯函数描述平面内多极子分布产生的复势。由于静电荷产生的库仑势与距离成反比,属于长程势,总电势是不同点电荷产生的电势互相叠加。如果平面上有无穷多静电荷,其在任何点的电势必然是无穷大!在物理中处理这样的电势时,通常是减除掉这个无穷大背景。在米塔-列夫勒展开式中,同样要减除由洛朗级数展开的负一次幂项叠加带来的无穷大,即应该减除所有极点的留数项贡献。由于在平面上任意点都出现发散,即有一个均匀的无穷大背景,因此可以任取一点实施减除措施。至于二阶及以上阶的极点,如果没有负一次幂项,则属于短程势,叠加的结果不会产生无穷大,因此不必作减除修正,这就是例 5.1 和例 5.2 的区别所在。如果高阶极点的洛朗级数展开存在负一次幂项,同样也需作减除手续。

根据代数基本定理,n 次多项式必然有 n 个根(重根按不同的单根处理),即在复平面上有 n 个一阶零点,因此多项式可以作因式分解

$$P_n(z)=b_0(z-\alpha_1)(z-\alpha_2)\cdots(z-\alpha_n)$$

也称多项式按零点作乘积展开。整函数在复平面上没有奇异性,但可能有零点,即函数方程的根。魏尔斯特拉斯定理宣称,整函数同样可以表示成零点因子的因式分解

$$f(z)=\mathrm{e}^{\tilde{g}(z)}\prod_{k=1}^{n}(z-\alpha_k)=\mathrm{e}^{g(z)}z^m\prod_{k=1}^{n}\left(1-\frac{z}{\alpha_k}\right)$$

其中 $g(z)$ 也是整函数,可见零点反映了整函数的主要性状。考虑闭复平面上有无穷多零点情形,将上式两边取对数

$$\ln f(z)=g(z)+\sum_{k=1}^{\infty}\ln\left(1-\frac{z}{\alpha_k}\right)$$

这里 $\ln f(z)$ 仍然是整函数。由 3.5 节可知,$\ln(z-\alpha_k)$ 项是点源产生的复势。根据静电学,$\ln(z-\alpha_k)$ 是二维长程库仑势,无穷多点电荷产生的静电势叠加也将导致无穷大,因此也必须从上述无穷级数中减除掉这个发散。

减除的措施仍然采用米塔-列夫勒方案,即将级数

$$\sum_{k=1}^{\infty}\ln\left(1-\frac{z}{\alpha_k}\right)$$

的每一函数项在 $z=0$ 点作泰勒展开,减去一个截断的泰勒多项式

$$P_k(z) = -\sum_{n=1}^{p_k} \frac{1}{n} \left(\frac{z}{\alpha_k}\right)^n$$

所以

$$\ln f(z) = g(z) + \sum_{k=1}^{\infty} \left[\ln\left(1 - \frac{z}{\alpha_k}\right) + \sum_{n=1}^{p_k} \frac{1}{n}\left(\frac{z}{\alpha_k}\right)^n\right]$$

如果 $z=0$ 是 $f(z)$ 的 m 阶零点，则可写成

$$f(z) = z^m \mathrm{e}^{g(z)} \prod_{k=1}^{\infty} \left(1 - \frac{z}{\alpha_k}\right) \mathrm{e}^{\frac{z}{\alpha_k} + \frac{1}{2}\left(\frac{z}{\alpha_k}\right)^2 + \cdots + \frac{1}{p_k}\left(\frac{z}{\alpha_k}\right)^{p_k}}$$

习题

[1] 将双曲函数按零点分解为无穷乘积：

(1) $\sinh z = z \prod_{n=1}^{\infty} \left(1 + \frac{z^2}{n^2 \pi^2}\right)$；   (2) $\cosh z = z \prod_{n=1}^{\infty} \left[1 + \frac{4z^2}{(2n-1)^2 \pi^2}\right]$。

[2] 证明：

$$\cos z = \prod_{n=1}^{\infty} \left[1 - \frac{4z^2}{(2n-1)^2 \pi^2}\right]$$

提示：利用公式 $\cos z = \dfrac{\sin 2z}{2 \sin z}$，将分子按奇偶分解为两个无穷乘积。

[3] 证明：

(1) $\prod_{n=2}^{\infty} \left(1 - \frac{1}{n^2}\right) = \frac{1}{2}$；   (2) $\prod_{n=2}^{\infty} \left(1 + \frac{1}{n^2}\right) = \dfrac{\mathrm{e}^{\pi} - \mathrm{e}^{-\pi}}{2\pi}$。

[4] 证明瓦利斯公式：

$$\frac{2 \cdot 2}{1 \cdot 3} \cdot \frac{4 \cdot 4}{3 \cdot 5} \cdot \cdots \cdot \frac{2n \cdot 2n}{(2n-1) \cdot (2n+1)} \cdots = \frac{\pi}{2}$$

[5] 构造一个整函数，使其所有零点为实轴上的单零点 $\pm k^{1/4}$，$k \in \mathrm{N}$。
答案：

$$\prod_{k=1}^{\infty} \left(1 - \frac{z^2}{k^{1/2}}\right) \mathrm{e}^{z^2/\sqrt{k}}$$

第6章

共 形 映 射

6.1 保角变换

1. 调和方程不变性

解析函数 $\zeta(z) = \xi(x,y) + i\eta(x,y)$ 定义了一个映射,它相当于作变量替换 $(x,y) \rightarrow (\xi, \eta)$,将 z 平面的二维拉普拉斯方程

$$\frac{\partial^2 u}{\partial x^2} + \frac{\partial^2 u}{\partial y^2} = 0$$

变为 $\zeta(z)$ 平面的相应方程

$$(\xi_x^2 + \xi_y^2)u_{\xi\xi} + 2(\xi_x\eta_x + \xi_y\eta_y)u_{\xi\eta} + (\eta_x^2 + \eta_y^2)u_{\eta\eta} +$$
$$(\xi_{xx} + \xi_{yy})u_\xi + (\eta_{xx} + \eta_{yy})u_\eta = 0 \tag{6.1.1}$$

由于 $\zeta(z)$ 的实部和虚部均为调和函数,且满足柯西-黎曼条件

$$\frac{\partial \xi}{\partial x} = \frac{\partial \eta}{\partial y}, \qquad \frac{\partial \xi}{\partial y} = -\frac{\partial \eta}{\partial x}$$

方程(6.1.1)简化为

$$|\zeta'(z)|^2 (u_{\xi\xi} + u_{\eta\eta}) = 0 \tag{6.1.2}$$

该式的含义是,如果 $\zeta(z)$ 是解析函数,则除了 $\zeta'(z) = 0$ 点之外,拉普拉斯方程在其映射下保持不变。也就是说,z 平面上某个区域的调和函数 u,被映射为 ζ 平面上相应区域的调和函数

$$u_{\xi\xi} + u_{\eta\eta} = 0$$

这种变换也适用于二维泊松方程

$$(u_{xx} + u_{yy}) = \rho(x,y)$$

映射后变为

$$u_{\xi\xi} + u_{\eta\eta} = \rho'(\xi, \eta)$$

$$\rho'(\xi, \eta) \equiv \frac{1}{|\zeta'(z)|^2} \rho(x(\xi,\eta), y(\xi,\eta))$$

即泊松方程经过解析函数变换后,仍旧是泊松方程,只是外源的强度分布 $\rho(x,y)$ 发生了相应的改变。尽管如此,外源的总荷保持不变,这是由于

$$\mid \zeta'(z) \mid^2 = \left(\frac{\partial \xi}{\partial x}\right)^2 + \left(\frac{\partial \xi}{\partial y}\right)^2 = \begin{vmatrix} \dfrac{\partial \xi}{\partial x} & \dfrac{\partial \xi}{\partial y} \\[2mm] \dfrac{\partial \eta}{\partial x} & \dfrac{\partial \eta}{\partial y} \end{vmatrix} \equiv \det J$$

$\det J$ 即为雅可比行列式,所以

$$Q = \int_D \rho'(\xi,\eta)\,\mathrm{d}\xi\mathrm{d}\eta = \int_D \rho'(x,y)\det J\,\mathrm{d}x\mathrm{d}y \equiv \int_D \rho(x,y)\mathrm{d}x\,\mathrm{d}y$$

对于点源的密度分布,可以用狄拉克 δ 函数来表示,即

$$\rho(x,y) = q\delta(x-x_0)\delta(y-y_0)$$

因此泊松方程

$$\frac{\partial^2 u}{\partial x^2} + \frac{\partial^2 u}{\partial y^2} = q\delta(x-x_0)\delta(y-y_0)$$

变换后仍然具有相同的形式

$$\frac{\partial^2 u}{\partial \xi^2} + \frac{\partial^2 u}{\partial \eta^2} = q\delta(\xi-\xi_0)\delta(\eta-\eta_0)$$

2. 导数的几何意义

设 z 平面上有一条参数曲线 $C(t)$: $z = z(t)$,经过解析函数 $\zeta = f(z)$ 映射后,成为 ζ 平面上的参数曲线 $f(C)$: $C(t) \mapsto f(C)$。根据 $\zeta(t) = f(z(t))$,有

$$\left.\frac{\mathrm{d}\zeta(t)}{\mathrm{d}t}\right|_{t=t_0} = \left.\frac{\mathrm{d}f(z)}{\mathrm{d}z}\right|_{z=z_0} \cdot \left.\frac{\mathrm{d}z(t)}{\mathrm{d}t}\right|_{t=t_0} \tag{6.1.3}$$

其中 $z_0 = z(t_0)$,所以导数的辐角满足关系

$$\arg[\zeta'(t_0)] = \arg[f'(z_0)] + \arg[z'(t_0)] \tag{6.1.4}$$

由于 $\dfrac{\mathrm{d}z(t)}{\mathrm{d}t}$ 和 $\dfrac{\mathrm{d}\zeta(t)}{\mathrm{d}t}$ 分别反映曲线 C 在 z_0 点和其映像曲线 $f(C)$ 在 $\zeta_0 = f(z_0)$ 点切线的斜率,方程(6.1.4)表示,映射函数的导数辐角 $\arg f'(z_0)$ 就等于曲线 $f(C)$ 相对于曲线 C 在 z_0 点倾角的增加值,如图 6.1 所示。采用极坐标表示:$f'(z_0) = r\mathrm{e}^{\mathrm{i}\alpha}$,则 $\arg f'(z_0) = \alpha$ 为切线方向转过的角度。导数的模 $r = |f'(z_0)|$ 反映了经过函数 $\zeta = f(z)$ 映射后,通过 z_0 点的局部线元的伸缩率。

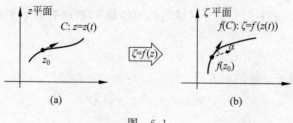

图   6.1

如果 z 平面上有两条相交于 z_0 的曲线 C_1 和 C_2,经函数 $\zeta = f(z)$ 映射到 ζ 平面上相应的两条相交曲线 $f(C_1)$ 和 $f(C_2)$,由于导数与趋近 z_0 点的方式无关,每条曲线在 z_0 点的

切线转过的角度均为 $\arg f'(z_0)=\alpha$，因此 $f(C_1)$ 和 $f(C_2)$ 的夹角与 C_1 和 C_2 的夹角在映射下保持不变(图 6.2)，这就是解析函数的保角不变性。

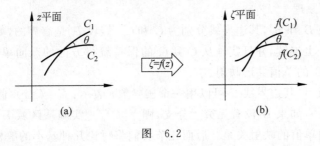

图 6.2

3. 共形映射

对于 z 平面上的多边形，经过解析函数映射后变为 ζ 平面的多边形，且多边形的各个顶角保持不变。但由于每一点导数的模不同，故每一点的线元伸缩率不同，因此，在有限尺度上的多边形会有明显的形状改变，如图 6.3 所示。

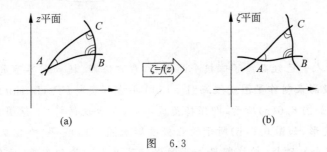

图 6.3

一般来说，如果一个映射 $\zeta=f(z)$ 保持穿过 z_0 的曲线间夹角以及它们的取向不变，则称在 z_0 点保角不变或者局域共形不变。共形映射保持了角度以及物体局部形状的相似性，但是不一定保证它们有限尺寸的相似(图 6.4)。

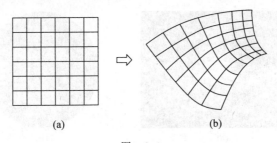

图 6.4

在共形映射下，圆可以变大或变小，但不可能将圆变成椭圆，或者将椭圆变成圆，如图 6.5 所示。共形映射理论的基本问题就是，对于给定区域 B 和 B'，要求构造一个函数，它实施将其中一个区域共形映射到另一个区域。因此，需要确定共形映射的存在性和唯一性，在复解析理论中，任意一个单连通区域必可通过某个解析函数，变为另一个相应的单连通区域。我们有以下基本定理：

（1）黎曼映射定理

任意一个单连通区域，经过适当的解析函数变换，共形等价于一个单位圆。

（2）边界对应原理

设有两个区域 B 和 B'，其边界线分别为 C 和 C'，假设 B' 是有界的，如果函数 $\zeta=f(z)$ 在 B 内解析，在 $\bar{B}$ 上连续，并且实施从 C 到 C' 的保持绕行方向的双向单值映射，那么它就实施从区域 B 到 B' 的单值共形映射。

对于某个区域 B，其边界线 C 可以用一个实参数 t 表示：$C=C(t)$，假设有一个从 B 到 B' 的共形映射 $f(z)$，如果 B' 没有无穷远分支，则 $f[C(t)]$ 实施从区域 B 到 B' 的边界线之间一个连续且双向单值的映射关系。后面几节我们将讨论几种基本的解析函数变换。

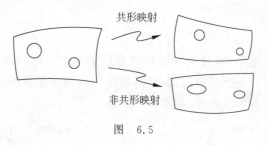

图　6.5

注记

18 世纪以前，人们已经熟悉了球极平面投影，希波恰斯、托勒密甚至更早的古埃及人可能已经使用球极投影来制作星图或航海图。1590 年哈利奥特（T. Harriot）注意到球极投影具有共形不变性，如图 6.6(a) 所示，即保持角度不变，或者说保持"小范围内相似"。在大范围内物体会发生变形，如图 6.6(b) 所示的北极投影地图。1695 年，哈雷从数学上证明了球极投影的共形不变性；欧拉、拉格朗日等共同促进了共形理论的发展，他们都使用了复数；高斯则将拉格朗日的理论推广为任意曲面到平面的共形映射。黎曼似乎是最早将共形映射视为解析函数理论基础的人，黎曼映射定理给出了共形映射理论一个奠基性的描述。（图片来自 Wikipedia）

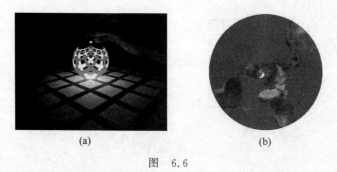

(a)　　　　　　　　(b)

图　6.6

球极投影的一个重要性质是将球面上的圆映射为平面上的圆或直线。从黎曼球的观点看，实轴就是一个圆，与单位圆没有任何区别。球面运动（刚体转动）是共形的，它是从黎曼球面到自身的共形映射，可以通过一个分式线性变换来实现。

习题

[1] 分析函数 $w=\sqrt{z}$ 将圆周 $r=|\cos\varphi|$ 内部映射为什么区域？画出其曲线。

答案：双纽线 $\rho=\sqrt{\cos2\theta}$ 。

[2] 分析函数 $w=z^2$，将圆周 $r=|\cos\varphi|$ 内部映射为什么区域？画出其曲线。

答案：心脏线 $\rho=\cos^2[\theta/2]$ 。

[3] 证明：球极投影将球面上的圆映射为平面上的圆。

提示：用平面切割单位球面，$aX+bY+cZ=d$，其交线即球面上的圆。

[4] 设 P 是黎曼球面上的一点，z 是其在复平面上的球极投影点，证明：

(1) 球面上 P 的直径对点 $-P$ 在复平面的球极投影点为 $-\dfrac{1}{z}$；

(2) 在球极投影下，球面绕 x 轴转 $180°$ 对应于反演：$z\mapsto\dfrac{1}{z}$。

提示：球面上 $P=(X,Y,Z)$ 的球极投影点为 $z=\dfrac{X+\mathrm{i}Y}{1-Z}$。

6.2　初等函数变换

1. 幂函数变换

线性函数 $\zeta(z)=az+b$（a,b 是复常数），其导数 $\zeta'(z)=a$ 是常数，即线元长度的放大率 $|a|$ 是常数，图形的各个部分按同样的比例放大而保持形状不变。常数 a 的辐角给出图形在复平面上整体旋转的角度。

幂函数 $\zeta(z)=z^n$，其导数 $\zeta'(z)=nz^{n-1}$。由于原点 $z=0$ 的导数为零，两条曲线在原点的交角不再保持不变，它被放大了 n 倍。变换 $\zeta(z)=z^{1/n}$，在原点的交角则缩小 n 倍。在原点以外的区域，幂函数具有保角不变性。

例 6.1　一块很大的金属导体，挖去一个 $\alpha=\pi/3$ 的二面角，导体电势为 V_0，试求二面角内空间的电势分布。

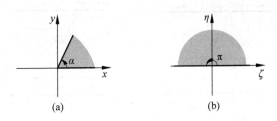

图　6.7

解　取变换 $\zeta(z)=z^3$，将 $\alpha=\pi/3$ 的角形区域变换为上半平面（图 6.7）。在 ζ 的上半平面的电势分布与实轴 ξ 无关，与 η 成正比，即

$$u=C\eta+V_0=C\mathrm{Im}\zeta+V_0$$

C 取决于导体表面的电荷密度，于是复势为

$$w=C\zeta+V_0=Cz^3+V_0$$

回到原来的 z 平面，得到角形区域的电势分布为

$$u = \mathrm{Im}\,w = C\,\mathrm{Im}\,z^3 + V_0 = C(3x^2 y - y^3) + V_0$$

思考   如果 α 为任意角度,能否求解?

例 6.2   研究平底水槽中水的流动,槽底有一竖直的薄片阻挡水流(图 6.8(a))。

解   先作变换 $\zeta_1 = z^2$,则水槽边界由图 6.8(a)边界变为图 6.8(b),负实轴和正实轴折叠在一起;再取 $\zeta_2 = \zeta_1 + h^2$,将折叠的水平边界向右平移 h^2,即将端点移至原点,如图 6.8(c)所示;最后作变换 $\zeta = \sqrt{\zeta_2}$,将折叠的正实轴重新展开成图 6.8(d)的全实轴。三次变换综合起来,变换函数就是

$$\zeta = \sqrt{z^2 + h^2}$$

在平直水平面上,水流是均匀的,速度势为横轴方向的线性函数,即

$$u = C\xi = C\,\mathrm{Re}\,\zeta$$

相应的复势为

$$w = C\zeta = C\sqrt{z^2 + h^2}$$

所以 z 平面速度场分布是

$$v_x + \mathrm{i}v_y = \frac{\partial u}{\partial x} + \mathrm{i}\,\frac{\partial u}{\partial y} = \overline{w'(z)} = \frac{C\bar{z}}{\sqrt{(\bar{z})^2 + h^2}}$$

为了确定常数 C,假设无穷远处的流速为水平均匀分布,即

$$\lim_{z \to \infty} \frac{C\bar{z}}{\sqrt{(\bar{z})^2 + h^2}} = \lim_{z \to \infty} \frac{C}{\sqrt{1 + (h/\bar{z})^2}} \to v_x = C \equiv v_0$$

所以速度场分布为

$$v_x = \mathrm{Re}\left[\frac{v_0 \bar{z}}{\sqrt{(\bar{z})^2 + h^2}}\right], \quad v_y = \mathrm{Im}\left[\frac{v_0 \bar{z}}{\sqrt{(\bar{z})^2 + h^2}}\right]$$

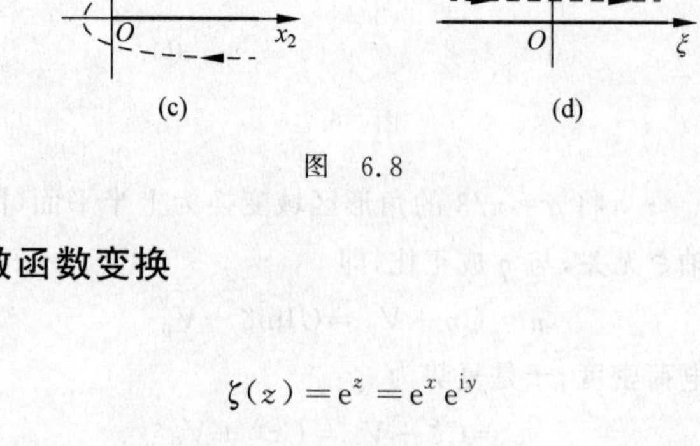

图   6.8

2. 指数函数和对数函数变换

1）指数函数

$$\zeta(z) = e^z = e^x e^{\mathrm{i}y}$$

由于

$$|\zeta| = e^x, \quad \arg\zeta = y$$

指数函数将 z 平面平行于虚轴的直线（x 取常数），映射为 ζ 平面上半径为 $r=e^x$ 的圆，如图 6.9 的实线所示。而将 z 平面上平行于实轴的直线（y 取常数），映射为 ζ 平面上从原点发出、辐角为 $\varphi=\arg\zeta=y$ 的射线，如图 6.9 的虚线所示。显然，实线和虚线之间的正交性保持不变。如果只取辐角主值 $0\leqslant\arg\zeta\leqslant 2\pi$，则指数函数将 z 平面上平行于实轴而宽度为 $[0,2\pi]$ 的区域变换成 ζ 的全平面。

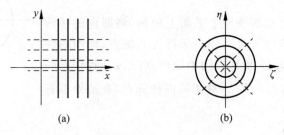

图 6.9

2）对数函数

$$\zeta(z)=\ln z=\ln|z|+\mathrm{i}\arg z+2k\pi\mathrm{i} \quad (k\in\mathbf{Z})$$

它是指数函数的逆函数，将 z 平面上以原点为圆心的圆周，变成 ζ 平面上平行于虚轴的直线；将 z 平面上辐角为常数的射线，变为 ζ 平面上平行于实轴的直线，即从图 6.9(b) 映射到图 6.9(a)。

例 6.3 两个同轴圆柱构成电容器，内外圆柱的半径分别为 R_1 和 R_2，计算每单位长度圆柱电容器的电容量。

解 取对数函数变换

$$\zeta(z)=\ln z=\ln|z|+\mathrm{i}\arg z \quad (0\leqslant\arg z<2\pi)$$

它将 z 平面上半径分别为 $|z|=R_1,R_2$ 的同心圆，变换成 ζ 平面上实部等于常数 $\xi=\ln R_1,\ln R_2$，虚部为宽度 $0\leqslant\eta<2\pi$ 的平行线段，如图 6.10(b) 所示，它构成一个平行板电容器。

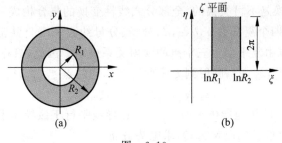

图 6.10

容易计算出该平行板电容器的单位长度电容量为

$$C=\frac{\varepsilon_0 A}{d}=\frac{2\pi\varepsilon_0}{\ln(R_2/R_1)}$$

3. 分式线性变换

1）反演变换

$$\zeta(z)=R^2/z$$

取 $z = \rho e^{i\varphi}$，则

$$\zeta(z) = \frac{R^2}{\rho} e^{-i\varphi}$$

它相当于相继作两个变换

$$z_1 = \frac{R^2}{\bar{z}}, \quad \zeta = \bar{z}_1$$

其结果是，将 z 平面上的圆变成 ζ 平面上的圆，将圆内的区域变成圆外的区域，将圆的一对共轭点保持为共轭点，而圆心映射为无穷远点，如图 6.11 所示。图中的两点 (z, z_1) 称作圆的共轭点，满足 $|z| \cdot |z_1| = R^2$。对于圆内任一点，在圆外总有唯一的共轭点，反之亦然。

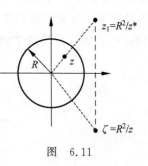

图 6.11

2）分式线性变换

$$\zeta(z) = \frac{az + b}{cz + d} \quad (ad - bc \neq 0) \tag{6.2.1}$$

其分子、分母都是线性的，故称作分式线性变换，有时也称为莫比乌斯变换。分式线性变换可以分解为三步：平移→反演→平移，即

$$\zeta = \frac{a}{c} + \frac{b - ad/c}{cz + d} = \frac{a}{c} + \frac{(bc - ad)/c^2}{z + d/c} \tag{6.2.2}$$

因此

$$\left| \zeta - \frac{a}{c} \right| = \frac{|(bc - ad)/c^2|}{|z + d/c|} \xrightarrow{p = -d/c} \left| \zeta - \frac{a}{c} \right| = \frac{|(b + ap)/c|}{|z - p|}$$

分式线性变换有如下基本性质：

（1）将圆变换为圆，圆的共轭点仍保持为共轭点；将 z 平面上的直线变成 ζ 平面上的圆或直线，或者反之。

（2）分式线性变换实施从黎曼球到其自身的映射。

（3）分式线性变换是不可交换的，全部分式线性变换的集合构成一个群。

分式线性变换有四个复常数 a, b, c, d，分子、分母约去一个公共常数，实际上有三个决定其形状的常数，可以由复平面上三个点的映射关系确定。因此，只存在唯一的分式线性变换，将三个不同的点 z_1, z_2, z_3 映射到 ζ 平面三个不同的点 $\zeta_1, \zeta_2, \zeta_3$，即

$$(z_1, z_2, z_3) \mapsto (\zeta_1, \zeta_2, \zeta_3)$$

例 6.4 有一很大的接地导体平面，另有一长导线平行于该导体平面，二者相距为 a，如果导线均匀带电，每单位长的电量为 Q，求电势分布。

解 令导体面为实轴，长导线为虚轴上的一点（平行于水平面），电势分布满足泊松方程

$$\begin{cases} \dfrac{\partial^2 u}{\partial x^2} + \dfrac{\partial^2 u}{\partial y^2} = \dfrac{Q}{2\pi\varepsilon_0} \delta(y - a)\delta(x) \\ u \big|_{y=0} = 0 \end{cases}$$

我们试图找到一个变换，将实轴变为圆，将导线变为圆心，而导线关于水平面的镜像点变为圆的无穷远点（共轭点），如图 6.12 所示。

$$z = ia \mapsto \zeta = 0, \quad y = 0 \mapsto |\zeta| = R$$

利用分式线性变换可以达成这一目标

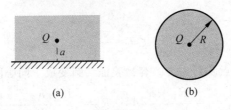

图　6.12

$$\zeta = R \frac{z - \mathrm{i}a}{z + \mathrm{i}a}$$

显然,导体平面的实轴 $z = x$ 变成了圆心在原点、半径为 R 的圆

$$\mid \zeta \mid = \left| R \frac{x - \mathrm{i}a}{x + \mathrm{i}a} \right| = R$$

该同心圆柱的电势分布为

$$u = \frac{Q}{2\pi\varepsilon_0} \ln \frac{\rho}{R}$$

回到 z 平面,得到电势分布为

$$u = \frac{Q}{2\pi\varepsilon_0} \ln \frac{\rho}{R} = \frac{Q}{2\pi\varepsilon_0} \ln \frac{\mid \zeta \mid}{R} = \frac{Q}{2\pi\varepsilon_0} \ln \frac{\mid z - \mathrm{i}a \mid}{\mid z + \mathrm{i}a \mid}$$

$$= \frac{Q}{2\pi\varepsilon_0} \ln \frac{x^2 + (y - a)^2}{x^2 + (y + a)^2}$$

该结果也可从导线与其水平面的镜像所产生的电势叠加获得。

例 6.5　两个互相平行的导体圆柱,半径分别是 R_1 和 R_2,圆柱轴心相距为 $L(L > R_1 + R_2)$,求单位长度的电容量。

解　设法找一个变换,将平行的两根圆柱变为同心圆柱。为此需要利用两圆唯一的一对公共共轭点,它们在两轴心的连线上,设其为 A,B,如图 6.13(a)所示,有

$$\mid O_1 A \mid \cdot \mid O_1 B \mid = R_1^2, \quad \mid O_2 A \mid \cdot \mid O_2 B \mid = R_2^2$$

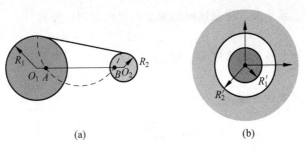

(a)　　　　　　　　　　(b)

图　6.13

令 O_1 为原点,$\mid O_1 A \mid = x_1$,$\mid O_1 B \mid = x_2$,于是

$$x_1 \cdot x_2 = R_1^2, \quad (L - x_1) \cdot (L - x_2) = R_2^2$$

容易解出

$$x_{1,2} = \frac{1}{2L} \left[(L^2 + R_1^2 - R_2^2) \pm \sqrt{(L^2 + R_1^2 - R_2^2)^2 - 4R_1^2 L^2} \right]$$

取分式线性变换

$$\zeta = \frac{z - x_1}{z - x_2}$$

它将 A 点映射为原点，B 点映射为 ∞。容易验证二圆变成了同心圆，其半径分别为

$$R_1' = \left| \frac{-R_1 - x_1}{-R_1 - x_2} \right|, \quad R_2' = \left| \frac{L + R_2 - x_1}{L + R_2 - x_2} \right|$$

所以每单位长度的电容量即同轴电容器的电容量

$$C = \frac{2\pi\varepsilon_0}{\ln(R_2'/R_1')}$$

例 6.6   实轴上有一个半圆形凸起，圆的半径为 $R = 1$（图 6.14(a)），寻找一个保角变换，将半圆形凸起抹平。

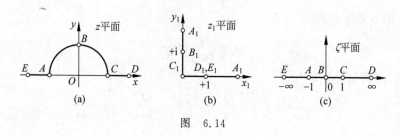

图   6.14

解   分几步来实现这一目标，先作分式线性变换

$$z_1 = \frac{z - 1}{z + 1}$$

它将图 6.14(a) 的 C 点映射为图 6.14(b) 的原点 C_1，A 点映射为 ∞，B 点映射为 $z_1 = \mathrm{i}$ 的 B_1 点，所以它将半圆弧 ABC 映射为 z_1 平面上的上半虚轴。另外，它将实轴上的无穷远点 D 和 E 都变成 $z_1 = +1$ 的同一点 D_1。因此，原来带半圆凸起的上平面，现在变成了 z_1 平面第一象限。接着再作变换

$$z_2 = z_1^2$$

它将第一象限变为上半平面。注意这时实轴上各点的排列次序为

$$A_2 \to B_2 \to C_2 \to D_2(E_2) \to A_2$$

与原来带凸起的实轴上各点的次序不一致：

$$E \to A \to B \to C \to D$$

所以还需要再作分式线性变换

$$\zeta = \frac{z_2 + 1}{-z_2 + 1}$$

它将圆弧 ABC 重新变回线段 $[-1, 0, +1]$（图 6.14(c)）。最终完整的变换为

$$\zeta(z) = \frac{z_2 + 1}{-z_2 + 1} = \frac{z_1^2 + 1}{-z_1^2 + 1} = \frac{1}{2}\left(z + \frac{1}{z}\right)$$

注记

设有两个分式线性变换

$$\boldsymbol{L}_1 : z \mapsto \frac{a_1 z + b_1}{c_1 z + d_1} \quad (a_1 d_1 - b_1 c_1 \neq 0)$$

$$L_2 : z \mapsto \frac{a_2 z + b_2}{c_2 z + d_2} \quad (a_2 d_2 - b_2 c_2 \neq 0)$$

相继两个映射 $\boldsymbol{L} = \boldsymbol{L}_2 \circ \boldsymbol{L}_1$ 也是分式线性的，即

$$z \mapsto \frac{a_1 \left(\dfrac{a_2 z + b_2}{c_2 z + d_2} \right) + b_1}{c_1 \left(\dfrac{a_2 z + b_2}{c_2 z + d_2} \right) + d_1} = \frac{(a_1 a_2 + b_1 c_2) z + (a_1 b_2 + b_1 d_2)}{(c_1 a_2 + d_1 c_2) z + (c_1 b_2 + d_1 d_2)}$$

由此可见，分式线性变换

$$L : z \mapsto \frac{az + b}{cz + d}$$

可以用一个 2×2 阶系数矩阵描述

$$\boldsymbol{L} = \begin{pmatrix} a & b \\ c & d \end{pmatrix}$$

分式线性变换条件 $ad - bc \neq 0$ 就是矩阵 $\boldsymbol{L}$ 可逆的条件。相继两个映射就等价于矩阵的乘积

$$\begin{pmatrix} a_1 & b_1 \\ c_1 & d_1 \end{pmatrix} \begin{pmatrix} a_2 & b_2 \\ c_2 & d_2 \end{pmatrix} = \begin{pmatrix} a_1 a_2 + b_1 c_2 & a_1 b_2 + b_1 d_2 \\ c_1 a_2 + d_1 c_2 & c_1 b_2 + d_1 d_2 \end{pmatrix}$$

可以验证，分式线性变换构成一个群：

(1) 结合律：$\boldsymbol{L}_1 \circ (\boldsymbol{L}_2 \circ \boldsymbol{L}_3) = (\boldsymbol{L}_1 \circ \boldsymbol{L}_2) \circ \boldsymbol{L}_3$；

(2) 单位元：到自身的恒等映射 $z \mapsto z$；

(3) 存在分式线性的逆元 $\boldsymbol{L}^{-1} : z \mapsto \dfrac{dz - b}{a - cz}$。

分式线性变换一般是不可交换的，即 $\boldsymbol{L}_1 \circ \boldsymbol{L}_2 \neq \boldsymbol{L}_2 \circ \boldsymbol{L}_1$，因此它是一个非阿贝尔群。

由于闭复平面 $\overline{\mathbb{C}}$ 与黎曼球面间的球极投影具有共形不变性，高斯发现球面的任何连续转动，都可以通过下述分式线性变换表示

$$L : z \mapsto \frac{az + \bar{b}}{-bz + \bar{a}} \quad (\mid a \mid^2 + \mid b \mid^2 = 1)$$

它的系数矩阵为

$$\boldsymbol{U} = \begin{pmatrix} a & \bar{b} \\ -b & \bar{a} \end{pmatrix} \rightarrow \begin{cases} \boldsymbol{U}^+ \boldsymbol{U} = 1 \\ \det \boldsymbol{U} = 1 \end{cases}$$

这是一个幺模幺正变换(unitary transform)，构成 $SU(2)$ 群，它与三维空间转动群 $SO(3)$ 同构。这样，刚体的定点运动(球面转动)就可以用分式线性变换来表述，它包含一对复数 a 和 b，令 $a = \alpha + \mathrm{i}\beta, b = \gamma + \mathrm{i}\delta (\alpha, \beta, \gamma, \delta \in \mathbb{R})$，有

$$\begin{pmatrix} a & b \\ -\bar{b} & \bar{a} \end{pmatrix} = \alpha \begin{pmatrix} 1 & 0 \\ 0 & 1 \end{pmatrix} + \beta \begin{pmatrix} \mathrm{i} & 0 \\ 0 & -\mathrm{i} \end{pmatrix} + \gamma \begin{pmatrix} 0 & 1 \\ -1 & 0 \end{pmatrix} + \delta \begin{pmatrix} 0 & \mathrm{i} \\ \mathrm{i} & 0 \end{pmatrix} = \alpha \boldsymbol{I} + \beta \boldsymbol{i} + \gamma \boldsymbol{j} + \delta \boldsymbol{k}$$

其中矩阵 $\boldsymbol{i}, \boldsymbol{j}, \boldsymbol{k}$ 满足

$$\boldsymbol{i}^2 = \boldsymbol{j}^2 = \boldsymbol{k}^2 = \boldsymbol{ijk} = -1$$

恰好构成四元数的基，表明四元数乘法对应于刚体的三维定点转动。

量子力学中泡利矩阵通常定义为

$$\mathrm{i}\sigma_x \Leftrightarrow -\boldsymbol{k}, \quad \mathrm{i}\sigma_y \Leftrightarrow -\boldsymbol{j}, \quad \mathrm{i}\sigma_z \Leftrightarrow -\boldsymbol{i}$$

它描述了自旋 $\dfrac{1}{2}$ 粒子的非相对论内禀量子态。

习题

[1] 寻找分式线性变换，实施以下点之间的映射：

(1) $(1,\mathrm{i},-1)\mapsto(\mathrm{i},-1,1)$；　(2) $(0,1,\infty)\mapsto(-1,-\mathrm{i},1)$。

[2] 实轴上 $x\in(0,a)$ 段电势为 V_0，$x>a$ 段及正虚轴电势均为 0，求第一象限的电势分布。

答案：$u=\dfrac{V_0}{\pi}\eta=\dfrac{V_0}{\pi}\arg\dfrac{z^2-a^2}{z^2}$。

[3] 无限大金属平面附近有一半径为 a 的长导体，轴心距平面为 b，寻找一个共形变换，将该系统变换成同心圆柱。

[4] 半径为 R_1 的空心导体圆柱套着半径为 R_2 的另一根导体圆柱，两柱平行而相距为 $L(L<R_1-R_2)$，求单位长度的电容量。

答案：

$$\dfrac{2\pi\varepsilon_0}{\operatorname{arccosh}\left[(R_1^2+R_2^2-L^2)/2R_1R_2\right]}$$

[5] 将弓形区域映射为单位圆：$|z|\leqslant 2, \operatorname{Im}z\geqslant 1$。

答案：$z_1=\dfrac{z+\sqrt{3}-\mathrm{i}}{-z+\sqrt{3}+\mathrm{i}}$，$z_2=-z_1^3$，$\zeta=\dfrac{z_2-\mathrm{i}}{z_2+\mathrm{i}}$。

[6] 寻找一个变换，将半径为 1 的 1/4 扇形区域映射为上半平面。

答案：$\zeta=\left(\dfrac{1+z^2}{1-z^2}\right)^2$。

[7] 设 z 平面内有一带状区域 $D: -\dfrac{\pi}{4}<\operatorname{Re}z<\dfrac{\pi}{4}$，寻找一个函数 $\zeta(z)$，将它共形映射到单位圆 $|\zeta|<1$，使得三个对应点映射为

$$z=\pm\dfrac{\pi}{4}\mapsto\zeta=\pm 1, \quad z=\mathrm{i}\infty\mapsto\zeta=\mathrm{i}$$

答案：$\zeta(z)=\tan z$。

[8] 证明变换 $z\mapsto z+1$ 和变换 $z\mapsto\dfrac{1}{z}$ 是不可交换的。

[9] 半径为 R 的半圆盘，圆周上温度为 T_1，底边温度为 T_2，求半圆盘上稳定的温度分布。

答案：$\dfrac{2}{\pi}(T_1-T_2)\left[\arg(R+z)-\arg(R-z)\right]+T_2$。

[10] 将半径为 R 的四分之一圆弧变换为单位圆。

6.3 茹科夫斯基变换

1. 基本性质

在 6.2 节我们得到了一个变换函数

$$\zeta(z) = \frac{1}{2}\left(z + \frac{1}{z}\right) \tag{6.3.1}$$

该变换称作茹科夫斯基变换，它具有许多特别的性质。考查其实部和虚部 $\zeta(z) = \xi + i\eta$，令 $z = \rho e^{i\varphi}$，有

$$\xi = \frac{1}{2}\left(\rho + \frac{1}{\rho}\right)\cos\varphi, \quad \eta = \frac{1}{2}\left(\rho - \frac{1}{\rho}\right)\sin\varphi \tag{6.3.2}$$

消去参数 φ 后，得

$$\frac{\xi^2}{\left(\frac{1}{2}\rho + \frac{1}{2\rho}\right)^2} + \frac{\eta^2}{\left(\frac{1}{2}\rho - \frac{1}{2\rho}\right)^2} = 1 \tag{6.3.3}$$

所以式(6.3.1)将 z 平面上的圆 $|z| = \rho$，变为 ζ 平面上的椭圆，椭圆的长、短轴分别为

$$a = \frac{1}{2}\left|\rho + \frac{1}{\rho}\right|, \quad b = \frac{1}{2}\left|\rho - \frac{1}{\rho}\right|$$

焦距 $c = \sqrt{a^2 - b^2} = 1$ 为恒定常数。因此不同半径 ρ 的圆变换为不同的椭圆，这些椭圆有共同的焦点 $\zeta = \pm 1$。特别地，z 平面上的单位圆被映射为 ζ 平面上的线段 $\xi \in [-1, +1]$，即短轴为零的椭圆。

当圆的半径 ρ 从 1 开始无限增大，椭圆的长、短半轴 a, b 也无限增大，这样 z 平面上单位圆的外部就映射为全 ζ 平面。而当 ρ 从 1 开始收缩至零时，长短半轴 a, b 仍旧无限增大，所以单位圆的内部也变为全 ζ 平面，因此这是一个双值映射，即根式函数

$$z = \zeta + \sqrt{\zeta^2 - 1}$$

从 $\zeta = -1$ 到 $\zeta = +1$ 沿着实轴切一条割线，这条割线就对应于 z 平面上的单位圆(图 6.15)。

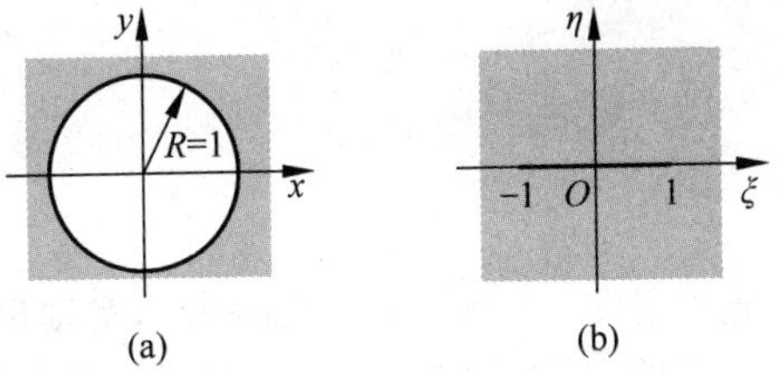

另外，将方程(6.3.2)消去参数 ρ 后，z 平面上由原点出发的射线 $\arg z = \varphi$，就映射为 ζ 平面上的双曲线

$$\frac{\xi^2}{\cos^2\varphi} - \frac{\eta^2}{\sin^2\varphi} = 1 \tag{6.3.4}$$

图 6.15

它的实、虚半轴分别为 $a = |\cos\varphi|$ 和 $b = |\sin\varphi|$。

该双曲线族是共焦点的，$c = \sqrt{a^2 + b^2} = 1$，焦点也在 $\xi = \pm 1$。

茹科夫斯基变换 $\zeta(z) = \frac{1}{2}\left(z + \frac{1}{z}\right)$ 将圆变为椭圆，将单位圆周变为线段 $[-1, +1]$，将从原点发出的射线变为双曲线，椭圆族和双曲线族是互相正交的。

说明 茹科夫斯基变换含有奇点 $z = 0$，另外由于

$$\frac{\mathrm{d}}{\mathrm{d}z}\zeta = \frac{1}{2}\left(1 - \frac{1}{z^2}\right)$$

所以变换函数在 $z = 0, \infty$，以及临界点 $z = \pm 1$ 不是共形的。将茹科夫斯基变换改写成

$$\frac{\zeta - 1}{\zeta + 1} = \left(\frac{z - 1}{z + 1}\right)^2$$

也可以清楚地看到这一点，它在 $z = \pm 1$ 处的辐角被放大/缩小了 2 倍。

例 6.7 求长椭圆柱导体产生的静电场分布，椭圆的长、短半轴分别为 a 和 b。

解 椭圆的焦距为 $c = \sqrt{a^2 - b^2}$。采用茹科夫斯基变换

$$z = \frac{c}{2}\left(\zeta + \frac{1}{\zeta}\right)$$

将 z 平面上的椭圆变成 ζ 平面上半径为 $R = \dfrac{a+b}{c} = \dfrac{c}{a-b}$ 的圆，于是长圆柱的电势分布为

$$u = C_1 \ln|\zeta| + C_2$$

相应的复势为

$$w = C_1 \ln\zeta + C_2 = C_1 \ln(z + \sqrt{z^2 - c^2}) + C_2$$

所以椭圆柱产生的电势分布为

$$u = C_1 \operatorname{Re}[\ln(z + \sqrt{z^2 - c^2})] + C_2$$

2. 机翼模型

茹科夫斯基变换还能将圆变换成机翼剖面。考虑 z 平面上以 ih 为圆心并通过 $z = \pm 1$ 点的圆，如图 6.16(a) 所示。

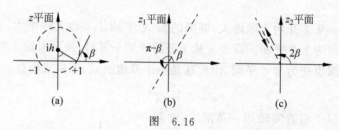

图   6.16

分式线性变换

$$z_1 = \frac{z - 1}{z + 1}$$

实施映射 $z = 1 \mapsto 0, z = -1 \mapsto \infty$，实轴仍然映射为实轴，而将 z 平面的圆变为 z_1 平面上通过原点的直线，如图 6.16(b) 所示，其与实轴夹角为

$$\beta = \pi/2 - \arctan h$$

再作变换

$$z_2 = z_1^2$$

它将图 6.16(b) 的直线映射为图 6.16(c) 中 z_2 平面上倾角为 2β 往返折叠的射线。

另外，考虑 ζ 平面上从 $+1$ 经过 ih 到 -1 点的圆弧（如图 6.17(b) 的虚线所示），分式线性变换

$$\zeta_1 = \frac{\zeta - 1}{\zeta + 1}$$

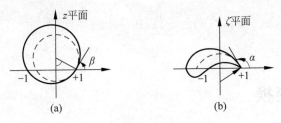

图　6.17

实施映射 $+1 \mapsto 0, -1 \mapsto \infty$，它也将该段往返的圆弧映射为 ζ_1 平面上通过原点的折叠射线，且倾角同样为

$$\alpha = \pi - 2\arctan h \equiv 2\beta$$

因此，变换 $\zeta_1 = z_2$ 将 z 平面的圆与 ζ 平面的一段圆弧联系起来（虚线），即

$$\frac{\zeta - 1}{\zeta + 1} = \left(\frac{z - 1}{z + 1}\right)^2$$

$$\rightarrow \zeta = \frac{1}{2}\left(z + \frac{1}{z}\right)$$

这正是茹科夫斯基变换。既然 z 平面的虚线圆变成 ζ 平面上往返的虚线圆弧，那么凡是跟虚线圆相切于 $z = +1$ 点的圆（图 6.17(a)），都将映射为 ζ 平面上跟虚线圆弧相切于 $z = +1$ 点的闭合弧线，构成图 6.17(b) 所示机翼的剖面。这种映射关系提供了一个理论模型，据此可以系统地分析机翼的空气动力学性质。

习题

[1] 求宽度为 $2a$ 的无限长带电导体薄带在空间产生的平面电场分布。

答案：$z = \dfrac{a}{2}\left(\zeta + \dfrac{1}{\zeta}\right)$；$u = C_1 \ln|\zeta| + C_2$。

[2] 把去掉一段半径 h 的单位圆映射为单位圆（图 6.18）。

答案：$z_1 = \mathrm{e}^{-\mathrm{i}\theta} z$；$z_2 = -\mathrm{i}\dfrac{z_1 - 1}{z_1 + 1}$；$\zeta = \sqrt{z_2^2 + \left(\dfrac{h}{2 - h}\right)^2}$。

[3] 将图 6.19 中长度为 1 的六角星外部映射为单位圆外部。

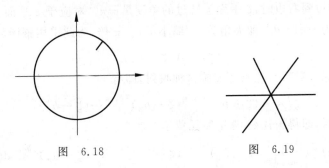

图　6.18　　　　　图　6.19

提示：令 $z_1 = z^3, \zeta_1 = \zeta^3$，再找出 z_1, ζ_1 之间的变换。

答案：$z^3 = \dfrac{1}{2}\left(\zeta^3 + \dfrac{1}{\zeta^3}\right)$。

[4] 求变换函数 $\zeta(z)$，将区域 $|\operatorname{Re} z| < \dfrac{\pi}{2}, \operatorname{Im} z > 0$ 映射为上半平面。

提示：$z_1 = \mathrm{e}^{\mathrm{i}z}$，$z_2 = -\mathrm{i}z_1$，$\zeta(z) = \dfrac{1}{2}\left(z_2 + \dfrac{1}{z_2}\right)$。

答案：$\zeta(z) = \sin z$。

6.4 多角形变换

我们考虑多角形区域与上半平面之间的映射。设 z 平面上有 n 角形，顶点 a_1, a_2, $a_3, \cdots, a_n$ 的外角分别转过 $\theta_1, \theta_2, \theta_3, \cdots, \theta_n$（逆时针为正），总共转过角度为
$$\theta_1 + \theta_2 + \theta_3 + \cdots + \theta_n = 2\pi$$
寻找一个变换，将多角形的顶点 $a_1, a_2, a_3, \cdots$ 映射为 ζ 平面实轴上的点 $b_1, b_2, b_3, \cdots$，即
$$a_k \mapsto b_k = \zeta(a_k)$$
将 z 平面上的多角形内部区域，变为 ζ 的上半平面（图 6.20）。

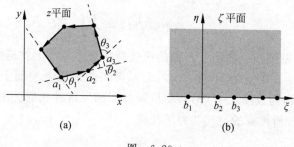

图 6.20

由于不同的顶角全部变成实轴上的点，相邻两边之间的夹角变成了 π，故变换在这些点不具有保角性质，应该由幂函数描述，$\zeta'(z)$ 在这些点为零或无穷大。考虑多边形的外角关系：
$$\varphi_k = \arg\left.\frac{\mathrm{d}z}{\mathrm{d}\zeta}\right|_{\zeta = b_k - 0}, \qquad \varphi_{k+1} = \arg\left.\frac{\mathrm{d}z}{\mathrm{d}\zeta}\right|_{\zeta = b_k + 0}$$
$$\to \theta_k = \varphi_{k+1} - \varphi_k = \arg\left[\left.\frac{\mathrm{d}z}{\mathrm{d}\zeta}\right|_{\zeta = b_k + 0} - \left.\frac{\mathrm{d}z}{\mathrm{d}\zeta}\right|_{\zeta = b_k - 0}\right]$$
当 ζ 从 b_k 点的左边到右边时，ζ 平面上转过的角度是 $-\pi$。对应于 z 平面上转过角度 θ_k，其角度之间的映射为 $-\pi \mapsto \theta_k$，即夹角放大/缩小了 θ_k/π 倍，为此采用幂函数变换
$$z'(\zeta) = A(\zeta - b_k)^{-\theta_k/\pi}$$
可以达到这一目标。对所有顶点都实施这种映射，即有
$$z'(\zeta) = A(\zeta - b_1)^{-\theta_1/\pi}(\zeta - b_2)^{-\theta_2/\pi}\cdots(\zeta - b_n)^{-\theta_n/\pi}$$
对上式进行积分后，即得施瓦兹-克里斯托费尔变换
$$z(\zeta) = A\int_{\zeta_0}^{\zeta}(\zeta - b_1)^{-\theta_1/\pi}(\zeta - b_2)^{-\theta_2/\pi}\cdots(\zeta - b_n)^{-\theta_n/\pi}\mathrm{d}\zeta \tag{6.4.1}$$
如果设定一个点 b_1 取为无限远，即 $\theta_1 \to 0$，于是施瓦兹-克里斯托费尔变换为
$$z(\zeta) = A\int_{\zeta_0}^{\zeta}(\zeta - b_2)^{-\theta_2/\pi}(\zeta - b_3)^{-\theta_3/\pi}\cdots(\zeta - b_n)^{-\theta_n/\pi}\mathrm{d}\zeta \tag{6.4.2}$$

说明 变换式 (6.4.2) 与顶点的秩序无关，因此它并不唯一描述从多角形到实轴的变换，这主要由于变换只涉及导数，即直线的斜率，而没有直接给出各个顶点的相对位置。在

考虑一个具体问题时,需要指明点到点的对应关系。

例 6.8 用施瓦兹-克里斯托费尔变换重新求解例 6.2。

解 考虑图 6.21 中从(a)到(b)的顶点 $a_k \mapsto b_k$ 之间的映射,将 b_1 设为无限远点,b_2 和 b_4 设为 ± 1。注意到相邻 a_k 之间的角度变化,可选取施瓦兹-克里斯托费尔变换为

$$z(\zeta) = z_0 + A \int (\zeta+h)^{-1/2} \zeta^{+1} (\zeta-h)^{-1/2} \mathrm{d}\zeta$$

$$= z_0 + A \int \frac{\zeta}{\sqrt{\zeta^2 - h^2}} \mathrm{d}\zeta = z_0 + A \sqrt{\zeta^2 - h^2}$$

根据 $a_2 \mapsto b_2$,得 $z_0 = 0$;根据 $a_3 \mapsto b_3$,得 $A = 1$,所以有

$$\zeta = \sqrt{z^2 + h^2}$$

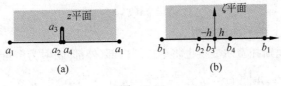

图 6.21

例 6.9 求一个解析函数,将平面上矩形区域 $A_1 A_2 A_3 A_4$ 变换为上半平面。

解 将矩形 $A_1 A_2 A_3 A_4$ 的各顶点分别映射到实轴上 $a_1 a_2 a_3 a_4$ 点,并将 B 点映射到无穷远点(图 6.22),则相应的施瓦兹-克里斯托费尔变换为

$$z = C_1 \int_0^w (w-1)^{-\frac{1}{2}} \left(w-\frac{1}{k}\right)^{-\frac{1}{2}} \left(w+\frac{1}{k}\right)^{-\frac{1}{2}} (w+1)^{-\frac{1}{2}} \mathrm{d}w + C_2$$

$$= C \int_0^w \frac{1}{\sqrt{(1-w^2)(1-k^2 w^2)}} \mathrm{d}w$$

由于 $O \mapsto O$,所以 $C_2 = 0$。取常数 $C = 1$,利用映射关系 $A_1 \mapsto a_1 = 1$,得

$$K = \int_0^1 \frac{1}{\sqrt{(1-t^2)(1-k^2 t^2)}} \mathrm{d}t$$

$K(k)$ 就是第一类完全椭圆积分。再考虑到 $A_2 \mapsto a_2 = \dfrac{1}{k}$ $(0 < k < 1)$,有

$$K + \mathrm{i}K' = \int_0^{1/k} \frac{1}{\sqrt{(1-t^2)(1-k^2 t^2)}} \mathrm{d}t$$

$$= \int_0^1 \frac{1}{\sqrt{(1-t^2)(1-k^2 t^2)}} \mathrm{d}t + \int_1^{1/k} \frac{1}{\sqrt{(1-t^2)(1-k^2 t^2)}} \mathrm{d}t$$

令 $k'^2 = 1 - k^2$,并作变量替换

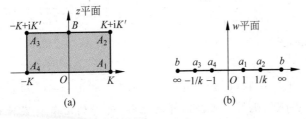

图 6.22

$$t = \frac{1}{\sqrt{1 - k'^2 t'^2}}$$

有

$$K + \mathrm{i}K' = K + \mathrm{i}\int_0^1 \frac{1}{\sqrt{(1-\tau^2)(1-k'^2\tau^2)}}\mathrm{d}\tau$$

因此

$$K' = \int_0^1 \frac{1}{\sqrt{(1-t^2)(1-k'^2t^2)}}\mathrm{d}t \equiv K(k')$$

施瓦兹-克里斯托费尔变换将上半平面映射到矩形内部,其逆函数就是雅可比椭圆正弦函数,即

$$w = \mathrm{sn}(z,k)$$

它实施一个从矩形到上半平面的映射。

最后,施瓦兹-克里斯托费尔变换也将单位圆内部(外部)映射为多角形的内部(外部),即

$$z(\zeta) = A\int_{\zeta_0}^{\zeta} (\zeta - b_1)^{-\theta_1/\pi}(\zeta - b_2)^{-\theta_2/\pi}\cdots(\zeta - b_n)^{-\theta_n/\pi}\mathrm{d}\zeta \qquad (6.4.3)$$

其中 b_k 是单位圆上对应于多角形顶点的那些点。此外,假定 z 平面与 ζ 平面的无穷远点互相对应,在此不作详细讨论了。

注记

第 2 章研究了椭圆积分和椭圆函数,现在来具体考查第一类椭圆积分的映射过程:

$$\mathrm{F}(z,k) = \int_0^z \frac{\mathrm{d}u}{\sqrt{(1-u^2)(1-k^2u^2)}}$$

式中,$0<k<1$ 为椭圆积分的模,将积分中的根式视为在 x 轴上 $[0,1]$ 区间取正值的那个分支,来研究上半平面的映射。

当 $z=x$ 沿实轴从左向右走过 $[0,1]$ 时(区间Ⅰ),积分 $\mathrm{F}(z,k)$ 取正值,且从 0 增加至

$$K = \mathrm{F}(x,k) = \int_0^1 \frac{\mathrm{d}x}{\sqrt{(1-x^2)(1-k^2x^2)}}$$

即从 $[0,1]$ 映射为 $[0,K]$。当 $z=x$ 走过 $[1,1/k]$ 时(区间Ⅱ),根式里的四个线性乘积因子中有一个(即 $1-x$)改变了符号,积分是一个纯虚数,辐角为 $\pi/2$,即

$$\mathrm{i}K' = \mathrm{i}\int_1^{1/k} \frac{\mathrm{d}x}{\sqrt{(x^2-1)(1-k^2x^2)}}$$

映射到线段 $[K, K+\mathrm{i}K']$。当 $z=x$ 通过 $1/k$ 点继续向右前进(区间Ⅲ),积分根式里的 $1-kx$ 也改变符号,辐角再增加 $\pi/2$,所以积分为负值,总辐角为 π,即

$$\mathrm{F}(x,k) = \int_{1/k}^x \frac{\mathrm{d}x}{\sqrt{(1-x^2)(1-k^2x^2)}} = -\int_{1/k}^x \frac{\mathrm{d}x}{\sqrt{(x^2-1)(k^2x^2-1)}}$$

作变量替换 $x \to 1/kx$,有

$$\int_{1/k}^\infty \frac{\mathrm{d}x}{\sqrt{(x^2-1)(k^2x^2-1)}} = \int_0^1 \frac{\mathrm{d}x}{\sqrt{(1-x^2)(1-k^2x^2)}} = K$$

可见映射为线段 $[K+\mathrm{i}K', \mathrm{i}K']$。根据同样的过程,可得到沿着负实轴积分对应的映射过

程,如图 6.23 所示。

所以,第一类椭圆积分 $F(z,k)$ 实施了从上半平面 H 到矩形区域 B 的共形映射,

$$H \mapsto B : [-K, K ; K + iK', -K + iK']$$

反之,其逆函数即雅可比椭圆正弦函数 $\mathrm{sn}(z,k)$,实施从矩形 B 到上半平面 H 的映射。定义于矩形区域 B 的函数 $\mathrm{sn}(z,k)$,可以通过施瓦兹反射原理进行解析延拓。例如,将它经过矩形的边 I 对称地延拓至图 6.24 的矩形区域 B',延拓后的解析函数 $\mathrm{sn}(z,k)$ 将 B' 映射到 w 下半平面。经过矩形边 II 将函数解析延拓至区域 B'',B'' 也被映射到 w 下半平面。同样,区域 B'' 可以解析延拓至区域 B''',而延拓后的函数 $\mathrm{sn}(z,k)$ 再次将 B''' 映射到 w 上半平面,如此等等。因此,通过将 $\mathrm{sn}(z,k)$ 解析延拓至 z 全平面,阴影矩形区域均被映射到 w 上半平面,白色矩形区域均被映射到 w 下半平面。椭圆正弦函数的双周期性由此变得明晰:它是矩形区域在复平面上沿实轴和虚轴两个方向的平移周期性,平移周期分别为 $4K$ 和 $2iK'$,即

$$\mathrm{sn}(z + 4Km + 2iK'n) = \mathrm{sn}z \quad (m,n \in \mathbf{N})$$

由于 $(0,iK') \mapsto \infty$,在位置 $z = 2mK + i(2n+1)K'$,函数 $\mathrm{sn}(z)$ 具有一阶极点,它们由矩形边框上的圆点表示,如图 6.24 所示。

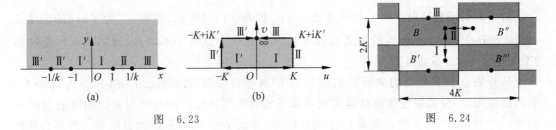

图 6.23 图 6.24

雅可比椭圆函数的基本性质见表 6.1。

表 6.1

	周 期	零 点	极 点
$\mathrm{sn}(z)$	$4K, 2iK'$	$2mK + 2niK'$	$2mK + (2n+1)iK'$
$\mathrm{cn}(z)$	$4K, 2K + 2iK'$	$(2m+1)K + 2niK'$	$2mK + (2n+1)iK'$
$\mathrm{dn}(z)$	$2K, 4iK'$	$(2m+1)K + (2n+1)iK'$	$2mK + (2n+1)iK'$

习题

[1] 实施一个共形映射,将上半平面映射为半带状区域:$\langle \mathrm{Im}w > 0, -a < \mathrm{Re}w < a \rangle$。

答案:$\sin\left(\dfrac{\pi w}{2a}\right)$。

[2] 实施一个共形映射,将上半平面映射为虚轴有割线 $[ib, i\infty)$ 的上半平面。

答案:$\dfrac{b}{2}\left(\sqrt{z} - \dfrac{1}{\sqrt{z}}\right)$。

[3] 作一共形映射,将图 6.25 中的凸起抹平:(1) 矩形;(2) 斜板。

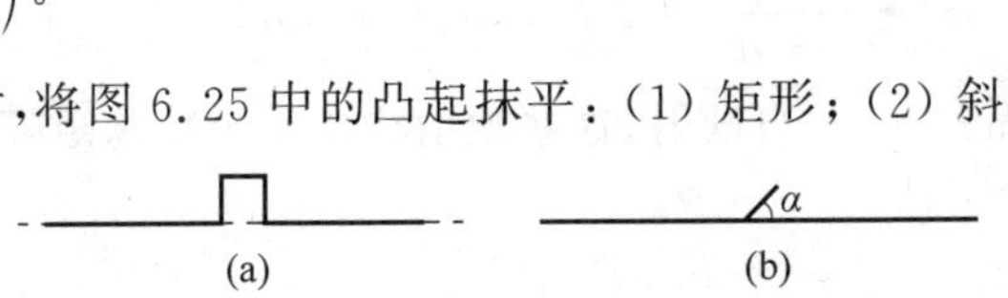

(a) (b)

图 6.25

答案:

(1) $w = \text{sn}(z, k)$;   (2) $w = (z-1)^{\alpha}\left(1 + \dfrac{\alpha}{1-\alpha}z\right)^{1-\alpha}$。

[4] 宽度为 b 的两条导体薄带,平行地放置在同一水平线上,相近两端点距离为 $2a$,求每单位长度的电容量。

答案:

$$C = \frac{\varepsilon_0 K(k')}{K(k)} = \frac{\varepsilon_0 K\left(\dfrac{\sqrt{(a+b)^2 - a^2}}{a+b}\right)}{K\left(\dfrac{a}{a+b}\right)}$$

6.5 共形自映射

1. 区域自映射

对于解析函数映射 $f(z)$,如果某点 $z = z_0$ 处有 $f(z_0) = z_0$,则称 z_0 为 $f(z)$ 的不动点 (fixed point)。一个非恒等的分式线性变换只能有一个或两个不动点,比如 $z = \infty$ 是映射 $f(z) = az + b$ 的不动点。

从开集 U 到其自身的共形映射称作 U 的共形自映射(conformal self-map):$U \mapsto U$。我们已经知道,分式线性变换就是实施从黎曼球面 S 到其自身的自映射。U 的所有自映射构成一个群,即如果 f 和 g 都是 U 上的自映射,那么 $f \circ g$ 也实施 U 的自映射。共形自映射的逆映射也是共形自映射;$g(z) = z$ 即恒等映射。

设 D 为复平面上单位圆开集 $D = \{|z| < 1\}$,显然,旋转 $z \mapsto \mathrm{e}^{\mathrm{i}\theta}z(\theta \in \mathbb{R})$ 构成单位圆的共形自映射。一般地,一个开单位圆 D 的所有自映射,都具有如下分式线性形式:

$$\psi(z) = \mathrm{e}^{\mathrm{i}\theta}\frac{z - a}{1 - \bar{a}z} \quad (|a| < 1) \tag{6.5.1}$$

证明 考虑单位圆的边界 $z = \mathrm{e}^{\mathrm{i}\varphi}$,有

$$|\psi(z)| = \left|\frac{\mathrm{e}^{\mathrm{i}\varphi} - a}{1 - \bar{a}\,\mathrm{e}^{\mathrm{i}\varphi}}\right| = \left|\frac{1 - \bar{a}\,\mathrm{e}^{\mathrm{i}\varphi}}{1 - \bar{a}\,\mathrm{e}^{\mathrm{i}\varphi}}\right| = 1$$

根据边界对应原理,可知 $\psi(z)$ 是一个单位圆的共形自映射。

函数 $\psi(z)$ 的一个重要性质就是它实施互映射:$\psi(0) = a$,$\psi(a) = 0$。且 $\psi(z)$ 的逆映射就是它自身:$\psi(z) = \psi^{-1}(z)$。

练习 证明 $\psi(z) = \psi^{-1}(z)$。

所有如下形式的分式线性映射:

$$z \mapsto \frac{az + b}{cz + d} \quad (a, b, c, d \in \mathbb{R}, ad - bc = 1)$$

实施上半平面 $H = \{\mathrm{Im}\, z > 0\}$ 的自映射,这些映射构成一个特殊矩阵群,称作么模群。

2. 双曲几何

设解析函数 $w = \psi(z)$ 为开单位圆 D 的共形自映射,根据式(6.5.1)有

$$\frac{|\ \mathrm{d}w\ |}{1-|\ w\ |^2}=\frac{|\ \mathrm{d}z\ |}{1-|\ z\ |^2}$$

如果 Γ 是 D 内一条光滑曲线，Γ' 是其自映射的映像，则

$$\rho\equiv2\int_{\Gamma'}\frac{|\ \mathrm{d}w\ |}{1-|\ w\ |^2}=2\int_{\Gamma}\frac{|\ \mathrm{d}z\ |}{1-|\ z\ |^2}\qquad(6.5.2)$$

采用双曲度量（hyperbolic metric）来定义复平面上两点 z_0 和 z_1 的距离，为

$$\rho(z_0,z)\stackrel{\mathrm{def}}{=\!=}2\int_{z_0}^{z}\frac{|\ \mathrm{d}z\ |}{1-|\ z\ |^2}$$

式(6.5.2)表明，两点的双曲度量距离在经过式(6.5.1)
的共形自映射后保持不变。有如下定理：

对于开圆盘 D 内的任意两点 z_0,z_1，它们之间存
在双曲度量的唯一最短曲线，就是经过 z_0,z_1 且与单
位圆周正交的圆弧（图 6.26(a)），这条曲线称为测地线
（geodesic）。

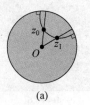
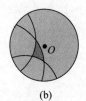

图 6.26

从原点到 z 的双曲度量距离为

$$\rho(0,z)=2\int_0^z\frac{|\ \mathrm{d}z\ |}{1-|\ z\ |^2}=\int_0^{|\ z\ |}\left[\frac{1}{1-t}+\frac{1}{1+t}\right]\mathrm{d}t=\ln\frac{1+|\ z\ |}{1-|\ z\ |}$$

可见当 z 接近单位圆的边界时，其到原点的距离

$$\rho(0,z)\xrightarrow{\ |\ z\ |\to1\ }\infty$$

由于共形自映射的不变性，任意一条与单位圆正交的圆弧，两个交点之间的双曲距离都
是无穷大，它等价于双曲度量中的直线。测地三角形就是三条双曲测地线构成的三角形
（图 6.26(b)），其内角和小于 π。令人惊奇的是，双曲三角形的面积等于三个内角之和，与
边长无关。

3. 茹利亚集

假设解析函数 $f(z)$ 实施复平面上某个区域 U 的共形自映射 $U\mapsto U$，考虑它的 n 次迭代：

$$z\mapsto f(z)\mapsto f(f(z))\mapsto\cdots\mapsto f(f(\cdots f(z))\cdots)$$

用 $f^n(z)$ 表示。茹利亚集（Julia sets）$J[f]$ 是全纯函数 $f(z)$ 的自映射集，即

$$f(J[f])=J[f]=f^{-1}(J[f])$$

或者说，$z_0\in J[f]$，当且仅当 $f(z_0)\in J[f]$。比如函数 $f(z)=z^2$ 的茹利亚集 $J[f]$ 是单
位圆盘 D，它在 $f(z)$ 反复迭代下保持为自映射；函数 $f(z)=z^2-2$ 的茹利亚集 $J[f]$ 是线
段 $[-2,2]$，它在 $f(z)$ 反复迭代下保持自映射。

注意不要将 $f(z)$ 的 n 次迭代与 $f(z)$ 的 n 次方 $[f(z)]^n$ 弄混。比如，$f(z)=z+1$ 的 n
次迭代为 $f^n(z)=z+n$；而 $f(z)=z^d$ 的 n 次迭代为 $f^n(z)=z^{d^n}$。如果 $f(z)$ 是 d 次多项
式，则 $f^n(z)$ 是 d^n 次多项式。

对于一般的解析函数，在作反复迭代时，预先可能很难设想其茹利亚集 $J[f]$，例如二
次函数

$$f_c(z)=z^2+c\qquad(c\in\mathbb{C})$$

给定某个复数 c，将复数反复作迭代 $z\mapsto z^2+c$，对于初始的 z，比如 $z=0$，作迭代后得到序列

$$0 \mapsto c \mapsto c^2 + c \mapsto (c^2 + c)^2 + c \mapsto ((c^2 + c)^2 + c)^2 + c \mapsto \cdots$$

如果作任意次迭代的结果都局域在一个有限范围内,那么所有这些点的集合构成自映射区域,就形成了茹利亚集

$$J[f_c] = \{z \in \mathbb{C} : \forall n \in N, \mid f_c^n(z) \mid \leqslant 2\}$$

其中 $f_c^n(z)$ 为作 n 次 $f_c(z)$ 的迭代。反之,那些反复迭代之后跑到无穷远的点,则构成法图集(Fatou set)。显然,茹利亚集与法图集互补。取不同参数 c,配以适当的着色方案,图 6.27 展现了梦幻般的茹利亚集。(图片来自 Wikipedia)

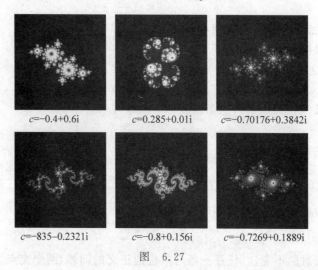

| $c=-0.4+0.6i$ | $c=0.285+0.01i$ | $c=-0.70176+0.3842i$ |
| $c=-835-0.2321i$ | $c=-0.8+0.156i$ | $c=-0.7269+0.1889i$ |

图　6.27

对于其他高阶多项式函数 $f(z)$ 也一样,如图 6.28 所示。此外,对于多元复变量函数也可以定义相应的茹利亚集。(图片来自 Wikipedia)

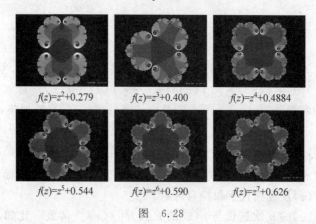

| $f(z)=z^2+0.279$ | $f(z)=z^3+0.400$ | $f(z)=z^4+0.4884$ |
| $f(z)=z^5+0.544$ | $f(z)=z^6+0.590$ | $f(z)=z^7+0.626$ |

图　6.28

4. 曼德布罗集

构成茹利亚集的二次多项式函数

$$f_c(z) = z^2 + c \quad (c \in \mathbb{C})$$

其参数空间就是曼德布罗集(Mandelbrot sets)。曼德布罗集 M 定义为所有使茹利亚集 $J[f_c]$ 连通的参数 c 的集合。可以证明,当且仅当 $\mid f_c^n(0) \mid \leqslant 2$($\forall n \geqslant 1$)时,参数 $c \in M$。

曼德布罗集是圆域 $|c| \leqslant 2$ 的闭子集，图 6.29 展示了 $f_c(z)$ 的曼德布罗集。（图片来自 Wikipedia）

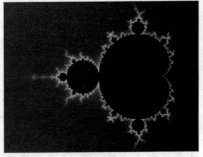

曼德布罗集一个令人惊奇的特点，是没有明晰的边界，局部可以无限放大，展现出精彩纷呈的自相似结构，如图 6.30 所示。真乃"莫知其始，莫知其终，莫知其门，莫知其端，莫知其源"。一个面积有限的区域，其边界在本质上却是无限长，而边界线的长度取决于测量的尺度，由此产生了一门新的数学分支——分形学。

图　6.29

图　6.30

注记

1882 年，庞加莱（Poincare）用分式线性变换给出了罗巴切夫斯基几何一个自然的解释，在不同情形，它们可以分别表示二维欧几里得几何、球面几何和双曲几何的刚体运动，这一洞见引发了非欧几何学的根本性突破。三种不同的几何学通过复分析密切联系起来。

（1）欧几里得度量（Euclidean metric）

复平面的微分长度为

$$| \, \mathrm{d}z \, | = | \, z_1 - z_2 \, |$$

其测地线为直线，三角形内角和为 π。

（2）双曲度量（hyperbolic metric）

开圆盘的微分长度为

$$\frac{2\mathrm{d} \, | \, z \, |}{1 - | \, z \, |^2}$$

其测地线为正交于单位圆的圆弧，三角形内角和小于 π。

（3）球面度量（spherical metric）

黎曼球的微分长度为

$$\frac{2d\,|z|}{1+|z|^2}$$

其测地线为黎曼球的大圆圆弧,球面三角形内角和大于 π。

对于双曲几何,我们考虑半径为 1 的单位开圆盘 D,假设物体的大小与 $1-|z|^2$ 成正比,即距离中心越远,物体越小。如果人的视野有限,看不见远处的东西,因此他不会觉得自己变小或者变大了。这样,当距离圆心越远,人就变得越小,相对来说他们所看到的空间也就越大。当物体的位置趋于边界时,物体大小趋于零,此时的空间将变得无穷大,因此物体永远无法到达边界。图 6.31 是埃舍尔(M. C. Escher)的作品《圆极限》(1959 年),以艺术创作的方式展现了双曲几何思想。根据双曲几何的共形不变性质,图中所有的白色蝙蝠都全等,所有黑色蝙蝠也全等。(图片来自网络)

图　6.31

对于球面几何,人们早已知道球面三角形的内角和大于 π,球面上不存在正方形,无法将一整片球面压平而不产生裂痕或者皱折,等等。但一直没有人将它视作不同于欧几里得几何的另一种几何,原因很简单,我们习惯于将球面看成镶嵌在三维欧几里得空间的形体,因此其非欧几何性质被忽视了。设想除了球面以外,无法感知空间的第三维,这个世界的曲率就是正值,其几何就不是欧几里得,也不会产生平行线的观念。相较而言,双曲几何对应于以虚数为半径的球面几何,圆周函数 $\sin x$,$\cos x$ 被双曲函数 $\sinh x$,$\cosh x$ 代替。高斯是第一个理解二维空间中变化曲率概念的人,黎曼则将这一概念推广到更高维,他们的工作为 20 世纪爱因斯坦的广义相对论奠定了数学基础。

1967 年,法国数学家曼德布罗提出一个看似平庸的问题:英国的海岸线有多长?以千米为单位测量和以米为单位测量,得到的长度作单位换算之后应该是一样的,这构成一个问题吗?事实上,以用米尺测量的长度要比用千米测量的长度更长,因为以千米测量时,将短于一千米的拐弯抹角都忽略了,若以米尺测量则能测出被忽略掉的迂回曲折,因此实测的长度确实将更大。

那么长度是不是有一个最大值呢?曼德布罗发现,随着测量单位趋于无穷小,更多被忽略的曲线细节被发掘出来,理论上所得的长度可能趋于无穷大!所以他宣称海岸线的长度是不确定的,依赖于测量的标尺。这似乎是一个悖论,究其原因,在于假设海岸线是不规则和不光滑的曲线,与经典几何研究规则图形或光滑曲线有本质不同,称作分形(fractal),意即碎片,换言之,这类曲线是不可导的。曼德布罗发现这类结构具有一个非常玄妙的特征——自相似性,即任一微小范围的结构与更大范围的结构基本上相似。为了描述这种自相似性,曼德布罗引入分形维数的概念,即通常的几何维度是整数,而分形维数可以取分数,简称为分维。

事实上,分形在自然界无所不在,图 6.32 展示了地貌(图(a))、植物根系(图(b))、闪电(图(c))及长江水系(图(d))的自相似分形结构。然而人们真正注意到分形现象,却肇始于抽象的复分析理论。当我们猛然面对完全不同的自然过程,竟呈现出如此相似的征状时,已然昏睡的好奇心还会掠过一阵闪电的悸动吗?(图片来自网络)

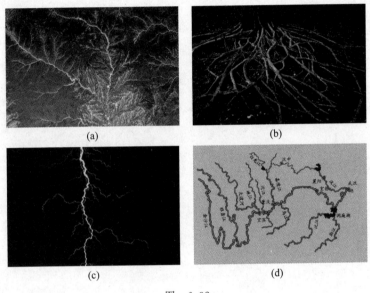

(a)　　　　　　(b)

(c)　　　　　　(d)

图　6.32

习题

[1] 证明在分式线性变换

$$w = \mathrm{e}^{\mathrm{i}\theta}\, \frac{z-a}{1-\bar{a}z} \quad (|z|<1)$$

映射下,双曲度量长度保持不变,即

$$\frac{|\mathrm{d}w|}{1-|w|^2} = \frac{|\mathrm{d}z|}{1-|z|^2}$$

[2] 证明在分式线性变换

$$w = \frac{az+\bar{b}}{-bz+\bar{a}}, \quad |a|^2+|b|^2=1$$

映射下,球面度量长度保持不变,即

$$\frac{|\mathrm{d}w|}{1+|w|^2} = \frac{|\mathrm{d}z|}{1+|z|^2}$$

[3] 球面上两点 P 和 Q,设其在复平面上的球极投影分别为 z_1 和 z_2,定义弦距(chordal distance)为单位球上连接 P 和 Q 的直线段的长度 $d(z_1, z_2)$,证明:

(1) 弦距为一度量,即 $d(z_1, z_2) = d(z_2, z_1)$,且

$$d(z_1, z_2) \leqslant d(z_1, z_3) + d(z_3, z_2)$$

（2）度量长度为

$$d(z_1, z_2) = \frac{2|z_1 - z_2|}{\sqrt{1 + |z_1|^2}\sqrt{1 + |z_2|^2}} \quad (z_1, z_2 \in \mathbb{C})$$

当 $z_1 \to z_2$ 时，弦距即等于球面度量长度。

提示：$[d(z_1, z_2)]^2 = (X_1 - X_2)^2 + (Y_1 - Y_2)^2 + (Z_1 - Z_2)^2$。

[4] 寻找变换将单位元 $|z| < 1$ 映射为单位元 $|w| < 1$，并使 $z = a$ 变为原点 $w = 0$。

第7章

傅里叶分析

　　音律学中将频率相差两倍的音频间隔分为八度音。当两个声音的音频比为小有理数时,声音听上去很和谐,这就是所谓的毕达哥拉斯音阶。古时的人不能理解其中的数学原理,更不能理解其中的物理原理,只是将有理数尊奉为自然界中完美的数。这其中的奥秘,就与傅里叶级数有关。

7.1 傅里叶级数

1. 正交三角函数集

　　考虑由以下三角函数族构成的无穷集合:

$$\left\{ 1, \cos \frac{2\pi}{T}x, \cos \frac{4\pi}{T}x, \cdots, \cos \frac{2n\pi}{T}x, \cdots; \sin \frac{2\pi}{T}x, \cdots, \sin \frac{2n\pi}{T}x, \cdots \right\} \qquad (7.1.1)$$

除了第一个常数外,每一项都是频率为某个基本频率 $\omega_0 = \frac{2\pi}{T}$ 整数倍的正弦或余弦函数。重要的是,这些函数彼此之间都是互相正交的,即任意两个不同函数的乘积在一个周期内的积分(称作两个函数的内积)为零,令 $T = 2l$,有

$$\frac{1}{l} \int_{-l}^{l} \sin \frac{2m\pi x}{T} \cos \frac{2n\pi x}{T} \mathrm{d}x = 0$$

$$\frac{1}{l} \int_{-l}^{l} \cos \frac{2m\pi x}{T} \cos \frac{2n\pi x}{T} \mathrm{d}x = \delta_{mn}$$

$$\frac{1}{l} \int_{-l}^{l} \sin \frac{2m\pi x}{T} \sin \frac{2n\pi x}{T} \mathrm{d}x = \delta_{mn}$$

　　将集合中的这些函数视作基函数,如果 $f(x)$ 是一个周期为 T 的函数,即

$$f(x+T) = f(x)$$

则它可以按上述基函数展开为傅里叶级数(Fourier series):

$$f(x) = a_0 + \sum_{n=1}^{\infty} \left(a_n \cos \frac{2n\pi}{T}x + b_n \sin \frac{2n\pi}{T}x \right) \qquad (7.1.2)$$

展开系数为

$$a_0 = \frac{1}{2l}\int_{-l}^{l} f(\xi)\,\mathrm{d}\xi, \quad a_n = \frac{1}{l}\int_{-l}^{l} f(\xi)\cos\frac{2n\pi}{T}\xi\,\mathrm{d}\xi$$

$$b_n = \frac{1}{l}\int_{-l}^{l} f(\xi)\sin\frac{2n\pi}{T}\xi\,\mathrm{d}\xi$$

这一结论之所以成立,是因为正交的基函数族构成一个完备集。

2. 狄里希利定理

傅里叶展开公式(7.1.2)是一个无穷级数,需要满足收敛性,这就要求周期函数 $f(x)$ 满足一定的条件,它表示为狄里希利定理:

若函数 $f(x)$ 处处连续,或者在每个周期内只有有限个第一类间断点,且只有有限个极值点,则傅里叶级数式(7.1.2)收敛,且

$$\sum_{n=1}^{\infty}\left(a_n\cos\frac{n\pi}{l}x + b_n\sin\frac{n\pi}{l}x\right) = \frac{1}{2}\big[f(x-0)+f(x+0)\big]$$

(1) 若函数 $f(x)$ 是奇函数,则展开成傅里叶正弦级数

$$f(x) = \sum_{n=1}^{\infty} b_n\sin\frac{n\pi}{l}x$$

$$b_n = \frac{2}{l}\int_0^l f(\xi)\sin\frac{n\pi}{l}\xi\,\mathrm{d}\xi$$

(2) 若函数 $f(x)$ 是偶函数,则展开成傅里叶余弦级数

$$f(x) = a_0 + \sum_{n=1}^{\infty} a_n\cos\frac{n\pi}{l}x$$

$$a_0 = \frac{1}{l}\int_0^l f(\xi)\,\mathrm{d}\xi, \quad a_n = \frac{2}{l}\int_0^l f(\xi)\cos\frac{n\pi}{l}\xi\,\mathrm{d}\xi$$

对于定义在有限区间 $x\in[a,b]$ 的函数,可视为将函数作周期平移后变为周期函数,再作傅里叶级数展开,周期平移的方式取决于给定的约束或者物理条件。

图 7.1 展示了整数倍频率的简谐波合成一个周期函数,黑色的粗线代表合成的周期函数,点虚线表示谐波成分,第二行表示每种频率成分的含量(振幅)a_n 或 b_n。反过来说,一个周期函数里包含有不同的简谐频率成分,傅里叶级数展开就是将周期函数中这些谐频成分检测出来。

讨论 图 7.1 的上下两行均描述同一函数的全部性质:上一行是在位形空间(有时称作时域)表示的曲线;下一行是在频谱空间(有时称作频域)表示的曲线,只是对于周期函数而言,该曲线是一些离散的点。二者是完全等价的,只要知道频域的分布,结合相应的谐频函数,就可以完全描绘出位形空间的函数,反之亦然。这件事可以用一个比喻来看,一个连续可导的函数可以用泰勒级数展开

$$f(x) = \sum_{k=0}^{\infty} a_k x^k, \quad a_k = \frac{1}{k!}f^{(k)}(0)$$

这个展开是唯一的,那么函数 $f(x)$ 就可以用系数 a_k 来表示:

$$f(x) = \{a_k\}_{k=0}^{\infty}$$

它相当于用系数空间的一组离散数值来表示一个连续函数。

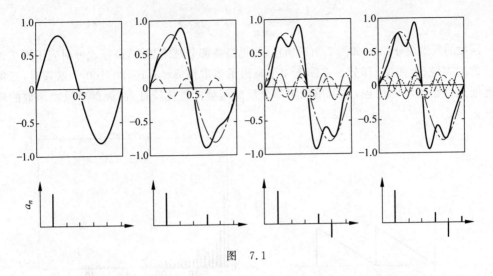

图   7.1

例 7.1 将区间函数展开成傅里叶级数：

$$f(x) = x + x^2 \quad (-\pi \leqslant x \leqslant \pi)$$

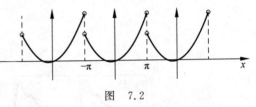

图   7.2

解 将定义在 $x \in [-\pi, \pi]$ 区间的函数作周期平移，变为如图 7.2 所示的周期函数，这是一个有断点的函数。将它作傅里叶级数展开，利用式(7.1.2)可求得展开系数，结果为

$$x + x^2 = \frac{1}{3}\pi^2 + 4\sum_{n=1}^{\infty} \frac{(-1)^n}{n^2}\cos nx + 2\sum_{n=1}^{\infty} \frac{(-1)^{n+1}}{n}\sin nx$$

根据本例傅里叶级数展开的结果，我们可以得到以下有用的公式：

(1) 令 $x = 0$，有

$$1 - \frac{1}{2^2} + \frac{1}{3^2} - \frac{1}{4^2} + \cdots = \frac{\pi^2}{12}$$

(2) 令 $x = \pi$，有

$$1 + \frac{1}{2^2} + \frac{1}{3^2} + \frac{1}{4^2} + \cdots = \frac{\pi^2}{6}$$

(3) 两式相加，有

$$1 + \frac{1}{3^2} + \frac{1}{5^2} + \frac{1}{7^2} + \cdots = \frac{\pi^2}{8}$$

说明 将定义在有限区间的函数作周期性平移后，得到的周期函数大多存在断点。按照狄里希利定理，断点处的傅里叶级数值等于断点左右函数值的均值。

例 7.2 求图 7.3(a)中锯齿波函数的傅里叶级数展开。

解 锯齿波函数的傅里叶级数展开为

$$f(x) = \frac{h}{2} + \sum_{n=1}^{\infty} a_n \sin n\omega x$$

其中展开系数为

$$a_n = -\frac{h}{n\pi}, \quad \omega = 2\pi/d$$

函数的频谱成分 $|a_n|$ 如图 7.3(b) 所示,可见高频部分越来越少,高频成分对应于图 7.3(a) 中函数的尖锐(大曲率)部分。在图 7.4 中画出了当取前 $n=5,10,20,100$ 个谐频时,三角级数逐渐逼近锯齿波的过程,显示出低频部分反映函数的整体特征,高频部分反映函数的局部特征。

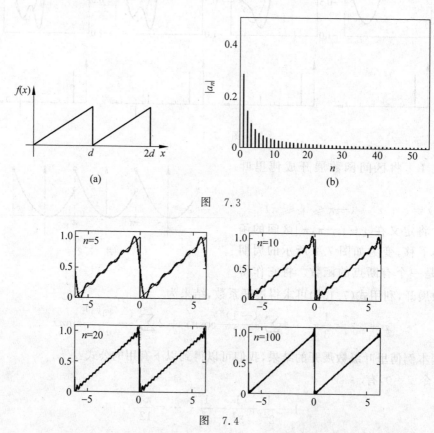

图 7.3

图 7.4

函数有不连续的断点,意味着高频部分难以用有限的频谱完全描述,这时会出现所谓的吉布斯现象,即傅里叶级数展开在作有限多项(n 很大)近似时,近似结果在函数的断点处始终发生约 18% 的偏差,如图 7.4 的 $n=100$ 所示,这一偏差无法通过增大 n 来消除掉。

3. 指数形式傅里叶级数

采用复数基函数

$$\{1, e^{\pm i\theta}, e^{\pm 2i\theta}, \cdots, e^{\pm in\theta}, \cdots\}$$

它们也满足正交性和完备性条件

$$\int_{-\pi}^{\pi} e^{im\theta} [e^{in\theta}]^* \, d\theta = 2\pi\delta_{mn}$$

可以将定义在 $\theta \in [-\pi, \pi]$ 的周期函数 $f(\theta)$ 按傅里叶级数展开:

$$f(\theta) = \sum_{n=-\infty}^{\infty} c_n e^{in\theta}, \quad c_n = \frac{1}{2\pi} \int_{-\pi}^{\pi} f(\xi) e^{-in\xi} \, d\xi \tag{7.1.3}$$

式(7.1.3)与式(7.1.2)之间的关系,只是将基函数重新作了一个线性组合,相当于从一组基变为另一组基的正交变换

$$\cos n\theta = \frac{e^{in\theta} + e^{-in\theta}}{2}, \quad \sin n\theta = \frac{e^{in\theta} - e^{-in\theta}}{2i}$$

令 $z = e^{i\theta}$,将定义在单位圆周上的实函数 $f(\theta)$ 表示为 $f(z)$,然后将其解析延拓至复平面。傅里叶级数展开式(7.1.3)变为

$$f(z) = \sum_{n=-\infty}^{\infty} c_n z^n$$

$$c_n = \frac{1}{2\pi} \int_{-\pi}^{\pi} f(\xi) e^{-in\xi} d\xi = \frac{1}{2\pi i} \oint_{|z|=1} f(z) \frac{dz}{z^{n+1}} \tag{7.1.4}$$

可见,实函数 $f(\theta)$ 在单位圆周上的傅里叶级数展开,即解析延拓函数 $f(z)$ 以 $z=0$ 为中心的洛朗级数展开。需要注意的是,这种洛朗级数的正幂项与负幂项收敛域的交集,即收敛环通常是空集。

为了得到非空的洛朗级数收敛域,被展开函数及其高阶导数必须是连续的,且满足"闭合"的周期边界条件 $f(-\pi) = f(\pi)$,请看例 7.3。

例 7.3 求函数的傅里叶级数展开式:

$$f(t) = \frac{a \sin t}{1 - 2a \cos t + a^2} \quad (|a| < 1)$$

解 令 $z = e^{it}$,将函数解析延拓至复平面,有

$$f(z) = \frac{1 - z^2}{2i \left[z^2 - \left(a + \dfrac{1}{a} \right) z + 1 \right]}$$

其洛朗级数展开为

$$f(z) = \frac{1}{2i} \sum_{n=0}^{\infty} a^n \left(z^n - \frac{1}{z^n} \right)$$

该洛朗级数在环形区域 $|a| < |z| < 1/|a|$ 收敛,$f(z)$ 在收敛环内解析。定义三角级数的单位圆就处于该环形区域之内。回到原来的实参数,可以得到 $f(t)$ 的傅里叶正弦级数展开式

$$\frac{a \sin t}{1 - 2a \cos t + a^2} = \sum_{n=1}^{\infty} a^n \sin n t$$

4. 三维傅里叶级数

对于三维周期势 $f(\boldsymbol{r} + \boldsymbol{R}) = f(\boldsymbol{r})$,其傅里叶级数展开为

$$f(\boldsymbol{r}) = \sum_{\boldsymbol{k}} F_{\boldsymbol{k}} e^{i\boldsymbol{k} \cdot \boldsymbol{r}}, \quad F_{\boldsymbol{k}} = \frac{1}{V} \int_V f(\boldsymbol{r}) e^{-i\boldsymbol{k} \cdot \boldsymbol{r}} dV \tag{7.1.5}$$

于是

$$f(\boldsymbol{r} + \boldsymbol{R}) = \sum_{\boldsymbol{k}} F_{\boldsymbol{k}} e^{i\boldsymbol{k} \cdot (\boldsymbol{r} + \boldsymbol{R})} = \sum_{\boldsymbol{k}} F_{\boldsymbol{k}} e^{i\boldsymbol{k} \cdot \boldsymbol{r}} e^{i\boldsymbol{k} \cdot \boldsymbol{R}}$$

周期性要求满足 $e^{i\boldsymbol{k} \cdot \boldsymbol{R}} = 1$,即 $\boldsymbol{k} \cdot \boldsymbol{R}$ 必为 2π 的整数倍。

对于三维周期格子有

$$\boldsymbol{R} = m_1 \boldsymbol{a}_1 + m_2 \boldsymbol{a}_2 + m_3 \boldsymbol{a}_3 \quad (m_j \in \mathbb{Z})$$

其中 $a_j(j=1,2,3)$ 为晶体的布拉伐(Bravais)格矢,定义倒格矢 $b_j(j=1,2,3)$

$$b_1 = \frac{2\pi(a_2 \times a_3)}{a_1 \cdot (a_2 \times a_3)}$$

$$b_2 = \frac{2\pi(a_3 \times a_1)}{a_1 \cdot (a_2 \times a_3)}$$

$$b_3 = \frac{2\pi(a_1 \times a_2)}{a_1 \cdot (a_2 \times a_3)}$$

容易验证 $b_i \cdot a_j = 2\pi\delta_{ij}$,令 $k = n_1 b_1 + n_2 b_2 + n_3 b_3 (n_j \in \mathbf{Z})$,有

$$k \cdot R = \left(\sum_{i=1}^{3} n_i b_i\right) \cdot \left(\sum_{j=1}^{3} m_j a_j\right) = \sum_{i,j} n_i m_j b_i \cdot a_j$$

$$= 2\pi \sum_{j=1}^{3} m_j n_j = 2\pi N \quad (N \in \mathbf{Z})$$

则满足 $e^{ik \cdot R} = 1$,上式在光学中称作布拉格公式。

注记

19 世纪初,当傅里叶向人们展示某些周期函数(如图 7.3 描述的锯齿波或方波)可以用三角函数的级数表示时,招致数学界传统势力的一片哗然:不连续函数怎么能用连续函数的组合来表示呢?

按照例 7.2 的结果,周期性的锯齿波用三角级数表示为

$$f(x) = \frac{h}{2} - \sum_{n=1}^{\infty} a_n \sin n\omega x, \quad a_n = -\frac{h}{n\pi}$$

它可视作定义在单位圆上的实函数,令 $z = e^{i\omega x}$,有

$$f(z) = \frac{h}{2} + \sum_{n=1}^{\infty} \frac{ih}{2n\pi}\left(z^n - \frac{1}{z^n}\right)$$

其中正幂部分 $S_+(z)$ 的收敛域为 $R_1 < 1$,负幂部分 $S_-(z)$ 的收敛域为 $R_2 > 1$,因此其洛朗级数的收敛环为空集。实际上,我们可以写出级数和的解析表达式

$$S_+(z) = -\frac{ih}{2\pi}\ln(1-z) \quad (|z| < 1)$$

$$S_-(z) = \frac{ih}{2\pi}\ln\left(1 - \frac{1}{z}\right) \quad (|z| > 1)$$

实函数 $f(x)$ 的断点 $x = 0, d$,就是复对数函数 $S_\pm(z)$ 的支点 $z = 1$。

如图 7.5 所示,当 z 沿圆周从上半平面穿过 $z = 1$ 点时,$(1-z)$ 的辐角从 $-\frac{\pi}{2}$ 跳变为 $\frac{\pi}{2}$,而 $\left(1 - \frac{1}{z}\right)$ 的辐角从 $\frac{\pi}{2}$ 跳变为 $-\frac{\pi}{2}$,所以 $f(z) = \frac{h}{2} + S_+(z) + S_-(z)$ 的值跳变 h,而 $f(z)$ 在圆周上的值为 $\frac{h}{2} + S_+(e^{i\theta}) + S_-(e^{i\theta}) = \frac{h}{2\pi}\theta$,所以傅里叶级数表示的确实就是锯齿波函数。

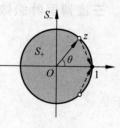

图 7.5

习题

[1] 在 $x\in[-\pi,\pi]$ 的周期区间,求傅里叶级数展开(α 为非整数):

(1) $f(x)=\cos\alpha x$;　(2) $f(x)=\cosh\alpha x$。

答案:

(1) $\dfrac{2\sin\pi\alpha}{\pi}\left[\dfrac{1}{2\alpha}+\sum\limits_{k=1}^{\infty}(-1)^{k-1}\dfrac{\alpha\cos kx}{k^2-\alpha^2}\right]$; (2) $\dfrac{2\sinh\pi\alpha}{\pi}\left[\dfrac{1}{2\alpha}+\sum\limits_{k=1}^{\infty}(-1)^{k}\dfrac{\alpha\cos kx}{k^2+\alpha^2}\right]$。

[2] 在 $x\in[-\pi,\pi]$ 的周期区间,将函数 $f(x)=|x|$ 作傅里叶级数展开,并证明:

$$\sum_{k=0}^{\infty}\frac{1}{(2k+1)^2}=\frac{\pi^2}{8}$$

[3] 在 $x\in[-\pi,\pi]$ 的周期区间,将下列函数做傅里叶级数展开:

$$f(x)=\begin{cases}\alpha x & (0<x\leqslant\pi)\\ \beta x & (-\pi\leqslant x<0)\end{cases}\quad(\alpha\neq\beta)$$

令 $z=\mathrm{e}^{\mathrm{i}x}$,分析在复平面上 $z=\pm1$ 两个奇点的性质。

答案:

$$f(x)=\frac{(\alpha-\beta)\pi}{4}+\sum_{n\neq0}^{\infty}\left[\frac{(\alpha+\beta)\mathrm{i}}{2n}(-1)^n+\frac{\beta-\alpha}{2n^2\pi}(1-(-1)^n)\right]\mathrm{e}^{nx\mathrm{i}}$$

7.2　傅里叶变换

7.1 节讨论的是周期函数的傅里叶级数展开。对于有限区间的函数,可以通过平移延拓方式变为周期函数,从而得到该区间的傅里叶级数展开形式。那么,对于无限区间 $x\in(-\infty,\infty)$ 中的非周期函数,能否作傅里叶级数展开呢? 我们按下面的方法来处理。

1. 傅里叶积分

首先将定义在无限区间的非周期函数 $f(x)$ 视作某个周期为 $2l$ 的周期函数 $g(x)$ 的极限情形

$$g(x)=a_0+\sum_{n=1}^{\infty}\left(a_n\cos\frac{n\pi}{l}x+b_n\sin\frac{n\pi}{l}x\right)$$

当 $l\to\infty$ 时,上式就是非周期函数 $f(x)$ 的傅里叶展开。引入不连续变量

$$k_n=\frac{n\pi}{l}\quad(n=0,1,2,\cdots)$$

$$\Delta k_n=k_n-k_{n-1}=\frac{\pi}{l}$$

如果 $f(x)$ 在 $(-l,+l)$ 区间的积分值有限,则

$$f(x)=a_0+\sum_{n=1}^{\infty}(a_n\cos k_n x+b_n\sin k_n x)$$

式中,

$$\lim_{l\to\infty}a_0=\lim_{l\to\infty}\frac{1}{2l}\int_{-l}^{l}f(\xi)\mathrm{d}\xi=0$$

方程右边第一项为

$$\lim_{l \to \infty} \sum_{n=1}^{\infty} \left[\frac{1}{l} \int_{-l}^{l} f(\xi) \cos k_n \xi \, d\xi \right] \cos k_n x = \lim_{l \to \infty} \sum_{n=1}^{\infty} \left[\frac{1}{\pi} \int_{-l}^{l} f(\xi) \cos k_n \xi \, d\xi \right] \cos k_n x \, \Delta k_n$$

$$\xrightarrow{\Delta k_n \to 0} \int_{0}^{\infty} \left[\frac{1}{\pi} \int_{-\infty}^{\infty} f(\xi) \cos k\xi \, d\xi \right] \cos kx \, dk$$

同样可求出右边第二项的表达式,于是得到 $f(x)$ 的傅里叶积分表示:

$$f(x) = \int_{0}^{\infty} A(k) \cos kx \, dk + \int_{0}^{\infty} B(k) \sin kx \, dk \qquad (7.2.1)$$

傅里叶积分定理:

若函数 $f(x)$ 在有限区域内满足狄里希利条件,且在 $(-\infty, \infty)$ 区间上绝对可积,即 $\int_{-\infty}^{\infty} |f(x)| \, dx$ 有限,则 $f(x)$ 可以表示成傅里叶积分形式,有

$$\frac{1}{2} \left[f(x-0) + f(x+0) \right] = \int_{0}^{\infty} \left[A(k) \cos(kx) + B(k) \sin(kx) \right] dx \qquad (7.2.2)$$

相对于周期函数的离散频谱,一个非周期函数的傅里叶变换也反映了该函数的频谱,非周期函数的傅里叶频谱一般是连续的。对于偶函数和奇函数,有

(1) 偶函数的傅里叶余弦变换:

$$A(k) = \frac{2}{\pi} \int_{0}^{\infty} f(\xi) \cos(k\xi) \, d\xi$$

(2) 奇函数的傅里叶正弦变换:

$$B(k) = \frac{2}{\pi} \int_{0}^{\infty} f(\xi) \sin(k\xi) \, d\xi$$

物理学中更经常采用复指数形式的傅里叶积分表示:

$$\begin{cases} f(x) = \int_{-\infty}^{\infty} F(k) e^{ikx} \, dk \\ F(k) = \frac{1}{2\pi} \int_{-\infty}^{\infty} f(x) e^{-ikx} \, dx \end{cases} \qquad (7.2.3)$$

式(7.2.3)分别称作傅里叶变换及其逆变换,用符号表示为

$$F(k) = \mathfrak{F}\left[f(x) \right], \quad f(x) = \mathfrak{F}^{-1}\left[F(k) \right] \qquad (7.2.4)$$

将 $F(k)$ 称作 $f(x)$ 的像函数,而将 $f(x)$ 称作 $F(k)$ 的原函数。

例 7.4 试将矩形脉冲函数 $f(x) = h \operatorname{rec}\left(\dfrac{x}{2d} \right)$ 展开为傅里叶积分。

解 $f(x)$ 是偶函数,有

$$f(x) = \int_{0}^{\infty} F(k) \cos kx \, dk$$

$$F(k) = \frac{2}{\pi} \int_{0}^{\infty} f(x) \cos kx \, dx = \frac{2h}{\pi} \frac{\sin kd}{k}$$

讨论 图 7.6 展示了方波宽度与频谱宽度的关系:$\Delta k \sim \pi/d$,即位形空间中越宽的函数,在频谱空间中越窄,下面的标度性定理式(7.2.9)给出了一般的关系式。这种关系潜藏在看似完全不同的物理领域:

(1) 在波的衍射中,衍射缝的宽度与衍射条纹的宽度成反比关系。

（2）在光学中，波列越长，频谱越窄，单色性越好。激光接近是单色光，所以有很长的相干长度。

（3）在量子力学中，由于 $p = \hbar k$，它反映的是不确定原理：$\Delta p \cdot \Delta x \sim \hbar$，即动量的不确定性与位置的不确定性成反比。

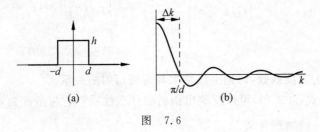

图　7.6

2. 基本性质

关于傅里叶变换，有如下定理：

（1）导数定理

$$\mathfrak{F}[f'(x)] = \mathrm{i}k F(k) \qquad (7.2.5)$$

（2）积分定理

$$\mathfrak{F}\left[\int^{(x)} f(\xi)\mathrm{d}\xi\right] = \frac{1}{\mathrm{i}k}F(k) \qquad (7.2.6)$$

（3）标度性定理

$$\mathfrak{F}[f(ax)] = \frac{1}{a}F(k/a) \qquad (7.2.7)$$

（4）延迟定理

$$\mathfrak{F}[f(x - x_0)] = \mathrm{e}^{-\mathrm{i}kx_0}F(k) \qquad (7.2.8)$$

（5）位移定理

$$\mathfrak{F}[\mathrm{e}^{\mathrm{i}k_0 x}f(x)] = F(k - k_0) \qquad (7.2.9)$$

（6）乘积定理

$$\int_{-\infty}^{\infty} f_1(x)\overline{f_2}(x)\mathrm{d}x = 2\pi\int_{-\infty}^{\infty} F_1(k)\overline{F_2}(k)\mathrm{d}k$$

$$\int_{-\infty}^{\infty} |f(x)|^2 \mathrm{d}x = 2\pi\int_{-\infty}^{\infty} |F(k)|^2 \mathrm{d}k \qquad (7.2.10)$$

这些性质都可以从傅里叶变换的定义出发直接予以证明，此处从略。

例 7.5　求 N 周期函数的傅里叶变换：

$$g(x) = \sum_{n=0}^{N-1} f(x - nd)$$

其中，$f(x + d) = f(x)$。

解　设 $\mathfrak{F}[f(x)] = F(k)$，将延迟定理应用于周期函数 $f(x - nd) = f(x)$，则

$$\mathfrak{F}[f(x - nd)] = \mathrm{e}^{-\mathrm{i}nkd}F(k)$$

所以

$$\mathfrak{F}[g(x)] = \sum_{n=0}^{N-1} e^{-inkd} F(k) = \left(\frac{1-e^{-iNkd}}{1-e^{-ikd}}\right) \times F(k)$$

于是得到频谱分布公式

$$|G(k)| = \left|\frac{\sin\dfrac{Nkd}{2}}{\sin\dfrac{kd}{2}}\right| \times |F(k)|$$

讨论

(1) 取 $f(x)$ 为方波函数,讨论上述结果与光栅衍射的关系。

(2) 位移定理式(7.2.11)可以反映出衍射的什么性质? 它与多普勒效应之间有什么关系? 理解因子 $e^{ik_0 x}$ 的物理含义。

3. 三维傅里叶变换

$$\begin{cases} f(x,y,z) = \int_{-\infty}^{\infty}\int_{-\infty}^{\infty}\int_{-\infty}^{\infty} F(k_x,k_y,k_z) e^{i(k_x x+k_y y+k_z z)} \,dk_x \,dk_y \,dk_z \\ F(x,y,z) = \dfrac{1}{(2\pi)^3}\int_{-\infty}^{\infty}\int_{-\infty}^{\infty}\int_{-\infty}^{\infty} f(x,y,z) e^{-i(k_x x+k_y y+k_z z)} \,dx \,dy \,dz \end{cases} \tag{7.2.11}$$

写成向量形式即

$$\begin{cases} f(\boldsymbol{r}) = \iiint_{-\infty}^{\infty} F(\boldsymbol{k}) e^{i\boldsymbol{k}\cdot\boldsymbol{r}} \,d\boldsymbol{k} \\ F(\boldsymbol{k}) = \dfrac{1}{(2\pi)^3}\iiint_{-\infty}^{\infty} f(\boldsymbol{r}) e^{-i\boldsymbol{k}\cdot\boldsymbol{r}} \,d\boldsymbol{r} \end{cases} \tag{7.2.12}$$

例 7.6 求汤川势(Yukawa potential)的傅里叶变换:

$$v_\alpha(\boldsymbol{r}) = \frac{q e^{-ar}}{r} \quad (\alpha > 0)$$

解 根据三维傅里叶变换定义,有

$$V_\alpha(\boldsymbol{k}) = \frac{1}{(2\pi)^3}\iiint_{-\infty}^{\infty} \frac{q e^{-ar}}{r} e^{-i\boldsymbol{k}\cdot\boldsymbol{r}} \,dx \,dy \,dz$$

选用球坐标表示,则

$$V_\alpha(\boldsymbol{k}) = \frac{q}{(2\pi)^3}\int_0^\infty r\,dr\int_0^\pi \sin\theta\,d\theta\int_0^{2\pi} e^{-ar} e^{-ikr\cos\theta}\,d\varphi$$

$$= \frac{q}{(2\pi)^2}\int_0^\infty \frac{e^{-ar}}{ik}(e^{ikr}-e^{-ikr})\,dr$$

$$= \frac{q}{2\pi^2}\frac{1}{k^2+\alpha^2}$$

当 $\alpha \to 0$ 时,我们得到库仑势 $v_{\text{Coul}}(\boldsymbol{r}) = q/r$ 的傅里叶变换,即

$$V_{\text{Coul}}(\boldsymbol{k}) = \frac{q}{2\pi^2}\frac{1}{k^2}$$

注记

映射与变换：函数是从一个集合到另一个集合的点对点映射(图 7.7(a))，而傅里叶变换的像空间中每一点都包含原集合的全部信息(图 7.7(b))，反之亦然。

对比函数映射与傅里叶变换，有点类似于光学中透镜成像与全息成像之间的关系。透镜成像具有一一对应性，构成一种函数映射关系(图 7.8(a))，像平面即函数空间。积分变换则相当于全息成像过程，原像上的每一点都映射到整个全息平面；反之，像平面上的每一点也包含原函数全部信息(图 7.8(b))，全息平面即函数变换后的像空间。

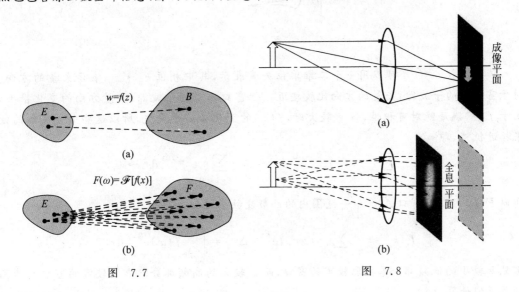

图　7.7

图　7.8

我们可以从图 7.9 所示的映射关系来看傅里叶变换：将原函数空间离散化成许多小段 $x_j(j \in \mathbb{Z})$，相应的函数值为 $f(x_j)$，对像空间也作类似的离散化处理 $k_n(n \in \mathbb{Z})$，相应的函数值为 $F(k_n)$(在图中示意地画成实函数)。将 $f(x_j)\Delta x_j$ 视作一系列子波源的波幅，设想从位形空间到频谱空间的映射为以波矢 k_n 的传播过程，第 j 个子波源相对于 $x=0$ 子波源的传播距离为 x_j，传播函数为 $\mathrm{e}^{ik_n \cdot x_j}$。所以传播的振幅为 $f(x_j)\mathrm{e}^{ik_n \cdot x_j}\Delta x_j$，则以波矢 k_n 传播的总振幅是所有子波源传播到该点的振幅叠加

$$F(k_n) = \sum_j f(x_j)\mathrm{e}^{ik_n \cdot x_j}\Delta x_j$$

令 $j,n \to \infty$，有

$$F(k) = \lim_{j \to \infty}\sum_j f(x_j)\mathrm{e}^{ik \cdot x_j}\Delta x_j = \int_{-\infty}^{\infty} f(x)\mathrm{e}^{ik \cdot x}\mathrm{d}x$$

从这点看，傅里叶变换类似于在函数空间的惠更斯原理。

由于傅里叶变换是一种全域变换，即频域空间中任意一点都需要位形空间全部的信息来表示，完成这样一个变换需要很大的计算量。我们来考虑一种近似处理：

$$F(k_n) = \sum_j f(x_j)\mathrm{e}^{ik_n \cdot x_j}\Delta x_j = \sum_{|x_j| < \Delta} f(x_j)\mathrm{e}^{ik_n \cdot x_j}\Delta x_j + \sum_{|x_j| > \Delta} f(x_j)\mathrm{e}^{ik_n \cdot x_j}\Delta x_j$$

设定窗口 Δ 的范围

$$|k_n \cdot x_j| \leqslant \frac{\pi}{2} \to \Delta \sim \frac{\pi}{2|k_n|}$$

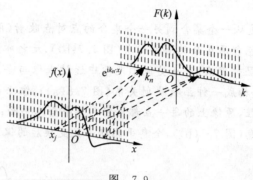

图　7.9

传播函数 $e^{ik_n \cdot x_j}$ 可以用一个二维单位矢量表示,其中相位 $k_n \cdot x_j$ 表示矢量的方向。对于窗口内的子波源,矢量的方向比较接近。但窗口以外的子波源,矢量方向的变化很大,由于 $f(x)$ 满足绝对可积性,当 x 较大时,$f(x)$ 的变化必趋于平缓,所以这些矢量叠加的效果接近抵消,即

$$\sum_{|x_j|>\Delta} f(x_j) e^{ik_n \cdot j \,\mathrm{d}x}\,\mathrm{d}x \sim A \sum_{|x_j|>\Delta} e^{ik_n \cdot j\,\mathrm{d}x}\,\mathrm{d}x \to 0$$

所以 $F(k)$ 可以用窗口 $\Delta_k \sim \dfrac{\pi}{|k|}$ 范围内的函数变换来近似

$$F(k) \approx \sum_{|x_j|<\Delta_k} f(x_j) e^{ik \cdot x_j} \Delta x_j = \int_{-\Delta_k}^{\Delta_k} f(x) e^{ik \cdot x}\,\mathrm{d}x$$

可见 k 较小的低频部分需要取较宽的窗口,而 k 较大的高频部分只需取较窄的窗口内的函数作近似计算。

这种取有限范围函数作为傅里叶变换近似的思想,最终发展成小波变换方法。

习题

[1] 求函数的傅里叶变换:

(1) $e^{-a|x|}$;　(2) $\dfrac{1}{|x|^a}$ ($0<\mathrm{Re}\,a<1$)。

[2] 求函数的傅里叶变换:

$$f(x) = \frac{\sin\pi x}{x}$$

[3] 证明傅里叶变换满足帕塞瓦关系:

$$\int_{-\infty}^{\infty} f_1(x)\bar{f}_2(x)\mathrm{d}x = \int_{-\infty}^{\infty} F_1(k)\bar{F}_2(k)\mathrm{d}k$$

[4] 应用三维傅里叶变换求解泊松方程:$\nabla^2 \Phi(\boldsymbol{r}) = \rho(\boldsymbol{r})$。

[5] 应用傅里叶变换求解艾里方程(Airy equation):

$$y''(x) - xy(x) = 0 \quad (-\infty < x < \infty)$$

答案:$y(x) = \dfrac{C}{2\pi}\displaystyle\int_{-\infty}^{\infty} e^{\frac{i}{3}\omega^3 + i\omega x}\,\mathrm{d}\omega$。

7.3 卷积定理

1. 卷积函数

我们先定义两个函数 $f_1(x)$，$f_2(x)$ 的卷积(convolution)：

$$f_1(x) * f_2(x) \stackrel{\text{def}}{=\!=} \int_{-\infty}^{\infty} f_1(\xi) f_2(x - \xi) \mathrm{d}\xi \tag{7.3.1}$$

卷积有如下性质：

$$f_1(x) * f_2(x) = f_2(x) * f_1(x)$$
$$f_1(x) * [f_2(x) * f_3(x)] = [f_1(x) * f_2(x)] * f_3(x)$$
$$f_1(x) * [f_2(x) + f_3(x)] = f_1(x) * f_2(x) + f_1(x) * f_3(x) \tag{7.3.2}$$
$$[f_1(x) * f_2(x)]' = f_1'(x) * f_2(x) = f_1(x) * f_2'(x)$$

这些性质均可以从定义直接推导出来。由此可知卷积满足交换律、结合律和分配律。关于卷积函数的傅里叶变换，有卷积定理：

$$\mathfrak{F}[f_1(x) * f_2(x)] = 2\pi F_1(k) F_2(k) \tag{7.3.3}$$

及卷积逆定理

$$\mathfrak{F}^{-1}[F_1(k) F_2(k)] = f_1(x) * f_2(x) \tag{7.3.4}$$

证明 根据傅里叶变换定义，有

$$\mathfrak{F}[f_1(x) * f_2(x)] = \frac{1}{2\pi} \int_{-\infty}^{\infty} f_1(x) * f_2(x) \mathrm{e}^{-ikx} \mathrm{d}x$$

$$= \frac{1}{2\pi} \int_{-\infty}^{\infty} \left[\int_{-\infty}^{\infty} f_1(\xi) f_2(x - \xi) \mathrm{d}\xi \right] \mathrm{e}^{-ikx} \mathrm{d}x$$

$$= \frac{1}{2\pi} \int_{-\infty}^{\infty} f_1(\xi) \left[\int_{-\infty}^{\infty} f_2(x - \xi) \mathrm{e}^{-ikx} \mathrm{d}x \right] \mathrm{d}\xi$$

$$= \frac{1}{2\pi} \int_{-\infty}^{\infty} f_1(\xi) \left[\int_{-\infty}^{\infty} f_2(y) \mathrm{e}^{-iky-ik\xi} \mathrm{d}y \right] \mathrm{d}\xi$$

$$= \frac{1}{2\pi} \int_{-\infty}^{\infty} f_1(\xi) \mathrm{e}^{-ik\xi} \mathrm{d}\xi \int_{-\infty}^{\infty} f_2(y) \mathrm{e}^{-iky} \mathrm{d}y = 2\pi F_1(k) F_2(k)$$

此外，卷积函数的面积等于两个函数面积的乘积，即

$$\int_{-\infty}^{\infty} [f_1(x) * f_2(x)] \mathrm{d}x = \int_{-\infty}^{\infty} \int_{-\infty}^{\infty} f_1(\xi) f_2(x - \xi) \mathrm{d}\xi \mathrm{d}x$$

$$= \int_{-\infty}^{\infty} f_1(\xi) \left[\int_{-\infty}^{\infty} f_2(x - \xi) \mathrm{d}x \right] \mathrm{d}\xi$$

$$= \int_{-\infty}^{\infty} f_1(\xi) \mathrm{d}\xi \cdot \int_{-\infty}^{\infty} f_2(x) \mathrm{d}x \tag{7.3.5}$$

卷积常见于线性响应系统。当物理系统受到一个外来冲击时，会作出相应的响应，比如施加一个外力 $f(t)$，引起位移 $x(t)$，通常响应在时间上会有一个延迟，假设响应是线性的，整个过程可以表述为

$$\langle x(t) \rangle = \int_{-\infty}^{\infty} f(t') \chi(t - t') \mathrm{d}t'$$

其中 $\chi(t - t')$ 称作响应函数，它将外力影响的总和与系统的响应联系起来。作傅里叶变换

$$X(\omega) = \frac{1}{2\pi} \int_{-\infty}^{\infty} x(t) e^{-i\omega t} \, dt$$

得到

$$\langle X(\omega) \rangle = \widetilde{\chi}(\omega) F(\omega)$$

表明响应函数用频谱表示即简单的乘积关系。通常响应函数 $\widetilde{\chi}(\omega)$ 是一个复函数,实部给出与外力同相位的位移量,虚部则反映了系统的功耗散能力。

例 7.7　求阻尼振子对外力的响应函数:

$$mx''(t) + \alpha x'(t) + kx(t) = f(t)$$

解　将方程作傅里叶变换后,可直接得到响应函数为

$$\widetilde{\chi}(\omega) = \frac{X(\omega)}{F(\omega)} = \frac{1}{m} \frac{1}{\omega_0^2 - \omega^2 - i\omega\gamma}$$

式中, $\omega_0^2 = \dfrac{k}{m}$, $\gamma = \dfrac{\alpha}{m}$,响应函数的虚部为

$$\mathrm{Im}\,\widetilde{\chi}(\omega) = \frac{1}{m} \frac{\omega\gamma}{(\omega_0^2 - \omega^2)^2 + (\omega\gamma)^2}$$

它在 $\omega = \omega_0$ 附近有一个共振峰,表明系统有较强的响应或耗散能量的能力。

2. 相关函数

在物理中常定义两个函数 $f_1(x)$, $f_2(x)$ 的相关函数(correlation function)为相关乘积:

$$R_{12}(x) = f_1(x) \circ f_2(x) \stackrel{\text{def}}{=\!=} \int_{-\infty}^{\infty} f_1(\xi + x) \bar{f}_2(\xi) \, d\xi = \int_{-\infty}^{\infty} f_1(\xi) \bar{f}_2(\xi - x) \, d\xi$$

从定义式看,相关函数和卷积函数定义十分相似,都是两个序列(函数)互相错开相乘再求和。二者的区别在于:相关函数是将两个序列直接作位移或延时后再相乘并求和;卷积函数是将其中一个序列先翻转,然后再作位移相乘及求和。可见, $f_1(x)$ 和 $f_2(x)$ 的相关函数等于函数 $\bar{f}_1(-x)$ 和 $f_2(x)$ 的卷积,它们之间没有实质性的区别。

采用傅里叶变换函数表示,容易证明维纳-辛钦定理(Wiener-Khinchin theorem):

$$R_{12}(x) = 2\pi \int_{-\infty}^{\infty} F_1(k) \bar{F}_2(k) e^{ikx} \, dk \tag{7.3.6}$$

如果 $f_1(x) = f_2(x)$ 则称为自相关函数(autocorrelation function)

$$R(x) = \int_{-\infty}^{\infty} f(\xi + x) \bar{f}(\xi) \, d\xi$$

显然有 $R(-x) = \bar{R}(x)$,以及

$$R(x) = 2\pi \int_{-\infty}^{\infty} F(k) \bar{F}(k) e^{ikx} \, dk \tag{7.3.7}$$

定义能谱密度函数

$$S(k) = 2\pi F(k) \bar{F}(k)$$

式(7.3.7)表明它就是自相关函数 $R(x)$ 的傅里叶变换

$$\begin{cases} R(x) = \displaystyle\int_{-\infty}^{\infty} S(k) e^{ikx} \, dk \\ S(k) = \dfrac{1}{2\pi} \displaystyle\int_{-\infty}^{\infty} R(x) e^{-ikx} \, dx \end{cases} \tag{7.3.8}$$

根据能量积分,可以得到

$$\int_{-\infty}^{\infty} \mid R(x) \mid^2 \mathrm{d}x = 2\pi \int_{-\infty}^{\infty} \mid S(k) \mid^2 \mathrm{d}k$$

可以证明,两个相互无关的函数之和的自相关函数等于各自自相关函数之和。对于连续时间的白噪声信号,其自相关函数为 $R(x) = \delta_{t0}$,即除了 $t = 0$ 外均为零,表明它在时序上前后完全无关。

注记

顾名思义,相关性就是两个函数之间的相似性。在随机过程中,当两个信号序列或函数具有相同周期特性时,相关函数出现极大值便能体现二者的这种等周期性。但是对于一般的非周期信号序列(函数),我们从外观上不容易看出它们之间有什么相似性,这就提出一个问题:它们之间究竟怎样相似、相似程度如何? 该用一个什么量来刻画其相似度呢?

在测量实验中,我们经常采用方差来描述一个随机过程的涨落情况。类似地,考虑两个实数信号序列或者实函数 $f_1(x), f_2(x)$,为了比较它们之间的相似性,我们取二者的差方,

$$\Delta \overset{\mathrm{def}}{=} \int_{-\infty}^{\infty} [f_1(\xi) - f_2(\xi)]^2 \mathrm{d}\xi$$

即将每一点的偏差进行平方求和,显然 $\Delta \geqslant 0$。所以差方越小,两个函数相似度越高。但这个公式有一个缺陷,因为如果两个不同的信号序列在时序上未必同步,但仍然可以很相似,为此我们将两个信号序列按不同位错或延时来进行比较,即定义函数:

$$\Delta(x) \overset{\mathrm{def}}{=} \int_{-\infty}^{\infty} [f_1(\xi + x) - f_2(\xi)]^2 \mathrm{d}\xi$$

当 $\Delta(x)$ 取极小值时,表明两个函数相符度最高。将积分内作展开,有

$$\Delta(x) = \int_{-\infty}^{\infty} \{[f_1(\xi + x)]^2 + [f_2(\xi)]^2 - 2f_1(\xi + x)f_2(\xi)\} \mathrm{d}\xi$$

$$= C - 2\int_{-\infty}^{\infty} f_1(\xi + x)f_2(\xi) \mathrm{d}\xi = C - 2R_{12}(x)$$

其中前两项积分均为常数,采用归一化定义可使 $C = 2$。

可见两个函数的相似性可由相关函数 $R_{12}(x)$ 来表征。如果 $R_{12}(x)$ 比较平缓,则表明 $f_1(x), f_2(x)$ 之间相似度较小,如果 $R_{12}(x)$ 出现隆起的峰,则表明它们存在一定的相关性。

相关函数 $R_{12}(x)$ 的峰高体现相似度,那么峰的宽度透露什么信息呢? 傅里叶变换的相似定理表明宽度与频宽成反比,所以根据式(7.3.7),$R_{12}(x)$ 的峰越窄,频谱函数 $F_1(k)$ 和 $\overline{F}_2(k)$ 的重叠范围越大,即 $f_1(x)$ 和 $f_2(x)$ 的高频部分越相似,换言之,两个序列或函数的细节或涨落特性比较相似,如图 7.10(a)所示;反之,$R_{12}(x)$ 的峰越宽,频谱函数 $F_1(k)$ 和 $\overline{F}_2(k)$ 只在 k 很小时相似,亦即两个函数在整体轮廓上比较一致,但局部特征相去甚远,如图 7.10(b)所示。

我们也可以从频谱函数的相关性来考查,定义频谱方差

$$\widetilde{\Delta} \overset{\mathrm{def}}{=} \int_{-\infty}^{\infty} \mid F_1(k) - F_2(k) \mid^2 \mathrm{d}k$$

所以 $\widetilde{\Delta}$ 越小,表明两个函数的频谱越相似。由于 $F_1(k), F_2(k)$ 通常是复函数,这个公式显然有缺陷。考虑到复数可以用二维空间的一个向量表示,向量的长度代表模,方向代表辐角,所以复函数可以沿 k 轴的一条三维曲线表示,如图 7.11 所示。为此,我们引进一个"螺旋"频谱方差

$$\widetilde{\Delta}(\alpha) \overset{\text{def}}{=\!=\!=} \int_{-\infty}^{\infty} \mid F_1(k)\mathrm{e}^{ik\alpha} - F_2(k) \mid^2 \mathrm{d}k$$

其中 α 描述螺旋度,附加相因子 $\mathrm{e}^{ik\alpha}$ 不改变频谱函数的模分布。如果 α 取某些特定值时,方差最小,表明两个频谱函数 $F_1(k),F_2(k)$ 最接近,我们同样有

$$\widetilde{\Delta}(\alpha) = C - \int_{-\infty}^{\infty} \left[F_1(k)\overline{F_2}(k)\mathrm{e}^{ik\alpha} + F_2(k)\overline{F_1}(k)\mathrm{e}^{-ik\alpha} \right] \mathrm{d}k$$

令 $\alpha \to x$,上式第二项实质上就是相关函数 $R_{12}(x)$,所以 $\widetilde{\Delta}(x) \approx \Delta(x)$。

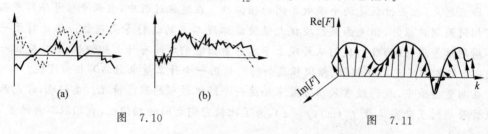

图   7.10   图   7.11

自相关函数就是一个序列自身的相似性,在时域中可以称作前后相关性,它有助于找出序列中被噪声掩盖的重复模式;在空域中称作影响相关性,比如平衡状态下系统中各点密度涨落之间的关联性。当密度分布具有某种周期性时,自相关函数也会呈现出相应的周期性。

由于卷积与相关函数的含义相近,卷积也描述两个函数之间的相似度。在模式识别中,卷积函数是一个重要的参考指标,多重卷积能够揭示多个信号序列的共同特征:

$$R_n(x) = f_1(x) * f_2(x) * f_3(x) * \cdots * f_n(x)$$

思考

(1) 如果定义"频移"相关函数

$$\Delta_{12}(\lambda, x) = \int_{-\infty}^{\infty} \mid F_1(k-\lambda)\mathrm{e}^{ikx} - F_2(k) \mid^2 \mathrm{d}k$$

它揭示函数之间的什么性质?"频移"自相关函数有什么意义?

(2) 如果序列具有自相似性,应该定义一个什么量来表征?

习题

[1] 证明卷积的性质:

(1) $f_1(x) * f_2(x) = f_2(x) * f_1(x)$;

(2) $f_1(x) * [f_2(x) * f_3(x)] = [f_1(x) * f_2(x)] * f_3(x)$;

(3) $f_1(x) * [f_2(x) + f_3(x)] = f_1(x) * f_2(x) + f_1(x) * f_3(x)$;

(4) $[f_1(x) * f_2(x)]' = f_1'(x) * f_2(x) = f_1(x) * f_2'(x)$。

[2] 证明相关乘积的性质:

(1) $f_1(x) \circ f_2(x) \neq f_2(x) \circ f_1(x)$;

(2) $f_1(x) \circ [f_2(x) \circ f_3(x)] \neq [f_1(x) \circ f_2(x)] \circ f_3(x)$。

[3] 证明:两个相互无关的函数之和的自相关函数等于各自自相关函数之和。

[4] 证明:

(1) $\mathfrak{F}[f_1(x) * f_2(x) * \cdots * f_n(x)] = (2\pi)^{n-1} F_1(k) \cdot F_2(k) \cdots F_n(k)$;

(2) $\mathfrak{F}[f_1(x) \circ f_2(x) \circ \cdots \circ f_n(x)] = (2\pi)^{n-1} F_1(k) \cdot F_2(k) \cdots F_n(k)$。

7.4　泊松求和公式

我们再介绍一个与傅里叶变换有关的重要关系式，即泊松求和公式：如果函数 $f(x)$ 满足狄里希利条件，且在 $(-\infty,\infty)$ 区间上绝对可积，设 $F(k)=\mathfrak{F}[f(x)]$，那么

$$\sum_{n\in\mathbf{Z}} f(n)=\sum_{n\in\mathbf{Z}} F(n) \tag{7.4.1}$$

证明　在 4.4 节我们曾经利用玻色分布公式 $f_{\mathrm{B}}=\dfrac{1}{\mathrm{e}^{\mathrm{i}z}-1}$ 的性质，其极点位置为 $z=2\pi n$，留数为 $\dfrac{1}{\mathrm{i}}$，依此有

$$2\pi\sum_{n\in\mathbf{Z}} f(n)=\oint_{\Gamma}\frac{f(z)}{\mathrm{e}^{\mathrm{i}z}-1}\mathrm{d}z=\int_{L_1}\frac{f(z)}{\mathrm{e}^{\mathrm{i}z}-1}\mathrm{d}z+\int_{L_2}\frac{f(z)}{\mathrm{e}^{\mathrm{i}z}-1}\mathrm{d}z$$

其中积分回路 Γ 如图 7.12 所示。对于路径 L_1，其虚部 $y<0$，有

$$|\mathrm{e}^{\mathrm{i}z}|=|\mathrm{e}^{-y}|>1$$

故可作几何级数展开

$$\frac{1}{\mathrm{e}^{\mathrm{i}z}-1}=\mathrm{e}^{-\mathrm{i}z}\sum_{n=0}^{\infty}\mathrm{e}^{-\mathrm{i}nz}$$

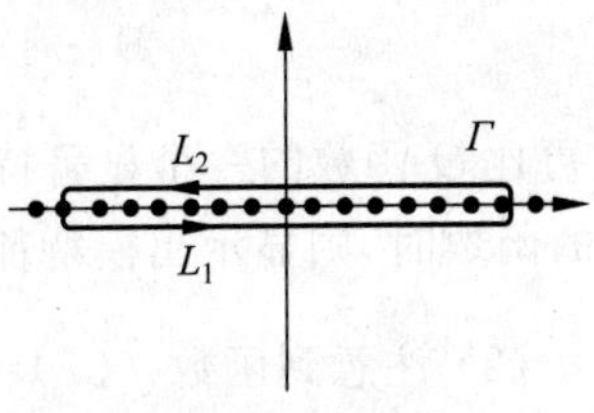

图　7.12

对于路径 L_2，其虚部 $y>0$，有

$$|\mathrm{e}^{\mathrm{i}z}|=|\mathrm{e}^{-y}|<1$$

可作展开

$$\frac{1}{\mathrm{e}^{\mathrm{i}z}-1}=-\sum_{n=0}^{\infty}\mathrm{e}^{\mathrm{i}nz}$$

于是

$$\begin{aligned}2\pi\sum_{n\in\mathbf{Z}} f(n)&=\int_{L_1} f(z)\sum_{n=0}^{\infty}\mathrm{e}^{-\mathrm{i}(n+1)z}\,\mathrm{d}z-\int_{L_2} f(z)\sum_{n=0}^{\infty}\mathrm{e}^{\mathrm{i}nz}\,\mathrm{d}z\\&=\sum_{n=0}^{\infty}\int_{-\infty}^{\infty} f(x)\mathrm{e}^{-\mathrm{i}(n+1)x}\,\mathrm{d}x-\sum_{n=0}^{\infty}\int_{\infty}^{-\infty} f(x)\mathrm{e}^{\mathrm{i}nx}\,\mathrm{d}x\\&=\sum_{n=0}^{\infty}2\pi F(n+1)+\sum_{n=0}^{\infty}2\pi F(-n)\end{aligned}$$

所以

$$\sum_{n\in\mathbf{Z}} f(n)=\sum_{n\in\mathbf{Z}} F(n)$$

由泊松求和公式可以得到有许多影响深远的推论，在此仅列举几条。

(1) 由于函数 $f(x)=\mathrm{e}^{-\pi x^2}$ 的傅里叶变换是它的自身：

$$\int_{-\infty}^{\infty}\mathrm{e}^{-\pi x^2}\mathrm{e}^{-\mathrm{i}kx}\,\mathrm{d}x=\mathrm{e}^{-\pi k^2}$$

作自变量替换 $x\mapsto\sqrt{t}(x+a)$，其中 $t>0, a\in\mathbb{R}$，则

$$\mathscr{F}\left[e^{-\pi t(x+a)^2}\right] = \frac{e^{-\pi k^2/t}}{\sqrt{t}} e^{ika}$$

应用泊松求和公式,得

$$\sum_{n=-\infty}^{\infty} e^{-\pi t(n+a)^2} = \sum_{n=-\infty}^{\infty} \frac{e^{-\pi n^2/t}}{\sqrt{t}} e^{ina} \qquad (7.4.2)$$

当 $a=0$ 时,定义 ϑ 函数为

$$\vartheta(t) = \sum_{n=-\infty}^{\infty} e^{-\pi n^2 t} \qquad (t > 0)$$

泊松求和公式表明

$$\vartheta(t) = \frac{1}{\sqrt{t}} \vartheta\left(\frac{1}{t}\right) \qquad (7.4.3)$$

这个 ϑ 函数与黎曼 ζ 函数有很密切的关系。对于 $a \neq 0$,还可以定义更一般的雅可比 Θ 函数:

$$\Theta(z \mid \tau) = \sum_{n=-\infty}^{\infty} e^{i\pi n^2 \tau} e^{2\pi i n z} \qquad (z \in \mathbb{C}, \operatorname{Im}\tau > 0)$$

雅可比 Θ 函数的一个显著特性是对偶性,将它视作 z 的函数时,它属于椭圆函数;将它视作 τ 的函数时,则显示出模特征。

(2) 注意到函数 $f(x) = \dfrac{1}{\cosh(\pi x)}$ 的傅里叶变换也是它的自身:

$$\int_{-\infty}^{\infty} \frac{e^{-2\pi i k x}}{\cosh \pi x} \mathrm{d}x = \frac{1}{\cosh \pi k}$$

表明如果 $t>0, a \in \mathbb{R}$,有

$$\mathscr{F}\left[\frac{e^{-2\pi i a x}}{\cosh \dfrac{\pi x}{t}}\right] = \frac{t}{\cosh \dfrac{\pi(k+a)}{t}}$$

其泊松求和公式为

$$\sum_{n=-\infty}^{\infty} \frac{e^{-2\pi i a n}}{\cosh \dfrac{\pi n}{t}} = \sum_{n=-\infty}^{\infty} \frac{t}{\cosh \dfrac{\pi(n+a)}{t}} \qquad (7.4.4)$$

(3) 设 $a > 0$,由于

$$\frac{1}{\pi} \int_{-\infty}^{\infty} \frac{a}{x^2 + a^2} e^{-2\pi i k x} \mathrm{d}x = e^{-2\pi a |k|}$$

由泊松求和公式可得

$$\frac{1}{\pi} \sum_{n=-\infty}^{\infty} \frac{a}{n^2 + a^2} = \sum_{n=-\infty}^{\infty} e^{-2\pi a |n|} = \coth \pi a \qquad (7.4.5)$$

这是我们以前得到过的结果。

习题

设 $\operatorname{Im} a > 0$,试证明:

$$\sum_{n=-\infty}^{\infty} \frac{1}{(n+a)^2} = \frac{\pi^2}{\sin^2(\pi a)}$$

第8章

函 数 变 换

8.1 拉普拉斯变换

1. 绝对可积问题

傅里叶积分与傅里叶变换存在的条件是,原函数 $f(t)$ 在任意的有限区间满足狄里希利条件,并且在 $(-\infty,\infty)$ 区间绝对可积。这是一个非常强的限制,绝大多数函数不能满足这一条件。为了保证傅里叶变换的绝对可积,我们引进一个收敛因子,令

$$g(t) = f(t)\mathrm{e}^{-\sigma t} H(t) \quad (\sigma > 0) \tag{8.1.1}$$

其中定义阶跃函数

$$H(t) = \begin{cases} 1 & (t \geqslant 0) \\ 0 & (t < 0) \end{cases}$$

则函数 $g(t)$ 一般都满足绝对可积条件,对它作傅里叶变换,有

$$G(\omega) = \frac{1}{2\pi} \int_{-\infty}^{\infty} g(t)\mathrm{e}^{-\mathrm{i}\omega t}\, \mathrm{d}t = \frac{1}{2\pi} \int_{0}^{\infty} f(t)\mathrm{e}^{-(\sigma+\mathrm{i}\omega)t}\, \mathrm{d}t \tag{8.1.2}$$

记 $p = \sigma + \mathrm{i}\omega$, $F(p) = 2\pi G(\omega)$,有

$$F(p) = \int_{0}^{\infty} f(t)\mathrm{e}^{-pt}\, \mathrm{d}t \tag{8.1.3}$$

则 $F(p)$ 称作函数 $f(t)$ 的拉普拉斯变换函数,注意 p 是复数,且 $\mathrm{Re}\,p > 0$。

类似于傅里叶变换的逆变换,有拉普拉斯逆变换

$$f(t) = \frac{1}{2\pi\mathrm{i}} \int_{\sigma-\mathrm{i}\infty}^{\sigma+\mathrm{i}\infty} F(p)\mathrm{e}^{pt}\, \mathrm{d}p \tag{8.1.4}$$

用符号 $\mathcal{L}$ 表示拉普拉斯变换以及逆变换:

$$\begin{cases} F(p) = \mathcal{L}[f(t)] \\ f(t) = \mathcal{L}^{-1}[F(p)] \end{cases} \tag{8.1.5}$$

将 $F(p)$ 称作 $f(t)$ 的像函数, $f(t)$ 称作 $F(p)$ 的原函数。

拉普拉斯变换存在的条件：

（1）在 $\infty>t\geqslant0$ 的任一有限区间，除了有限个第一类间断点外，函数 $f(t)$ 及其导数处处连续；

（2）存在常数 $M>0$ 和 $\sigma\geqslant0$，对任何 $\infty>t\geqslant0$，有 $|f(t)|<Me^{\sigma t}$，其中 σ 的下界称为收敛横标。

以下是几个初等函数的拉普拉斯变换，根据定义很容易证明：

$$\mathcal{L}[1]=\frac{1}{p}\quad(\text{Re}p>0)$$

$$\mathcal{L}[t]=\frac{1}{p^2},\quad \mathcal{L}[t^n]=\frac{n!}{p^{n+1}}$$

$$\mathcal{L}[e^{st}]=\frac{1}{p-s}\quad(\text{Re}p>\text{Re}s)$$

$$\mathcal{L}[te^{st}]=\frac{1}{(p-s)^2},\quad \mathcal{L}[t^ne^{st}]=\frac{n!}{(p-s)^{n+1}}$$

$$\mathcal{L}[\delta(t-a)]=e^{-ap}\quad(a>0)$$

$$\mathcal{L}[\sin\omega t]=\frac{\omega}{p^2+\omega^2},\quad \mathcal{L}[\cos\omega t]=\frac{p}{p^2+\omega^2}$$

2. 基本性质

（1）线性定理
$$\mathcal{L}[c_1f_1(t)+c_2f_2(t)]=c_1\mathcal{L}[f_1(t)]+c_2\mathcal{L}[f_2(t)]\tag{8.1.6}$$

（2）导数定理
$$\mathcal{L}[f'(t)]=pF(p)-f(0)\tag{8.1.7}$$
$$\mathcal{L}[f^{(n)}(t)]=p^nF(p)-p^{n-1}f(0)-\cdots-pf^{(n-2)}(0)-f^{(n-1)}(0)$$

（3）积分定理
$$\mathcal{L}\left[\int_0^tf(\tau)d\tau\right]=F(p)/p\tag{8.1.8}$$

（4）标度性定理
$$\mathcal{L}[f(t/a)]=aF(ap)\tag{8.1.9}$$

（5）位移定理
$$\mathcal{L}[e^{-\lambda t}f(t)]=F(p+\lambda)\tag{8.1.10}$$

（6）延迟定理
$$\mathcal{L}[f(t-t_0)]=e^{-pt_0}F(p)\tag{8.1.11}$$

（7）卷积定理
$$\mathcal{L}[f_1(t)*f_2(t)]=F_1(p)F_2(p)\tag{8.1.12}$$

其中卷积定义为
$$f_1(t)*f_2(t)\equiv\int_0^tf_1(\tau)f_2(t-\tau)d\tau\tag{8.1.13}$$

注意这里的卷积定义与傅里叶变换中的卷积定义形式上有一些差别。

我们仍旧只证明卷积定理，根据定义

$$\mathcal{L}\big[f_1(t)*f_2(t)\big]=\int_0^\infty f_1(t)*f_2(t)\mathrm{e}^{-pt}\,\mathrm{d}t=\int_0^\infty\left[\int_0^t f_1(\tau)f_2(t-\tau)\,\mathrm{d}\tau\right]\mathrm{e}^{-pt}\,\mathrm{d}t$$

这是一个二重积分,积分区域如图 8.1 的阴影部分所示,交换积分次序,注意到 t 的积分区间变为 $[\tau,\infty]$,则

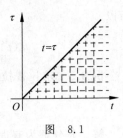

$$\begin{aligned}
\mathcal{L}\big[f_1(t)*f_2(t)\big]&=\int_0^\infty\left[\int_\tau^\infty f_2(t-\tau)\,\mathrm{e}^{-pt}\,\mathrm{d}t\right]f_1(\tau)\,\mathrm{d}\tau\\
&=\int_0^\infty\left[\int_0^\infty f_2(\xi)\,\mathrm{e}^{-p\xi}\,\mathrm{d}\xi\right]f_1(\tau)\,\mathrm{e}^{-p\tau}\,\mathrm{d}\tau\\
&=\int_0^\infty f_1(\tau)\,\mathrm{e}^{-p\tau}\,\mathrm{d}\tau\int_0^\infty f_2(\xi)\,\mathrm{e}^{-p\xi}\,\mathrm{d}\xi=F_1(p)F_2(p)
\end{aligned}$$

图　8.1

例 8.1　证明:

$$\mathcal{L}\big[\mathrm{e}^{-\lambda t}\sin\omega t\big]=\frac{\omega}{(p+\lambda)^2+\omega^2}$$

证明　应用位移定理,有

$$\begin{aligned}
\mathcal{L}\big[\mathrm{e}^{-\lambda t}\sin\omega t\big]&=\mathcal{L}\left[\mathrm{e}^{-\lambda t}\frac{\mathrm{e}^{\mathrm{i}\omega t}-\mathrm{e}^{-\mathrm{i}\omega t}}{2\mathrm{i}}\right]\\
&=\frac{1}{2\mathrm{i}}\left[\frac{1}{p-(\mathrm{i}\omega-\lambda)}-\frac{1}{p+(\mathrm{i}\omega+\lambda)}\right]=\frac{\omega}{(p+\lambda)^2+\omega^2}
\end{aligned}$$

习题

[1] 求函数的拉普拉斯变换:

(1) $f(t)=t^2+t\mathrm{e}^t$;　(2) $f(t)=\mathrm{e}^{-2t}\sin6t-5\mathrm{e}^{-2t}$。

[2] 求函数的拉普拉斯变换:

(1) $\dfrac{1}{\sqrt{\pi t}}$;　(2) $\sin(\omega t+\alpha)$。

[3] 如果 $f(t)$ 是周期函数,$f(t+\alpha)=f(t)$,如果其拉普拉斯变换存在,证明:

$$F(p)=\frac{1}{1-\mathrm{e}^{-\alpha p}}\int_0^\alpha\mathrm{e}^{-pt}f(t)\,\mathrm{d}t$$

8.2　拉普拉斯逆变换

对函数作拉普拉斯变换之后,最终还要反演到原来的函数,求反演的基本方法有以下几种。

1. 分解有理式法

对于复合有理分式的反演,可以先简化分式的形式。如果像函数中含有指数因子,则利用延迟定理来求原函数。

例 8.2　求函数的原函数:

$$F(p)=\frac{p^3+2p^2-9p+36}{p^4-81}$$

解　将有理分式化为简单分式:

$$F(p)=\frac{p^3+2p^2-9p+36}{(p-3)(p+3)(p^2+9)}$$

$$= \frac{1}{2} \frac{1}{p-3} - \frac{1}{2} \frac{1}{p+3} + \frac{p}{p^2+9} - \frac{1}{3} \frac{3}{p^2+9}$$

所以

$$f(t) = \mathcal{L}^{-1}[F(p)] = \frac{1}{2}e^{3t} - \frac{1}{2}e^{-3t} + \cos 3t - \frac{1}{3}\sin 3t$$

例 8.3 求拉普拉斯变换函数的原函数:

$$F(p) = \frac{e^{-\alpha p}}{p(p+b)}$$

解 先分解为有理式

$$F(p) = \frac{e^{-\alpha p}}{p(p+b)} = \frac{1}{b}e^{-\alpha p}\left[\frac{1}{p} - \frac{1}{p+b}\right]$$

再利用延迟定理,有

$$f(t) = \mathcal{L}^{-1}[F(p)] = \frac{1}{b}[1 - e^{-b(t-\alpha)}]H(t-\alpha)$$

注意:由于涉及时间延迟,原函数需要加上阶跃函数 $H(t)$。

2. 卷积定理法

对于两个像函数乘积的反演,可以利用卷积定理,并查阅附录 Ⅱ 中的拉普拉斯变换函数表进行计算。

例 8.4 求拉普拉斯变换的原函数:

$$\frac{1}{p^2(p^2+\lambda)^3}$$

解 函数 $F_1(p) = \dfrac{1}{p^2}$ 的原函数是 $f_1(t) = t$,需要求出

$$F_2(p) = \frac{1}{(p^2+\lambda)^3}$$

的原函数 $f_2(t)$,考虑到

$$\mathcal{L}^{-1}\left[\frac{1}{p^2+\lambda}\right] = \frac{1}{\sqrt{\lambda}}\sin\sqrt{\lambda}\,t$$

以及

$$\frac{1}{(p^2+\lambda)^3} = \frac{1}{2}\frac{\partial^2}{\partial\lambda^2}\frac{1}{p^2+\lambda}$$

所以

$$f_2(t) = \frac{1}{2}\frac{\partial^2}{\partial\lambda^2}\left[\frac{1}{\sqrt{\lambda}}\sin\sqrt{\lambda}\,t\right] = \frac{1}{8}\left[\frac{3}{\lambda^{5/2}}\sin\sqrt{\lambda}\,t - \frac{3t}{\lambda^2}\cos\sqrt{\lambda}\,t - \frac{t^2}{\lambda^{3/2}}\sin\sqrt{\lambda}\,t\right]$$

利用卷积定理有

$$\mathcal{L}^{-1}\left[\frac{1}{p^2(p^2+\lambda)^3}\right] = f_2(t) * f_1(t)$$

$$= \frac{1}{8}\int_0^t \left[\frac{3}{\lambda^{5/2}}\sin\sqrt{\lambda}\,\tau - \frac{3\tau}{\lambda^2}\cos\sqrt{\lambda}\,\tau - \frac{\tau^2}{\lambda^{3/2}}\sin\sqrt{\lambda}\,\tau\right](t-\tau)\,d\tau$$

结果还可以进一步简化,此处从略。

3. 黎曼-梅林反演法

对于较复杂的像函数,可以直接从定义出发,利用回路积分的办法求反演,其思路如下:

$$f(t) = \mathcal{L}^{-1}[F(p)] = \frac{1}{2\pi i} \int_{\sigma-i\infty}^{\sigma+i\infty} F(p) e^{pt} \, dp \tag{8.2.1}$$

积分路径是实部为 σ 的平行于虚轴的直线。我们取左半圆弧 C_R 构成闭合回路,如图 8.2 所示。当 $|p| \to \infty$ 时,如果 $F(p)$ 在 $\pi/2-\delta \leqslant \arg p \leqslant 3\pi/2+\delta$ 范围内一致趋于零,则可以证明

$$\int_{C_R} F(p) e^{pt} \, dp \to 0$$

证明 沿 C_R 的积分可分为几段,有

$$\int_{C_R} F(p) e^{pt} \, dp = \int_{\widehat{AB}} F(p) e^{pt} \, dp + \int_{\widehat{BCD}} F(p) e^{pt} \, dp + \int_{\widehat{DE}} F(p) e^{pt} \, dp$$

其中的 $\widehat{BCD}$ 段积分,作变量替换 $p = iz$ 后,满足约旦引理,故积分为零。对于 $\widehat{AB}$ 段积分,令 $p = Re^{i\theta}$,则

$$\left| \int_{\widehat{AB}} F(p) e^{pt} \, dp \right| \leqslant \int_{\widehat{AB}} |F(p)| |e^{pt}| |\, dp| = \int_{\widehat{AB}} |F(p)| e^{\sigma t} R \, d\theta$$

$$\leqslant \max[|F(p)|] e^{\sigma t} R\alpha \leqslant \max[|F(p)|] e^{\sigma t} \sigma \to 0$$

同理,$\widehat{DE}$ 段积分也为零,根据留数定理,原函数为

$$f(t) = \sum_{F(p) \text{的奇点}} \text{Res}[F(p) e^{pt}] \tag{8.2.2}$$

如果 $F(p)$ 是多值函数,则需要先画出割线,然后选取适当的闭合回路。

例 8.5 求拉普拉斯变换的原函数:

$$F(p) = \frac{1}{\sqrt{p}}$$

解 本题需要利用黎曼-梅林反演法求解。像函数 $F(p)$ 是多值函数,其支点为 $z = 0, \infty$,可以作如图 8.3 所示的积分回路。回路内没有奇点,利用黎曼-梅林反演公式,原函数表示为

$$f(t) = \frac{1}{2\pi i} \int_{\sigma-i\infty}^{\sigma+i\infty} \frac{e^{pt}}{\sqrt{p}} \, dp = -\frac{1}{2\pi i} \left(\int_{l_1} + \int_{l_2} + \int_{C_\varepsilon} + \int_{C_R} \right) \frac{e^{pt}}{\sqrt{p}} \, dp$$

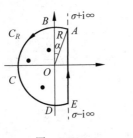

图　8.2

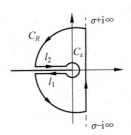

图　8.3

由于沿 C_R 的积分为零,并且可以证明,当 $\varepsilon \to 0$ 时,$\int_{C_\varepsilon} \dfrac{e^{pt}}{\sqrt{p}} dp = 0$,于是

$$f(t) = -\frac{1}{2\pi i}\left(\int_{l_1}\frac{e^{pt}}{\sqrt{p}} + \int_{l_2}\frac{e^{pt}}{\sqrt{p}}\right)dp$$

$$= \frac{1}{2\pi i}\int_0^\infty \frac{e^{\sigma t}}{-i\sqrt{\sigma}}d\sigma + \frac{1}{2\pi i}\int_\infty^0 \frac{e^{-\sigma t}}{i\sqrt{\sigma}}d\sigma = \frac{1}{\pi}\int_0^\infty \frac{e^{-\sigma t}}{\sqrt{\sigma}}d\sigma$$

作变量替换 $x = \sqrt{\sigma t}$,即可得到原函数

$$f(t) = \frac{2}{\pi}\int_0^\infty \frac{e^{-x^2}}{\sqrt{t}}dx = \frac{1}{\sqrt{\pi t}}$$

习题

[1] 求拉普拉斯变换的原函数:

(1) $F(p) = \dfrac{6}{(p+1)^4}$;   (2) $F(p) = \dfrac{1}{(p^2+2p+2)^2}$。

[2] 用黎曼-梅林反演法求原函数:

(1) $F(p) = \dfrac{1}{\sqrt{p}}e^{-a\sqrt{p}}$;   (2) $\dfrac{1}{p^2(p^2+\lambda)^3}$。

8.3 应用举例

拉普拉斯变换有着广泛的应用,本节介绍几个例子。

1. 解微分方程

拉普拉斯变换可以很方便地用于求解常微分方程的初值问题。

1) 常系数微分方程

例 8.6 求解常微分方程:

$$\begin{cases} y'' + 2y' - 3y = e^{-t} \\ y(0) = 0, \quad y'(0) = 1 \end{cases}$$

解 设 $\mathcal{L}[y(t)] = Y(p)$,方程两边取拉普拉斯变换,有

$$[p^2 Y(p) - py(0) - y'(0)] + 2[pY(p) - y(0)] - 3Y(p) = \frac{1}{p+1}$$

利用初始条件,得到

$$Y(p) = \frac{p+2}{(p+1)(p-1)(p+3)} = \frac{-\dfrac{1}{4}}{p+1} + \frac{\dfrac{3}{8}}{p-1} + \frac{-\dfrac{1}{8}}{p-3}$$

于是有

$$y(t) = \mathcal{L}^{-1}[Y(p)] = -\frac{1}{4}e^{-t} + \frac{3}{8}e^t - \frac{1}{8}e^{-3t}$$

作拉普拉斯变换时,初始值由导数定理直接代入,故非常方便。

例 8.7　求解常微分方程组：

$$\begin{cases} y'' - x'' + x' - y = \mathrm{e}^{-t} - 2 \\ 2y'' - x'' - 2y' + x = -t \\ y(0) = y'(0) = 0, \ x(0) = x'(0) = 0 \end{cases}$$

解　令

$$\mathcal{L}\left[y(t)\right] = Y(p), \quad \mathcal{L}\left[x(t)\right] = X(p)$$

将方程组两边取拉普拉斯变换, 并利用初始条件, 得到

$$\begin{cases} p^2 Y(p) - p^2 X(p) + pX(p) - Y(p) = \dfrac{1}{p-1} - \dfrac{2}{p} \\ 2p^2 Y(p) - p^2 X(p) + X(p) - 2pY(p) = -\dfrac{1}{p^2} \end{cases}$$

解出 $X(p)$ 和 $Y(p)$, 再作反演即得

$$\begin{cases} x(t) = \mathcal{L}^{-1}\left[X(p)\right] = -t + t\mathrm{e}^t \\ y(t) = \mathcal{L}^{-1}\left[Y(p)\right] = 1 - \mathrm{e}^{-t} + t\mathrm{e}^t \end{cases}$$

2) 线性系数微分方程

如果微分方程的系数是一次线性函数, 也可用拉普拉斯变换来求解, 思路如下: 令 $\mathcal{L}\left[y(t)\right] = \displaystyle\int_0^\infty y(t)\mathrm{e}^{-pt}\,\mathrm{d}t = Y(p)$, 由于

$$\mathcal{L}\left[ty(t)\right] = \int_0^\infty ty(t)\mathrm{e}^{-pt}\,\mathrm{d}t = -\frac{\partial}{\partial p}\int_0^\infty y(t)\mathrm{e}^{-pt}\,\mathrm{d}t = -Y'(p)$$

$$\mathcal{L}\left[ty'(t)\right] = -\frac{\partial}{\partial p}\int_0^\infty y'(t)\mathrm{e}^{-pt}\,\mathrm{d}t = -\frac{\partial}{\partial p}\left[pY(p) - y(0)\right] = -pY'(p) - Y(p)$$

$$\mathcal{L}\left[ty''(t)\right] = -\frac{\partial}{\partial p}\int_0^\infty y''(t)\mathrm{e}^{-pt}\,\mathrm{d}t = -\frac{\partial}{\partial p}\left[p^2 Y(p) - py(0) - y'(0)\right]$$

$$= -p^2 Y'(p) - 2pY(p) + y(0)$$

这样可将高阶线性系数常微分方程化为关于像函数 $Y(p)$ 的一阶微分方程, 从而可以直接进行积分求解。

例 8.8　求解常微分方程：

$$\begin{cases} (2t-1)y'' + 3ty' + (t+1)y = 0 \\ y(0) = 0, \quad y'(0) = 0 \end{cases}$$

解　将方程两边作拉普拉斯变换, 并化简得

$$(-2p^2 - 3p - 1)Y'(p) - (p^2 + 4p + 2)Y(p) = 0$$

于是

$$\frac{\mathrm{d}\left[\ln Y(p)\right]}{\mathrm{d}p} = -\frac{p^2 + 4p + 2}{2p^2 + 3p + 1} = -\frac{1}{2} - \frac{1}{4}\frac{1}{\left(p + \dfrac{1}{2}\right)} - \frac{1}{(p+1)}$$

解得

$$Y(p) = \frac{\mathrm{e}^{-p/2}}{\left(p + \dfrac{1}{2}\right)^{1/4}(p+1)}$$

再利用反演变换

$$\frac{1}{\left(p+\frac{1}{2}\right)^{\frac{1}{4}}} \mapsto \frac{1}{\Gamma\left(\frac{1}{4}\right)} t^{-\frac{3}{4}} \mathrm{e}^{-\frac{t}{2}}$$

$$\frac{1}{p+1} \mapsto \mathrm{e}^{-t}$$

以及卷积定理和延迟定理,得

$$y(t) = \frac{1}{\Gamma\left(\frac{1}{4}\right)} \mathrm{e}^{-t+\frac{1}{2}} \int_0^{t-1/2} \tau^{-\frac{3}{4}} \mathrm{e}^{\frac{\tau}{2}} \mathrm{d}\tau$$

2. 解积分方程

含有卷积的积分方程可以用拉普拉斯变换进行求解,前提是卷积积分适用于拉普拉斯变换。比如积分方程

$$y(t) + \lambda \int_0^t g(t-\tau) y(\tau) \mathrm{d}\tau = f(t)$$

其中 λ 为常数,将方程两边作拉普拉斯变换,有

$$[1 + \lambda G(p)] Y(p) = F(p)$$

$$\rightarrow Y(p) = \frac{F(p)}{1+\lambda G(p)}$$

如果能够求出反演,我们就能解出方程。

例 8.9 求解积分方程:

$$y(t) + \lambda \int_0^t \mathrm{e}^{-(t-\tau)} y(\tau) \mathrm{d}\tau = f(t)$$

解 令

$$g(t) = \mathrm{e}^{-t} \rightarrow G(p) = \frac{1}{p+1}$$

所以

$$Y(p) = \frac{(p+1)F(p)}{p+\lambda+1} = F(p) - \lambda \frac{F(p)}{p+\lambda+1}$$

作拉普拉斯反演后解得

$$y(t) = f(t) - \lambda \int_0^t \mathrm{e}^{-(\lambda+1)(t-\tau)} f(\tau) \mathrm{d}\tau$$

3. 实函数积分

利用拉普拉斯变换,可以计算某些实变函数的积分,有时比直接用留数定理求解更简便些。

例 8.10 求积分:

$$I = \int_0^\infty \frac{\cos 7x}{x^2+a^2} \mathrm{d}x \quad (a > 0)$$

解 考虑参数化函数

$$I(t)=\int_0^\infty \frac{\cos tx}{x^2+a^2}\mathrm{d}x=\frac{1}{2}\int_{-\infty}^\infty \frac{\cos tx}{x^2+a^2}\mathrm{d}x$$

对变量 t 作拉普拉斯变换,有

$$\bar I(p)=\int_0^\infty I(t)\mathrm{e}^{-pt}\mathrm{d}t=\frac{1}{2}\int_{-\infty}^\infty \frac{1}{x^2+a^2}\cdot\frac{p}{x^2+p^2}\mathrm{d}x$$

$$=\pi\mathrm{i}\operatorname*{Res}_{\text{上半平面}}\left[\frac{1}{z^2+a^2}\cdot\frac{p}{z^2+p^2}\right]=\frac{\pi}{2a}\cdot\frac{1}{p+a}$$

再作反演变换,并令 $t=7$,得

$$I=I(t)\,|_{t=7}=\mathcal{L}^{-1}[\bar I(p)]\,|_{t=7}=\frac{\pi}{2a}\mathrm{e}^{-7a}$$

例 8.11　计算积分

$$I=\int_0^1 \frac{1}{x^\alpha(1-x)^{1-\alpha}}\mathrm{d}x\quad(\alpha>0)$$

解　考虑卷积形式的积分

$$I(t)=\int_0^t \frac{1}{x^\alpha(t-x)^{1-\alpha}}\mathrm{d}x=\frac{1}{t^\alpha}*\frac{1}{t^{1-\alpha}}$$

作拉普拉斯变换,并利用

$$\mathcal{L}\left[\frac{1}{t^\alpha}\right]=\frac{\Gamma(1-\alpha)}{p^{1-\alpha}}$$

$$\mathcal{L}\left[\frac{1}{t^{1-\alpha}}\right]=\frac{\Gamma(\alpha)}{p^\alpha}$$

有

$$I(p)=\frac{\Gamma(\alpha)\Gamma(1-\alpha)}{p}$$

作反演得

$$I(t)=\Gamma(\alpha)\Gamma(1-\alpha)$$

结果表明积分与 t 无关,这一事实也可以从积分变量替换 $x\to tx$ 直接看出。

4. 计算级数和

类似于傅里叶变换,拉普拉斯变换也可以用来计算某些级数和的表达式,其思路是,取拉普拉斯变换

$$F(p)=\int_0^\infty f(t)\mathrm{e}^{-pt}\mathrm{d}t$$

令 $p=n$,并对 n 求和,注意到 $\mathrm{e}^{-t}<1$ $(t>0)$,有

$$\sum_{n=1}^\infty F(n)=\sum_{n=1}^\infty\int_0^\infty f(t)\mathrm{e}^{-nt}\mathrm{d}t=\int_0^\infty f(t)\sum_{n=1}^\infty \mathrm{e}^{-nt}\mathrm{d}t=\int_0^\infty \frac{f(t)}{\mathrm{e}^t-1}\mathrm{d}t$$

如果取 $f(t)=t^{s-1}$ $(s>-2)$,则

$$F(p)=\int_0^\infty t^{s-1}\mathrm{e}^{-pt}\mathrm{d}t=\frac{\Gamma(s)}{p^s}$$

所以

$$\sum_{n=1}^{\infty} F(n) = \sum_{n=1}^{\infty} \frac{\Gamma(s)}{n^s} = \int_0^{\infty} \frac{t^{s-1}}{e^t - 1} dt$$

作解析延拓后,我们再一次得到黎曼 ζ 函数的积分表达式:

$$\zeta(z) = \frac{1}{\Gamma(z)} \int_0^{\infty} \frac{t^{z-1}}{e^t - 1} dt$$

例 8.12   求级数和:

$$\frac{1}{n^2 - a^2} \quad (a \notin \mathbb{Z}, \mathrm{Re}\, a > 0)$$

解   利用拉普拉斯变换公式

$$\int_0^{\infty} \sinh(at) e^{-pt} dt = \frac{a}{p^2 - a^2}$$

有

$$\sum_{n=1}^{\infty} \frac{1}{n^2 - a^2} = \frac{1}{a} \int_0^{\infty} \frac{\sinh(at)}{e^t - 1} dt$$

上式右边可以直接积分,结果为

$$\sum_{n=1}^{\infty} \frac{1}{n^2 - a^2} = \int_0^{\infty} \frac{\sinh(at)}{e^t - 1} dt = \frac{1}{2a} - \frac{\pi}{2} \cot(\pi a)$$

在计算级数和的时候,常用到的拉普拉斯变换有

$$\int_0^{\infty} e^{-at} e^{-pt} dt = \frac{1}{p - \alpha}, \quad \int_0^{\infty} t^{\alpha-1} e^{-pt} dt = \frac{\Gamma(\alpha)}{p^{\alpha}}$$

$$\int_0^{\infty} \sin\omega t\, e^{-pt} dt = \frac{\omega}{p^2 + \omega^2}, \quad \int_0^{\infty} \cos\omega t\, e^{-pt} dt = \frac{p}{p^2 + \omega^2}$$

习题

[1] 求解常微分方程初值问题:

(1) $\dfrac{d^3 y}{dt^3} + 3 \dfrac{d^2 y}{dt^2} + 3 \dfrac{dy}{dt} + y = 6e^{-t}$, $\quad y(0) = \dfrac{dy}{dt}\Big|_{t=0} = \dfrac{d^2 y}{dt^2}\Big|_{t=0} = 0$;

(2) $\begin{cases} \dfrac{dy}{dt} + 2y + 2x = 10e^{2t} \\ \dfrac{dx}{dt} - 2y + x = 7e^{2t} \end{cases}$, $\quad \begin{cases} y(0) = 1 \\ x(0) = 3 \end{cases}$。

[2] 运用拉普拉斯变换求积分:

(1) $\displaystyle\int_0^{\infty} \frac{\sin^2 x}{x^2} dx$;   (2) $\displaystyle\int_0^{\infty} \frac{\sin xt}{x(x^2 + 1)} dx$。

[3] 应用拉普拉斯变换求级数和:

(1) $\displaystyle\sum_{n=0}^{\infty} \frac{1}{(3n+1)(3n+2)(3n+3)}$;   (2) $\displaystyle\sum_{n=-\infty}^{\infty} \frac{1}{(n^2+1)^2}$。

8.4 z 变换

前面介绍了傅里叶变换和拉普拉斯变换,它们都属于积分变换。数学中还有很多类似的积分变换,比如欧拉变换、梅林变换、汉克尔变换等,它们具有一般形式:

$$u(z) = \int K(z,t) v(t) \mathrm{d}t$$

其中 $K(z,t)$ 称作积分变换的核(integral kernel),列于表 8.1。

表 8.1

变换类型	傅里叶变换	拉普拉斯变换	欧拉变换	梅林变换	汉克尔变换	—
$K(x,y)$	$\mathrm{e}^{\mathrm{i}xy}$	e^{-xy}	$(x-y)^{\nu}$	x^{y}	$y\mathrm{J}_n(xy)$	$\mathrm{e}^{y-x^2/4y}$

各种积分变换各有不同功用,不予逐一陈述。本节我们简要介绍一种处理离散序列的变换方法,称为 z 变换。

1. z 变换定义

设有离散信号数据 $\{f_k\}(k \in \mathbb{Z})$,取复变量 z,令

$$F(z) = \sum_{k=-\infty}^{\infty} f_k z^{-k} \tag{8.4.1}$$

称 $F(z)$ 为序列 $\{f_k\}$ 的双边 z 变换,记作

$$F(z) \equiv \mathcal{Z}[f_k]$$

将 $F(z)$ 称作序列 $\{f_k\}$ 的像函数。如果只对非负 k 进行求和,则称之为序列 $\{f_k\}_{k=0}^{\infty}$ 的单边 z 变换:

$$F(z) = \sum_{k=0}^{\infty} f_k z^{-k} \tag{8.4.2}$$

上述定义的 z 变换存在的条件是幂级数式(8.4.1)必须收敛,即

$$\sum_{k=-\infty}^{\infty} |f_k z^{-k}| < \infty$$

我们有 z 变换的存在性定理:

若序列 $\{f_k\}$ 在有限整数区间 $M < k < N$ 内有界,且对于正实数 α 和 β 满足

$$\lim_{k \to -\infty} |f_k|\beta^k = 0, \quad \lim_{k \to \infty} |f_k|\alpha^{-k} = 0$$

则 $\{f_k\}$ 的双边 z 变换 $F(z)$ 在环形区域 $\alpha < |z| < \beta$ 内绝对且一致收敛。

例 8.13 求序列 $\{1,1,1,1,\cdots\}$ 的单边 z 变换。

解

$$F(z) = \sum_{k=0}^{\infty} z^{-k} = 1 + \frac{1}{z} + \frac{1}{z^2} + \cdots = \frac{z}{z-1} \quad (|z| > 1)$$

讨论 离散傅里叶变换可以看作是 z 变换的特例:对于式(8.4.2),令 $z = \mathrm{e}^{-\mathrm{i}2\pi n/N}$,则有

$$F_n = \frac{1}{2\pi} \sum_{k=0}^{N-1} f_k \mathrm{e}^{-\mathrm{i}2\pi kn/N}, \quad f_k = \sum_{k=0}^{N-1} F_k \mathrm{e}^{\mathrm{i}2\pi kn/N}$$

还可进一步令 $z = \mathrm{e}^{-\mathrm{i}2\pi n\alpha/N}$,当 $\alpha \neq \pm 1$ 时,该变换称作离散分数傅里叶变换:

$$F_n = \frac{1}{2\pi} \sum_{k=0}^{N-1} f_k \mathrm{e}^{-\mathrm{i}2\pi\alpha kn/N}, \quad f_k = \sum_{k=0}^{N-1} F_k \mathrm{e}^{\mathrm{i}2\pi\alpha kn/N}$$

2. 基本性质

（1）线性定理

$$\mathcal{Z}[af_k+bf_k]=a\,\mathcal{Z}[f_k]+b\,\mathcal{Z}[f_k] \tag{8.4.3}$$

（2）标度性定理

$$\mathcal{Z}[a^k f_k]=F(z/a) \tag{8.4.4}$$

（3）移位定理

① 双边 z 变换

$$\mathcal{Z}[f_{k\pm m}]=z^{\pm m}F(z) \tag{8.4.5}$$

② 单边 z 变换

$$\begin{cases}\mathcal{Z}[f_{k-m}]=z^{-m}F(z)+\displaystyle\sum_{k=0}^{m-1}f_{k-m}z^{-k}\\[2mm]\mathcal{Z}[f_{k+m}]=z^{m}F(z)-\displaystyle\sum_{k=0}^{m-1}f_{k}z^{m-k}\end{cases} \tag{8.4.6}$$

（4）导数定理

$$\mathcal{Z}[kf_k]=-z\frac{\mathrm{d}}{\mathrm{d}z}F(z)$$

$$\mathcal{Z}[k^m f_k]=(-1)^m\left(z\frac{\mathrm{d}}{\mathrm{d}z}\right)^m F(z) \tag{8.4.7}$$

（5）卷积定理

$$\mathcal{Z}[f_k*g_k]=\mathcal{Z}[f_k]\cdot\mathcal{Z}[g_k] \tag{8.4.8}$$

卷积定义：

$$f_k*g_k=\sum_{l=-\infty}^{\infty}f_l g_{k-l} \tag{8.4.9}$$

上述定理都可以从定义出发直接予以证明，在此从略。

3. 反演变换

对于 z 变换

$$F(z)=\sum_{k=-\infty}^{\infty}f_k z^{-k}$$

如果 $F(z)$ 为解析函数，根据留数定理，其逆变换可用回路积分表示：

$$f_k\overset{\text{def}}{=}\mathcal{Z}^{-1}[F(z)]=\frac{1}{2\pi\mathrm{i}}\oint_\Gamma F(z)z^{k-1}\mathrm{d}z \tag{8.4.10}$$

其中回路 Γ 为包围 $F(z)$ 全部奇点的闭合曲线。

在实际应用中，单边 z 变换显得更加重要，这是因为序列 $\{f_k\}_{k=0}^{\infty}$ 的生成函数 $G(z)$ 正好就是其 z 变换，换言之，一个函数 $F(z)$ 的逆 z 变换由 $F(1/z)$ 的展开系数给出。

例 8.14 求函数的逆 z 变换：

$$F(z)=\frac{z(z+1)}{(z-1)^3}$$

解法 1 令 $z = y^{-1}$，有

$$\left[\frac{z(z+1)}{(z-1)^3}\right] = \left[\frac{y^{-1}(y^{-1}+1)}{(y^{-1}-1)^3}\right] = \sum_{k=0}^{\infty} k^2 y^k$$

所以对应的离散序列为

$$\{f_k\} = \{k^2\}_{k=0}^{\infty}$$

解法 2 根据式(8.4.10)，有

$$f_k = \frac{1}{2\pi i}\oint_{\Gamma} F(z) z^{k-1} dz = \frac{1}{2\pi i}\oint_{\Gamma} \frac{z^{k+1} + z^k}{(z-1)^3} dz$$

由于 $z = 1$ 是被积函数的唯一三阶极点，所以

$$f_k = \frac{1}{2!}\frac{d^2}{dz^2}(z^{k+1} + z^k)|_{z=1} = k^2$$

本例也可以利用例 8.13 的结果及导数定理式(8.4.7)求解。

4. 应用举例

例 8.15 求斐波那契数列的通项表示：

$$f_{k+2} = f_{k+1} + f_k, \quad f_0 = 0, \quad f_1 = 1$$

解 令 $F(z) = \mathcal{Z}[f_k]$，对方程两边同时作 z 变换，由位移定理可得

$$z^2[F(z) - f_0 - f_1 z^{-1}] = z[F(z) - f_0] + F(z)$$

解出

$$F(z) = \frac{z}{z^2 - z - 1} = \frac{1}{\sqrt{5}}\frac{z}{z - \dfrac{1+\sqrt{5}}{2}} - \frac{1}{\sqrt{5}}\frac{z}{z - \dfrac{1-\sqrt{5}}{2}}$$

所以有

$$f_k = \frac{1}{\sqrt{5}}\left(\frac{1+\sqrt{5}}{2}\right)^k - \frac{1}{\sqrt{5}}\left(\frac{1-\sqrt{5}}{2}\right)^k$$

5. 与拉普拉斯变换的关系

通过将离散序列视作一个不连续函数，可以看出 z 变换与拉普拉斯变换的内在关系。比如将时间等分为间隔为 Δt 的序列 t_k，定义函数 $f(t)$ 在 $t \in (t_k, t_{k+1})$ 的值为常数 f_k，则 $f(t)$ 可表示为

$$f(t) = f_0[H(t) - H(t-1)] + f_1[H(t-1) - H(t-2)] + \cdots$$

其中 $H(t)$ 是赫维赛德阶跃函数，由于

$$\mathcal{L}[H(t-k) - H(t-(k+1))] = \int_k^{k+1} e^{-pt} dt = \frac{e^{-kp}}{p}(1 - e^{-p})$$

作拉普拉斯变换，有

$$\mathcal{L}[f(t)] = \frac{1}{p}(1 - e^{-p})\sum_{k=0}^{\infty} f_k e^{-kp}$$

令 $z = e^p$，则有

$$\mathcal{L}[f(t)] = \frac{1 - 1/z}{\text{Ln} z}\mathcal{Z}[f_k] \tag{8.4.11}$$

因此在很多情况下，也可以通过拉普拉斯变换来求 z 变换。

注记

整数是数学中最简单的对象，然而整数中隐藏的秘密却深不可测，拉马努金 (Ramanujan) 可能是史上对整数性质最有洞察力的数学家，他凭直觉发现了众多令人目眩的数学公式。许多数学分支学科，诸如几何、代数和分析等，都被用来澄清表面上很简单的整数概念。人们引入更一般的"代数"数概念，比如借助于形如 $a+b\sqrt{N}$（N 为非平方数）的无理数获得佩尔方程 $x^2-Ny^2=1$ 的整数解。

代数数是满足如下多项式方程的解：

$$a_n x^n + a_{n-1}x^{n-1} + \cdots + a_1 x + a_0 = 0$$

式中 $a_0, a_1, \cdots, a_n \in \mathbb{Z}$；特别地，如果 $a_n=1$，其解称为代数整数。例如 $\sqrt{-2}$ 是代数数，满足方程

$$x^2 + 2 = 0$$

代数数的概念是有理数的自然推广，有理数就是 $n=1$ 时的特例。康托证明了全体代数数是可数的，由于实数是不可数的，所以必定存在不是代数数的实数，这些数称作超越数，因为它们"超出了代数方法之外"（欧拉）。圆周率 π 就是一个超越数，而数学史上一个著名的故事就是证明 $2^{\sqrt{2}}$ 是超越数。

每一项都是整数的斐波那契数列，其通项却只能表示成无理数 $\dfrac{1\pm\sqrt{5}}{2}$ 的形式，这是一个用代数数阐释整数性态的例子，其中的奥妙可以这样来理解：斐波那契数列实际上"定义"了无理数 $\sqrt{5}$，因为当 $k\to\infty$ 时，

$$\frac{f_{k+1}}{f_k} \to \frac{1+\sqrt{5}}{2}$$

这就是所谓的黄金分割数，数列的通项是依据作为整体的斐波那契数列在无穷的性态折射到每个单项中。值得回味的是，在第 1 章中三次代数方程的卡尔丹公式，其实数根也需借助虚数才能描述。

欧拉曾利用代数数 $\sqrt{-2}$ 证明了费马的断言：方程 $y^3=x^2+2$ 仅有的正整数解为 $x=5$, $y=3$。其基本思想如下：设 x,y 是整数，那么

$$y^3 = (x+\sqrt{-2})(x-\sqrt{-2})$$

假定形如 $a+b\sqrt{-2}(a,b\in\mathbb{Z})$ 的代数数在性态上类似于普通整数，便可断定出 $x+\sqrt{-2}$ 和 $x-\sqrt{-2}$ 都是立方数（因为它们的乘积是一个立方数），即存在整数 a,b 使得

$$x + \sqrt{-2} = (a+b\sqrt{-2})^3 = a^3 - 6ab^2 + (3a^2 b - 2b^3)\sqrt{-2}$$

左右两边相等，直观上要求

$$\begin{cases} x = a^3 - 6ab^2 \\ 1 = 3a^2 b - 2b^3 = b(3a^2 - 2b^2) \end{cases}$$

乘积为 1 的仅有整数是 1×1 和 $(-1)\times(-1)$，所以 $b=\pm 1$, $a=\pm 1$，于是得到方程仅有的正整数解为 $x=5$, $y=3$。

数 $a+b\sqrt{-2}(a,b\in\mathbb{Z})$ 具有类似整数的性态，这一事实的意义非同小可，它导致了代数数论的诞生。作为有异曲同工之妙的历史事件，在把薛定谔方程纳入相对论协变性框架

的精彩演绎中,狄拉克试图将具有二次关系的相对论能量-动量方程线性化,他假设如下关系成立:

$$\sqrt{x^2 + y^2} = \alpha x + \beta y$$

其中 α, β 为待定"系数",则有

$$x^2 + y^2 = (\alpha x + \beta y) \cdot (\alpha x + \beta y) = \alpha^2 x^2 + \beta^2 y^2 + (\alpha\beta + \beta\alpha)xy$$

所以需要满足

$$\alpha^2 = \beta^2 = 1, \quad \alpha\beta + \beta\alpha = 0$$

结果发现 α, β 满足非对易性! 这是不是有点似曾相识? ——没错,你看到了四元数的影子! 四元数就这样以不可思议的方式在量子理论中登堂入室,它恰如其分地描述了电子自旋。狄拉克这天外飞仙的一笔,最终导致了关于正电子的预言。

习题

[1] 求序列 $\{1,2,3,4,\cdots\}$ 的单边 z 变换。

[2] 求下列序列的 z 变换:

(1) $\sin\beta k$；　(2) ka^k；　(3) $\dfrac{1}{k!}a^k$；　(4) $\dfrac{1}{k+1}$。

[3] 证明 z 变换卷积定理:

$$\mathcal{Z}[f_k * g_k] = \mathcal{Z}[f_k] \cdot \mathcal{Z}[g_k]$$

[4] 求逆 z 变换:

$$F(z) = \frac{z}{(z+1)(z-1)^2}$$

[5] 求通项表示: $y_{k+2} - (b+c)y_{k+1} + bcy_k = 0$ $(b \neq c)$。
答案:

$$y_k = \frac{y(1) - cy(0)}{b - c}b^k - \frac{y(1) - by(0)}{b - c}c^k$$

[6] 证明:

$$\frac{1+\sqrt{5}}{2} = 1 + \cfrac{1}{1 + \cfrac{1}{1 + \cfrac{1}{1+\cdots}}}$$

提示:利用斐波那契数列的关系

$$\frac{f_{k+1}}{f_{k+2}} = \frac{1}{1 + \dfrac{f_k}{f_{k+1}}}$$

[7] 证明 $\sqrt{2} + \sqrt{3}$ 是代数数,满足方程: $x^4 - 10x^2 + 1 = 0$。

第9章

微分方程通解

本章我们介绍几种求线性常微分方程和偏微分方程通解的方法。所谓通解,就是不对微分方程施加任何约束的一般解。由于方程是线性的,方程的一般解是所有线性无关解的叠加。在本章最后将简要介绍一些非线性方程的孤立波解法。

9.1 常系数常微分方程

首先介绍求常系数线性常微分方程通解的基本方法,一般的 n 次线性常微分方程可表示成

$$Ly \equiv y^{(n)} + a_{n-1}y^{(n-1)} + \cdots + a_1 y^{(1)} + a_0 y = r(x) \tag{9.1.1}$$

这里,L 代表作用于 y 上的线性微分算符,a_k 为常数,$r(x)$ 称作非齐次项。

1. 齐次方程

当 $r(x) = 0$ 时,方程称作齐次线性微分方程

$$Ly \equiv y^{(n)} + a_{n-1}y^{(n-1)} + \cdots + a_1 y^{(1)} + a_0 y = 0 \tag{9.1.2}$$

假设它具有指数函数形式的解 $y = \mathrm{e}^{\lambda x}$,代入方程得

$$[\lambda^n + a_{n-1}\lambda^{n-1} + \cdots + a_1\lambda + a_0]\mathrm{e}^{\lambda x} = 0$$

所以

$$p(\lambda) \equiv \lambda^n + a_{n-1}\lambda^{n-1} + \cdots + a_1\lambda + a_0 \tag{9.1.3}$$

式(9.1.3)称作微分方程的特征多项式,其根称作特征根。由代数基本定理,n 次多项式有 n 个复数根,其中包括 $k_j(j=1,2,\cdots,m)$ 个重根,即

$$p(\lambda) = (\lambda - \lambda_1)^{k_1}(\lambda - \lambda_2)^k \cdots (\lambda - \lambda_m)^{k_m} \tag{9.1.4}$$

有 $k_1 + k_2 + \cdots + k_m = n$,则函数系列

$$\{\mathrm{e}^{\lambda_j x}, x\mathrm{e}^{\lambda_j x}, x^2\mathrm{e}^{\lambda_j x}, \cdots, x^{k_j-1}\mathrm{e}^{\lambda_j x}\}_{j=1}^m \tag{9.1.5}$$

均为齐次线性微分方程(9.1.2)的线性独立解。

例 9.1 求解微分方程:

$$\frac{\mathrm{d}^2 y}{\mathrm{d}t^2} + a\frac{\mathrm{d}y}{\mathrm{d}t} + by = 0 \quad (a, b > 0)$$

解　方程的特征多项式为

$$p(\lambda) \equiv \lambda^2 + a\lambda + b$$

它有两个根：

$$\lambda_1 = \frac{1}{2}\left(-a + \sqrt{a^2 - 4b}\right)$$

$$\lambda_2 = \frac{1}{2}\left(-a - \sqrt{a^2 - 4b}\right)$$

我们分三种情况分析解的性质：

(1) $a^2 > 4b$，有两个不同的实根，令 $\gamma = \frac{1}{2}\sqrt{a^2 - 4b}$，方程的通解为

$$y(t) = e^{-\frac{at}{2}}(c_1 e^{\gamma t} + c_2 e^{-\gamma t})$$

(2) $a^2 = 4b$，有一个重根，方程的通解为

$$y(t) = c_0 e^{-at/2} + c_1 t e^{-at/2}$$

(3) $a^2 < 4b$，有两个不同的复根，令 $\omega = i\gamma = \frac{1}{2}\sqrt{4b - a^2}$，方程的通解为

$$y(t) = e^{-\frac{at}{2}}(c_1 \cos\omega t + c_2 \sin\omega t)$$

2. 非齐次方程

当 $r(x) \neq 0$ 时，对于高阶微分方程没有通用的解析解法，我们可以根据以下几种特殊形式进行求解。

1) 特殊形式非齐次项

如果常系数线性微分方程的非齐次项具有形式

$$r(x) = e^{\alpha x} S(x)$$

则先求出相应齐次方程的通解后，再加上方程的一个特解。特解可根据 $S(x)$ 的形式分两种情况考虑。

(1) $S(x)$ 为多项式

$$S(x) = b_0 x^m + b_1 x^{m-1} + \cdots + b_m$$

则方程的特解为

$$\tilde{y}(x) = e^{\alpha x} x^k q_m(x)$$

式中，$q_m(x)$ 是 m 阶多项式，k 是 α 恰好等于某个特征根的重数，$\lambda_j = \alpha$。

例 9.2　求方程的通解：

$$y''' + 3y'' + 3y' + y = e^{-x}(x - 5)$$

解　特征方程为

$$\lambda^3 + 3\lambda^2 + 3\lambda + 1 = 0$$

它有一个三重根 $\lambda_1 = -1$，故相应齐次方程的通解为

$$y(x) = (c_0 + c_1 x + c_2 x^2)e^{-x}$$

又由于 $\lambda_1 = \alpha = -1$，$S(x)$ 为一次多项式，故非齐次方程的特解为

$$\tilde{y}(x) = x^3(b_0 + b_1 x)e^{-x}$$

代入原方程,解得

$$b_0 = -\frac{5}{6}, \quad b_1 = \frac{1}{24}$$

于是方程的一般解为

$$y(x) = (c_0 + c_1 x + c_2 x^2)\mathrm{e}^{-x} + \frac{1}{24}x^3(x-20)\mathrm{e}^{-x}$$

（2）$S(x)$ 为三角函数

$$S(x) = P_m(x)\cos\beta x + Q_n(x)\sin\beta x$$

式中,$P_m(x)$ 和 $Q_n(x)$ 分别为 m 和 n 次实系数多项式,则方程的特解为

$$\tilde{y}(x) = \mathrm{e}^{ax}x^k[p_s(x)\cos\beta x + q_s(x)\sin\beta x]$$

式中,k 为特征根 $\lambda = \alpha + \mathrm{i}\beta$ 的重数,$p_s(x),q_s(x)$ 为 s 次多项式,$s = \max[m,n]$。

例9.3　求方程的通解：$y'' + 4y' + 4y = \cos 2x$。

解　特征方程为

$$\lambda^2 + 4\lambda + 4 = 0$$

它只有一个二重实根 $\lambda = -2$,故齐次方程的通解为

$$y(x) = (c_1 + c_2 x)\mathrm{e}^{-2x}$$

其中 c_1,c_2 为任意常数,由于 $\alpha = \pm 2\mathrm{i}$ 不是方程的特征根,故特解为

$$\tilde{y}(x) = A\cos 2x + B\sin 2x$$

代入方程得到

$$8B\cos 2x - 8A\sin 2x = \cos 2x$$

$$\to A = 0, \quad B = \frac{1}{8}$$

所以方程的一般解为

$$y(x) = (c_1 + c_2 x)\mathrm{e}^{-2x} + \frac{1}{8}\sin 2x$$

2）二阶常系数微分方程

对于具有一般形式非齐次项 $r(x)$,如果是二阶常微分方程（a,b 为常数）

$$\frac{\mathrm{d}^2 y}{\mathrm{d}x^2} + a\frac{\mathrm{d}y}{\mathrm{d}x} + by = r(x) \tag{9.1.6}$$

为了求得特解,采用变换

$$y(x) = \mathrm{e}^{-\frac{1}{2}ax}u(x)$$

消去一阶导数项后化为如下形式：

$$\frac{\mathrm{d}^2 u}{\mathrm{d}x^2} - pu = f(x) \tag{9.1.7}$$

式中,

$$f(x) = \mathrm{e}^{\frac{1}{2}ax}r(x), \quad p = \frac{1}{4}a^2 - b$$

与方程（9.1.7）相应的齐次方程的通解为

$$u(x) = A\mathrm{e}^{\sqrt{p}x} + B\mathrm{e}^{-\sqrt{p}x}$$

为了得到非齐次方程(9.1.7)的一个特解,采用待定系数法,令 A,B 为 x 的函数,设

$$u(x)=A(x)\mathrm{e}^{\sqrt{p}x}+B(x)\mathrm{e}^{-\sqrt{p}x}$$

有

$$\frac{\mathrm{d}u}{\mathrm{d}x}=A'(x)\mathrm{e}^{\sqrt{p}x}+\sqrt{p}A(x)\mathrm{e}^{\sqrt{p}x}+B'(x)\mathrm{e}^{-\sqrt{p}x}-\sqrt{p}B(x)\mathrm{e}^{-\sqrt{p}x}$$

$$\frac{\mathrm{d}^2u}{\mathrm{d}x^2}=\frac{\mathrm{d}}{\mathrm{d}x}\left[A'(x)\mathrm{e}^{\sqrt{p}x}+B'(x)\mathrm{e}^{-\sqrt{p}x}\right]+\sqrt{p}\left[A'(x)\mathrm{e}^{\sqrt{p}x}-B'(x)\mathrm{e}^{-\sqrt{p}x}\right]+$$

$$p\left[A(x)\mathrm{e}^{\sqrt{p}x}+B(x)\mathrm{e}^{-\sqrt{p}x}\right]$$

代入方程(9.1.7),由于只需求得一个特解,可令

$$A'(x)\mathrm{e}^{\sqrt{p}x}+B'(x)\mathrm{e}^{-\sqrt{p}x}=0$$

$$\sqrt{p}\left[A'(x)\mathrm{e}^{\sqrt{p}x}-B'(x)\mathrm{e}^{-\sqrt{p}x}\right]=f(x)$$

解得

$$A(x)=\int^{(x)}\frac{f(\xi)}{2\sqrt{p}}\mathrm{e}^{-\sqrt{p}\xi}\mathrm{d}\xi,\quad B(x)=-\int^{(x)}\frac{f(\xi)}{2\sqrt{p}}\mathrm{e}^{\sqrt{p}\xi}\mathrm{d}\xi$$

所以方程的一般解为

$$u(x)=A_0\mathrm{e}^{\sqrt{p}x}+B_0\mathrm{e}^{-\sqrt{p}x}+\frac{\mathrm{e}^{\sqrt{p}x}}{2\sqrt{p}}\int^{(x)}f(\xi)\mathrm{e}^{-\sqrt{p}\xi}\mathrm{d}\xi-\frac{\mathrm{e}^{-\sqrt{p}x}}{2\sqrt{p}}\int^{(x)}f(\xi)\mathrm{e}^{\sqrt{p}\xi}\mathrm{d}\xi$$

3. 欧拉型方程

形如

$$x^n\frac{\mathrm{d}^ny}{\mathrm{d}x^n}+a_{n-1}x^{n-1}\frac{\mathrm{d}^{n-1}y}{\mathrm{d}x^{n-1}}+\cdots+a_1x\frac{\mathrm{d}y}{\mathrm{d}x}+a_0y=0 \tag{9.1.8}$$

的变系数微分方程称作欧拉型方程,其中 $a_j(j=1,2,\cdots,n-1)$ 为常数。我们可以作自变量替换 $x=\mathrm{e}^t$,有

$$\frac{\mathrm{d}y}{\mathrm{d}x}=\mathrm{e}^{-t}\frac{\mathrm{d}y}{\mathrm{d}t},\quad \frac{\mathrm{d}^2y}{\mathrm{d}x^2}=\mathrm{e}^{-2t}\left(\frac{\mathrm{d}^2y}{\mathrm{d}t^2}-\frac{\mathrm{d}y}{\mathrm{d}t}\right)$$

$$\frac{\mathrm{d}^ky}{\mathrm{d}x^k}=\mathrm{e}^{-kt}\left(\frac{\mathrm{d}^ky}{\mathrm{d}t^k}+\beta_1\frac{\mathrm{d}^{k-1}y}{\mathrm{d}t^{k-1}}+\cdots+\beta_{k-1}\frac{\mathrm{d}y}{\mathrm{d}t}\right)$$

其中 β_j 为常数,于是方程(9.1.8)可化为常系数齐次线性微分方程进行求解:

$$\frac{\mathrm{d}^ny}{\mathrm{d}t^n}+b_{n-1}\frac{\mathrm{d}^{n-1}y}{\mathrm{d}t^{n-1}}+\cdots+b_1\frac{\mathrm{d}y}{\mathrm{d}t}+b_0y=0$$

说明 一个更为直接而简便的方法是,假设方程(9.1.8)的解具有幂函数形式:$y\sim x^\alpha$,代入方程可得 α 满足 n 次代数方程,解出其 n 根,就可得到方程的 n 个线性无关的幂函数解。

习题

[1] 求齐次方程的通解:$y^{(4)}-5y''+4y=0$。

[2] 求非齐次方程的通解:

(1) $y''-2y'-3y=3x+1$;

(2) $y'' - y = e^x \sin 2x$;

(3) $y'' - 4y' + 4y = e^x + x e^{2x}$;

(4) $y^{(6)} - y^{(4)} = x^2$。

〔3〕求欧拉型方程的通解：$x^3 y''' - x^2 y'' + 2xy' - 2y = x^3$。

9.2 变系数常微分方程

欧拉型方程属于一类特殊的变系数常微分方程，对于一般的变系数常微分方程。没有普遍的解析方法。大多采用幂级数解法，即在某一选定点的邻域上将方程的解表示成系数待定的幂级数，将其代入方程后可得到系数之间的递推关系。采用级数法求解需要保证无穷级数的收敛性。

本节我们主要讨论二阶变系数线性常微分方程，不失一般性，先考虑复变量的二阶齐次微分方程

$$w'' + p(z)w' + q(z)w = 0 \tag{9.2.1}$$

常点和奇点：在 z_0 点的邻域，如果 $p(z)$ 和 $q(z)$ 都是解析的，则 z_0 称作方程的常点（ordinary point）；如果 $p(z)$ 或 $q(z)$ 是奇异的，则 z_0 称作方程的奇点。在常点的邻域作级数展开的解通常是解析的，而在奇点的去心邻域展开的解通常也有奇异性，以下分别讨论。

1. 常点

如果线性二阶常微分方程的系数 $p(z)$ 和 $q(z)$ 在点 z_0 的邻域 $|z-z_0| < R$ 是解析函数，则方程（9.2.1）的解可表示为此邻域上的泰勒级数

$$w(z) = \sum_{k=0}^{\infty} a_k (z - z_0)^k \tag{9.2.2}$$

例 9.4 求勒让德方程的级数解

$$(1 - x^2) \frac{d^2 y}{dx^2} - 2x \frac{dy}{dx} + l(l+1)y = 0$$

解 方程的系数为

$$p(x) = -\frac{2x}{1-x^2}, \quad q(x) = \frac{l(l+1)}{1-x^2}$$

可见 $x_0 = 0$ 是方程的常点，系数 $p(z)$ 和 $q(z)$ 是解析的，假设方程的级数解为

$$y(x) = \sum_{k=0}^{\infty} a_k x^k$$

代入方程，合并 x 的同幂项，便得到不同级系数 a_k 之间的递推公式

$$a_{k+2} = \frac{(k-l)(k+l+1)}{(k+2)(k+1)} a_k$$

可见对于二阶微分方程，所有系数最终只有两个是独立的，取为 a_0 和 a_1，方程的一般解可表示为

$$y(x) = a_0 y_0(x) + a_1 y_1(x)$$

它就是两个线性无关解 $y_0(x)$ 和 $y_1(x)$ 的叠加，其中

$$y_0(x) = 1 + \frac{(-l)(l+1)}{2!}x^2 + \frac{(2-l)(-l)(l+1)(l+3)}{4!}x^4 + \cdots +$$

$$\frac{(2k-2-l)(2k-4-l)\cdots(-l)(l+1)\cdots(l+2k-1)}{(2k)!}x^{2k} + \cdots$$

及

$$y_1(x) = x + \frac{(1-l)(l+2)}{3!}x^3 + \frac{(3-l)(1-l)(l+2)(l+4)}{5!}x^5 + \cdots +$$

$$\frac{(2k-1-l)(2k-3-l)\cdots(1-l)(l+2)\cdots(l+2k)}{(2k+1)!}x^{2k+1} + \cdots$$

采用比值判别法容易证明,两个级数解的收敛半径均为 $R=1$。

2. 正规奇点

我们只考虑一类特殊的奇点,即所谓正规奇点(regular singular point):如果在奇点 z_0 的邻域 $0 < |z-z_0| < R$ 内,方程的级数解具有有限的负幂项,则该奇点 z_0 称作正规奇点。

可以证明,如果 z_0 是系数 $p(z)$ 的不高于一阶极点和系数 $q(z)$ 的不高于二阶极点,则 z_0 是正规奇点,即

$$p(z) = \sum_{k=-1}^{\infty} p_k(z-z_0)^k, \quad q(z) = \sum_{k=-2}^{\infty} q_k(z-z_0)^k \tag{9.2.3}$$

富克斯定理(Fuchs' theorem):

对于正规奇点,两个线性无关解可表示为弗罗贝尼斯级数(Frobenius series)的形式,方程的第一个解为

$$w_1(z) = \sum_{k=0}^{\infty} a_k(z-z_0)^{s_1+k} \tag{9.2.4}$$

第二个解为

$$w_2(z) = \sum_{k=0}^{\infty} b_k(z-z_0)^{s_2+k} \quad (s_1-s_2 \notin \mathbb{Z})$$

$$\tilde{w}_2(z) = A w_1(z)\ln(z-z_0) + \sum_{k=0}^{\infty} b_k(z-z_0)^{s_2+k} \quad (s_1-s_2 \in \mathbb{Z}) \tag{9.2.5}$$

其中 s_1 和 s_2 是下列指标方程的两个根($\mathrm{Res}_1 > \mathrm{Res}_2$),它由以下指标方程决定,称作特征指标(characteristic indices):

$$s(s-1) + sp_{-1} + q_{-2} = 0 \tag{9.2.6}$$

讨论　指标方程从何而来?

例 9.5　求解贝塞尔方程:

$$x^2 y'' + xy' + (x^2 - \nu^2)y = 0$$

解　由于 $x_0 = 0$ 是 $p(x) = \dfrac{1}{x}$ 的一阶极点,同时是 $q(x) = 1 - \dfrac{\nu^2}{x^2}$ 的二阶极点,因此是贝塞尔方程的正规奇点。根据指标方程(9.2.6)得

$$s^2 - \nu^2 = 0$$

其两个根为 $s_1 = \nu$, $s_2 = -\nu$, 这里需要分几种情况考虑:

(1) 如果两根之差不为整数或半整数, $s_1 - s_2 = 2\nu \notin \mathbb{Z}$, 方程的两个线性无关解可直接取为

$$y(x) = a_0 x^s + a_1 x^{s+1} + a_2 x^{s+2} + \cdots + a_k x^{s+k} + \cdots$$

代入贝塞尔方程,令所有系数为 0,得到递推公式

$$[s^2 - \nu^2] a_0 = 0$$

$$[(s+1)^2 - \nu^2] a_1 = 0$$

$$\vdots$$

$$[(s+k)^2 - \nu^2] a_k + a_{k-2} = 0$$

约定 $a_0 \neq 0$,可以得到 $a_1 = 0$,且

$$a_k = \frac{-1}{(s+k+\nu)(s+k-\nu)} a_{k-2}$$

取 $s_1 = \nu$,得到方程的一个特解

$$y_1(x) = a_0 x^\nu \left[1 - \frac{1}{1!\,(\nu+1)} \left(\frac{x}{2}\right)^2 + \frac{1}{2!\,(\nu+1)(\nu+2)} \left(\frac{x}{2}\right)^4 - \cdots + \right.$$

$$\left. (-1)^k \frac{1}{k!\,(\nu+1)(\nu+2)\cdots(\nu+k)} \left(\frac{x}{2}\right)^{2k} + \cdots \right] \tag{9.2.7}$$

该级数的收敛半径为

$$R = \lim_{k \to \infty} \left| \frac{a_{k-2}}{a_k} \right| = \lim_{k \to \infty} 2^k k (2\nu + k) \to \infty$$

通常取 $a_0 = \dfrac{1}{2^\nu \Gamma(\nu+1)}$,并把这个解叫做 ν 阶贝塞尔函数,记作 $J_\nu(x)$,有

$$J_\nu(x) = \sum_{k=0}^{\infty} (-1)^k \frac{1}{k!\,\Gamma(\nu+k+1)} \left(\frac{x}{2}\right)^{\nu+2k} \tag{9.2.8}$$

同理,方程的另一个解对应于 $s_2 = -\nu$,是 $-\nu$ 阶贝塞尔函数,记作 $J_{-\nu}(x)$,有

$$J_{-\nu}(x) = \sum_{k=0}^{\infty} (-1)^k \frac{1}{k!\,\Gamma(-\nu+k+1)} \left(\frac{x}{2}\right)^{-\nu+2k} \tag{9.2.9}$$

于是方程的一般解可表示为

$$y(x) = C_1 J_\nu(x) + C_2 J_{-\nu}(x)$$

至此,我们已经解出了非整数或者非半奇数阶贝塞尔方程,它有两个全域收敛的线性无关解。

(2) 整数阶贝塞尔方程($\nu = m$)

由指标方程可得: $s_1 = m$, $s_2 = -m$,且 $s_1 - s_2 = 2m$ 为零或正整数,对应大根 $s_1 = m$,第一个解是整数 m 阶贝塞尔函数

$$J_m(x) = \sum_{k=0}^{\infty} (-1)^k \frac{1}{k!\,\Gamma(m+k+1)} \left(\frac{x}{2}\right)^{m+2k} \tag{9.2.10}$$

对于小根 $s_2 = -m$,如果解仍然取 $J_{-\nu}(x) \to J_{-m}(x)$,则会发现 $J_{-m}(x)$ 和 $J_m(x)$ 是线性相关的。证明如下:

只要 $k < m$,Γ 函数将发散,因此级数 $J_{-m}(x)$ 只能从 $k = m$ 项开始,令 $n = k - m$,有

$$J_{-m}(x)=\sum_{k=m}^{\infty}(-1)^k\frac{1}{k!\ \Gamma(-m+k+1)}\left(\frac{x}{2}\right)^{-m+2k}$$

$$=\sum_{n=0}^{\infty}(-1)^{n+m}\frac{1}{(n+m)!\ \Gamma(n+1)}\left(\frac{x}{2}\right)^{m+2n}=(-1)^mJ_m(x)$$

可见 $J_{-m}(x)$ 和 $J_m(x)$ 线性相关！因此需要另外寻找方程的第二个解，它应该具有如下形式：

$$y_2(x)=AJ_m(x)\ln(x)+\sum_{k=0}^{\infty}b_kx^{-m+k} \tag{9.2.11}$$

对于贝塞尔方程，我们不再顺着这个思路去求解系数 b_k。第二个解通常取诺依曼函数更方便，它是将非整数 ν 对应的两个线性无关解重新组合，即

$$N_\nu(x)=\alpha J_\nu(x)+\beta J_{-\nu}(x)$$

取 $\alpha=\cot\nu\pi,\beta=-\csc\nu\pi$，得到一个新函数，称作 ν 阶诺依曼函数 $N_\nu(x)$，

$$N_\nu(x)=\frac{J_\nu(x)\cos\nu\pi-J_{-\nu}(x)}{\sin\nu\pi} \tag{9.2.12}$$

当 $\nu=m$ 为整数时，利用洛必达法则取极限可得

$$N_m(x)=\lim_{\nu\to m}N_\nu(x)=\lim_{\nu\to m}\frac{J_\nu(x)\cos\nu\pi-J_{-\nu}(x)}{\sin\nu\pi}$$

$$=\frac{2}{\pi}\left(\ln\frac{x}{2}+C\right)J_m(x)-\cdots \tag{9.2.13}$$

它在 $x\to0$ 时发散。因此，整数 m 阶贝塞尔方程的两个线性独立解为 $J_m(x)$ 和 $N_m(x)$，方程的通解可表示为

$$y(x)=C_1J_m(x)+C_2N_m(x)$$

思考

(1) $x=\pm1$ 是否为勒让德方程的正规奇点？

(2) 能否在 $x=\pm1$ 的邻域求解勒让德方程？

例 9.6　在 $x=0$ 邻域求方程的两个线性独立解：

$$xy''-xy'+y=0$$

解　由于 $x=0$ 是方程的正规奇点，指标方程为

$$s(s-1)+sp_{-1}+q_{-2}=0$$

解出特征指标 $s_{1,2}=1,0$，设方程的级数解为

$$y(x)=x^{s_1}\sum_{k=0}^{\infty}a_kx^k$$

得到方程的第一个解

$$y_1(x)=x$$

设方程的另一解 $(s_2=0)$ 为

$$y_2(x)=Ay_1(x)\ln x+\sum_{k=0}^{\infty}b_kx^k$$

代入方程，得

$$A=-b_0,\quad b_k=-\frac{1}{(k-1)k!}b_0\quad(k\geqslant2)$$

$$y_2(x) = x\ln x - 1 + \sum_{k=2}^{\infty} \frac{1}{(k-1)k!}x^k + b_1 x$$

由于最后一项即 $y_1(x)$，所以可取方程的第二个解为

$$y_2(x) = x\ln x - 1 + \sum_{k=2}^{\infty} \frac{1}{(k-1)k!}x^k$$

例 9.7 求解超几何方程（hypergeometric equation）：

$$x(x-1)y'' + [(\alpha+\beta+1)x - \gamma]y' + \alpha\beta y = 0$$

解 方程有三个正规奇点：$x=0,1,\infty$。它在 $x=0$ 有两个特征根，

$$s_1 = 0, \quad s_2 = 1-\gamma$$

考虑级数解

$$y(x) = a_0 x^s + a_1 x^{s+1} + a_2 x^{s+2} + \cdots + a_k x^{s+k} + \cdots$$

将其代入方程，得到指标 $s_1=0$ 对应的系数递推关系

$$a_{k+1} = \frac{(k+\alpha)(k+\beta)}{(k+\gamma)(k+1)}a_k \quad (k=0,1,2,\cdots)$$

所以方程的一个解为

$$y_1(x) = F(\alpha,\beta,\gamma;x)$$

$F(\alpha,\beta,\gamma;x)$ 称作超几何函数或高斯超几何函数：

$$F(\alpha,\beta,\gamma;x) = \frac{\Gamma(\gamma)}{\Gamma(\alpha)\Gamma(\beta)}\sum_{k=0}^{\infty}\frac{\Gamma(\alpha+k)\Gamma(\beta+k)}{k!\,\Gamma(\gamma+k)}x^k \quad (|x|<1) \qquad (9.2.14)$$

$y_1(x)$ 的收敛半径为 $R=1$。当 $\gamma \notin \mathbf{Z}$ 时，方程的另一个线性无关解是

$$y_2(x) = x^{1-\gamma}F(\alpha-\gamma+1,\beta-\gamma+1,2-\gamma;x)$$

如果 $\gamma \in \mathbf{Z}$，仍然要按照式(9.2.5)的方法去寻找第二个线性无关解，在此不作详细讨论了。

超几何方程也称作高斯方程，作自变量替换：$x \to \dfrac{x}{b}$，再令 $b=\beta\to\infty$，便得到退化的超几何方程或合流超几何方程（confluent hypergeometric equation），也称库默尔方程（Kummer's equation）

$$xy'' + (\gamma-x)y' - \alpha y = 0$$

它只有两个正规奇点 $x=0,\infty$，相当于将超几何方程的两个正规奇点 $x=1,\infty$ 合流为一个正规奇点 $x=\infty$，故得此名。方程的一个解为

$$F(\alpha,\gamma,x) = \sum_{k=0}^{\infty}\frac{\Gamma(k+\alpha)\Gamma(\gamma)}{k!\,\Gamma(\alpha)\Gamma(k+\gamma)}x^k \quad (|x|<\infty) \qquad (9.2.15)$$

称作合流超几何函数或者库默尔函数。

3. 方程第二个解

对于齐次二阶线性方程微分方程

$$y'' + p(x)y' + q(x)y = 0$$

如果已知它的一个解 $y_1(x)$，那么可以直接求得其另一个线性无关解为

$$y_2(x) = y_1(x)\int_a^x \frac{1}{[y_1(s)]^2}\exp\left[-\int_c^s p(t)\mathrm{d}t\right]\mathrm{d}s \qquad (9.2.16)$$

证明 设 $y_1(x),y_2(x)$ 是方程的两个线性无关解，定义朗斯基行列式（Wronskian）为

$$W(y_1,y_2;x)=\begin{vmatrix} y_1(x) & y_1'(x) \\ y_2(x) & y_2'(x) \end{vmatrix}=y_1(x)y_2'(x)-y_1'(x)y_2(x) \quad (9.2.17)$$

对式(9.2.17)两边求导,得

$$W'(y_1,y_2;x)=y_1y_2''-y_1''y_2$$
$$=p(x)(y_1'y_2-y_1y_2')=-p(x)W(y_1,y_2;x)$$

于是有

$$W(y_1,y_2;x)=W(y_1,y_2;c)e^{\int_c^x p(t)\,dt}$$

将上式两边同时除以 y_1^2,左边即为 $[y_2(x)/y_1(x)]'$,再积分即可。

例 9.8　已知方程 $y''-k^2y=0$ 的一个解为 $y_1(x)=e^{kx}$,求另一个解。

解　由于 $p(x)=0$,所以第二个解为

$$y_2(x)=e^{kx}\int_\alpha^x \frac{1}{e^{2kx}}ds=-\frac{1}{2k}e^{-kx}+\frac{e^{-2k\alpha}}{2k}e^{kx}$$

第二项与第一个解一样,可略去,所以取线性无关解:

$$y_2(x)=e^{-kx}$$

例 9.9　已知勒让德方程的一个解为 $P_l(x)$,求方程的第二个解:

$$(1-x^2)\frac{d^2y}{dx^2}-2x\frac{dy}{dx}+l(l+1)y=0$$

解　由于

$$p(x)=-\frac{2x}{1-x^2},\quad q(x)=\frac{l(l+1)}{1-x^2}$$

所以第二个解为

$$Q_l(x)=P_l(x)\int_\alpha^x \frac{1}{[P_l(s)]^2}\exp\left[-\int_0^s \frac{2t}{1-t^2}dt\right]ds$$
$$=P_l(x)\int_\alpha^x \frac{1}{[P_l(s)]^2}\frac{1}{1-s^2}ds$$

(1) 对于 $l=0,P_0(x)=1$,有

$$Q_0(x)=\int_\alpha^x \frac{1}{1-s^2}ds=\frac{1}{2}\left(\ln\left(\frac{1+x}{1-x}\right)-\ln\left(\frac{1+\alpha}{1-\alpha}\right)\right)$$

取 $\alpha=0$,则

$$Q_0(x)=\frac{1}{2}\ln\left(\frac{1+x}{1-x}\right)\quad(|x|<1)$$

(2) 对于 $l=1,P_1(x)=x$,有

$$Q_1(x)=x\int_\alpha^x \frac{1}{s^2(1-s^2)}ds=Ax+Bx\ln\left(\frac{1+x}{1-x}\right)+C$$

取 $A=0,B=\frac{1}{2},C=-1$,则

$$Q_1(x)=\frac{1}{2}x\ln\left(\frac{1+x}{1-x}\right)-1$$

4. 非齐次方程特解

对于一般的变系数非齐次二阶常微分方程

$$L[y] = y'' + p(x)y' + q(x) = r(x) \tag{9.2.18}$$

前面提到,如果知道了相应的齐次方程的一个解,就可以求出另一个线性无关解。其实我们还可以求出非齐次方程(9.2.18)的一个特解,过程如下。

假设齐次方程的两个解为 $y_1(x)$, $y_2(x)$, 待求的非齐次方程特解为 $g(x)$, 仍旧采用待定系数法, 令 $g(x) = y_1(x)v(x)$, 代入方程(9.2.18)得

$$v'' + \left(p + \frac{2y_1'}{y_1}\right)v' = \frac{r}{y_1}$$

解得

$$v'(x) = \frac{W(x)}{y_1^2(x)}\left[C + \int^{(x)} \frac{y_1(t)r(t)}{W(t)}dt\right]$$

其中 $W(x)$ 是朗斯基函数。取 $C = 0$, 将

$$\frac{W(x)}{y_1^2(x)} = \frac{y_1(x)y_2'(x) - y_2(x)y_1'(x)}{y_1^2(x)} = \frac{d}{dx}\left(\frac{y_2}{y_1}\right)$$

代入,得

$$\frac{dv}{dx} = \frac{d}{dx}\left(\frac{y_2(x)}{y_1(x)}\right)\int^{(x)} \frac{y_1(t)r(t)}{W(t)}dt$$

$$= \frac{d}{dx}\left[\frac{y_2(x)}{y_1(x)}\int^{(x)} \frac{y_1(t)r(t)}{W(t)}dt\right] - \frac{y_2(x)}{y_1(x)}\frac{d}{dx}\int^{(x)} \frac{y_1(t)r(t)}{W(t)}dt$$

$$= \frac{d}{dx}\left[\frac{y_2(x)}{y_1(x)}\int^{(x)} \frac{y_1(t)r(t)}{W(t)}dt\right] - \frac{y_2(t)r(t)}{W(t)}$$

所以

$$v(x) = \frac{y_2(x)}{y_1(x)}\int^{(x)} \frac{y_1(t)r(t)}{W(t)}dt - \int^{(x)} \frac{y_2(t)r(t)}{W(t)}dt \tag{9.2.19}$$

于是得到非齐次方程(9.2.19)的一个特解

$$g(x) = y_2(x)\int^{(x)} \frac{y_1(t)r(t)}{W(t)}dt - y_1(x)\int^{(x)} \frac{y_2(t)r(t)}{W(t)}dt$$

方程的一般通解为

$$y(x) = C_1 y_1(x) + C_2 y_2(x) + g(x)$$

9.1节中关于二阶常系数微分方程式(9.1.6)的通解,可视作本方法的一个特例,读者可以自己推导。

注记

已知二阶常微分方程的一个解的形式,即可推知另一个解,表明方程的两个解不可能是任意的,它们之间存在一定的关系,这一点在代数方程里是习以为常的。比如二次代数方程

$$x^2 + bx + c = 0$$

其两个根为

$$x_{1,2} = \frac{-b \pm \sqrt{b^2 - 4c}}{2} = \frac{(x_1 + x_2) \pm \sqrt{x_1^2 - 2x_1 x_2 + x_2^2}}{2}$$

可见对称函数 $x_1 + x_2$ 和 $x_1^2 - 2x_1 x_2 + x_2^2$ 在引入根式后,产生了两个非对称函数 x_1 和 x_2。方程的系数与根之间存在关系:

$$b = -(x_1 + x_2), \quad c = x_1 x_2$$

该式对于两个根置换(对换)保持不变。这一思路一直延伸到五次代数方程的求解,伽罗华研究了没有实根的所谓不可约方程,发现其根在相互置换下保持确定的不变性,全部置换操作构成一个群,五次方程共有 5! = 120 个群元,伽罗华正是从置换群的结构性质着手,最终解决了五次方程的代数可解性问题。

对于二阶常微分方程

$$y'' + p(x)y' + q(x) = 0$$

其解也受某种对称性约束,表现为朗斯基行列式满足

$$W(y_1, y_2; x) = W(y_1, y_2; c)\, \mathrm{e}^{\int_c^x p(t)\,\mathrm{d}t}$$

两个解与系数函数的关系为

$$p = \frac{y_1 y_2'' - y_2 y_1''}{W(y_1, y_2)}, \quad q = \frac{y_1' y_2'' - y_2' y_1''}{W(y_1, y_2)}$$

对于更高阶微分方程,这种对称性因更加隐蔽而不易被人发现。

习题

[1] 求谐振子运动方程的级数解:

$$\psi'' - x^2 \psi + 2E\psi = 0$$

[2] 求合流超几何方程的级数解:

$$xy'' + (\gamma - x)y' - \alpha y = 0$$

[3] 在 $x = 1$ 的邻域求勒让德方程的级数解:

$$(1 - x^2)\frac{\mathrm{d}^2 y}{\mathrm{d}x^2} - 2x\frac{\mathrm{d}y}{\mathrm{d}x} + l(l+1)y = 0$$

[4] 贝塞尔方程的第一个解为 $\mathrm{J}_\nu(x)$,证明其第二个解可表示为

$$\mathrm{N}_\nu(x) = \mathrm{J}_\nu(x) \int^x \frac{1}{s[\mathrm{J}_\nu(s)]^2}\,\mathrm{d}s$$

9.3　常系数偏微分方程

我们只考虑两个自变量 (x, y) 的偏微分方程:

$$a_0 \frac{\partial^n u}{\partial x^n} + a_1 \frac{\partial^n u}{\partial x^{n-1} \partial y} + \cdots + a_n \frac{\partial^n u}{\partial y^n} + b_0 \frac{\partial^{n-1} u}{\partial x^{n-1}} + b_1 \frac{\partial^{n-1} u}{\partial x^{n-2} \partial y} + \cdots +$$

$$b_{n-1} \frac{\partial^{n-1} u}{\partial y^{n-1}} + \cdots + c\frac{\partial u}{\partial x} + d\frac{\partial u}{\partial y} + fu = r(x, y) \tag{9.3.1}$$

一般而言,"系数" $a_0, a_1, \cdots, b_0, b_1, \cdots, c, d, f$ 均为自变量 (x, y) 的函数,引进算子符号

$$D_x = \frac{\partial}{\partial x}, \quad D_y = \frac{\partial}{\partial y}$$

则

$$L(D_x, D_y)u \equiv [a_0 D_x^n + a_1 D_x^{n-1} D_y + \cdots + a_n D_y^n + b_0 D_x^{n-1} +$$
$$b_1 D_x^{n-2} D_y + \cdots + b_{n-1} D_y^{n-1} + \cdots + c D_x + d D_y + f]u$$
$$= r(x, y) \tag{9.3.2}$$

一般的偏微分方程没有放之四海皆通行的解法,下面我们仅给出常系数偏微分方程的一些通解。

1. 齐次偏微分方程

我们考虑方程(9.3.1)的系数均为常数的齐次方程:$r(x, y) = 0$。

1) $L(D_x, D_y)$ 是 D_x, D_y 的齐次型

$$[a_0 D_x^n + a_1 D_x^{n-1} D_y + \cdots + a_n D_y^n]u = 0 \tag{9.3.3}$$

假设方程的解具有形式:$u = \phi(y + \alpha x)$,则

$$D_x^k u = \alpha^k \phi^{(k)}(y + \alpha x), \quad D_y^k u = \phi^{(k)}(y + \alpha x)$$
$$D_x^r D_y^s u = \alpha^r \phi^{(r+s)}(y + \alpha x)$$

代入方程(9.3.3)得

$$(a_0 \alpha^n + a_1 \alpha^{n-1} + \cdots + a_n)\phi^{(n)}(y + \alpha x) = 0 \tag{9.3.4}$$

如果特征方程

$$a_0 \alpha^n + a_1 \alpha^{n-1} + \cdots + a_n = 0$$

有 n 个不同的根,则方程(9.3.3)的解为

$$u = \phi_1(y + \alpha_1 x) + \phi_2(y + \alpha_2 x) + \cdots + \phi_n(y + \alpha_n x) \tag{9.3.5}$$

其中 $\phi_j(j=1,2,\cdots,n)$ 为任意函数。如果 α_j 是 k 重根,则方程的解为

$$u = \phi_{j,1}(y + \alpha_j x) + x\phi_{j,2}(y + \alpha_j x) + \cdots + x^{k-1}\phi_{j,k}(y + \alpha_j x) \tag{9.3.6}$$

例 9.10　求方程的通解

$$[D_x^2 - 2D_x D_y + D_y^2]u = 0$$

解　方程是微分算符的齐次式,由特征方程

$$\alpha^2 - 2\alpha + 1 = 0$$

解得一个二重根 $\alpha = 1$,于是

$$u = \psi(x + y) + x\phi(x + y)$$

未知函数 $\psi(x, y), \phi(x, y)$ 的具体形式需要由方程的定解条件来确定,后文将专门讨论。

2) $L(D_x, D_y)$ 不是 D_x, D_y 的齐次型

先考虑一阶偏微分方程

$$[D_x - \alpha D_y - \beta]u = 0 \tag{9.3.7}$$

当 $\beta = 0$ 时,方程的解为

$$u = \phi(y + \alpha x)$$

当 $\beta \neq 0$ 时,设解的形式为 $u = g(x)\phi(y + \alpha x)$,代入方程(9.3.7),可解得 $g(x) = e^{\beta x}$,于是方程的解为

$$u = e^{\beta x}\phi(y + \alpha x) \tag{9.3.8}$$

一般地,高阶偏微分方程可以作"因式分解",化为 D_x, D_y 的一次方程,即式(9.3.7)的

形式,因此可以求得其通解。若方程有多重因子,如

$$[D_x - \alpha D_y - \beta]^2 u = 0$$

则通解为

$$u = x\,\mathrm{e}^{\beta x}\phi(y + \alpha x) + \mathrm{e}^{\beta x}\psi(y + \alpha x)$$

例 9.11　求方程的通解:

$$\frac{\partial^2 u}{\partial x^2} - \frac{\partial^2 u}{\partial x \partial y} - 2\frac{\partial^2 u}{\partial y^2} + 2\frac{\partial u}{\partial x} + 2\frac{\partial u}{\partial y} = 0$$

解　分解因式

$$[D_x^2 - D_x D_y - 2D_y^2 + 2D_x + 2D_y]u = (D_x + D_y)(D_x - 2D_y + 2)u = 0$$

所以方程的通解为

$$u = \phi(x - y) + \mathrm{e}^{-2x}\psi(y + 2x)$$

2. 非齐次偏微分方程

对于非齐次方程 $r(x, y) \neq 0$,

$$\boldsymbol{L}(D_x, D_y)u = r(x, y) \tag{9.3.9}$$

可以先求出相应的齐次方程的通解,然后再寻找一个特解。将方程(9.3.9)的特解形式地表示为

$$u_0 = \frac{1}{\boldsymbol{L}(D_x, D_y)}r(x, y)$$

我们仅讨论几种特殊的非齐次项作为示例。

1) 指数形式

$$r(x, y) = \mathrm{e}^{ax + by}$$

由于

$$D_x\,\mathrm{e}^{ax + by} = a\,\mathrm{e}^{ax + by}, \quad D_y\,\mathrm{e}^{ax + by} = b\,\mathrm{e}^{ax + by}$$

所以

$$\frac{1}{\boldsymbol{L}(D_x, D_y)}r(x, y) = \frac{1}{\boldsymbol{L}(a, b)}r(x, y)$$

例 9.12　求方程的通解:

$$(D_x + D_y)(2D_x - 3D_y)u = 5\mathrm{e}^{x - y}$$

解　齐次方程的通解为

$$u = \phi(y - x) + \psi(2y + 3x)$$

对于非齐次方程,取特解为

$$u_0 = \frac{5}{(D_x + D_y)(2D_x - 3D_y)}\mathrm{e}^{x - y}$$

$$= \frac{5}{(D_x + D_y)(2 - 3(-1))}\mathrm{e}^{x - y} = x\,\mathrm{e}^{x - y}$$

所以方程的通解为

$$u = \phi(y - x) + \psi(2y + 3x) + x\,\mathrm{e}^{x - y}$$

2) 多项式形式

$$r(x, y) = x^m y^n$$

例 9.13　求方程的通解：

$$[D_x^2 - 2D_x D_y + D_y^2]u = 12xy$$

解　齐次方程的通解为

$$u = \psi(x+y) + x\phi(x+y)$$

特解可取为

$$u_0 = \frac{12}{D_x^2 - 2D_x D_y + D_y^2}xy = \frac{12}{(D_x - D_y)^2}xy = \frac{12}{D_x^2}\left(1 - \frac{D_y}{D_x}\right)^{-2}xy$$

$$= \frac{12}{D_x^2}\left(1 + 2\frac{D_y}{D_x} + \cdots\right)xy = \frac{12}{D_x^2}\left(xy + \frac{2}{D_x}x\right) = 12\left(y\frac{1}{D_x^2}x + \frac{2}{D_x^3}x\right)$$

$$= 12\left(\frac{1}{6}x^3 y + \frac{1}{12}x^4\right) = x^4 + 2x^3 y$$

所以方程的通解为

$$u = \psi(x+y) + x\phi(x+y) + x^4 + 2x^3 y$$

本例中的非齐次项为多项式，因此可以猜测特解也为多项式，且最高幂为 4 次，代入方程也可确定多项式的系数。

习题

[1] 求齐次偏微分方程的通解：

(1) $[D_x^2 - 2D_x D_y - 3D_y^2]u = 0$；　(2) $[D_x^2 - 2D_x D_y + 2D_y^2]u = 0$。

答案：

(1) $u = \phi(x-y) + \psi(3x+y)$；　(2) $u = \phi((1+i)x - y) + \psi((1-i)x + y)$。

[2] 求非齐次偏微分方程的通解：

(1) $[D_x^2 - 6D_x D_y + 9D_y^2]u = 6x + 2y$；　(2) $[D_x^2 + D_y^2]u = 12(x+y)$。

答案：

(1) $u = x^2(y+3x) + x\phi(y+3x) + \psi(y+3x)$；

(2) $u = 2x^3 + 2y^3 + \phi(x+iy) + \psi(x-iy)$。

[3] 求解偏微分方程：

$$[x^2 D_x^2 - 2xy D_x D_y + y^2 D_y^2 + x D_x + y D_y]u = 0$$

提示：令 $x = e^t, y = e^s$，取试探解 $u = f(\alpha t + s)$。

答案：

$$u = f_1(\ln xy) + \ln x f_2(\ln xy)$$

[4] 设常系数偏微分方程的非齐次项 $r(x,y) = e^{ax+by} g(x,y)$，证明：

$$\frac{1}{L(D_x, D_y)}r(x,y) = e^{ax+by}\frac{1}{L(D_x+a, D_y+b)}g(x,y)$$

9.4　非线性方程

非线性方程是指含有未知函数或其导数的高次幂的方程。对于非线性方程，解的唯一性、单值性、有限性等都不复存在，线性叠加原理失效，因此不存在一般解法，需要根据具体问题采用不同方法。可以严格求解的非线性方程非常有限,在有些情况下存在稳定的孤波解。本节我们仅介绍几种常系数的线性方程的孤波解。

1. 波的色散

以一定的速度传播,在传播过程中保持波形不变。考虑最简单的线性波动方程

$$u_t + au_x = 0$$

其通解为 $f(x-at)$,在波的传播过程中,波形保持不变,以恒定的速度传播。

复杂一些的线性波动方程

$$u_t + u_x + u_{xxx} = 0$$

其平面波解为

$$u(x,t) = e^{i(kx-\omega t)}$$

代入方程得到 $\omega = k - k^3$,它表明波的传播速度与波矢 k 有关,即

$$c = \omega/k = 1 - k^2$$

称作波的色散。

对于非线性波动方程

$$u_t + u_x + uu_x = 0$$

方程的解形式上仍可表示为

$$u(x,t) = f[x - (1+u)t]$$

这时波的传播速度将与波的位移有关,即波形在传播过程中会发生改变。但对于某些特别的非线性方程,也存在一类特殊的行波解,其波形和传播速度在传播的过程中都保持不变,下面介绍的孤立波就是一个典型。

2. 孤波解

这类解通常局限于空间的有限范围,具有稳定的形状和确定的传播速度。当它们相遇时,会不受影响地互相穿过,类似于经典的粒子,因此也称为孤子解,下面仅举几个常见的非线性方程的孤波解(solitary wave solution)作为示例。

1)KdV 方程

KdV 方程是水面孤波问题的模型,简化后的形式为

$$u_\tau + u_\xi + 12uu_\xi + u_{\xi\xi\xi} = 0 \tag{9.4.1}$$

我们试图寻找类似行波的孤立波解:作变换 $\theta = a\xi - \omega\tau + \delta$,其中 a,δ 为常数,且当 $|\theta| \to \infty$ 时,要求 u 和它的各阶导数均趋于零。取 $\omega = a + a^3$,则

$$u_{\theta\theta\theta} + \frac{12}{a^2}uu_\theta - u_\theta = 0$$

$$\to u_{\theta\theta} + \frac{6}{a^2}u^2 - u + c_1 = 0$$

积分后得

$$\frac{1}{2}u_\theta^2 + \frac{2}{a^2}u^3 - \frac{1}{2}u^2 + c_1 u + c_2 = 0$$

由渐近稳定性可得,$c_1 = c_2 = 0$,于是有

$$u_\theta^2 = u^2\left(1 - \frac{4}{a^2}u\right) \to \frac{a\,\mathrm{d}u}{u\sqrt{a^2-4u}} = \mathrm{d}\theta$$

$$\theta = \ln \frac{a - \sqrt{a^2 - 4u}}{a + \sqrt{a^2 - 4u}}$$

$$\rightarrow u = \frac{a^2 e^{\theta}}{(e^{\theta} + 1)^2} = \frac{1}{4} a^2 \operatorname{sech}^2 \frac{\theta}{2}$$

最后得到一个孤波解

$$u = \frac{1}{4} a^2 \sec^2 \frac{\theta}{2} = \frac{1}{4} a^2 \sec^2 \frac{a}{2} \left[\xi - (1 + a^2) \tau + \frac{\delta}{a} \right]$$

这是一个仅仅在小范围内凸起的孤立波包,以速度 $v = 1 + a^2$ 向前运动,其形状和振幅保持不变,这种类型的孤波有时称作亮孤子。波包速度与振幅有关,波峰高的波包运动得更快。

2）正弦戈登方程

$$\phi_{xx} - \phi_{tt} = \sin\phi \tag{9.4.2}$$

作自变量（坐标）变换

$$\xi = \frac{x - t}{2}, \quad \tau = \frac{x + t}{2}$$

方程变为

$$\phi_{\xi\tau} = \sin\phi$$

设方程的两个解可表示为两个函数

$$\phi = u + v, \quad \rho = u - v$$

考虑以变量 $u(\xi, \tau)$ 和 $v(\xi, \tau)$ 表示的方程

$$\begin{cases} u_{\xi} = f(v) \\ v_{\tau} = g(u) \end{cases} \rightarrow \begin{cases} u_{\xi\tau} = g(u) f'(v) \\ v_{\xi\tau} = g'(u) f(v) \end{cases}$$

所以

$$\phi_{\xi\tau} = (u + v)_{\xi\tau} = g(u) f'(v) + g'(u) f(v)$$

$$\sin\phi = \sin(u + v) = \sin u \cos v + \cos u \sin v$$

选取

$$g(u) f'(v) = \sin u \cos v$$

$$\rightarrow \frac{g(u)}{\sin u} = \frac{\cos v}{f'(v)} = \alpha$$

于是有

$$\begin{cases} v_{\tau} = g(u) = \alpha \sin u \\ u_{\xi} = f(v) = \frac{1}{\alpha} \sin v \end{cases}$$

所以

$$\begin{cases} \dfrac{1}{2}(\phi + \rho)_{\xi} = \dfrac{1}{\alpha} \sin \dfrac{1}{2}(\phi - \rho) \\ \dfrac{1}{2}(\phi - \rho)_{\tau} = \alpha \sin \dfrac{1}{2}(\phi + \rho) \end{cases}$$

考虑方程的一个特解为 $\rho = 0$,则方程的另一个特解 ϕ 满足方程

$$\phi_\xi = \frac{2}{\alpha}\sin\frac{\phi}{2}, \quad \phi_\tau = 2\alpha\sin\frac{\phi}{2}$$

由此解得

$$\phi = 4\arctan\left\{\exp\left[\frac{1}{\alpha}\xi + c(\tau)\right]\right\} = 4\arctan\left[e^{a(x-bt)+\delta}\right]$$

式中,

$$a = \frac{1}{2}\left(\alpha + \frac{1}{\alpha}\right), \quad b = \frac{1-\alpha^2}{1+\alpha^2}, \quad c(\tau) = \alpha\tau + \delta$$

这个解称作正弦戈登(sine-Gordon)方程的 Kink 解,它也是一种孤子行波解(图 9.1),有时也称暗孤子解。值得注意的是,波速 b 与初始波形有关。

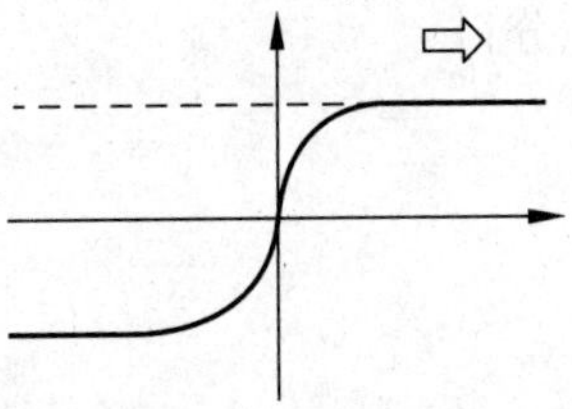

例 9.14　寻找正弦戈登方程的行波解。

解　令

$$\xi = x - at, \quad \phi(x,t) = \phi(\xi)$$

方程变为

$$(a^2 - 1)\frac{\mathrm{d}^2\phi}{\mathrm{d}\xi^2} + \sin\phi = 0$$

两边乘以 $\dfrac{\mathrm{d}\phi}{\mathrm{d}\xi}$ 并积分,得

$$\frac{1}{2}(a^2 - 1)\left(\frac{\mathrm{d}\phi}{\mathrm{d}\xi}\right)^2 + c - \cos\phi = 0$$

于是有

$$\frac{\mathrm{d}\phi}{\mathrm{d}\xi} = \sqrt{\frac{2[\cos\phi(\xi) - c]}{a^2 - 1}}$$

取 $c = 1$,有

$$\xi - \xi_0 = \sqrt{1 - a^2}\ln\left[\tan\frac{\phi(\xi)}{4}\right]$$

反解出行波孤子解

$$\phi(\xi) = 4\arctan\left[e^{\frac{\xi-\xi_0}{\sqrt{1-a^2}}}\right] = 4\arctan\left[e^{\frac{x-at}{\sqrt{1-a^2}}}\right]$$

讨论　根据 Kink 解的反正切函数形式,猜测如下形式的解:

$$\phi(x,t) = \arctan\left[\frac{T(t)}{X(x)}\right]$$

将其代入正弦戈登方程,可以得到一类新的孤子解:

$$\phi(x,t) = 4\arctan\left[\sqrt{\frac{1-\beta}{\beta}}\frac{\sin\sqrt{\beta}t}{\cosh\sqrt{1-\beta}x}\right] \quad (0 < \beta < 1)$$

其中 β 为积分常数。由于该解不随时间传播,而是在原地振荡,称作呼吸孤子。

3) 非线性薛定谔方程

$$\mathrm{i}\phi_t + \phi_{xx} + \beta\phi\,|\phi|^2 = 0 \tag{9.4.3}$$

图 9.1

寻找具有振幅调制的渐近稳定的行波解

$$\phi = \mathrm{e}^{\mathrm{i}(kx - vt)} u(\theta) , \quad \theta = x - bt$$

方程化为

$$u_{\theta\theta} + \mathrm{i}(2k - b)u_\theta + (v - k^2)u + \beta u^3 = 0$$

取 $k = \dfrac{b}{2}, v = \dfrac{b^2}{4} - a^2$，上述方程简化为

$$u_{\theta\theta} - a^2 u - \beta u^3 = 0 \rightarrow u_\theta^2 = c + a^2 u^2 - \frac{\beta}{2} u^4$$

积分得

$$\mathrm{d}\theta = \frac{\mathrm{d}u}{u \sqrt{a^2 - \dfrac{\beta u^2}{2}}}$$

$$\rightarrow \theta = -\frac{1}{a} \ln \frac{a + \sqrt{a^2 - \beta u^2/2}}{\sqrt{\beta/2}\, u}$$

最终解得

$$u(\theta) = a \sqrt{\frac{2}{\beta}} \operatorname{sech}(a\theta)$$

$$\phi(x,t) = a \sqrt{\frac{2}{\beta}} \exp\left\{\mathrm{i}\left[\frac{1}{2}bx - \left(\frac{1}{4}b^2 - a^2\right)t\right]\right\} \operatorname{sech}[a(x - bt)]$$

3. 怪波解

在海洋中航行的轮船，有时会遇到一种奇怪的现象：平静无风的海面突然涌起很高的浪花，然后突然消失。这种波称作怪波(rogue wave)，来去无踪，出现时的峰值远高于周围背景，有时会对船舶构成巨大的威胁。下面以非线性薛定谔方程为例，来展示这种奇特的波

$$\mathrm{i}\frac{\partial \phi}{\partial t} + \frac{\partial^2 \phi}{\partial x^2} + 2g|\phi|^2 \phi = 0$$

假设方程具有如下有理分式形式的解：

$$\phi = \left(1 + \frac{A + 2B}{C}\right) \mathrm{e}^{\mathrm{i}t}$$

选取

$$A = a_0 + a_1 x + a_2 t, \quad B = b_0 + b_1 x + b_2 t$$

以及

$$C = c_0 + c_1(x - \alpha)^2 + c_2(t - \beta)^2$$

其中 $c_1, c_2 \neq 0$。将其代入方程中，令交叉项 $x^m t^n (m, n \geq 0)$ 的系数为零，得

$$\phi(x,t) = \left\{1 - \frac{4[1 + 2\mathrm{i}(t - \beta)]}{1 + 4(x - \alpha)^2 + 4(t - \beta)^2}\right\} \mathrm{e}^{\mathrm{i}t}$$

中心位置由 α, β 的值确定。图 9.2 展示了该怪波解的 $|\phi(x,t)|$ 的时空分布，它可视作一种时空孤立波。

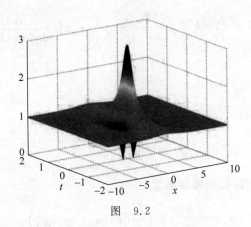

图　9.2

海洋中怪波的起源很复杂,迄今没有明确的定论,可能与风力、海流、水波衍射或者非线性效应有关,人们曾经在液氦或非线性光学中也观察到类似怪波的现象。

4. 椭圆方程解

一般椭圆方程具有非线性形式:

$$(y')^2 = a_0 + a_1 y + a_2 y^2 + a_3 y^3 + a_4 y^4 \tag{9.4.4}$$

或者

$$y'' = a_0 + a_1 y + a_2 y^2 + a_3 y^3 \tag{9.4.5}$$

下面讨论几类特殊情形。

1) 第一类

$$(y')^2 = a + b y^2 + c y^4 \tag{9.4.6}$$

或者

$$y'' = by + 2c y^3 \tag{9.4.7}$$

该方程的解可用魏尔斯特拉斯椭圆函数 $\wp(x)$ 表示,

$$y = \sqrt{\frac{1}{c}\left[\wp(x - x_0; g_2, g_3) - \frac{b}{3}\right]}$$

式中,$g_2 = \dfrac{4}{3}(b^2 - 3ac)$,$g_3 = \dfrac{4b}{27}(9ac - 2b^2)$。特别地,

$$y'' = -\omega^2 (1 + k^2) y + \frac{2\omega^2 k^2}{A^2} y^3 \rightarrow y = A\,\mathrm{sn}(\omega x, k)$$

$$y'' = \omega^2 (2k^2 - 1) y - \frac{2\omega^2 k^2}{A^2} y^3 \rightarrow y = A\,\mathrm{cn}(\omega x, k)$$

$$y'' = \omega^2 (2 - k^2) y - \frac{2\omega^2}{A^2} y^3 \rightarrow y = A\,\mathrm{dn}(\omega x, k)$$

$$y'' = -\omega^2 (1 + k^2) y + \frac{2\omega^2}{A^2} y^3 \rightarrow y = \frac{A}{\mathrm{sn}(\omega x, k)}$$

$$y'' = \omega^2 (2k^2 - 1) y + \frac{2\omega^2 k'^2}{A^2} y^3 \rightarrow y = \frac{A}{\mathrm{cn}(\omega x, k)}$$

$$y'' = \omega^2 (2 - k^2) y - \frac{2\omega^2 k'^2}{A^2} y^3 \rightarrow y = \frac{A}{\mathrm{dn}(\omega x, k)}$$

......

2）第二类

$$(y')^2 = ay + by^2 + cy^3 \tag{9.4.8}$$

或者

$$y'' = \frac{a}{2} + by + \frac{3c}{2} y^2 \tag{9.4.9}$$

该方程也可表示为魏尔斯特拉斯椭圆函数，

$$y = -\frac{b}{3c} + \wp\left(\frac{\sqrt{c}}{2}(x - x_0); g_2, g_3\right)$$

式中，$g_2 = \frac{4}{3c^2}(b^2 - 3ac)$，$g_3 = \frac{4b}{27c^3}(9ac - 2b^2)$。特别地，

$$y'' = 2\omega^2 A - 4\omega^2 (1 + k^2) y + \frac{6\omega^2 k^2}{A} y^2 \rightarrow y = A\,\mathrm{sn}^2(\omega x, k)$$

$$y'' = 2\omega^2 A k'^2 + 4\omega^2 (2k^2 - 1) y - \frac{6\omega^2 k^2}{A} y^2 \rightarrow y = A\,\mathrm{cn}^2(\omega x, k)$$

$$y'' = -2\omega^2 A k'^2 + 4\omega^2 (2 - k^2) y - \frac{2\omega^2}{A} y^2 \rightarrow y = A\,\mathrm{dn}^2(\omega x, k)$$

$$y'' = 2\omega^2 A k^2 - 4\omega^2 (1 + k^2) y + \frac{6\omega^2}{A} y^2 \rightarrow y = \frac{A}{\mathrm{sn}^2(\omega x, k)}$$

$$y'' = -2\omega^2 A k^2 + 4\omega^2 (2k^2 - 1) y + \frac{6\omega^2 k'^2}{A} y^2 \rightarrow y = \frac{A}{\mathrm{cn}^2(\omega x, k)}$$

$$y'' = -2\omega^2 A + 4\omega^2 (2 - k^2) y - \frac{6\omega^2 k'^2}{A} y^2 \rightarrow y = \frac{A}{\mathrm{dn}^2(\omega x, k)}$$

......

3）第三类

$$(y')^2 = a + by + cy^2 + dy^3 \tag{9.4.10}$$

或者

$$y'' = \frac{b}{2} + cy + \frac{3d}{2} y^2 \tag{9.4.11}$$

该方程有魏尔斯特拉斯椭圆函数解，

$$y = -\frac{c}{3d} + \frac{4}{d} \wp(x - x_0; g_2, g_3)$$

式中，$g_2 = \frac{1}{12}(c^2 - 3bd)$，$g_3 = \frac{1}{432}(9bcd - 27ad^2 - 2c^3)$。特别地，

$$y'^2 = B(y - \alpha)(y - \beta)(y - \gamma) \quad (B > 0, \alpha > \beta > \gamma)$$

$$\rightarrow y = \gamma + (\beta - \gamma)\,\mathrm{sn}^2\left(\sqrt{\frac{B(\alpha - \gamma)}{4}}\, x, k\right), \quad k = \sqrt{\frac{\beta - \gamma}{\alpha - \gamma}}$$

$$y'^2 = -B(y-\alpha)(y-\beta)(y-\gamma) \quad (B>0, \alpha>\beta>\gamma)$$

$$\to y = \beta + (\alpha-\beta)\,\mathrm{cn}^2\left(\sqrt{\frac{B(\alpha-\gamma)}{4}}\,x, k\right), \quad k = \sqrt{\frac{\alpha-\beta}{\alpha-\gamma}}$$

…

例 9.15　求解达芬(Duffing)方程：

$$\frac{\mathrm{d}^2 x}{\mathrm{d}t^2} + \omega^2 x + \varepsilon\beta_0^2 x^3 = 0$$

解　方程具有雅可比椭圆函数形式的周期解：当 $\varepsilon>0$ 时，有

$$x(t) = A\,\mathrm{cn}(\omega t, k)$$

式中，

$$\omega^2 = \omega_0^2 + \varepsilon\beta_0^2 A^2, \quad k^2 = \frac{\varepsilon\beta_0^2 A^2}{2\omega^2}$$

雅可比椭圆余弦函数的周期为 $4K(k)$，所以达芬方程的振动周期与振幅有关，

$$T = \frac{4K(k)}{\omega} = \frac{2\pi}{\omega}F\left(\frac{1}{2}, \frac{1}{2}, 1, k^2\right) = \frac{2\pi}{\omega}\left[1 + \left(\frac{1}{2}\right)^2 k^2 + \left(\frac{3}{8}\right)^2 k^4 + \cdots\right]$$

当 $\varepsilon<0$ 时，有

$$x(t) = A\,\mathrm{sn}(\omega t, k)$$

式中，

$$\omega^2 = \omega_0^2 + \frac{1}{2}\varepsilon\beta_0^2 A^2, \quad k^2 = -\frac{1}{2}\frac{\varepsilon\beta_0^2 A^2}{2\omega^2}$$

雅可比椭圆正弦函数的周期也为 $4K(k)$。

5. 圆周摆

对于较大摆动幅度的重力摆，如图 9.3 所示，小球的轨迹为一段圆周的弧线。可以写出摆的运动方程为

$$m\frac{\mathrm{d}^2 s}{\mathrm{d}t^2} = -\frac{\partial V}{\partial s}$$

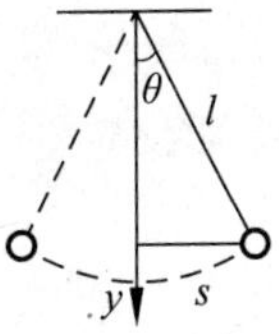

其中重力势能 $V(s) = mgy(s)$。由于 $y(s) = l(1-\cos\theta)$，令 $\omega^2 = g/l$，得到

$$\frac{\mathrm{d}^2\theta}{\mathrm{d}t^2} + \omega^2\sin\theta = 0 \qquad\qquad (9.4.12)$$

图　9.3

这是一个非线性方程。在 $\theta=0$ 作泰勒级数展开，有

$$\frac{\mathrm{d}^2\theta}{\mathrm{d}t^2} + \omega^2\left(\theta - \frac{1}{3!}\theta^3 + \frac{1}{5!}\theta^5 - \cdots\right) = 0$$

当摆幅较小时，在一阶线性近似下，得到单摆的运动方程

$$\frac{\mathrm{d}^2\theta}{\mathrm{d}t^2} + \omega^2\theta = 0$$

单摆的周期与摆幅无关：$T = \dfrac{2\pi}{\omega} = \sqrt{g/l}$。

当摆幅较大时，不能仅取线性近似，但是非线性方程(9.4.12)仍然是可解的。将式(9.4.12)

两边乘以 $d\theta/dt$，再积分可得

$$\left(\frac{d\theta}{dt}\right)^2 = 2\omega^2\cos\theta + c$$

假设初始时摆球静止，位置为 $\theta = \theta_0$，定出 $c = -2\omega^2\cos\theta_0$，将上式积分，有

$$t = \frac{1}{\sqrt{2}\,\omega}\int_0^{\theta_0-\theta}\frac{d\theta}{\sqrt{\cos\theta - \cos\theta_0}}$$

上式可化为 2.5 节所描述的第一类椭圆积分。于是圆周摆的周期为

$$T = 2\sqrt{2}\sqrt{\frac{l}{g}}\int_0^{\theta_0}\frac{d\theta}{\sqrt{\cos\theta - \cos\theta_0}} \tag{9.4.13}$$

可见圆周摆的周期与摆幅有关。

思考 除了单摆之外，还有什么样的摆，其振动周期与摆幅无关？

注记

线性微分方程和非线性微分方程的奇点有着本质的区别。例如非线性方程

$$(x^2 - y)y' = x^2 + y^2$$

曲线 $y = x^2$ 是一条由奇点构成的集合，这使得在区域 $[a,b]$ 构造方程的解变得不可能，因为总有一个 y 值没有定义。线性微分方程就没有这种问题，因为系数仅是 x 的函数而已。

如果一个物理系统遵守线性微分方程及初始条件，我们就能预言其以后的行为。当初始条件发生很小的变化时，方程的解也将发生微小的变化，即线性微分方程是其初始条件的连续函数。但对于非线性微分方程，初始条件即使发生很小的变化，都将导致完全不同的解。由于在实际操作中，初始条件从数学上无法精确给定，因此非线性微分方程将导致不可预测的结果，或者说系统进入混沌状态，即确定性的非线性动力学系统，表面上看似乎处于随机状态，虽然在相空间中某些部分有非常密集的近周期性轨道，形成吸引子（图 9.4）。系统的运动状态对初始条件极为敏感，具有所谓的"蝴蝶效应"。M. 泰伯和 F. 卡罗杰罗曾建议将混沌解释为黎曼面上的运动。

图 9.4

20 世纪 80～90 年代，混沌现象的研究如火如荼，有激进者甚至称为相对论和量子力学之外现代物理的第三根支柱。但当激情退潮，理性回归，人们发现，混沌理论并未如相对论或量子力学一样，给物理世界带来革命性的洞见。

习题

[1] 寻找 ϕ^4 方程的一个行波解：

$$\phi_{xx} - \phi_{tt} = \lambda\phi^3 - m^2\phi \quad (\lambda > 0)$$

答案：$\phi(x,t)=\pm\tanh\left[\dfrac{1}{\sqrt{2}}\dfrac{1}{\sqrt{1-v^2}}(x-vt)+\delta\right]$。

[2] 求解方程：$y''-\mu^2 y+\lambda y^3=0$ $(\mu>0,\lambda>0)$。

[3] 求解方程：$y''+\mu^2 y+\lambda y^2=0$ $(\mu>0)$。

[4] 非刚性摆的哈密顿量为

$$H=\frac{\lambda}{2}z^2-\sqrt{1-z^2}\cos\phi$$

求解摆的运动。

提示：哈密顿量 $H\equiv H_0$ 是守恒量，正则运动方程为 $\dot{z}=-\dfrac{\partial H}{\partial\phi}$，$\dot{\phi}=\dfrac{\partial H}{\partial z}$。

答案：

$$z(t)=\begin{cases} A\,\mathrm{cn}\left[A\lambda k\,(t-t_0),k\right] & (0<k<1) \\[2mm] A\,\mathrm{dn}\left[A\lambda\,(t-t_0),\dfrac{1}{k}\right] & (k>1) \end{cases} \quad;\quad k^2=\frac{1}{2}\left[1+\frac{\lambda H_0-1}{\sqrt{\lambda^2+1-2\lambda H_0}}\right]$$

第10章

方程与定解

10.1 数学物理方程

物理学是关于物质运动和变化的科学。自从牛顿力学及微积分创立以来,几乎所有物理问题的数学描述都是以微分方程(包括积分方程)的形式呈现的。

单变量运动方程:描述物理量随时间等单一自变量的变化关系,它通常是一个常微分方程,如质点的牛顿运动方程、电路方程等。为了得到确定的运动轨迹或变化曲线,需要知道初始时刻的物理量值,称作方程的初始条件。

连续介质系统的运动方程:物理和工程应用中还有另一类问题,即物理量是随着时间和空间呈连续分布和变化的,它有多个自变量,因此描述它的运动方程是一个偏微分方程,如电磁波在空间的传输方程、热扩散方程、量子力学的薛定谔方程等。为了得到一个特定系统的准确解,不仅需要知道初始时刻的物理量值,即时间的初始条件,还需要知道系统在边界上的分布值,即所谓边界条件。初始条件和边界条件在数学上合称为定解条件。

以跨过定滑轮的两个重物运动为例:由定滑轮(忽略重量)经无重量不可伸缩的细绳连接的两个物体(图 10.1),此时可以将整个系统视作一个单体,运用牛顿第二定律可以列出系统运动的常微分方程。如果绳子是有质量、可伸缩的,问题就变得有点复杂,绳子上每一点的运动状态都不同,如速度、加速度甚至运动方向等,都是因位置和时间而变化的。我们需要对绳子逐点作微元分析,列出相应的运动方程,这种方法称作微元法。

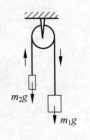

图　10.1

微元法本质上是将空间中的连续系统分割成许多相互关联的小部分(微元),然后将微元视作质点,根据相应的物理学定律,分析该微元受相邻微元作用时的运动方程。为了得到微元的运动方程,一般需要知道相邻微元之间相互作用的形式,这就需要利用一些基本的物理定律,如胡克定律、热传导定律等。在大多数情况下,可以用线性近似来描述这种物理定律。得到微元的运动方程之后,取连续极限便可以得到整个系统各点的运动方程,它一般是一个偏微分方程。

本节我们将推导几种常见的数学物理方程,包括波动方程、输运方程、稳定场方程等。

1. 弦的横向振动

一段柔软、均匀的细弦,拉紧以后,让它离开平衡位置在垂直于弦线的方向作微小横振动,求弦上各点的运动规律(图 10.2)。

我们需要知道弦上各点的位移 $u(x,t)$ 随时间的变化关系,下面分几步来研究问题。

1)建立模型

(1)柔软的弦:弦中张力 T 的方向始终沿着弦线的切线方向,即没有剪应力;

(2)很轻的弦:弦本身的重量与弦中的张力相比可以忽略;

(3)微幅振动:弦上的每一点都只是在其平衡位置附近作横向振动,弦上相邻两点 $(x,x+\mathrm{d}x)$ 的相对位移 $\mathrm{d}u=u(x+\mathrm{d}x)-u(x)\ll\mathrm{d}x$。

2)微元分析

设 x 和 $x+\mathrm{d}x$ 点的位移分别为 $u(x),u(x+\mathrm{d}x)$,该段弦长为

$$\mathrm{d}s=\sqrt{(\mathrm{d}x)^2+(\mathrm{d}u)^2}$$

将微元 $\mathrm{d}s$ 视作质点,进行受力分析,如图 10.3 所示,根据牛顿第二定律可以写出微元 $\mathrm{d}s$ 的运动方程

$$T_2\cos\alpha_2-T_1\cos\alpha_1=0$$
$$T_2\sin\alpha_2-T_1\sin\alpha_1=(\rho\mathrm{d}s)u_{tt}$$

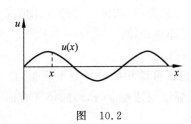

图　10.2

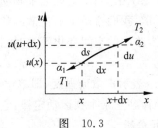

图　10.3

3)简化方程(线性近似)

假设弦作微幅振动,由于 $\alpha_1,\alpha_2\ll1$,所以 $\cos\alpha_1\approx\cos\alpha_2\approx1$,即 $T_2=T_1\equiv T$,另外

$$\sin\alpha\approx\alpha\approx\tan\alpha=\mathrm{d}u/\mathrm{d}x$$

所以

$$T_2\sin\alpha_2-T_1\sin\alpha_1=T\left(\frac{\mathrm{d}u}{\mathrm{d}x}\right)_{x+\mathrm{d}x}-T\left(\frac{\mathrm{d}u}{\mathrm{d}x}\right)_x=T\frac{\mathrm{d}^2u}{\mathrm{d}x^2}$$

于是得到弦的振动方程

$$u_{tt}-a^2u_{xx}=0 \tag{10.1.1}$$

其中 $a=\sqrt{T/\rho}$,从方程(10.1.1)的量纲分析,可知 a 具有速度量纲。我们以后将看到,a 就是波在弦上传播的速度。

2. 杆的纵向振动

1）微元分析

按如图 10.4 所示分割微元,设 x 和 $x+\mathrm{d}x$ 点的位移分别为 $u(x),u(x+\mathrm{d}x)$,在给定的时刻 t,微元的相对形变为

$$\frac{u(x+\mathrm{d}x)-u(x)}{\mathrm{d}x}\big|_t=u_x$$

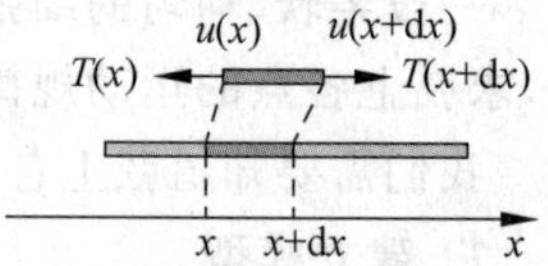

2）微元的运动方程

根据胡克定律,微元所受的力正比于微元的相对形变

$$T(x)=ESu_x$$

图 10.4

式中,E 为杨氏模量,S 为杆的横截面积,由牛顿第二定律有

$$T(x+\mathrm{d}x)-T(x)=ESu_x(x+\mathrm{d}x)-ESu_x(x)=ES\left(\frac{\partial u_x}{\partial x}\right)\mathrm{d}x=\rho S\mathrm{d}xu_{tt}$$

所以有

$$u_{tt}-a^2u_{xx}=0 \tag{10.1.2}$$

其中 $a^2=E/\rho$,得到与弦的运动完全一样的方程。

3. 扩散方程

1）预备知识

在一个系统中,当不同地方某物质的浓度不均匀时,该物质就会从浓度高的地方向浓度低的地方扩散,我们希望了解扩散的快慢以及在扩散过程中,浓度分布的变化情况 $u(\boldsymbol{x},t)$。实验证明,当浓度的空间变化不大时,扩散运动满足菲克定律,

$$\boldsymbol{q}(\boldsymbol{x},t)=-D\,\nabla u(\boldsymbol{x},t)$$

式中,$\boldsymbol{q}(\boldsymbol{x},t)$ 表示扩散流强度,即单位时间流过单位横截面积的粒子数或质量,D 为扩散系数。扩散定律独立于牛顿运动定律,它表明扩散流强度与浓度 $u(\boldsymbol{x},t)$ 的梯度成正比。

2）微元分析

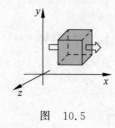

图 10.5

在系统中取一小立方体,如图 10.5 所示。根据扩散流强度的定义,立方体内的粒子数变化 $\mathrm{d}Q(\boldsymbol{x},t)$,等于从边界流入的粒子数,为简明起见,我们先考虑沿一维 x 方向的粒子流变化,即

$$\mathrm{d}Q(x,t)=[\boldsymbol{q}(x,t)\mathrm{d}s-\boldsymbol{q}(x+\mathrm{d}x,t)\mathrm{d}s]\mathrm{d}t=-\frac{\partial\boldsymbol{q}}{\partial x}\mathrm{d}x\mathrm{d}s\mathrm{d}t$$

$\mathrm{d}s$ 为横截面积,立方体内浓度的变化

$$\mathrm{d}u=\frac{\mathrm{d}Q}{\mathrm{d}V}=\frac{\mathrm{d}Q}{\mathrm{d}s\mathrm{d}x}$$

由菲克定律,可以得到一维扩散方程

$$u_t-a^2u_{xx}=0 \tag{10.1.3}$$

同理可得三维扩散方程

$$u_t-a^2\Delta u=0 \tag{10.1.4}$$

式中,$a^2=D$,$\Delta=\partial_x^2+\partial_y^2+\partial_z^2\equiv\nabla^2$,称作拉普拉斯算符。

4. 热传导方程

1）预备知识

当一个物体的温度不均匀时,热量就会从温度高的部分传向温度低的部分,假设物体中温度分布为 $u(x,t)$。当温度的空间变化不大时,热传导满足经验的傅里叶定律:

$$q(x,t) = -\kappa \nabla u(x,t)$$

其中 $q(x,t)$ 表示热流强度,即单位时间流过单位横截面积的热量,κ 为热传导系数。热传导定律表明,热流强度与温度的梯度成正比。热传导过程也独立于牛顿运动定律。

2）方程推导

类似于扩散方程的推导,在系统中取一小立方体,根据热流强度的定义,物体中某一部分的热量变化 $dQ(x,t)$ 等于从边界流入的热流差,即

$$dQ(x,t) = [q(x,t)ds - q(x+dx,t)ds]dt = -\frac{\partial q}{\partial x}dx\,ds\,dt$$

温度的变化与物质的比热 c 即密度 ρ 有关,所以

$$du = \frac{dQ}{c\rho\,ds\,dx}$$

再根据热传导定律,可得一维热传导方程

$$u_t - a^2 u_{xx} = 0 \tag{10.1.5}$$

以及三维热传导方程

$$u_t - a^2 \Delta u = 0 \tag{10.1.6}$$

其中 $a^2 = \kappa/c\rho$。如果物体中还存在热源 $f(x,t)$,比如系统本身发热或以某一方式散热,则方程变为

$$u_t - a^2 \Delta u = f(x,t)$$

5. 声波方程

1）预备知识

声波可以在流体中传播,由于流体没有剪应力,故只能传播纵波,即位移方向与波的传播方向一致,形成疏密波。流体受到压力会有不同程度的压缩,流体的体弹性模量定义为压强的增量 dp 除以体积的相对变化量 dV/V,即

$$B = -V\frac{dp}{dV} = -\rho\frac{dp}{d\rho}$$

其中 ρ 为流体的密度。在绝热条件下,气体遵循方程

$$pV^\gamma = C$$

其中 γ 为绝热系数,于是有

$$\frac{dp}{p} = -\gamma\frac{dV}{V}$$

故绝热体弹性模量为

$$B = -V\left(\frac{dp}{dV}\right)_S = \gamma p_0$$

下标 S 表示绝热条件下熵不变过程。设密度的相对变化量为 $ds = \frac{1}{\rho}d\rho$,则有 $dp = B\,ds$。

2）方程推导

流体的连续性方程为

$$\oiint_{\Sigma} \rho \boldsymbol{u} \cdot \mathrm{d}\boldsymbol{\sigma} = -\frac{\partial}{\partial t} \iiint_{\Omega} \rho \, \mathrm{d}V \rightarrow \nabla \cdot (\rho \boldsymbol{u}) = -\frac{\partial \rho}{\partial t} \tag{10.1.7}$$

由于压强差 ∇p 产生的作用于小体积元的合外力为 $F = -\dfrac{1}{\rho} \nabla p$，得到欧拉方程

$$-\frac{1}{\rho} \nabla p = \frac{D \boldsymbol{u}}{Dt} \tag{10.1.8}$$

其中 $\dfrac{Du}{Dt}$ 是局域流体速度

$$\frac{D \boldsymbol{u}}{Dt} \equiv \frac{\partial \boldsymbol{u}}{\partial t} + (\boldsymbol{u} \cdot \nabla) \boldsymbol{u}$$

为简单起见，考虑一维运动

$$-\frac{1}{\rho} \frac{\partial p}{\partial x} = \frac{\partial u}{\partial t} + u \frac{\partial u}{\partial x}$$

忽略掉 u 的二阶项

$$-\frac{1}{\rho} \frac{\partial p}{\partial x} = \frac{\partial u}{\partial t} \rightarrow \frac{\partial u}{\partial t} = -\frac{B}{\rho} \frac{\partial s}{\partial x}$$

由连续性方程(10.1.7)得

$$u \frac{\partial \rho}{\partial x} + \rho \frac{\partial u}{\partial x} = -\frac{\partial u}{\partial t} \rightarrow u \frac{\partial s}{\partial x} + \frac{\partial u}{\partial x} = -\frac{\partial s}{\partial t}$$

同样忽略掉高阶小项 $u \dfrac{\partial \rho}{\partial x}$，有

$$\frac{\partial u}{\partial x} = -\frac{\partial s}{\partial t}$$

于是得一维声波方程

$$u_{tt} - a^2 u_{xx} = 0$$

三维声波方程为

$$u_{tt} - a^2 \Delta u = 0 \tag{10.1.9}$$

其中 $a^2 = \dfrac{B}{\rho} = \dfrac{\gamma p_0}{\rho}$，这就是声波的波速。

6. 其他物理方程

一些物理中常见的运动方程如下：

（1）传输线方程

$$\begin{cases} j_{tt} - a^2 j_{xx} = 0, \quad v_{tt} - a^2 v_{xx} = 0 \\ a^2 = 1/LC \end{cases}$$

（2）均匀薄膜的微小振动

$$\begin{cases} u_{tt} - a^2 \Delta u = 0 \\ a^2 = T/\rho \end{cases}$$

（3）静电场方程

$$\Delta \phi = \rho / \varepsilon_0$$

（4）电磁波方程

$$E_{tt} - a^2 \Delta E = 0, \quad H_{tt} - a^2 \Delta H = 0$$

其中 $a^2 = \dfrac{1}{\mu_0 \varepsilon_0}$，或者取洛伦兹规范，$B = \nabla \times A$，$E = -\dfrac{\partial A}{\partial t} - \nabla \phi$，有

$$\phi_{tt} - a^2 \Delta \phi = 0, \quad A_{tt} - a^2 \Delta A = 0$$

（5）薛定谔方程

$$i\hbar \frac{\partial}{\partial t} \psi = -\frac{\hbar^2}{2m} \Delta \psi + V\psi$$

（6）定态薛定谔方程

$$-\frac{\hbar^2}{2m} \Delta \psi + V\psi = E\psi$$

有时将与时间有关的方程称作发展方程，将与时间无关的方程（即稳恒问题）称作位势方程。

讨论　上述方程有什么基本特征？

（1）都是线性微分方程，统一用线性微分算符 L 表示为 $Lu = f(x,t)$，$f(x,t)$ 与 u 无关，称作方程的非齐次项；$Lu = 0$ 称作齐次方程。

（2）方程的时空导数都不超过二阶。

（3）都含有拉普拉斯算符形式的项。

习题

[1] 弦在水中振动，假设单位长度受到的阻力与振动速度成正比：$F = -\alpha u_t$，试推导弦的振动方程。

[2] 匀质导线的电阻率为 ρ，通有均匀分布的恒定电流，电流密度为 j，试推导导线内的热传导方程。

[3] 推导等温条件下的声波方程。

10.2　定解问题

1. 定解条件

前面推导的是一般的运动方程，但物理量的具体分布还依赖于给定系统的初始值，以及在边界上的值分布，分别称作初始条件和边界条件，或合称为定解条件。没有给定初始或边界条件的方程，称作泛定方程。在第 9 章我们介绍了泛定方程的一些通解法。

例如，媒质中波的传播，有时是行波，有时是驻波。电荷在空间产生的静电场虽然满足泊松方程，但电场的具体分布不仅取决于自由电荷的分布，还取决于电荷周围是否有其他物质，即边界条件。

1）初始条件

在初始时刻给定物理量的分布：$u(x,t)\big|_{t=0} = \phi(x)$，表示 $t=0$ 时刻空间所有点物理

量的值是给定的。由于有些运动方程含有对时间的二阶导数,因此我们还需要知道初始时刻的"速度"分布,即物理量的一阶导数分布值,$u_t(\boldsymbol{x},t)\big|_{t=0}=\psi(\boldsymbol{x})$。

当系统的物理量不随时间发生变化,即达到稳恒状态,此时不需要初始条件。

2)边界条件

质点的牛顿运动方程只含有时间的二阶导数,故只需要质点的初始位置及初始速度。对于连续介质的运动方程,不仅包含对时间的导数,还包含对空间的导数,故还需要知道空间边界的值和导数值,即所谓边界条件。在数学上分为三类边界条件,设 Σ 表示系统的边界。

第一类:$u(\boldsymbol{x},t)\big|_{\Sigma}=f(t)\rightarrow$给定边界上的值;

第二类:$\dfrac{\partial u(\boldsymbol{x},t)}{\partial n}\bigg|_{\Sigma}=g(t)\rightarrow$给定边界上的法向导数值;

第三类:$\left[u+\alpha\dfrac{\partial u(\boldsymbol{x},t)}{\partial n}\right]\bigg|_{\Sigma}=h(t)\rightarrow$给定二者的组合值。

式中,f,g,h 为已知函数,α 为常数。上述边界条件中的函数 f,g,h 都与物理量 u 本身无关。当 $f,g,h=0$ 时的边界条件称作齐次边界条件,我们举例来说明定解条件。

(1)弦的振动

有三种方式限制位移函数 $u(\boldsymbol{x},t)$ 在边界或端点 $x=0,l$ 的值,其中:

第一类边界条件:$u(0,t)=f_1(t),u(l,t)=f_2(t)\rightarrow$给定边界的位移变化,$f(t)=0$ 表示端点固定;

第二类边界条件:$u_x(0,t)=g_1(t),u_x(l,t)=g_2(t)\rightarrow$给定边界的受力变化,$g(t)=0$ 表示端点自由;

第三类边界条件:$u(0,t)+\alpha_1 u_x(0,t)=h_1(t),u(l,t)+\alpha_2 u_x(l,t)=h_2(t)\rightarrow$给定位移和受力二者的组合变化。

初始条件为

$$u(x,0)=\phi(x),\quad u_t(x,0)=\psi(x)$$

(2)热传导方程

有三种方式限制温度函数 $u(\boldsymbol{x},t)$ 在物体表面 Σ 的值,其中:

第一类边界条件:$u(\boldsymbol{x},t)\big|_{\Sigma}=f(t)\rightarrow$给定表面的温度变化,$f(t)=0$ 表示在边界上恒温;

第二类边界条件:$\dfrac{\partial u(\boldsymbol{x},t)}{\partial n}\bigg|_{\Sigma}=g(t)\rightarrow$给定表面的热流变化,$g(t)=0$ 表示在边界上绝热;

第三类边界条件:$\left[u+\alpha\dfrac{\partial u(\boldsymbol{x},t)}{\partial n}\right]\bigg|_{\Sigma}=h(t)\rightarrow$二者组合。

2. 衔接条件

有时系统不是均匀的,常见的情况是由不同介质组成,两种介质的界面互相连接(图10.6),比如由两根质地不同的杆连接,当波传播到界面处时,相位或速度会发生突变,因此,需要知道界面处物理量的衔接关系。

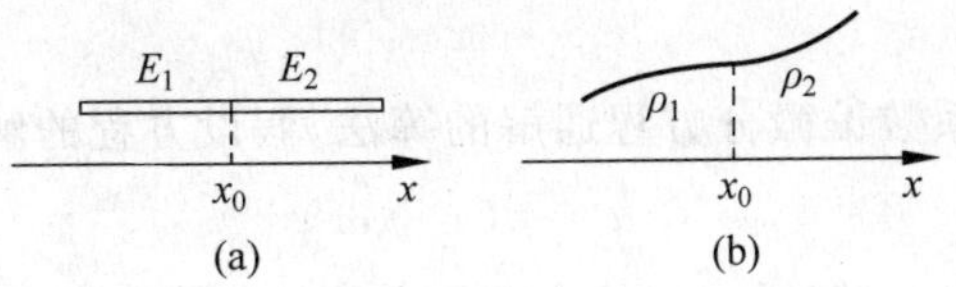

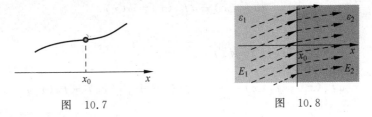

图 10.6

比如,对于两根杆的衔接(图 10.6(a)),杨氏模量分别为 E_1,E_2,在连接点 $x=x_0$ 处受力相等,有

$$u_1(x_0,t)=u_2(x_0,t), \quad E_1 u_{1x}(x_0,t)=E_2 u_{2x}(x_0,t)$$

思考 对于两段轻质柔软弦的衔接(图 10.6(b)),密度分别为 ρ_1,ρ_2,其衔接条件如何?

注记

如果某一端 $x=l$ 处自由冷却,环境温度为 θ,那么从杆端流出的热流强度与温度差之间满足牛顿冷却定律

$$-\kappa \frac{\partial u}{\partial x}\Big|_{x=l}=h(u\big|_{x=l}-\theta)$$

也就是满足第三类边界条件。

有时候,一些边界条件中的函数 f,g,h 本身含有 u 或其导数项,只要这些项是一次幂,就都归属于线性系统。有时还有非线性边界条件的情况,比如在热辐射问题中,物体表面按斯蒂芬定律向外辐射热量,即辐射热流密度正比于温度的四次方:$q \propto u^4\big|_\Sigma$。

习题

[1] 长为 l 的均匀杆,两端有恒定的热流进入,强度为 q_0,写出边界条件。

[2] 求两种不同材料密接的细杆满足的衔接条件,设两种材料的热传导系数、比热及密度分别为 κ_1,c_1,ρ_1 和 κ_2,c_2,ρ_2。

[3] 如图 10.7 所示,当一根水平的弦中间附着一个质量为 m 的小球时,求弦的衔接条件。

[4] 求在两种不同电介质之间的静电衔接条件(图 10.8)。

图 10.7

图 10.8

10.3 达朗贝尔公式

本节我们介绍一类特殊的定解问题,研究初始条件如何决定方程的运动。

1. 无限长弦的波动方程

$$\begin{cases} u_{tt}-a^2 u_{xx}=0 \quad (-\infty < x < \infty) \\ u\big|_{t=0}=\phi(x), \quad u_t\big|_{t=0}=\psi(x) \end{cases}$$

1）通解

根据 9.3 节关于常系数偏微分方程通解的算法，假设方程的解具有形式

$$u = f(x + \alpha t)$$

特征代数方程为 $\alpha^2 - a^2 = 0$，解得 $\alpha = \pm a$，于是方程的解为

$$u = f_1(x + at) + f_2(x - at)$$

其中 f_1, f_2 是与初始状态有关的待定函数。

我们也可以作变量代换：$\xi = x + at, \eta = x - at$，将方程化为

$$\frac{\partial^2 u}{\partial \xi \partial \eta} = 0$$

先对 η 积分，得 $\dfrac{\partial u}{\partial \xi} = f(\xi)$；再对 ξ 积分，同样得到方程的解

$$u = \int f(\xi) \, \mathrm{d}\xi + f_2(\eta) \equiv f_1(\xi) + f_2(\eta)$$

$$= f_1(x + at) + f_2(x - at)$$

2）物理意义

作伽利略坐标变换 $X = x - at$，则 $f_2(x - at) = f_2(X)$，即 $f_2(x - at)$ 描述的是沿 x 正方向以速度 a 传播的行波，传播过程中波的形状保持不变；同样，$f_1(x + at)$ 描述的是沿 x 负方向以速度 a 传播的行波。因此，$u = f_1(x + at) + f_2(x - at)$ 描述以速度 a 分别向正、负两个方向传播波的叠加。两个波的形状始终保持不变，只有当发生重叠时，整体的波形才会发生改变。

3）确定函数 $f_1(x), f_2(x)$

需要根据初始条件来具体确定函数 $f_1(x), f_2(x)$ 的形式

$$\begin{cases} f_1(x) + f_2(x) = \phi(x) \\ af_1'(x) - af_2'(x) = \psi(x) \end{cases}$$

积分得

$$f_1(x) + f_2(x) = \phi(x)$$

$$af_1(x) - f_2(x) = \frac{1}{a} \int_{x_0}^{x} \psi(\xi) \, \mathrm{d}\xi + f_1(x_0) - f_2(x_0)$$

由此解出

$$f_1(x) = \frac{1}{2}\phi(x) + \frac{1}{2a} \int_{x_0}^{x} \psi(\xi) \, \mathrm{d}\xi + \frac{1}{2}[f_1(x_0) - f_2(x_0)]$$

$$f_2(x) = \frac{1}{2}\phi(x) - \frac{1}{2a} \int_{x_0}^{x} \psi(\xi) \, \mathrm{d}\xi - \frac{1}{2}[f_1(x_0) - f_2(x_0)]$$

最后得到无限长波动方程的特解，即达朗贝尔公式：

$$u(x, t) = \frac{1}{2}[\phi(x + at) + \phi(x - at)] + \frac{1}{2a} \int_{x-at}^{x+at} \psi(\xi) \, \mathrm{d}\xi \qquad (10.3.1)$$

例 10.1　研究三角波的传播过程：

$$\begin{cases} u_{tt} - a^2 u_{xx} = 0 \quad (-\infty < x < \infty) \\ u \mid_{t=0} = \phi(x) = \begin{cases} 1+x & (x \in [-1,0]) \\ 1-x & (x \in [0,1]) \\ 0 & (其他) \end{cases} \\ u_t \mid_{t=0} = \psi(x) = 0 \end{cases}$$

解　由于 $\psi(x) = 0$，根据达朗贝尔公式，有

$$u(x,t) = \frac{1}{2} [\phi(x+at) + \phi(x-at)]$$

它表明初始波形 $\phi(x)$ 被分解为相等的两个子波

$$f_1(x) = f_2(x) = \frac{1}{2}\phi(x)$$

分别向相反的方向传播，在传播过程中，波形将始终保持不变。图 10.9 形象地展示了不同时刻波的形状和位置。

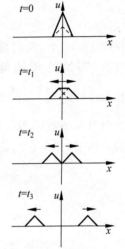

图　10.9

2. 端点反射

考虑半无限长弦的自由振动，具有一个端，不妨假设 $x=0$ 为固定端点：

$$\begin{cases} u_{tt} - a^2 u_{xx} = 0 \quad (0 \leqslant x < \infty) \\ u(x,t) \mid_{x=0} = 0 \\ u(x,t) \mid_{t=0} = \phi(x), \quad u_t(x,t) \mid_{t=0} = \psi(x) \end{cases}$$

由于 $x=0$ 点始终固定，假设半无限长弦是一条无限长弦的正半部分，无限长弦的位移必须是奇函数，为此，需要将其初始位移和初始速度也设为是奇函数，称作奇延拓：

$$\Phi(x) = \begin{cases} \phi(x) & (x \geqslant 0) \\ -\phi(-x) & (x < 0) \end{cases}$$

$$\Psi(x) = \begin{cases} \psi(x) & (x \geqslant 0) \\ -\psi(-x) & (x < 0) \end{cases}$$

于是半无限问题转化为无限问题

$$\begin{cases} \tilde{u}_{tt} - a^2 \tilde{u}_{xx} = 0 \quad (-\infty \leqslant x < \infty) \\ \tilde{u}(x,t) \mid_{t=0} = \Phi(x), \quad \tilde{u}_t(x,t) \mid_{t=0} = \Psi(x) \end{cases}$$

现在可以套用达朗贝尔公式，有

$$\tilde{u}(x,t) = \frac{1}{2}[\Phi(x-at) + \Phi(x+at)] + \frac{1}{2a}\int_{x-at}^{x+at} \Psi(\xi)\,\mathrm{d}\xi$$

$$= \frac{1}{2}\left[\Phi(x-at) - \frac{1}{a}\int_{-\infty}^{x-at} \Psi(\xi)\,\mathrm{d}\xi\right] + \frac{1}{2}\left[\Phi(x+at) + \frac{1}{2a}\int_{-\infty}^{x+at} \Psi(\xi)\,\mathrm{d}\xi\right]$$

最后设定半无限长弦的位形为

$$u(x,t) = \tilde{u}(x,t)\mid_{x \geqslant 0}$$

例 10.2 研究三角波在半无限长弦上的运动：

$$\begin{cases} u_{tt} - a^2 u_{xx} = 0 & (0 \leqslant x < \infty) \\ u\big|_{x=0} = 0 \\ u\big|_{t=0} = \begin{cases} x - d + 1 & (x \in [d-1, d]) \\ d + 1 - x & (x \in [d, d+1]) \\ 0 & (\text{其他}) \end{cases} \\ u_t\big|_{t=0} = 0 \end{cases}$$

解 由于 $x = 0$ 点固定，将半无限长弦作奇延拓成无限长弦。由于初始速度为 $u_t\big|_{t=0} = \psi(x) = 0$，所以达朗贝尔解为

$$u(x, t) = \frac{1}{2} \big[\Phi(x + at) + \Phi(x - at) \big]_{x \geqslant 0}$$

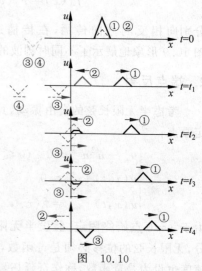

图 10.10

在图 10.10 中，我们直观地展示了波形随时间的变化过程，初始三角波等分为两个三角子波 ① 和 ②：$f_1(x) = f_2(x) = \frac{1}{2}\phi(x)$，分别向前后传播；在 $-x$ 方向有与子波①和②奇对称的子波③和④，也分别向前后传播，只是它们是非物理的，亦即

$$\begin{cases} \dfrac{1}{2}\Phi(x - at) = ① + ③ \\ \dfrac{1}{2}\Phi(x + at) = ② + ④ \end{cases}$$

在 $x > 0$ 的物理区域，当向后传播的波②到达端点 $x = 0$ 时，将会发生反射，根据图中所示的奇延拓性质，波②由波③取代，这时反射波的相位和入射波的相位相反（位移向下）。最后结果是：两个相位相反的波①和波③一起向前传播。这种反射波相位反转的现象称作半波损。

如果初始速度 $\psi(x) \neq 0$，仍然是分解为两个独立的子波沿相反方向传播，只是两个子波的形状将会不同，分别为

$$u_1(x) = \frac{1}{2}\phi(x) + \frac{1}{2}\int_{-\infty}^{x} \psi(\xi)\mathrm{d}\xi$$

$$u_2(x) = \frac{1}{2}\phi(x) - \frac{1}{2}\int_{-\infty}^{x} \psi(\xi)\mathrm{d}\xi$$

说明 达朗贝尔法只能用于求解无限长弦的波动方程，对于波的传播和反射，能给出简明的图像。但这种解法并不具备普遍意义，对于其他类型的无界问题，可以采用傅里叶变换法等求解，这是我们后面几章的任务。

习题

[1] 用图示的方法研究无限长弦的运动，设初始位移 $\phi(x) = 0$，初始速度为

$$u_t\big|_{t=0} = \psi(x) = \begin{cases} \psi_0 & (x \in [x_1, x_2]) \\ 0 & (\text{其他}) \end{cases}$$

[2] 半无限长杆的端点受到纵向力 $F = A\sin\omega t$ 作用，求解杆的纵振动。

10.4　偏微分方程分类

1. 特征方程

一般的二阶线性偏微分方程为

$$\sum_{i,j} a_{ij}(x) u_{x_i x_j} + \sum_i b_i(x) u_{x_i} + c(x) u + f(x) = 0 \tag{10.4.1}$$

式中,$a_{ij}(x),b_i(x),c(x_k),f(x_k)$ 是自变量 $x_1,x_2,\cdots,x_n$ 的函数,与物理量 u 无关,方程(10.4.1)为线性微分方程。如果 $f(x)=0$,则方程为齐次的,否则为非齐次方程。

下面我们仅限于讨论两个自变量 (x,y) 偏微分方程的分类:

$$a_{11} u_{xx} + 2a_{12} u_{xy} + a_{22} u_{yy} + b_1 u_x + b_2 u_y + cu + f = 0 \tag{10.4.2}$$

其中 $a_{11},a_{12},a_{22},b_1,c,f$ 都只是 x 和 y 的实函数,作自变量替换,

$$\begin{cases} x = x(\xi,\eta) \\ y = y(\xi,\eta) \end{cases} \Rightarrow \begin{cases} \xi = \xi(x,y) \\ \eta = \eta(x,y) \end{cases}$$

方程化成

$$A_{11} u_{\xi\xi} + 2A_{12} u_{\xi\eta} + A_{22} u_{\eta\eta} + B_1 u_\xi + B_2 u_\eta + Cu + F = 0 \tag{10.4.3}$$

式中,

$$A_{11}(\xi,\eta) = a_{11} \xi_x^2 + 2a_{12} \xi_x \xi_y + a_{22} \xi_y^2 = 0$$

$$A_{22}(\xi,\eta) = a_{11} \eta_x^2 + 2a_{12} \eta_x \eta_y + a_{22} \eta_y^2 = 0$$

$$A_{12}(\xi,\eta) = a_{11} \xi_x \eta_x + a_{12}(\xi_x \eta_y + \xi_y \eta_x) + a_{22} \xi_y \eta_y = 0$$

为了化简方程,选取新自变量 (ξ,η) 以使 $A_{11}=0$ 或 $A_{22}=0$,即满足条件

$$a_{11} z_x^2 + 2a_{12} z_x z_y + a_{22} z_y^2 = 0 \tag{10.4.4}$$

或者

$$a_{11} \left(-\frac{z_x}{z_y} \right)^2 - 2a_{12} \left(-\frac{z_x}{z_y} \right) + a_{22} = 0 \tag{10.4.5}$$

对于曲线方程 $z(x,y)=C$,有 $\dfrac{\mathrm{d}y}{\mathrm{d}x} = -\dfrac{z_x}{z_y}$,上述条件化为一阶微分方程

$$a_{11} \left(\frac{\mathrm{d}y}{\mathrm{d}x} \right)^2 - 2a_{12} \left(\frac{\mathrm{d}y}{\mathrm{d}x} \right) + a_{22} = 0 \tag{10.4.6}$$

该式叫做偏微分方程(10.4.2)的特征方程,其积分曲线 $z(x,y)=C$ 称作方程的特征线。特征方程(10.4.6)的两个解分别为

$$\begin{cases} \dfrac{\mathrm{d}y}{\mathrm{d}x} = \dfrac{a_{12} + \sqrt{a_{12}^2 - a_{11} a_{22}}}{a_{11}} \\[4mm] \dfrac{\mathrm{d}y}{\mathrm{d}x} = \dfrac{a_{12} - \sqrt{a_{12}^2 - a_{11} a_{22}}}{a_{11}} \end{cases} \tag{10.4.7}$$

2. 偏微分方程标准型

根据特征方程解的形式,可以将偏微分方程进行分类,令

$$\Delta = a_{12}^2 - a_{11}a_{22}$$

则有以下三种类型：

(1) 双曲型方程：$\Delta > 0$

特征方程有两条实特征线：$\xi(x,y) = C_1$，$\eta(x,y) = C_2$，取 (ξ, η) 为新的自变量，则 $A_{11} = 0$，$A_{22} = 0$，从而式(10.4.3)变成

$$u_{\xi\eta} = -\frac{1}{2A_{12}}[B_1 u_\xi + B_2 u_\eta + Cu + F] = 0 \tag{10.4.8}$$

进一步作替换

$$\begin{cases} \xi = \alpha + \beta \\ \eta = \alpha - \beta \end{cases}$$

可将式(10.4.9)化为标准双曲型方程

$$u_{\alpha\alpha} - u_{\beta\beta} = -\frac{1}{A_{12}}[(B_1 + B_2)u_\alpha + (B_1 - B_2)u_\beta + 2Cu + 2F] \tag{10.4.9}$$

波动方程等属于这一类型。

(2) 抛物型方程：$\Delta = 0$

此时式(10.4.7)的两个特征解合而为一，给出一条实特征线 $\xi(x,y) = C$，取 (ξ, η) 为新的自变量，由于

$$a_{12} = \pm\sqrt{a_{11}a_{22}}, \quad \frac{\xi_x}{\xi_y} = -\frac{\mathrm{d}y}{\mathrm{d}x} = -\frac{a_{12}}{a_{11}}$$

代入式(10.4.4)可知

$$A_{11} = A_{22} = 0, \quad A_{22} \neq 0$$

于是方程(10.4.3)化为

$$u_{\eta\eta} = -\frac{1}{A_{22}}[B_1 u_\xi + B_2 u_\eta + Cu + F] = 0 \tag{10.4.10}$$

这就是标准抛物型方程，扩散方程等属于这一类型。

(3) 椭圆型方程：$\Delta < 0$

此时特征方程没有实数解，但我们可以形式地取复常数 C，方程的解为

$$\xi(x,y) = \overline{\eta}(x,y) = C$$

虽然它不能被解释为平面上的一条曲线，但取 (ξ, η) 为新的自变量，仍有

$$A_{11} = 0, \quad A_{22} = 0$$

及

$$u_{\xi\eta} = -\frac{1}{2A_{12}}[B_1 u_\xi + B_2 u_\eta + Cu + F] = 0 \tag{10.4.11}$$

注意到约束关系：$\xi = \overline{\eta}$，取新自变量

$$\begin{cases} \xi = \alpha + \mathrm{i}\beta \\ \eta = \alpha - \mathrm{i}\beta \end{cases} \quad (\alpha, \beta \in \mathbb{R})$$

便得到标准椭圆型方程

$$u_{\alpha\alpha} + u_{\beta\beta} = -\frac{1}{A_{12}}[(B_1 + B_2)u_\alpha + \mathrm{i}(B_1 - B_2)u_\beta + 2Cu + 2F] \tag{10.4.12}$$

泊松方程等属于这一类型。

注记

根据

$$A_{12}^2 - A_{11}A_{22} = (a_{12}^2 - a_{11}a_{22})(\xi_x\eta_y - \xi_y\eta_x)^2$$

所以 Δ 的符号在变量替换下保持不变,即方程的类型保持不变。另外,由于 $\Delta = a_{12}^2 - a_{11}a_{22}$ 是 (x,y) 的函数,所以一般的偏微分方程可能在不同的区域显示为不同的类型。如果雅可比行列式 $\det J = \xi_x\eta_y - \xi_y\eta_x \equiv 1$,则 Δ 在变换下保持不变。

一般的圆锥曲线都可以用二次型函数描述,因此,二次型函数按照圆锥曲线分为三类:椭圆型、双曲型和抛物型。对于两个自变量 (x,y) 的二阶偏微分方程(10.4.2),如果系数是常数,那么将方程作傅里叶变换后,就转化为一个二次型的代数方程,它也分为椭圆型、双曲型和抛物型三种。对于变系数的二阶偏微分方程,虽然不能明显地通过积分变换转化为代数方程,但我们已经能够从中看出一些端倪。

习题

把下列方程化为标准型:

(1) $au_{xx} + 2au_{xy} + au_{yy} + bu_x + cu_y + c = 0$;

(2) $u_{xx} - 2u_{xy} - 3u_{yy} + 2u_x + 6u_y = 0$;

(3) $4y^2 u_{xx} - e^{2x} u_{yy} - 4y^2 u_x = 0$。

10.5　正交曲线坐标系

1. 坐标变换

设有正交曲线坐标系 (q_1, q_2, q_3),在空间每一点的三个切线方向有三个正交基向量 (e_1, e_2, e_3),基向量的方向一般与空间点的位置有关,曲线坐标系 (q_1, q_2, q_3) 与直角坐标系 (x, y, z) 之间以正交变换联系:

$$\begin{cases} x = x(q_1, q_2, q_3) \\ y = y(q_1, q_2, q_3) \\ z = z(q_1, q_2, q_3) \end{cases} \qquad (10.5.1)$$

沿着曲线坐标 q_j 方向的线元长度为

$$(\mathrm{d}s_j)^2 = \left[\left(\frac{\partial x}{\partial q_j}\right)^2 + \left(\frac{\partial y}{\partial q_j}\right)^2 + \left(\frac{\partial z}{\partial q_j}\right)^2\right](\mathrm{d}q_j)^2 \qquad (10.5.2)$$

即 $\mathrm{d}s_j = h_j \mathrm{d}q_j$,其中

$$h_j = \sqrt{\left(\frac{\partial x}{\partial q_j}\right)^2 + \left(\frac{\partial y}{\partial q_j}\right)^2 + \left(\frac{\partial z}{\partial q_j}\right)^2} \qquad (10.5.3)$$

称作该曲线坐标系的拉梅系数。

1) 标量函数 $u(q_1, q_2, q_3)$

沿某个曲线坐标 q_j 方向的变化率为

$$\frac{\partial u}{\partial s_j} = \frac{1}{h_j}\frac{\partial u}{\partial q_j}$$

所以标量函数 $u(q_1, q_2, q_3)$ 的梯度为

$$\nabla u = \frac{1}{h_1} \frac{\partial u}{\partial q_j} e_1 + \frac{1}{h_2} \frac{\partial u}{\partial q_2} e_2 + \frac{1}{h_3} \frac{\partial u}{\partial q_3} e_3 \tag{10.5.4}$$

2）向量函数 $A = A_1 e_1 + A_2 e_2 + A_3 e_3$

沿 e_1 方向的通量变化为

$$(A_1 ds_2 ds_3)\mid_{q_1 + dq_1} - (A_1 ds_2 ds_3)\mid_{q_1} = [(A_1 h_2 h_3)\mid_{q_1 + dq_1} - (A_1 h_2 h_3)\mid_{q_1}] dq_2 dq_3$$

$$= \frac{\partial}{\partial q_1} (A_1 h_2 h_3) dq_1 dq_2 dq_3$$

所以向量函数 $A(q_1, q_2, q_3)$ 的散度为

$$\nabla \cdot A = \frac{1}{h_1 h_2 h_3} \left[\frac{\partial}{\partial q_1} (A_1 h_2 h_3) + \frac{\partial}{\partial q_2} (A_2 h_3 h_1) + \frac{\partial}{\partial q_3} (A_3 h_1 h_2) \right] \tag{10.5.5}$$

2. 三维拉普拉斯算符

根据 $\Delta u = \nabla \cdot \nabla u$，正交曲线坐标系中拉普拉斯方程的表达式：

$$\Delta u = \frac{1}{h_1 h_2 h_3} \left[\frac{\partial}{\partial q_1} \left(\frac{h_2 h_3}{h_1} \frac{\partial u}{\partial q_1} \right) + \frac{\partial}{\partial q_2} \left(\frac{h_3 h_1}{h_2} \frac{\partial u}{\partial q_2} \right) + \frac{\partial}{\partial q_3} \left(\frac{h_1 h_2}{h_3} \frac{\partial u}{\partial q_3} \right) \right] \tag{10.5.6}$$

1）球坐标系

$$x = r\sin\theta\cos\phi, \quad y = r\sin\theta\sin\phi, \quad z = r\cos\theta$$

可知拉梅系数为

$$h_r = 1, \quad h_\theta = r, \quad h_\phi = r\sin\theta$$

于是

$$\Delta u = \frac{1}{r^2} \frac{\partial}{\partial r} \left(r^2 \frac{\partial u}{\partial r} \right) + \frac{1}{r^2 \sin\theta} \frac{\partial}{\partial \theta} \left(\sin\theta \frac{\partial u}{\partial \theta} \right) + \frac{1}{r^2 \sin^2\theta} \frac{\partial^2 u}{\partial \phi^2} \tag{10.5.7}$$

2）柱坐标系

同样可求得拉普拉斯方程为

$$\Delta u = \frac{1}{\rho} \frac{\partial}{\partial \rho} \left(\rho \frac{\partial u}{\partial \rho} \right) + \frac{1}{\rho^2} \frac{\partial^2 u}{\partial \phi^2} + \frac{\partial^2 u}{\partial z^2} \tag{10.5.8}$$

3. 高维拉普拉斯算符

还可以推广到 n 维球坐标系 $(q_1, q_2, \cdots, q_n)$，其拉梅系数为

$$h_j = \sqrt{\sum_{k=1}^{n} \left(\frac{\partial x_k}{\partial q_k} \right)^2}$$

拉普拉斯算符表示为

$$\Delta u = \frac{1}{h_1 h_2 \cdots h_n} \sum_{k=1}^{n} \frac{\partial}{\partial q_k} \left(\frac{h_1 h_2 \cdots h_n}{h_k^2} \frac{\partial}{\partial q_k} \right) \tag{10.5.9}$$

采用超球坐标系：

$$x_1 = r\cos\phi_1$$

$$x_2 = r\sin\phi_1\cos\phi_2$$

$$x_3 = r\sin\phi_1\sin\phi_2\cos\phi_3$$
$$\vdots$$
$$x_{n-1} = r\sin\phi_1\sin\phi_2\cdots\sin\phi_{n-2}\cos\phi_{n-1}$$
$$x_n = r\sin\phi_1\sin\phi_2\cdots\sin\phi_{n-2}\sin\phi_{n-1}$$

式中,$0 \leqslant \phi_k \leqslant \pi$ $(k=1,2,\cdots,n-2)$,$0 \leqslant \phi_{n-1} \leqslant 2\pi$,相应的拉梅系数为

$$h_1 = 1, \quad h_2 = r, \quad h_3 = r\sin\phi_1$$
$$\vdots$$
$$h_{n-1} = r\sin\phi_1\sin\phi_2\cdots\sin\phi_{n-3}$$
$$h_n = r\sin\phi_1\sin\phi_2\cdots\sin\phi_{n-2}$$

所以拉普拉斯算符为

$$\Delta u = \frac{1}{r^{n-1}}\frac{\partial}{\partial r}\left(r^{n-1}\frac{\partial u}{\partial r}\right) + \frac{1}{r^2\sin^{n-2}\phi_1}\frac{\partial}{\partial\phi_1}\left(\sin^{n-2}\phi_1\frac{\partial u}{\partial\phi_1}\right) + \cdots +$$

$$\frac{1}{r^2\sin^2\phi_1\cdots\sin^2\phi_{k-1}\sin^{n-(k+1)}\phi_k}\frac{\partial}{\partial\phi_k}\left(\sin^{n-(k+1)}\phi_k\frac{\partial u}{\partial\phi_k}\right) + \cdots +$$

$$\frac{1}{r^2\sin^2\phi_1\cdots\sin^2\phi_{k-1}\sin^2\phi_{n-2}}\frac{\partial^2 u}{\partial\phi_{n-1}^2} \tag{10.5.10}$$

注记

我们也可以直接从几何观点来推导曲线坐标系中的拉普拉斯方程。

(1) 柱坐标系

$$\begin{cases} x = \rho\cos\varphi \\ y = \rho\sin\varphi, \\ z = z \end{cases} \quad \begin{cases} \boldsymbol{e}_\rho = \boldsymbol{i}\cos\varphi + \boldsymbol{j}\sin\varphi \\ \boldsymbol{e}_\varphi = -\boldsymbol{i}\sin\varphi + \boldsymbol{j}\cos\varphi \\ \boldsymbol{e}_z = \boldsymbol{k} \end{cases}$$

对基向量取偏导数,有

$$\frac{\partial\boldsymbol{e}_\rho}{\partial\varphi} = \boldsymbol{e}_\varphi, \quad \frac{\partial\boldsymbol{e}_\varphi}{\partial\varphi} = -\boldsymbol{e}_\rho, \quad \frac{\partial\boldsymbol{e}_z}{\partial\varphi} = 0$$

$$\frac{\partial\boldsymbol{e}_\rho}{\partial\rho} = \frac{\partial\boldsymbol{e}_\varphi}{\partial\rho} = \frac{\partial\boldsymbol{e}_z}{\partial\rho} = 0$$

$$\frac{\partial\boldsymbol{e}_\rho}{\partial z} = \frac{\partial\boldsymbol{e}_\varphi}{\partial z} = \frac{\partial\boldsymbol{e}_z}{\partial z} = 0$$

$$\nabla = \boldsymbol{e}_\rho\frac{\partial}{\partial\rho} + \boldsymbol{e}_\varphi\frac{1}{\rho}\frac{\partial}{\partial\varphi} + \boldsymbol{e}_z\frac{\partial}{\partial z} = \boldsymbol{i}\frac{\partial}{\partial x} + \boldsymbol{j}\frac{\partial}{\partial y} + \boldsymbol{k}\frac{\partial}{\partial z}$$

$$\nabla^2 = \nabla \cdot \nabla = \left(\boldsymbol{e}_\rho\frac{\partial}{\partial\rho} + \boldsymbol{e}_\varphi\frac{1}{\rho}\frac{\partial}{\partial\varphi} + \boldsymbol{e}_z\frac{\partial}{\partial z}\right) \cdot \left(\boldsymbol{e}_\rho\frac{\partial}{\partial\rho} + \boldsymbol{e}_\varphi\frac{1}{\rho}\frac{\partial}{\partial\varphi} + \boldsymbol{e}_z\frac{\partial}{\partial z}\right)$$

基向量的偏导数也可以直观地从几何图像获得,读者可以参看图 10.11 推导。于是拉普拉斯算符为

$$\Delta u = \frac{1}{\rho}\frac{\partial}{\partial\rho}\left(\rho\frac{\partial u}{\partial\rho}\right) + \frac{1}{\rho^2}\frac{\partial^2 u}{\partial\varphi^2} + \frac{\partial^2 u}{\partial z^2}$$

（2）球坐标系

$$\begin{cases} x = r\sin\theta\cos\varphi \\ y = r\sin\theta\sin\varphi, \\ z = r\cos\theta \end{cases} \quad \begin{cases} \boldsymbol{e}_r = \boldsymbol{i}\sin\theta\sin\varphi + \boldsymbol{j}\sin\theta\cos\varphi + \boldsymbol{k}\cos\theta \\ \boldsymbol{e}_\theta = \boldsymbol{i}\cos\theta\cos\varphi + \boldsymbol{j}\cos\theta\sin\varphi - \boldsymbol{k}\sin\theta \\ \boldsymbol{e}_\varphi = -\boldsymbol{i}\sin\varphi + \boldsymbol{j}\cos\varphi \end{cases}$$

对基向量取偏导数：

$$\frac{\partial \boldsymbol{e}_r}{\partial\theta} = \boldsymbol{e}_\theta, \qquad \frac{\partial \boldsymbol{e}_\theta}{\partial\theta} = -\boldsymbol{e}_r, \qquad \frac{\partial \boldsymbol{e}_\varphi}{\partial\theta} = 0$$

$$\frac{\partial \boldsymbol{e}_r}{\partial\varphi} = \boldsymbol{e}_\varphi \sin\theta, \qquad \frac{\partial \boldsymbol{e}_\theta}{\partial\varphi} = -\boldsymbol{e}_\varphi \cos\theta$$

$$\frac{\partial \boldsymbol{e}_\varphi}{\partial\varphi} = -\boldsymbol{e}_r \sin\theta - \boldsymbol{e}_\theta \cos\theta$$

$$\frac{\partial \boldsymbol{e}_r}{\partial r} = \frac{\partial \boldsymbol{e}_\theta}{\partial r} = \frac{\partial \boldsymbol{e}_\varphi}{\partial r} = 0$$

$$\nabla = \boldsymbol{e}_r \frac{\partial}{\partial r} + \boldsymbol{e}_\theta \frac{1}{r} \frac{\partial}{\partial\theta} + \boldsymbol{e}_\varphi \frac{1}{r\sin\theta} \frac{\partial}{\partial\varphi}$$

$$\nabla^2 = \nabla\cdot\nabla = \left(\boldsymbol{e}_r \frac{\partial}{\partial r} + \boldsymbol{e}_\theta \frac{1}{r} \frac{\partial}{\partial\theta} + \boldsymbol{e}_\varphi \frac{1}{r\sin\theta} \frac{\partial}{\partial\varphi} \right) \cdot \left(\boldsymbol{e}_r \frac{\partial}{\partial r} + \boldsymbol{e}_\theta \frac{1}{r} \frac{\partial}{\partial\theta} + \boldsymbol{e}_\varphi \frac{1}{r\sin\theta} \frac{\partial}{\partial\varphi} \right)$$

基向量的偏导数同样可以参看图 10.12 推导。于是拉普拉斯算符为

$$\Delta u = \frac{1}{r^2} \frac{\partial}{\partial r} \left(r^2 \frac{\partial u}{\partial r} \right) + \frac{1}{r^2 \sin\theta} \frac{\partial}{\partial\theta} \left(\sin\theta \frac{\partial u}{\partial\theta} \right) + \frac{1}{r^2 \sin^2\theta} \frac{\partial^2 u}{\partial\varphi^2}$$

除了上述圆柱坐标系和球坐标系外，还有圆锥坐标系、椭球坐标系等，可参看王竹溪、郭敦仁的《特殊函数概论》。

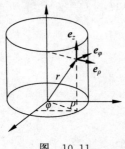

图 10.11

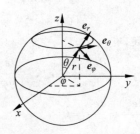

图 10.12

第11章

分离变量法

本方法适用于有限系统的定解问题,基本思想是把偏微分方程分解为几个常微分方程,其中一些常微分方程因存在齐次的边界条件而构成本征值问题。由于本章的本征函数都是三角函数,因此该方法的实质就是傅里叶级数展开法,需要根据定解条件求出展开系数。

11.1 齐次边界问题

本节我们讨论的定解问题具有齐次边界条件(homogeneous boundary condition)。在大多数情况下,齐次边界条件是求解微分方程定解问题的前提条件,我们将分两种情形讨论:一是齐次微分方程(homogeneous differential equation);二是非齐次微分方程(inhomogeneous differential equation)。

1. 齐次微分方程

例 11.1 求解两端固定弦的定解问题

$$\begin{cases} \dfrac{\partial^2 u}{\partial t^2} = a^2 \dfrac{\partial^2 u}{\partial x^2} \quad (0 \leqslant x \leqslant l) \\ u(0,t) = u(l,t) = 0 \\ u(x,0) = \phi(x), \quad u_t(x,0) = \psi(x) \end{cases}$$

解 波在两个端点之间来回反射,形成稳定的驻波。驻波只是一种集体振动,并不传播能量,假设方程的解形式上可以分解为 $u(x,t) = X(x)T(t)$,代入波动方程有

$$XT'' = a^2 X''T \to \frac{T''}{a^2 T} = \frac{X''}{X} \equiv -\lambda$$

其中 λ 为分离变量常数,于是得到两个常微分方程:

$$X''(x) + \lambda X(x) = 0$$

$$T''(t) + \lambda a^2 T(t) = 0$$

由齐次边界条件可知

$$\begin{cases} X(0)T(t)=0 \\ X(l)T(t)=0 \end{cases} \rightarrow X(0)=0, \quad X(l)=0$$

由于必须满足齐次边界条件,必有 $\lambda \geqslant 0$,此时方程的解为

$$X_n(x)=\sin\left(\frac{n\pi}{l}x\right)$$

$$\lambda_n=\left(\frac{n\pi}{l}\right)^2 \quad (n=1,2,3,\cdots)$$

我们由此发现,分离变量常数 λ 只能取一些不连续的数值,称作方程的本征值,相应的解 $X_n(x)$ 称作本征函数,而这类问题统称为本征值问题。

将本征值 λ_n 代入时间相关部分方程,解得

$$T_n(t)=A_n\cos\left(\frac{n\pi a}{l}t\right)+B_n\sin\left(\frac{n\pi a}{l}t\right) \quad (n=1,2,3,\cdots)$$

于是本征振动模为

$$u_n(x,t)=\sin\left(\frac{n\pi}{l}x\right)\left[A_n\cos\left(\frac{n\pi a}{l}t\right)+B_n\sin\left(\frac{n\pi a}{l}t\right)\right]$$

$$=N_n\sin\left(\frac{n\pi}{l}x\right)\sin\left(\frac{n\pi a}{l}t+\phi_n\right)$$

其中模和初相位为

$$N_n=\sqrt{A_n^2+B_n^2}, \quad \phi_n=\arctan\frac{A_n}{B_n}$$

上式可视为弦以频率 $\omega_n=\frac{n\pi a}{l}$ 作本征振荡,振幅为 $a_n=N_n\sin\frac{n\pi}{l}x$。不同的本征振动模如图 11.1(a)所示,每个模有一些不动点,称作节点。节点数随 n 逐个增加,两个节点之间的弦以同相振动,节点两边的弦以反相振动。图 11.1(b)显示空气中等距离悬浮的小球,它揭示了超声波形成的疏密驻波。

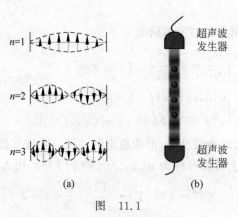

图 11.1

注意:本征振动函数 $u_n(x,t)$ 并不能满足初始条件。为了得到满足初始条件的定解,需要将上述本征函数作线性叠加

$$u(x,t)=\sum_{n=1}^{\infty}\left[A_n\cos\left(\frac{n\pi a}{l}t\right)+B_n\sin\left(\frac{n\pi a}{l}t\right)\right]\sin\left(\frac{n\pi}{l}x\right)$$

代入初始条件可求得叠加系数 A_n, B_n,

$$u(x,0) = \sum_{n=1}^{\infty} A_n \sin \frac{n\pi x}{l} = \phi(x)$$

$$u_t(x,0) = \sum_{n=1}^{\infty} \frac{n\pi a}{l} B_n \sin \frac{n\pi x}{l} = \psi(x)$$

它们实际上分别就是 $\phi(x), \psi(x)$ 按傅里叶正弦级数展开的系数

$$A_n = \frac{2}{l} \int_0^l \phi(\xi) \sin \frac{n\pi\xi}{l} \mathrm{d}\xi, \quad B_n = \frac{2}{n\pi a} \int_0^l \psi(\xi) \sin \frac{n\pi\xi}{l} \mathrm{d}\xi$$

讨论

(1) 如果 $\lambda < 0$,会有什么后果?

(2) 振动的频率与弦长成反比,解释了毕达哥拉斯的朴素观察,但是同一根弦可以有成整数倍的本征频率。

(3) 本征模:本征模 n 越大,节点数越多,弦的振动频率越大。这一点意义深远,由于振动的能量与振动频率成正比,暗示函数的高频傅里叶模必会受到抑制,否则将出现"紫外灾难"。

例 11.2 求解两端自由杆的波动方程

$$\begin{cases} u_t = a^2 u_{xx} & (0 \leqslant x \leqslant l) \\ u_x(0,t) = 0, \quad u_x(l,t) = 0 \\ u(x,0) = \phi(x), \quad u_t(x,0) = \psi(x) \end{cases}$$

解 假设 $u(x,t) = X(x)T(t)$,分离变量,先求解关于 x 的方程

$$\begin{cases} X''(x) + \lambda X(x) = 0 \\ X'(0) = X'(l) = 0 \end{cases}$$

这是第二类齐次边界条件,其本征函数和本征值为

$$X_n(x) = \cos \frac{n\pi x}{l}$$

$$\lambda_n = \left(\frac{n\pi}{l}\right)^2 \quad (n = 0,1,2,3,\cdots)$$

将本征值 λ_n 代入关于 $T(t)$ 的方程,解得

$$T_0(t) = A_0 + B_0 t \qquad (n=0)$$

$$T_n(t) = A_n \cos \frac{n\pi a}{l} t + B_n \sin \frac{\pi a}{l} t \quad (n=1,2,\cdots)$$

其中 A_0, B_0, A_n, B_n 均为待定常数。故本征振动解为

$$u_0(x,t) = A_0 + B_0 t \quad (n=0)$$

$$u_n(x,t) = \left(A_n \cos \frac{n\pi a}{l} t + B_n \sin \frac{n\pi a}{l} t\right) \cos \frac{n\pi}{l} x \quad (n=1,2,\cdots)$$

同样,本征振动不能满足初始条件,必须将所有本征模作线性叠加,即

$$u(x,t) = A_0 + B_0 t + \sum_{n=1}^{\infty} \left(A_n \cos \frac{n\pi a}{l} t + B_n \sin \frac{n\pi a}{l} t\right) \cos \frac{n\pi}{l} x$$

最后,由初始条件确定常数 A_0,B_0,A_n,B_n 的值,

$$A_0 + \sum_{n=1}^{\infty} A_n \cos\frac{n\pi}{l}x = \phi(x)$$

$$B_0 + \sum_{n=1}^{\infty} \frac{n\pi a}{l}B_n \cos\frac{n\pi}{l}x = \psi(x)$$

它相当于将 $\phi(x)$ 和 $\psi(x)$ 作傅里叶余弦级数展开,展开系数为

$$A_0 = \frac{1}{l}\int_0^l \phi(\xi)\mathrm{d}\xi, \quad A_n = \frac{2}{l}\int_0^l \phi(\xi)\cos\frac{n\pi}{l}\xi\mathrm{d}\xi$$

$$B_0 = \frac{1}{l}\int_0^l \psi(\xi)\mathrm{d}\xi, \quad B_n = \frac{2}{n\pi a}\int_0^l \psi(\xi)\cos\frac{n\pi}{l}\xi\mathrm{d}\xi$$

例 11.3　一根长为 l 的均匀细杆,其右端保持绝热,左端保持零度,给定杆内的初始温度分布 $\phi(x)$,求在没有热源的情况下杆在任意时刻的温度分布。

解　根据题意列出方程和定解条件,

$$\begin{cases} \dfrac{\partial u}{\partial t} = a^2\dfrac{\partial^2 u}{\partial x^2} & (0 \leqslant x \leqslant l) \\ u(0,t) = u_x(l,t) = 0 \\ u(x,0) = \phi(x) \end{cases}$$

设分离变量法的形式为 $u(x,t) = X(x)T(t)$,有

$$\begin{cases} X'' + \lambda X = 0 \\ X(0) = 0, \quad X'(l) = 0 \end{cases}$$

$$T' + a^2\lambda T = 0$$

先求本征值和本征函数

$$X_n(x) = \sin\left(n + \frac{1}{2}\right)\frac{\pi x}{l}$$

$$\lambda_n = \left[\left(n + \frac{1}{2}\right)\frac{\pi}{l}\right]^2 \quad (n = 0, 1, 2, 3, \cdots)$$

然后再求 $T(t)$ 的表达式,对于不同的本征值 λ_n,$T(t)$ 也不一样,有

$$T_n(t) = A_n \exp\left[-\left(n + \frac{1}{2}\right)^2\frac{\pi^2 a^2 t}{l^2}\right]$$

为了满足初始条件,方程的一般解仍需表示成所有本征解的线性叠加

$$u(x,t) = \sum_{n=0}^{\infty} A_n \exp\left[-\left(n + \frac{1}{2}\right)^2\frac{\pi^2 a^2 t}{l^2}\right]\sin\left(n + \frac{1}{2}\right)\frac{\pi x}{l}$$

最后,利用初始条件确定叠加系数

$$A_n = \frac{2}{l}\int_0^l \phi(\xi)\sin\left(n + \frac{1}{2}\right)\frac{\pi\xi}{l}\mathrm{d}\xi$$

例如取初始条件 $\phi(x) = \dfrac{u_0}{l}x$,有

$$u(x,t)=\frac{2u_0}{\pi^2}\sum_{n=0}^{\infty}\frac{(-1)^n}{\left(n+\frac{1}{2}\right)^2}\exp\left[-\left(n+\frac{1}{2}\right)^2\frac{\pi^2a^2t}{l^2}\right]\sin\left(n+\frac{1}{2}\right)\frac{\pi x}{l}$$

对于热传导问题,级数展开的系数随时间按指数衰减,不再像波动方程那样是随时间振荡。不同本征模的温度衰减速度不一样,也可理解为不同本征模的热传导速度不一样。

从本例中可以再次看出齐次边界条件的重要性,原则上边界条件如果不是齐次的(除了后文要讲到的情形),就不能直接求出方程的定解。

2. 非齐次微分方程

对于非齐次方程 $Lu=f(x,t)$,通常采用本征函数展开法(傅里叶级数)求解,其基本思路如下:

(1) 假设相应齐次方程 $Lu=0$ 的本征函数为 $X_n(x)$,将方程的一般解 u 按照本征函数作级数展开,即 $u(x,t)=\sum_n T_n(t)X_n(x)$,将含时函数 $T_n(t)$ 视作"待定系数";

(2) 方程右边的非齐次项也作相应的展开,$f(x,t)=\sum_n f_n(t)X_n(x)$;

(3) 将用本征函数展开的 $u(x,t)$ 代入泛定方程,根据本征函数的正交性,分离出"系数" $T_n(t)$ 所满足的常微分方程;

(4) 初始条件也需按本征函数展开:$u(x,0)\equiv\phi(x)=\sum_n\phi_nX_n(x)$,由此得到 $T_n(t)$ 满足的初始条件,从而解出其具体的表达式。

例 11.4　求解定解问题:

$$\begin{cases}u_{tt}-a^2u_{xx}=A\cos\dfrac{\pi x}{l}\sin\omega t\\[2mm]u_x\big|_{x=0}=0,\quad u_x\big|_{x=l}=0\\[2mm]u\big|_{t=0}=\phi(x),\quad u_t\big|_{t=0}=\psi(x)\end{cases}$$

解法 1　这是第二类齐次边界问题,相应于齐次方程的本征函数是

$$X_n(x)=\cos\frac{n\pi}{l}x\quad(n=0,1,2,3,\cdots)$$

假设方程的解具有如下形式:

$$u(x,t)=\sum_{n=0}^{\infty}T_n(t)\cos\frac{n\pi x}{l}$$

将其代入非齐次方程,得

$$\sum_{n=0}^{\infty}\left[T_n''(t)+\frac{n^2\pi^2a^2}{l^2}T_n\right]\cos\frac{n\pi x}{l}=A\cos\frac{\pi x}{l}\sin\omega t$$

比较两边本征函数的"系数",得到关于 $T_n(t)$ 的常微分方程

$$\begin{cases}T_1''(t)+\dfrac{\pi^2a^2}{l^2}T_1(t)=A\sin\omega t\\[4mm]T_n''(t)+\dfrac{n^2\pi^2a^2}{l^2}T_n(t)=0\quad(n\neq1)\end{cases}$$

为了求解 $T_n(t)$，还需要知道 $T_n(t)$ 满足的初始条件，为此把 $u(x,t)$ 满足的初始条件也按本征函数展开

$$u(x,0) = \sum_{n=0}^{\infty} T_n(0) \cos \frac{n\pi x}{l} \equiv \phi(x) = \sum_{n=0}^{\infty} \phi_n \cos \frac{n\pi x}{l}$$

$$u_t(x,0) = \sum_{n=0}^{\infty} T'_n(0) \cos \frac{n\pi x}{l} \equiv \psi(x) = \sum_{n=0}^{\infty} \psi_n \cos \frac{n\pi x}{l}$$

于是 $T_n(t)$ 满足的初始条件为

$$T_0(0) = \phi_0 = \frac{1}{l} \int_0^l \phi(\xi) \,\mathrm{d}\xi, \quad T_n(0) = \phi_n = \frac{2}{l} \int_0^l \phi(\xi) \cos \frac{n\pi\xi}{l} \mathrm{d}\xi$$

$$T'_0(0) = \psi_0 = \frac{1}{l} \int_0^l \psi(\xi) \,\mathrm{d}\xi, \quad T'_n(0) = \psi_n = \frac{2}{l} \int_0^l \psi(\xi) \cos \frac{n\pi\xi}{l} \mathrm{d}\xi$$

由此解得

$$T_0(t) = \phi_0 + \psi_0 t$$

$$T_n(t) = \phi_n \cos \frac{n\pi at}{l} + \frac{l}{n\pi a} \psi_n \sin \frac{n\pi at}{l} \quad (n \neq 0, 1)$$

$$T_1(t) = \frac{Al}{\pi a} \frac{1}{\omega^2 - \pi^2 a^2 / l^2} \left(\omega \sin \frac{\pi at}{l} - \frac{\pi a}{l} \sin\omega t \right) + \phi_1 \cos \frac{\pi at}{l} + \frac{l}{\pi a} \psi_1 \sin \frac{\pi at}{l}$$

所以方程的解为

$$u(x,t) = \frac{Al}{\pi a} \frac{1}{\omega^2 - \pi^2 a^2 / l^2} \left(\omega \sin \frac{\pi at}{l} - \frac{\pi a}{l} \sin\omega t \right) \cos \frac{\pi x}{l} + \phi_0 + \psi_0 t +$$

$$\sum_{n=1}^{\infty} \left(\phi_n \cos \frac{n\pi at}{l} + \frac{l}{n\pi a} \psi_n \sin \frac{n\pi at}{l} \right) \cos \frac{n\pi x}{l}$$

讨论

(1) 解的物理意义，受迫振动和共振；

(2) 为何只有系统的基频 $\omega_0 = \dfrac{\pi a}{l}$ 才与外加的驱动频率 ω 发生共振？

(3) 如果方程右边的外驱动为 $f(x,t) = A\sin\omega t$，还会发生共振吗？

解法 2　本题还有另一种更简便的做法，就是设法"猜出"方程的一个特解，从而将方程化为齐次方程，并且同时还具有齐次边界条件。在本例中根据非齐次项的特点，我们可以尝试如下特解：

$$v(x,t) = B\cos \frac{\pi x}{l} \sin\omega t$$

代入方程，解得

$$B = \frac{A}{(\pi a / l)^2 - \omega^2}$$

再令 $u(x,t) = v(x,t) + w(x,t)$，则 $w(x,t)$ 同时满足齐次微分方程和齐次边界条件

$$\begin{cases} \dfrac{\partial^2 w}{\partial t^2} - a^2 \dfrac{\partial^2 w}{\partial x^2} = 0 \\ w_x \big|_{x=0} = 0, \quad w_x \big|_{x=l} = 0 \\ w \big|_{t=0} = \phi(x), \quad w_t \big|_{t=0} = \psi(x) - B\omega \cos \dfrac{\pi x}{l} \end{cases}$$

以下按照例 11.2 的方法求解即可，这种解法显得更加简洁便利，但前提是找到合适的特解。

3. 矩形域问题

例 11.5　矩形域上求解二维泊松方程的边界值问题:

$$\begin{cases} \Delta u = -2 \\ u\mid_{x=0} = 0, \quad u\mid_{x=a} = 0 \\ u\mid_{y=0} = 0, \quad u\mid_{y=b} = 0 \end{cases}$$

解　由于方程的非齐次项为多项式,因此尝试一个多项式的特解

$$v(x,y) = x(a-x)$$

令 $u(x,y) = v(x,y) + w(x,y)$,则 $w(x,y)$ 满足定解问题

$$\begin{cases} \Delta w(x,y) = 0 \\ w\mid_{x=0} = 0, \quad w\mid_{x=a} = 0 \\ w\mid_{y=0} = x(x-a), \quad w\mid_{y=b} = x(x-a) \end{cases}$$

分离变量 $w(x,y) = X(x)Y(y)$,得

$$\begin{cases} X'' + \lambda X = 0, \quad Y'' - \lambda Y = 0 \\ X(0) = X(a) = 0 \end{cases}$$

由于 x 方向满足齐次边界条件,所以必须先求解关于 $X(x)$ 的方程

$$X_n(x) = \sin\frac{n\pi}{a}x$$

$$\lambda_n = \left(\frac{n\pi}{a}\right)^2 \quad (n=1,2,3,\cdots)$$

再将本征值 λ_n 代入,解出关于 $Y(y)$ 方程的通解

$$Y_n(y) = A_n \mathrm{e}^{n\pi y/a} + B_n \mathrm{e}^{-n\pi y/a}$$

其中系数 A_n, B_n 需要由 y 方向的边界条件决定,先将本征函数做线性叠加

$$w(x,y) = \sum_{n=1}^{\infty} (A_n \mathrm{e}^{n\pi y/a} + B_n \mathrm{e}^{-n\pi y/a})\sin\frac{n\pi}{a}x$$

将 $w(x,y)$ 在 y 方向的非齐次边界条件也按本征函数展开

$$x(x-a) = \sum_{n=1}^{\infty} C_n \sin\frac{n\pi}{a}x$$

$$C_n = \frac{2}{a}\int_0^a x(x-a)\sin\frac{n\pi}{a}x\,\mathrm{d}x = \frac{4a^2}{n^3\pi^3}\left[(-1)^n - 1\right]$$

比较系数可得

$$\begin{cases} A_n + B_n = C_n \\ A_n \mathrm{e}^{n\pi b/a} + B_n \mathrm{e}^{-n\pi b/a} = C_n \end{cases}$$

解出 A_n, B_n,化简后得

$$w(x,y) = -\frac{8a^2}{\pi^3}\sum_{n=1}^{\infty} \frac{\cosh[(2n-1)\pi(y-b/2)/a]}{(2n-1)^3\cosh[(2n-1)\pi b/2a]}\sin\frac{(2n-1)\pi}{a}x$$

于是方程的定解为

$$u(x,y)=x(a-x)-\frac{8a^2}{\pi^3}\sum_{n=1}^{\infty}\frac{\cosh[(2n-1)\pi(y-b/2)/a]}{(2n-1)^3\cosh[(2n-1)\pi b/2a]}\sin\frac{(2n-1)\pi}{a}x$$

讨论

（1）特解的选取必须保证在一个方向，仍然为齐次边界条件。

（2）如果先求解关于 $Y(y)$ 的方程，会有什么后果？

例 11.6 研究长、宽为 $a\times b$ 的二维矩形膜的本征振动：

$$\begin{cases}u_{tt}-a^2u_{xx}=0\\u\mid_{x=0}=u\mid_{x=a}=0\\u\mid_{y=0}=u\mid_{y=b}=0\\u\mid_{t=0}=f(x,y),\quad u_x\mid_{t=0}=g(x,y)\end{cases}$$

先分离变量，$u(x,y,t)=X(x)Y(y)T(t)$，得到以下本征问题方程：

$$\begin{cases}X''+\lambda X=0\\X(0)=0,\quad X(a)=0\end{cases},\quad\begin{cases}Y''+\chi Y=0\\Y(0)=0,\quad Y(b)=0\end{cases}$$

$$T''+k^2a^2T=0,\qquad k^2=\lambda^2+\chi^2$$

由于两组方程均满足齐次边界条件，可解得两组本征值为

$$\lambda_m^2=\frac{m^2\pi^2}{a^2},\quad\chi_n^2=\frac{n^2\pi^2}{b^2}\quad(m,n=1,2,3,\cdots)$$

$$k_{mn}^2=\frac{m^2\pi^2}{a^2}+\frac{n^2\pi^2}{b^2}$$

相应的本征函数为

$$u_{mn}(x,y)=\sin\left(\frac{m\pi}{a}x\right)\sin\left(\frac{n\pi}{b}y\right)$$

本征振动频率为 $\omega_{mn}=k_{mn}a$。

此时会发生一个有趣的现象：如果 $a:b$ 是有理数，则会出现重本征值 k_{mn}，称作简并本征值，即方程

$$\frac{m^2}{a^2}+\frac{n^2}{b^2}=\frac{m'^2}{a^2}+\frac{n'^2}{b^2}$$

有非零的整数解 $\{m,n;m',n'\}$，于是本征值的重数就化为数论问题：有多少种不同的方法可以把一个数表示为两个平方数之和？比如 $65=7^2+4^2=8^2+1^2$。

本征函数 $u_{mn}(x,y)=\sin\left(\frac{m\pi}{a}x\right)\sin\left(\frac{n\pi}{b}y\right)$ 具有由一些连续零值构成的线，称作节线，它们在振动中始终保持静止。通常节线为平行于坐标轴的直线段；但是当出现简并本征值时，本征函数可以是不同简并模的线性组合，因此可能出现其他形状的节线，比如对于正方形 $a=b\equiv\pi$，本征模取为

$$u_{mn}(x,y)=\alpha\sin(mx)\sin(ny)+\beta\sin(nx)\sin(my)$$

图 11.2 描绘了几个本征模的节线形状。

思考 三维立方体振动的节线可能会什么样？

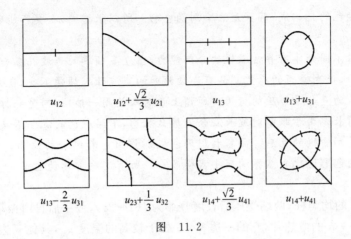

图 11.2

注记

关于弦振动的研究导致了傅里叶级数理论的发展,它大概是从听觉中引申出的唯一重要数学分支。毕达哥拉斯发现了音调与弦长之间的关系:当两条弦的长度之比为有理数时,产生的声音在听觉上很和谐。古代的学者认为音调的物理基础是振动频率,但频率与物体长度的反比关系直到 17 世纪才被笛卡儿的老师 I. 贝克曼发现。1625 年,梅森发现频率与张力、截面积、长度的关系为

$$\nu \propto \frac{1}{l}\sqrt{\frac{T}{A}}$$

泰勒是第一个从数学假定导出梅森定律的人,他发现弦的最简单的形状就是正弦波:

$$y = k\sin\frac{\pi x}{l}$$

他同时得出普遍性结论,即弦上的张力与 $\dfrac{\mathrm{d}^2 y}{\mathrm{d}x^2}$ 成正比。1753 年,丹尼尔·伯努利直觉地认为波动方程的解能够表达成三角函数级数:

$$y = a_1\sin\frac{\pi x}{l}\cos\frac{\pi ct}{l} + a_2\sin\frac{2\pi x}{l}\cos\frac{2\pi ct}{l} + \cdots + a_n\sin\frac{n\pi x}{l}\cos\frac{n\pi ct}{l} + \cdots$$

该公式相当于断言:弦振动的任何模式都是由简单的模式叠加而成。级数中的第 n 项代表第 n 个振动模式,与之相应有第 n 个振动频率。但他未能给出计算系数 a_n 的方法。

三角波可以用级数表示的事实,使得级数成为经典意义下的函数,数学家逐渐明白,级数表示并不能保证函数的可导性。在关于热传导理论的研究中,傅里叶应用三角级数获得了如此巨大的成功,以致三角函数级数被称作傅里叶级数。

关于三角函数级数收敛性的诸多微妙问题,最终引导康托尔(G. Cantor)发展出集合论。

最后,我们应该怀着敬意来谈论一下耳朵。耳朵是天然的傅里叶频谱分析器,它听到的不是声音振动的时空形状,而是从一串声波中分解出不同的频率成分,能听出不同音色和音阶——我们能轻易听出隔壁房间里有谁在说话,无论他们是窃窃私语还是高声喧哗。一个高明的指挥家能够随时分辨出整个乐队每一个乐器发出的音符是否正确。与此大相异趣的是,眼睛虽然能识别颜色,即光波的频率,但对复合光则缺乏频谱解析能力。我们无法看出

白光是由不同颜色的光构成,甚至无法鉴别伪色彩。所以很遗憾,人类不能欣赏用光创作的"交响乐"。

因为耳朵对不同频率有异常敏锐的分辨能力,当众多频率的声波混在一起时,就会超出大脑的响应能力,产生噪声的感觉。具有连续频率的声波让人烦躁不安,在大街上开车的人同时按喇叭被认为是非常可厌的行为。所谓上帝对人关闭一扇门,同时会打开另一扇窗,眼睛在此就发挥所长。由于眼睛对波长混合没那么敏感,不同颜色的混合不仅不会令人厌烦,反而可以产生更加愉悦的色感。画家利用调色板创作出色彩缤纷的油画,由电视技术或印染技术所创造的色彩远比自然界绚丽丰富得多——所有这些都是伪色彩。

习题

[1] 长为 l 的均匀杆,两端受压后长度收缩为 $l(1-2\varepsilon)$,放手后自由振动,求杆的运动。

[2] 矩形 $a\times b$ 的散热片,它的一边 $y=b$ 处于较高的温度 u_0,其他三边保持 $0℃$,求横截面上的稳恒的温度分布。

[3] 求定解问题:

$$\begin{cases} u_{tt} - a^2 u_{xx} = bx(l-x) \\ u\mid_{x=0} = 0, \quad u\mid_{x=l} = 0 \\ u\mid_{t=0} = 0, \quad u_t\mid_{t=0} = 0 \end{cases}$$

[4] 求热传导问题:

$$\begin{cases} u_t - a^2 u_{xx} = A\sin\omega t \\ u_x\mid_{x=0} = 0, \quad u\mid_{x=l} = 0 \\ u\mid_{t=0} = \phi(x) \end{cases}$$

[5] 求输运问题:

$$\begin{cases} u_t - a^2 u_{xx} = -bu_x \\ u\mid_{x=0} = 0, \quad u\mid_{x=l} = 0 \\ u\mid_{t=0} = \phi(x) \end{cases}$$

11.2 非齐次边界问题

在 9.1 节的内容中,定解问题都有一个共同特点,即边界条件是齐次的,由此可以获得本征函数和本征值。那么对于非齐次边界条件(inhomogeneous boundary condition)问题,应当如何应对呢?

办法是先将非齐次边界条件齐次化。通常的做法是尝试一个特解 $v(x,t)$,使之同时满足微分方程和非齐次的边界条件,然后利用叠加原理,令 $u(x,t)=v(x,t)+w(x,t)$,这样原来的非齐次边界条件问题,就转化为求未知函数 $w(x,t)$ 的齐次边界条件问题。

说明 $w(x,t)$ 满足的方程可能是非齐次方程,为了以后求解的便利,需要寻找一个"较好"的特解 $v(x,t)$,它使 $w(x,t)$ 同时满足齐次方程和齐次边界条件。如何寻找这个更好的特解呢?这就需要对方程和边界条件的特点进行观察。

例 11.7　求解非齐次方程:

$$\begin{cases} u_{tt} - a^2 u_{xx} = 0 \\ u\mid_{x=0} = 0, \quad u\mid_{x=l} = A\sin\omega t \\ u\mid_{t=0} = 0, \quad u_t\mid_{t=0} = 0 \end{cases}$$

解　显然 $v(x,t) = \dfrac{Ax}{l}\sin(\omega t)$ 是方程的一个特解,且能满足非齐次的边界条件,但由此得到的 $w(x,t)$ 虽然满足齐次边界条件,却遵守一个非齐次方程,它虽然可以按 11.1 节演示的方法进行求解,但过程有时会比较繁琐。我们试图另外寻找更好的特解,使 $w(x,t)$ 既满足齐次边界条件,又满足齐次方程。尝试特解

$$v(x,t) = X(x)\sin(\omega t)$$

其中 $X(x)$ 是一个待定的函数,满足边界条件 $X(0)=0, X(l)=A$,将 $v(x,t)$ 代入方程,可以解出

$$X(x) = A\frac{\sin(\omega x/a)}{\sin(\omega l/a)}$$

于是

$$v(x,t) = A\frac{\sin(\omega x/a)}{\sin(\omega l/a)}\sin(\omega t)$$

此时 $w(x,t)$ 满足定解问题

$$\begin{cases} \dfrac{\partial^2 w}{\partial^2 t} - a^2\dfrac{\partial^2 w}{\partial^2 x} = 0 \\ w\mid_{x=0} = 0, \quad w\mid_{x=l} = 0 \\ w\mid_{t=0} = 0, \quad w_t\mid_{t=0} = -A\omega\dfrac{\sin(\omega x/a)}{\sin(\omega l/a)} \end{cases}$$

注意: $w(x,t)$ 满足的初始条件会发生相应的变化。以下按照例 10.1 的方法求解,此处就不赘述了,最终结果为

$$u(x,t) = A\frac{\sin(\omega x/a)}{\sin(\omega l/a)}\sin(\omega t) + \frac{2A\omega}{al}\sum_{n=1}^{\infty}\frac{1}{\omega^2/a^2 - n^2\pi^2/l^2}\sin\left(\frac{n\pi at}{l}\right)\sin\left(\frac{n\pi x}{l}\right)$$

讨论

(1) 选择性共振: 当外驱动的频率与系统的某个本征频率相同时,即 $\omega = n\pi a/l$,发生共振吸收或释放,这实质上就是量子化现象。

(2) 比较与非齐次方程齐次边界条件问题的异同。

(3) 齐次边界条件的本质是孤立系统,或者说系统处于束缚状态。相应地,非齐次边界条件意味着系统是开放的,始终会与外界有能量交换和转移,所以原则上不可能达到稳定状态。对于振动方程,不会有不动的节点或者节线。通常系统处于"受迫"状态。在特定的条件下,系统与外界达成共振,相关物理量将趋于发散。

注记

至此我们讨论的都是有限尺寸系统问题的求解,所得到的本征值都是离散的,方程的一般解需要将所有本征函数叠加起来才能满足初始条件。如果系统是无限大的,那么本征值可能就是连续的,比如假设大气温度随昼夜或者季节交替按正弦形式变化,研究地表温度随深度的变化问题。

我们将该问题建立简化的模型,假设可以按一维热传导问题处理,则方程和定解条件为

$$\begin{cases} \dfrac{\partial u}{\partial t} = a^2 \dfrac{\partial^2 u}{\partial x^2} & (0 \leqslant x < \infty) \\[2mm] u(0,t) = u_0 + A\sin\Omega t, \quad u\,|_{t=0} = u_0 \end{cases}$$

先作零点平移，$u = v + u_0$，则 $v(x,t)$ 满足的方程和定解条件为

$$\begin{cases} \dfrac{\partial v}{\partial t} = a^2 \dfrac{\partial^2 v}{\partial x^2} & (0 \leqslant x < \infty) \\[2mm] v(0,t) = A\sin\Omega t, \quad v\,|_{t=0} = 0 \end{cases}$$

热传导方程看上去有点像波动方程，假设解的形式为

$$v(x,t) \propto e^{\pm i(kx - \omega t)}$$

代入方程有

$$\mp i\omega = -a^2 k^2$$

k 可有 4 个值，考虑到 $x \to \infty$ 时温度的有限性，只能取两个值：

$$k = (\pm 1 + i)\sqrt{\dfrac{\omega}{2a^2}}$$

方程的一般解取对 ω 的叠加形式

$$v(x,t) = \sum_{\omega > 0} \left[C(\omega)\, e^{i\left(\sqrt{\frac{\omega}{2a^2}}\,x - \omega t\right)} + D(\omega)\, e^{-i\left(\sqrt{\frac{\omega}{2a^2}}\,x - \omega t\right)} \right] e^{-\sqrt{\frac{\omega}{2a^2}}\,x}$$

由边界条件可知

$$C(\Omega) = -D(\Omega) = \dfrac{A}{2i}$$

其余 $C(\omega), D(\omega)$ 皆为零，于是方程的解为

$$u(x,t) = u_0 + A\, e^{-\frac{x}{\delta}} \sin\left(\Omega t - \dfrac{x}{\delta}\right)$$

其中 $\delta = a\sqrt{\dfrac{2}{\Omega}}$。从最终结果看，可以得到以下结论：

(1) 受大气影响，地下温度随深度按指数衰减。

(2) 由于 $\delta \propto \sqrt{\dfrac{1}{\Omega}}$，地表温度变化越频繁，地下温度衰减梯度越大。这与电磁波在金属表面的穿透类似，高频电磁波较不容易穿透金属，δ 也称作趋肤深度。

习题

[1] 求定解问题：

$$\begin{cases} u_{tt} - a^2 u_{xx} = 0 & (0 < x < l) \\[2mm] u\,|_{x=0} = \cos\dfrac{\pi a t}{l}, \quad u_x\,|_{x=l} = 0 \\[2mm] u\,|_{t=0} = \cos\dfrac{\pi x}{l}, \quad u_t\,|_{t=0} = \sin\dfrac{\pi x}{2l} \end{cases}$$

[2] 在矩形域 $0 < x < a, 0 < y < b$ 上，求解：

$$\begin{cases} \Delta u = -x^2 y \\[2mm] u\,|_{x=0} = u\,|_{x=a} = 0 \\[2mm] u\,|_{y=0} = u\,|_{y=b} = 0 \end{cases}$$

[3] 求定解问题:

$$
\begin{cases}
u_t - \kappa u_{xx} = 0 \\
u\mid_{x=0} = A\mathrm{e}^{-\alpha^2\kappa t}, \quad u\mid_{x=l} = B\mathrm{e}^{-\beta^2\kappa t} \\
u\mid_{t=0} = 0
\end{cases}
$$

[4] 求解均匀杆的纵振动,杆长为 l,一端固定,另一端受力 $F(t)=F_0\sin\omega t$ 作用,初始位移和速度分别为 $\phi(x)$ 和 $\psi(x)$。

11.3　周期边界问题

1. 齐次方程(拉普拉斯方程)

对于圆形区域问题,通常采用极坐标比较方便。由于有周期条件: $u(r,\theta+2\pi)=u(r,\theta)$,它可决定 θ 坐标方向的本征值,故不再需要齐次化的边界条件。

例 11.8　圆域内的边值问题:半径为 a 的薄圆盘,上下两面绝热,圆周边缘的温度分布为已知函数 $f(x,y)$,求稳恒状态时圆盘内的温度分布。

$$
\begin{cases}
\dfrac{\partial^2 u}{\partial x^2} + \dfrac{\partial^2 u}{\partial y^2} = 0 \quad (x^2+y^2 < a^2) \\
u\mid_{x^2+y^2=a^2} = f(x,y)
\end{cases}
$$

解　由于边界形状具有轴对称性,故采用极坐标系,有

$$
\begin{cases}
\dfrac{1}{\rho}\dfrac{\partial}{\partial\rho}\left(\rho\dfrac{\partial u}{\partial\rho}\right) + \dfrac{1}{\rho^2}\dfrac{\partial^2 u}{\partial\theta^2} = 0 \\
u(a,\theta) = f(\theta)
\end{cases}
$$

周期条件为 $u(\rho,\theta+2\pi)=u(\rho,\theta)$,另外还需要满足物理条件,即 $u(0,\theta)$ 必须有限。取分离变量形式: $u(\rho,\theta)=R(\rho)\Theta(\theta)$,得

$$
\begin{cases}
\Theta'' + \lambda\Theta = 0 \\
\Theta(\theta+2\pi) = \Theta(\theta)
\end{cases}
$$

可解得角向部分的本征值和本征函数

$$
\Theta_m(\theta) = a_m\cos m\theta + b_m\sin m\theta
$$

$$
\lambda_m = m^2 \quad (m=0,1,2,\cdots)
$$

径向部分满足欧拉型方程

$$
\rho^2 R'' + \rho R' - \lambda R = 0
$$

代入本征值 λ_m,解得

$$
R_m(\rho) = \begin{cases}
c_0 + d_0\ln\rho \quad (m=0) \\
c_m\rho^m + \dfrac{d_m}{\rho^m} \quad (m>0)
\end{cases}
$$

考虑到 $\rho=0$ 时方程的物理解应当有限,令 $d_m=d_0=0$ 舍弃掉发散部分,将所有本征解作线性叠加

$$
u(\rho,\theta) = a_0 + \sum_{m=1}^{\infty}(a_m\cos m\theta + b_m\sin m\theta)\rho^m
$$

利用边界条件 $u(\rho,\theta)|_{\rho=a}=f(\theta)$,以确定叠加系数 a_m 和 b_m,则

$$a_0=\frac{1}{2\pi}\int_0^{2\pi}f(t)\,\mathrm{d}t,\quad a_m=\frac{1}{a^m\pi}\int_0^{2\pi}f(t)\cos mt\,\mathrm{d}t$$

$$b_m=\frac{1}{a^m\pi}\int_0^{2\pi}f(t)\sin mt\,\mathrm{d}t$$

最后解得

$$u(\rho,\theta)=\frac{1}{\pi}\int_0^{2\pi}f(t)\left\{\frac{1}{2}+\sum_{m=1}^{\infty}\left(\frac{\rho}{a}\right)^m\cos[m(\theta-t)]\right\}\mathrm{d}t$$

$$=\frac{1}{2\pi}\int_0^{2\pi}\frac{f(t)(a^2-\rho^2)}{a^2+\rho^2-2a\rho\cos(\theta-t)}\mathrm{d}t$$

练习　试推导上式中的最后一步。

例 11.9　无限大均匀电场 E_0 中置入一根半径为 a 的长柱形接地导体柱,求导体柱附近的电场分布。

解　本题可视为二维问题,满足拉普拉斯方程:$\Delta_2u=0$,由于边界是圆,选取极坐标系:

$$\begin{cases}\dfrac{\partial^2u}{\partial\rho^2}+\dfrac{1}{\rho}\dfrac{\partial u}{\partial\rho}+\dfrac{1}{\rho^2}\dfrac{\partial^2u}{\partial\theta^2}=0\quad(\rho>a)\\[2mm]u\,|_{\rho=a}=0\\[2mm]-\dfrac{\partial u}{\partial x}\,|_{\rho\to\infty}=E_0,\quad u\,|_{\rho\to\infty}=-E_0\rho\cos\theta+\dfrac{q_0}{2\pi\varepsilon_0}\ln\dfrac{a}{\rho}\end{cases}$$

边界条件是根据物理分析得出的:在无穷远处可视作均匀电场,q_0 项是考虑到接地导体在外电场中会产生感应电荷,它也会在空间产生电场分布,如图 11.3 所示。分离变量后,利用周期条件,解得角向本征函数

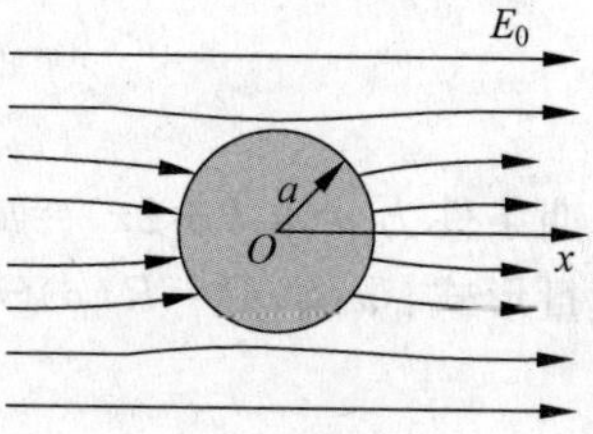

$$\Phi_m(\theta)=A_m\cos m\theta+B_m\sin m\theta$$

$$\lambda_m=m^2\quad(m=0,1,2,\cdots)$$

图　11.3

径向部分的相应解为

$$R_m(\rho)=\begin{cases}C_0+D_0\ln\rho\quad(m=0)\\[2mm]C_m\rho^m+\dfrac{D_m}{\rho^m}\quad(m>0)\end{cases}$$

所以方程的一般解是所有本征解的叠加

$$u(\rho,\theta)=C_0+D_0\ln\rho+\sum_{m=1}^{\infty}(A_m\cos m\theta+B_m\sin m\theta)\rho^m+$$

$$\sum_{m=1}^{\infty}(C_m\cos m\theta+D_m\sin m\theta)\rho^{-m}$$

再根据边界条件定出叠加系数,首先由 $u\,|_{\rho=a}=0$,有

$$C_0+D_0\ln a=0,\quad A_ma^m+C_ma^{-m}=0,\quad B_ma^m+D_ma^{-m}=0$$

再根据 $\rho\to\infty$ 的条件,得到另一组系数之间的关系,最终结果为

$$u(\rho,\theta)=\frac{q_0}{2\pi\varepsilon_0}\ln\frac{a}{\rho}-E_0\rho\cos\theta+E_0\frac{a^2}{\rho}\cos\theta$$

2. 非齐次方程（泊松方程）

对于二维泊松方程：$\Delta u = f(\rho, \theta)$，一般也是采用特解法，即通过观察，寻找方程的一个特解 $v(x)$，然后令 $u = v + w$，将问题转化为齐次的拉普拉斯方程：$\Delta w = 0$，然后求解。

例 11.10 在半径为 ρ_0 的圆域上求解泊松方程的边值问题：

$$\begin{cases} \Delta u = a + b(x^2 - y^2) \\ u \mid_{\rho = \rho_0} = c \end{cases}$$

解 方程的非齐次项为多项式，因此选择多项式的特解。注意到边界是圆形，需要使用极坐标系，所以特解应当适合于用极坐标形式表示，故取

$$v(x, y) = \frac{a}{4}(x^2 + y^2) + \frac{b}{12}(x^4 - y^4) = \frac{a}{4}\rho^2 + \frac{b}{12}\rho^4 \cos 2\theta$$

关于 $w(x, y)$ 的定解问题就变为

$$\begin{cases} \Delta w = 0 \\ w \mid_{\rho = \rho_0} = c - \frac{a}{4}\rho_0^2 - \frac{b}{12}\rho_0^4 \cos 2\theta \equiv f(\theta) \end{cases}$$

这样就化为例 11.8 的齐次方程问题，以下可以按部就班地进行求解，在此从略。

求解圆域的振动方程会涉及某些特殊函数（贝塞尔函数），后文有专门介绍。我们仅在图 11.4 中展示圆形膜的一些本征振动模，它的节线是一些同心圆和径线，一般不会出现重本征值。（图片来自 Wikipedia）

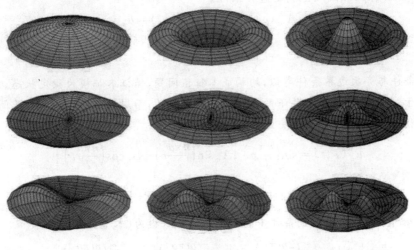

图 11.4

对于泊松方程，如果实在找不到合适的特解，就只好采用 10.1 节中非齐次方程的解法，即先求出相应齐次方程即拉普拉斯方程的本征函数，再将方程的解以及非齐次项均按本征函数作待定系数叠加，得到待定系数满足的常微分方程后再求解。如欲求解方程

$$\begin{cases} \Delta_2 u = f(\rho, \theta) \\ u \mid_{\rho = \rho_0} = \phi(\theta) \end{cases}$$

相应齐次方程 $\Delta_2 u = 0$，其本征解为

$$\Phi_m(\theta) = A_m \cos m\theta + B_m \sin m\theta$$

$$\lambda_m = m^2 \quad (m = 0, 1, 2, \cdots)$$

将方程的解按本征函数展开

$$u = \sum_{m=0}^{\infty} \left[A_m(\rho) \cos m\theta + B_m(\rho) \sin m\theta \right]$$

假设"待定系数"依赖于径向坐标 ρ。将方程的非齐次项也按本征函数展开

$$f(\rho, \theta) = \sum_{m=0}^{\infty} \left[g_m(\rho) \cos m\theta + h_m(\rho) \sin m\theta \right]$$

代入原方程,可得 $A_m(\rho), B_m(\rho)$ 满足的常微分方程

$$\frac{\mathrm{d}^2 A_m(\rho)}{\mathrm{d}\rho^2} + \frac{1}{\rho} \frac{\mathrm{d} A_m(\rho)}{\mathrm{d}\rho} - \frac{m^2}{\rho^2} A_m(\rho) = g_m(\rho)$$

$$\frac{\mathrm{d}^2 B_m(\rho)}{\mathrm{d}\rho^2} + \frac{1}{\rho} \frac{\mathrm{d} B_m(\rho)}{\mathrm{d}\rho} - \frac{m^2}{\rho^2} B_m(\rho) = h_m(\rho)$$

上述方程对应的齐次方程是欧拉型方程,其通解为:ρ^m, ρ^{-m},按照 9.2 节的办法,可求出上述非齐次方程的特解。一般解的线性叠加系数需由边界条件确定,为此将边界条件 $u\big|_{\rho=\rho_0} = \phi(\theta)$ 也按本征函数展开

$$\phi(\theta) = \sum_{m=0}^{\infty} \left[a_m \cos m\theta + b_m \sin m\theta \right]$$

于是 $A_m(\rho), B_m(\rho)$ 在圆周上满足边界条件

$$A_m(\rho_0) = a_m, \quad B_m(\rho_0) = b_m$$

另外考虑到物理因素,$A_m(0), B_m(0)$ 应当有限,由此可得到方程的定解。

注记

周期条件与齐次边界条件类似,均构成本征值问题,保证本征模为稳定状态。二者之间的区别在于,三类齐次边界条件下的本征模是非简并的,而周期条件的本征模是简并的。对于波动方程,齐次边界条件的单一本征模为驻波态:

$$u_n(x, t) = \sin\left(\frac{n\pi}{l}x\right) \left[A_n \sin\left(\frac{n\pi a}{l}t\right) + B_n \cos\left(\frac{n\pi a}{l}t\right) \right]$$

$$= N_n \sin\left(\frac{n\pi}{l}x\right) \sin\left(\frac{n\pi a}{l}t + \phi_n\right)$$

它是非载流的平衡态。而周期条件下的二重简并本征模为(本节习题[2])

$$\begin{cases} u_m^{(1)} = \cos\left(\frac{2m\pi}{l}x\right) \left[A_m \cos\left(\frac{m\pi a}{l}t\right) + B_m \sin\left(\frac{m\pi a}{l}t\right) \right] \\ u_m^{(2)} = \sin\left(\frac{2m\pi}{l}x\right) \left[C_m \cos\left(\frac{m\pi a}{l}t\right) + D_m \sin\left(\frac{m\pi a}{l}t\right) \right] \end{cases}$$

该简并驻波模可重新组合为两个反向传播的行波模:

$$\begin{cases} u_m^- = N_m^- \sin\left[\frac{2m\pi}{l}(x - at) + \phi_m^-\right] \\ u_m^+ = N_m^+ \sin\left[\frac{2m\pi}{l}(x + at) + \phi_m^+\right] \end{cases}$$

每个模是稳恒的载流态。

习题

[1] 在圆域 $\rho < \rho_0$ 上求定解问题：

(1) $\begin{cases} \Delta u = -xy \\ u\big|_{\rho=\rho_0} = 0 \end{cases}$；　(2) $\begin{cases} \Delta u = -x^4 y \\ u\big|_{\rho=\rho_0} = 0 \end{cases}$。

[2] 求解闭合圆周弦的行波模式，即一段满足周期条件的弦振动，分析其与固定边界条件的差别：

$$\begin{cases} \dfrac{\partial^2 u}{\partial t^2} = a^2 \dfrac{\partial^2 u}{\partial x^2} \quad (0 \leqslant x \leqslant l) \\ u(0,t) = u(l,t) \\ u(x,0) = \phi(x), \quad u_t(x,0) = \psi(x) \end{cases}$$

[3] 如图 11.5 所示的一段环形区域，求在不同边界条件下的稳定温度分布：

(1) $\begin{cases} u\big|_{\rho=\rho_1} = f_1(\varphi), \quad u\big|_{\rho=\rho_2} = f_2(\varphi) \\ u\big|_{\varphi=0} = 0, \quad\quad u\big|_{\varphi=\alpha} = 0 \end{cases}$；

(2) $\begin{cases} u\big|_{\rho=\rho_1} = 0, \quad\quad u\big|_{\rho=\rho_2} = 0 \\ u\big|_{\varphi=0} = g_1(\rho), \quad u\big|_{\varphi=\alpha} = g_2(\rho) \end{cases}$。

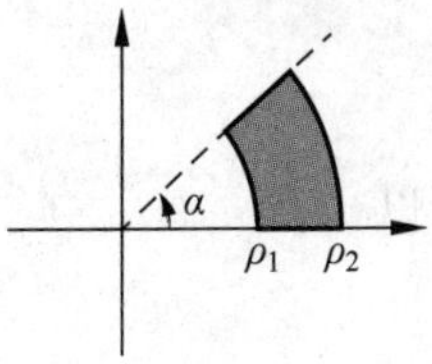

图　11.5

11.4　衔接问题

本节我们讨论具有衔接条件的非均匀系统的定解问题，从中可以进一步体会傅里叶级数展开与动力学过程之间的关系，尤其是在热传导问题中，傅里叶本征模起着难以置信的特殊作用。

例 11.11　两段轻质柔软的弦，长度分别为 l_1 和 l_2，密度为 ρ_1 和 ρ_2，令 $l = l_1 + l_2$，将其完美连接，两端分别固定，研究其自由振动：

$$\begin{cases} \dfrac{\partial^2 u_1}{\partial t^2} = a_1^2 \dfrac{\partial^2 u_1}{\partial x^2} \quad (0 \leqslant x \leqslant l_1) \\ u_1(0,t) = 0 \\ u_1(x,0) = \phi_1(x), \quad u_{1t}(x,0) = \psi_1(x) \end{cases}$$

$$\begin{cases} \dfrac{\partial^2 u_2}{\partial t^2} = a_2^2 \dfrac{\partial^2 u_2}{\partial x^2} \quad (l_1 \leqslant x \leqslant l_2) \\ u_2(l,t) = 0 \\ u_2(x,0) = \phi_2(x), \quad u_{2t}(x,0) = \psi_2(x) \end{cases}$$

其中 $a_1^2 = T/\rho_1, a_2^2 = T/\rho_2$。

解　两段弦在连接点 $x = l_1$ 处的衔接条件为

$$u_1(l_1,t) = u_2(l_1,t), \quad u_{1x}(l_1,t) = u_{2x}(l_1,t)$$

将方程分别分离变量，$u_j(x,t) = T_j(t)X_j(x)$，有

$$\begin{cases} T''_1(t) + \omega^2 T_1(t) = 0 \\ X''_1(x) + \dfrac{\omega^2}{a_1^2} X_1(x) = 0 \end{cases}, \qquad \begin{cases} T''_2(t) + \omega^2 T_2(t) = 0 \\ X''_2(x) + \dfrac{\omega^2}{a_1^2} X_2(x) = 0 \end{cases}$$

对于本征振动而言,两段弦应当具有相同的振动频率,这样才能保持界面连接处的连续性,所以取共同的分离变量常数 ω^2。由于两端固定,所以本征函数取如下形式:

$$\begin{cases} X_1(x) = A_1 \sin \dfrac{\omega}{a_1} x & (0 \leqslant x \leqslant l_1) \\ X_2(x) = A_2 \sin \dfrac{\omega}{a_2}(l - x) & (l_1 \leqslant x \leqslant l_2) \end{cases}$$

$$T_1(t) = T_2(t) = C\cos\omega t + D\sin\omega t$$

由衔接条件可得

$$A_1 \sin \frac{\omega}{a_1} l_1 = A_2 \sin \frac{\omega}{a_2}(l - l_1)$$

$$\frac{A_1}{a_1} \cos \frac{\omega}{a_1} l_1 = -\frac{A_2}{a_2} \cos \frac{\omega}{a_2}(l - l_1)$$

所以

$$a_1 \tan \frac{\omega}{a_1} l_1 + a_2 \tan \frac{\omega}{a_2} l_2 = 0, \qquad \frac{A_1}{A_2} = \frac{\sin \dfrac{\omega}{a_2} l_2}{\sin \dfrac{\omega}{a_1} l_1}$$

这是一个双周期函数方程,有无穷多离散的本征频率 ω_n,图 11.6 描绘了本征频率 ω_n 的分布,它就是函数零点对应的横坐标值,其中取 $l_1 = l_2 = \dfrac{1}{2} l$,$a_1 = \dfrac{5}{2} a_2$。几个较低的本征值 ω_n 列于表 11.1。相应的本征函数为

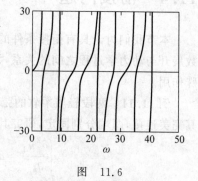

图　11.6

$$\begin{cases} X_{1n}(x) = \sin \dfrac{\omega_n}{a_2} l_2 \sin \dfrac{\omega_n}{a_1} x & (0 \leqslant x \leqslant l_1) \\ X_{2n}(x) = \sin \dfrac{\omega_n}{a_1} l_1 \sin \dfrac{\omega_n}{a_2}(l - x) & (l_1 \leqslant x \leqslant l_2) \end{cases}$$

图 11.7 画出了几个低阶本征函数,可见本征函数的节点数仍然是逐个增加的。

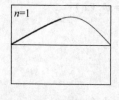
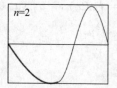
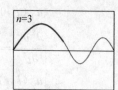
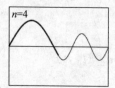
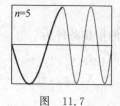
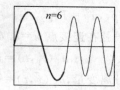

图　11.7

表 11.1

n	1	2	3	4	5
ω_n	3.912	9.204	14.019	17.411	22.208

我们以后将会看到,本征函数的正交性和完备性由一般的本征值理论保证,正交性也可以进行直接验证,只是过程有点繁琐,缺乏耐心的读者可以略过。

$$\int_0^l X_n(x) X_m(x) \, \mathrm{d}x$$

$$= \int_0^{l_1} X_{1n}(x) X_{1m}(x) \, \mathrm{d}x + \int_{l_1}^l X_{2n}(x) X_{2m}(x) \, \mathrm{d}x$$

$$= \frac{a_1}{\omega_n^2 - \omega_m^2} \sin \frac{\omega_n}{a_2} l_2 \sin \frac{\omega_m}{a_2} l_2 \left(\omega_m \sin \frac{\omega_n}{a_1} l_1 \cos \frac{\omega_m}{a_1} l_1 - \omega_n \cos \frac{\omega_n}{a_1} l_1 \sin \frac{\omega_m}{a_1} l_1 \right) +$$

$$\frac{a_2}{\omega_n^2 - \omega_m^2} \sin \frac{\omega_n}{a_1} l_1 \sin \frac{\omega_m}{a_1} l_1 \left(\omega_m \sin \frac{\omega_n}{a_2} l_2 \cos \frac{\omega_m}{a_2} l_2 - \omega_n \cos \frac{\omega_n}{a_2} l_2 \sin \frac{\omega_m}{a_2} l_2 \right)$$

$$= \frac{a_1}{\omega_n^2 - \omega_m^2} \sin \frac{\omega_n}{a_2} l_2 \sin \frac{\omega_m}{a_2} l_2 \cos \frac{\omega_m}{a_1} l_1 \cos \frac{\omega_n}{a_1} l_1 \left(\omega_m \tan \frac{\omega_n}{a_1} l_1 - \omega_n \tan \frac{\omega_m}{a_1} l_1 \right) +$$

$$\frac{a_2}{\omega_n^2 - \omega_m^2} \sin \frac{\omega_n}{a_1} l_1 \sin \frac{\omega_m}{a_1} l_1 \cos \frac{\omega_m}{a_2} l_2 \cos \frac{\omega_n}{a_2} l_2 \left(\omega_m \tan \frac{\omega_n}{a_2} l_2 - \omega_n \tan \frac{\omega_m}{a_2} l_2 \right)$$

$$= \frac{a_1}{\omega_n^2 - \omega_m^2} \sin \frac{\omega_n}{a_2} l_2 \sin \frac{\omega_m}{a_2} l_2 \cos \frac{\omega_m}{a_1} l_1 \cos \frac{\omega_n}{a_1} l_1 \left(\omega_m \tan \frac{\omega_n}{a_1} l_1 - \omega_n \tan \frac{\omega_m}{a_1} l_1 \right) -$$

$$\frac{a_1}{\omega_n^2 - \omega_m^2} \sin \frac{\omega_n}{a_1} l_1 \sin \frac{\omega_m}{a_1} l_1 \cos \frac{\omega_m}{a_2} l_2 \cos \frac{\omega_n}{a_2} l_2 \left(\omega_m \tan \frac{\omega_n}{a_1} l_1 - \omega_n \tan \frac{\omega_m}{a_1} l_1 \right)$$

$$= \frac{a_1}{\omega_n^2 - \omega_m^2} \left(\omega_m \tan \frac{\omega_n}{a_1} l_1 - \omega_n \tan \frac{\omega_m}{a_1} l_1 \right) \times \left(\sin \frac{\omega_n}{a_2} l_2 \sin \frac{\omega_m}{a_2} l_2 \cos \frac{\omega_m}{a_1} l_1 \cos \frac{\omega_n}{a_1} l_1 - \right.$$

$$\left. \sin \frac{\omega_n}{a_1} l_1 \sin \frac{\omega_m}{a_1} l_1 \cos \frac{\omega_m}{a_2} l_2 \cos \frac{\omega_n}{a_2} l_2 \right)$$

$$= \frac{a_1}{\omega_n^2 - \omega_m^2} \left(\omega_m \tan \frac{\omega_n}{a_1} l_1 - \omega_n \tan \frac{\omega_m}{a_1} l_1 \right) \left\{ -\frac{1}{2} \left[\cos \frac{l_2}{a_2} (\omega_n + \omega_m) - \cos \frac{l_2}{a_2} (\omega_n - \omega_m) \right] \times \right.$$

$$\frac{1}{2} \left[\cos \frac{l_1}{a_1} (\omega_n + \omega_m) + \cos \frac{l_1}{a_1} (\omega_n - \omega_m) \right] \right\} - \left\{ -\frac{1}{2} \left[\cos \frac{l_1}{a_1} (\omega_n + \omega_m) - \cos \frac{l_1}{a_1} (\omega_n - \omega_m) \right] \times \right.$$

$$\left. \frac{1}{2} \left[\cos \frac{l_2}{a_2} (\omega_n + \omega_m) + \cos \frac{l_2}{a_2} (\omega_n - \omega_m) \right] \right\}$$

$$= \frac{a_1}{\omega_n^2 - \omega_m^2} \left(\omega_m \tan \frac{\omega_n}{a_1} l_1 - \omega_n \tan \frac{\omega_m}{a_1} l_1 \right) \times \frac{1}{2} \left[\cos \frac{l_2}{a_2} (\omega_n - \omega_m) \cos \frac{l_1}{a_1} (\omega_n + \omega_m) - \right.$$

$$\left. \cos \frac{l_1}{a_1} (\omega_n - \omega_m) \cos \frac{l_2}{a_2} (\omega_n + \omega_m) \right] = 0$$

最后一步利用了对称性

$$l_1 \leftrightarrow l_2, \quad a_1 \leftrightarrow a_2$$

正交模的计算就不再列出,方程的一般解需由本征函数叠加而成,叠加系数由初始条件确定,在此从略。热传导问题的求解我们放在习题中作为练习。

注记

在研究非均匀系统时,什么物理量是描述系统的统一运动量显得至关重要。对于振动或波动系统,我们认为不同部分的本征频率应该一致,这样在连接处才能相互匹配,在稳定状态下系统各部分达到共振,这在物理上是好理解的。对于量子系统(参看习题[1]),由于能量守恒,粒子在各处的总能量相同(不是动能相同)也没有疑问。由于德布罗意关系,本征能量相同也意味着各处的频率相同,这恰好与本征频率共振相吻合。

但是对于热传导或扩散系统(参看习题[2]),将本征频率视作统一运动量似乎没有物理基础,因为系统根本就没有振动特征。一个可能的解释是,在单一本征模下,系统各部分温度以一致的速率下降,这样才能达到演化方程的整体调和性。也许我们可以换一种看法,将本征模温度按指数衰减视为按"虚频"振荡,

$$\tilde{\omega}_n = \frac{i n \pi a}{l}$$

似乎热传导或扩散过程本质上是按照"虚频共振"的方式同步进行。毕竟,热传导方程与薛定谔方程只差一个虚数 i。

万物在各个方面以共振的方式和谐存在,傅里叶级数展开背后的物理原理似乎仍未被完全理解。

习题

[1] 求一维势阱中电子的本征能谱:

$$\frac{1}{2} \frac{\partial^2}{\partial x^2} \psi + V(x) \psi = E \psi$$

其中势阱为

$$V(x) = \begin{cases} 0 & (0 < x < d/2) \\ V_0 & (d/2 < x < d) \\ \infty & (x < 0, x > d) \end{cases}$$

提示:在 $x = d/2$ 处,$\psi(x)$ 及 $\psi'(x)$ 连续。

[2] 两根杆长度分别为 l_1, l_2,热传导系数为 κ_1, κ_2,令 $l = l_1 + l_2$,将其完美连接后,一端温度恒为零,另一端绝热,研究热传导过程。

提示:衔接条件为

$$\begin{cases} u_1(l_1, t) = u_2(l_1, t) \\ \kappa_1 u_{1x}(l_1, t) = \kappa_2 u_{2x}(l_1, t) \end{cases}$$

第12章

积分变换法

第 10 章我们介绍了如何求解有限大系统的边值问题,它相当于对系统的物理量作傅里叶级数展开,根据定解条件确定展开系数。这一章我们先讨论无限大系统,它没有边界条件的约束,针对这类问题可以作傅里叶积分展开,其展开系数即傅里叶变换。对于初值问题,仍可以采用拉普拉斯变换法求解,这两种求解微分方程的方法统称为积分变换法。

12.1 广义函数

1. δ 函数

在物理中常常出现具有奇异性的概念或模型,比如质点、点电荷等概念,这些模型的物理意义明确,适合作直观分析,但不适宜用于描述运动的方程。为此,我们需要有一个描述点源分布的函数,这就是狄拉克 δ 函数。

1)形式定义

比如单位质量的线密度分布,形式上可表示为

$$\delta(x) = \begin{cases} 0 & (x \neq 0) \\ \infty & (x = 0) \end{cases}$$

$$\int_{-\infty}^{\infty} \delta(x)\mathrm{d}x = 1$$

这是一个很不严格的定义,它既不连续、不可导,又出现无穷大,甚至称不上是一个定义。更合理的定义是

$$\rho_\varepsilon(x) = \lim_{\varepsilon \to 0} \begin{cases} 0 & (x \notin (-\varepsilon, \varepsilon)) \\ \dfrac{1}{2\varepsilon} & (x \in [-\varepsilon, \varepsilon]) \end{cases}$$

然而这个定义仍然没有解决这两个缺陷:一个是出现无穷大,另一个是函数不连续、不可导。

2)极限定义

为了修正第二个缺陷,可以采用某种具有连续可导的分布函数,比如图 12.1(a)所示的

归一化高斯函数

$$\rho_t(x) = \frac{1}{\sqrt{\pi t}} e^{-x^2/2t}$$

当 t 越来越小时,函数的分布范围越来越窄, $x=0$ 点的值越来越大,趋于发散,将 δ 函数定义为

$$\delta(x) \overset{\text{def}}{=\!=} \lim_{t \to 0^+} \frac{1}{\sqrt{\pi t}} e^{-\frac{x^2}{2t}}$$

我们也可以采用如图 12.1(b)所示的洛伦兹函数

$$\rho_a(x) = \frac{a}{\pi(a^2 + x^2)}$$

当 a 减小时,函数在 $x=0$ 点的值也越来越大,对它们取极限,定义

$$\delta(x) \overset{\text{def}}{=\!=} \lim_{a \to 0} \frac{a}{\pi(a^2 + x^2)}$$

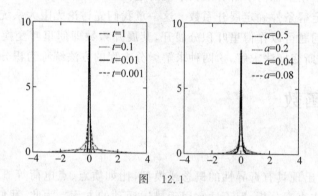

图　12.1

3）积分定义

上述直接的函数定义中仍然包含意义不确定的无穷大。为了弥补这一缺陷,可以将 δ 函数看作是如下积分的极限,即对于任何光滑连续的函数 $f(x)$,由于

$$\lim_{t \to 0^+} \int_{-\infty}^{\infty} \rho_t(x) f(x) \mathrm{d}x = f(0)$$

定义 δ 函数满足

$$\int_{-\infty}^{\infty} \delta(x) f(x) \mathrm{d}x = f(0), \quad \int_{-\infty}^{\infty} \delta(x) \mathrm{d}x = 1 \tag{12.1.1}$$

所以 δ 函数是一种广义函数,只有在积分意义下, δ 函数才有严格的定义。

由定义知 δ 函数具有密度的特征,位于 $x=x_0$ 的点电荷密度分布可以表示为

$$\rho(x) = q\delta(x - x_0)$$

现在我们可以写出点电荷 q 产生的静电势分布,它满足泊松方程

$$\Delta\phi(x) = \frac{q}{\varepsilon_0} \delta(x - x_0)$$

4）三维直角坐标系

δ 函数表示为

$$\delta(\boldsymbol{r} - \boldsymbol{r}_0) = \delta(x - x_0)\delta(y - y_0)\delta(z - z_0)$$

点电荷静电势的泊松方程为

$$\Delta \phi(\boldsymbol{r}) = \frac{q}{\varepsilon_0} \delta(\boldsymbol{r} - \boldsymbol{r}_0)$$

2. 基本性质

(1) $\delta(x)$ 是偶函数

$$\delta(-x) = \delta(x), \quad \delta'(-x) = -\delta'(x) \tag{12.1.2}$$

(2) 对于定义在 $(-\infty, +\infty)$ 区间的连续函数 $f(x)$，有

$$\int_{-\infty}^{\infty} \delta(x - x_0) f(x) \mathrm{d}x = f(x_0) \tag{12.1.3}$$

(3) 如果 $\varphi(x) = 0$ 的实根 $x_k (k = 1, 2, \cdots)$ 全是单根，则

$$\delta[\varphi(x)] = \sum_k \frac{\delta(x - x_k)}{|\varphi'(x_k)|} \tag{12.1.4}$$

证明 由于 $x_k (k = 1, 2, \cdots)$ 是 $\varphi(x) = 0$ 的单根，则 $\varphi'(x_k) \neq 0$，所以

$$\delta[\varphi(x)] = \sum_k c_k \delta(x - x_k)$$

考虑第 n 个单根 x_n 的邻域 $(x_n - \varepsilon, x_n + \varepsilon)$，假设该邻域内没有其他根，对该区域积分

$$\int_{x_n - \varepsilon}^{x_n + \varepsilon} \delta[\varphi(x)] \mathrm{d}x = \sum_k c_k \int_{x_n - \varepsilon}^{x_n + \varepsilon} \delta(x - x_k) \mathrm{d}x = c_n$$

令 $y = \varphi(x)$，上式左边变为

$$\int_{x_n - \varepsilon}^{x_n + \varepsilon} \delta[\varphi(x)] \mathrm{d}x = \sum_k \int_{\varphi(x_n - \varepsilon)}^{\varphi(x_n + \varepsilon)} \delta(y) \frac{1}{\varphi'(x)} \mathrm{d}y = \frac{1}{|\varphi'(x_n)|}$$

绝对值的出现是由于 $\varphi'(x)$ 可能为负，这样 $\varphi(x_n + \varepsilon) < \varphi(x_n - \varepsilon)$，积分的上下限就要颠倒，所以需要引入一个负号，于是有

$$c_n = \frac{1}{|\varphi'(x_n)|}$$

(4) δ 函数的傅里叶变换

$$\mathfrak{F}[\delta(x)] = \frac{1}{2\pi} \int_{-\infty}^{\infty} \delta(x) \mathrm{e}^{-\mathrm{i}kx} \mathrm{d}k = \frac{1}{2\pi}$$

所以 $\delta(x)$ 的傅里叶变换为常数，$\delta(x)$ 的傅里叶积分表示为

$$\delta(x) = \frac{1}{2\pi} \int_{-\infty}^{\infty} \mathrm{e}^{\mathrm{i}kx} \mathrm{d}k, \quad \delta(x - x_0) = \frac{1}{2\pi} \int_{-\infty}^{\infty} \mathrm{e}^{\mathrm{i}k(x - x_0)} \mathrm{d}k \tag{12.1.5}$$

这是物理学中一个非常重要的关系式，也可视作 δ 函数的另一个定义。

练习 证明：

(1) $\delta(x^2 - a^2) = \frac{1}{2|a|} [\delta(x - a) + \delta(x + a)]$；   (2) $\delta(ax) = \frac{1}{|a|} \delta(x)$。

例 12.1 求径向函数的三维傅里叶变换：

$$f(r) = \frac{\delta(r - c)}{r}$$

解 三维傅里叶变换为

$$\mathfrak{F}[f(r)] = \frac{1}{(2\pi)^3} \iiint \frac{\delta(r - c)}{r} \mathrm{e}^{-\mathrm{i}\boldsymbol{k} \cdot \boldsymbol{r}} \mathrm{d}x \mathrm{d}y \mathrm{d}z$$

利用球坐标系,以 k 为极轴方向,按球坐标系进行积分,有

$$\mathfrak{F}[f(r)] = \frac{1}{(2\pi)^3} \int_0^\infty \mathrm{d}r \int_0^\pi \mathrm{d}\theta \int_0^{2\pi} \frac{\delta(r-c)}{r} \mathrm{e}^{-\mathrm{i}kr\cos\theta} r^2 \sin\theta \mathrm{d}\varphi$$

$$= \frac{1}{(2\pi)^2} \int_0^\infty \mathrm{d}r \int_0^\pi r\delta(r-c) \mathrm{e}^{-\mathrm{i}kr\cos\theta} \sin\theta \mathrm{d}\theta = \frac{1}{(2\pi)^2} \int_0^\infty \delta(r-c) \frac{\mathrm{e}^{\mathrm{i}kr} - \mathrm{e}^{-\mathrm{i}kr}}{\mathrm{i}k} \mathrm{d}r$$

$$= \frac{1}{(2\pi)^2} \frac{\mathrm{e}^{\mathrm{i}kc} - \mathrm{e}^{-\mathrm{i}kc}}{\mathrm{i}k} = \frac{1}{2\pi^2} \frac{\sin kc}{k}$$

3. 阶跃函数

1) 形式定义

$$H(x) = \begin{cases} 1 & (x \geqslant 0) \\ 0 & (x < 0) \end{cases}$$

其导数为

$$H'(x) = \begin{cases} 0 & (x \neq 0) \\ \infty & (x = 0) \end{cases}$$

所以阶跃函数也是广义函数,利用 δ 可以给其以积分形式的定义:

$$H(x) \stackrel{\text{def}}{=} \int_{-\infty}^x \delta(t)\mathrm{d}t = \begin{cases} 0 & (x < 0) \\ 1 & (x \geqslant 0) \end{cases}$$

2) 傅里叶变换

我们引入一个连续函数的极限过程来描述阶跃函数:

$$H(x) \stackrel{\text{def}}{=} \lim_{\beta \to 0} H(x,\beta) = \lim_{\beta \to 0} \begin{cases} \mathrm{e}^{-\beta x} & (x \geqslant 0) \\ 0 & (x < 0) \end{cases}$$

其傅里叶变换为

$$\mathfrak{F}[H(x)] = \lim_{\beta \to 0} \mathfrak{F}[H(x,\beta)] = \lim_{\beta \to 0} \frac{1}{2\pi} \int_0^\infty \mathrm{e}^{-\beta x} \mathrm{e}^{-\mathrm{i}kx} \mathrm{d}x$$

$$= \frac{1}{2\pi} \lim_{\beta \to 0} \left(\frac{\beta}{\beta^2 + k^2} - \mathrm{i} \frac{k}{\beta^2 + k^2} \right)$$

由于

$$\lim_{\beta \to 0} \frac{\beta}{\beta^2 + k^2} = \pi\delta(k)$$

记主值表示

$$\mathcal{P}\frac{1}{k} \equiv \lim_{\beta \to 0} \frac{k}{\beta^2 + k^2} = \begin{cases} 0 & (k = 0) \\ \dfrac{1}{k} & (k \neq 0) \end{cases}$$

则有

$$\mathfrak{F}[H(x)] = \frac{1}{2}\delta(k) - \frac{\mathrm{i}}{2\pi} \mathcal{P}\frac{1}{k}$$

例 12.2　求解常微分方程的初值问题：

$$\begin{cases} \dfrac{\mathrm{d}^2 f(x,t)}{\mathrm{d}x^2} = \delta(x-t) & (x,t>0) \\ f(0,t)=0, \quad f'(0,t)=0 \end{cases}$$

解　将方程两边对 x 积分，得

$$\frac{\mathrm{d}f}{\mathrm{d}x} = H(x-t) + A(t)$$

再积分一次，得

$$f(x,t) = (x-t)H(x-t) + A(t)x + B(t)$$

代入边界条件，有

$$A(t)=0, \quad B(t)=0$$
$$\to f(x,t) = (x-t)H(x-t)$$

注记

有时我们会用到正交曲线坐标系，需要研究其中的 δ 函数与直角坐标系的关系。令

$$x_j = x_j(\xi_1, \xi_2, \cdots, \xi_n)$$

设其雅可比行列式为 $\det J = \left| \dfrac{\partial x_i}{\partial \xi_i} \right|$，根据 δ 函数的定义，有

$$\int \delta(\boldsymbol{r}-\boldsymbol{a}) f(\boldsymbol{r}) \, \mathrm{d}^n x \equiv f(\boldsymbol{a}), \quad \int_{-\infty}^{\infty} \delta(\boldsymbol{r}) \, \mathrm{d}^n x = 1$$

由于 $\mathrm{d}^n x = \det J \, \mathrm{d}^n \xi$ 及 $a_j = x_j(\alpha_1, \alpha_2, \cdots, \alpha_n) \equiv x_j(\boldsymbol{\alpha})$，令

$$h(\boldsymbol{\xi}) \equiv f(x_1(\boldsymbol{\xi}), x_2(\boldsymbol{\xi}), \cdots, x_n(\boldsymbol{\xi}))$$

则有

$$\int h(\boldsymbol{\xi}) \prod_{i=1}^{n} \delta[x_i(\boldsymbol{\xi}) - x_i(\boldsymbol{\alpha})] \det J \, \mathrm{d}^n \xi = h(\boldsymbol{\alpha})$$

所以

$$\det J \prod_{i=1}^{n} \delta[x_i(\boldsymbol{\xi}) - x_i(\boldsymbol{\alpha})] = \prod_{i=1}^{n} \delta(\xi_i - \alpha_i)$$
$$\to \delta(\boldsymbol{\xi}-\boldsymbol{\alpha}) = \det J \, \delta(\boldsymbol{r}-\boldsymbol{a})$$

雅可比行列式为零的点称作坐标变换的奇异点，行列式为零意味着在该点的变换是不可逆的。在奇异点的某些坐标不确定，称作可忽略坐标。它起源于该曲线坐标维度是紧致的，即可通过连续收缩至一点，而笛卡儿坐标或球坐标系的径向维度都是非紧致的。

假设在 $(\xi_1, \xi_2, \cdots, \xi_n)$ 坐标系中，其 $(\xi_{k+1}, \xi_{k+2}, \cdots, \xi_n)$ 在奇异点 $\boldsymbol{a}$ 是可忽略的，表明任意函数都不依赖于这些坐标，因此应该积分掉，于是

$$\delta(\boldsymbol{r}-\boldsymbol{a}) = \frac{1}{J_k} \prod_{i=1}^{k} \delta(\xi_i - \alpha_i)$$

其中 $J_k = \int \det J \, \mathrm{d}\xi_{k+1} \cdots \mathrm{d}\xi_n$。

例如在二维极坐标系中，$\det J = r$，它在 $r=0$ 处为零，其中 θ 是可忽略坐标，所以 $J_1 = \displaystyle\int_0^{2\pi} \det J \, \mathrm{d}\theta = 2\pi r$，于是

$$\delta(\boldsymbol{r}) = \delta(x)\delta(y) = \frac{\delta(r)}{2\pi r}$$

在三维球坐标系中,$\det J = r^2 \sin\theta$,它在 $r = 0$ 处为零,其中 θ, φ 均为可忽略坐标,所以

$$J_1 = \int_0^{2\pi} \mathrm{d}\varphi \int_0^{\pi} r^2 \sin\theta \mathrm{d}\theta = 4\pi r^2$$

于是

$$\delta(\boldsymbol{r}) = \frac{\delta(r)}{4\pi r^2}$$

一般地,对于 n 维球坐标系,有

$$\delta(\boldsymbol{r}) = \delta(x_1)\delta(x_2)\cdots\delta(x_n) = \frac{\Gamma\left(\dfrac{n}{2}\right)\delta(r)}{2\pi^{n/2}r^{n-1}}$$

习题

[1] 证明:(1) $\delta'(-x) = -\delta'(x)$; (2) $x\delta'(x) = -\delta(x)$。

[2] 证明:

$$\int_{-\infty}^{\infty} \delta^{(n)}(x-a)f(x)\mathrm{d}x \equiv (-1)^n f^{(n)}(a)$$

[3] 证明:

$$\delta(x) = \lim_{n\to\infty} \frac{\sin^2 nx}{\pi n x^2}$$

[4] 计算积分:

(1) $\displaystyle\int_{0.5}^{\infty} \delta(\sin\pi x)\left(\frac{2}{3}\right)^x \mathrm{d}x$; (2) $\displaystyle\int_{-\infty}^{\infty} \delta(\mathrm{e}^{-x^2})\ln x\,\mathrm{d}x$

[5] 证明:

$$H(x) = \lim_{n\to\infty} \frac{1}{2}(1 + \tanh nx)$$

[6] 求解常微分方程的边值问题:

$$\begin{cases} \dfrac{\mathrm{d}^2 f(x,t)}{\mathrm{d}x^2} = \delta(x-t) & (t > 0) \\ f(a,t) = 0 & (f(b,t) = 0) \end{cases}$$

[7] 求解常微分方程的初值问题:

$$\begin{cases} \dfrac{\mathrm{d}^2 f(x,t)}{\mathrm{d}x^2} + k^2 f(x,t) = \delta(x-t) & (x,t > 0) \\ f(0,t) = 0, \quad f'(0,t) = 0 \end{cases}$$

12.2　傅里叶变换法

我们曾用拉普拉斯变换法,将含时的常微分方程变为普通的代数方程,得到像函数之后再进行反演变换,以求解常微分方程初值问题。对于偏微分方程,也可以采用适当的积分变换,包括傅里叶变换或拉普拉斯变换,使之变成常微分方程或代数方程,解出像函数后,再作

反演变换得到所需的解。

1. 无限空间问题

有界区域问题的本征值是分立的,其通解是对分立的本征函数(三角函数)进行叠加的傅里叶级数,叫做本征函数展开法。对于无界区域问题,其本征值一般是连续的,方程的通解可表示成对连续本征函数的傅里叶积分,其展开系数就是傅里叶变换的像函数:

$$\begin{cases} F(k) \equiv \mathfrak{F}[f(x)] = \dfrac{1}{2\pi}\displaystyle\int_{-\infty}^{\infty} f(x)\mathrm{e}^{-ikx}\,\mathrm{d}x \\ f(x) \equiv \mathfrak{F}^{-1}[F(k)] = \displaystyle\int_{-\infty}^{\infty} F(k)\mathrm{e}^{ikx}\,\mathrm{d}x \end{cases} \tag{12.2.1}$$

可以采用傅里叶变换法求解无界系统的偏微分方程,下面用几个实例来描述这一解法。

例 12.3　求解无限长弦的自由振动:

$$\begin{cases} u_{tt} - a^2 u_{xx} = 0 \quad (-\infty < x < \infty) \\ u\big|_{t=0} = \phi(x), \quad u_t\big|_{t=0} = \psi(x) \end{cases}$$

解　令 $U(k,t) = \mathfrak{F}[u(x,t)]$,将方程两边同时作傅里叶变换,初始条件也作傅里叶变换,有

$$\begin{cases} U''(t) + k^2 a^2 U(t) = 0 \\ U\big|_{t=0} = \Phi(k), \quad U'\big|_{t=0} = \Psi(k) \end{cases}$$

式中,

$$\Phi(k) = \mathfrak{F}[\phi(x)], \quad \Psi(k) = \mathfrak{F}[\psi(x)]$$

由此解得

$$U(k,t) = A(k)\cos kat + B(k)\sin kat$$

代入初始条件后得

$$U(k,t) = \Phi(k)\cos kat + \frac{\Psi(k)}{ka}\sin kat = \Phi(k)\cos kat + \int_0^t \Psi(k)\cos ka\tau\,\mathrm{d}\tau$$

对 $U(k)$ 作傅里叶逆变换,利用 $\cos kat = \dfrac{1}{2}[\mathrm{e}^{ikat} + \mathrm{e}^{-ikat}]$ 以及延迟定理,可得原函数为

$$u(x,t) = \frac{1}{2}[\phi(x+at) + \phi(x-at)] + \frac{1}{2}\int_0^t [\psi(x-a\tau) + \psi(x+a\tau)]\mathrm{d}\tau$$

$$= \frac{1}{2}[\phi(x+at) + \phi(x-at)] + \frac{1}{2a}\int_{x-at}^{x+at} \psi(\xi)\mathrm{d}\xi$$

这样,再次得到了无限长弦运动的达朗贝尔公式。

例 12.4　求解无限长细杆的热传导问题:

$$\begin{cases} u_t - a^2 u_{xx} = 0 \quad (-\infty < x < \infty) \\ u\big|_{t=0} = \phi(x) \end{cases}$$

解　将方程作傅里叶变换

$$\begin{cases} U' + k^2 a^2 U = 0 \\ U\big|_{t=0} = \Phi(k) \end{cases}$$

解得像函数

$$U(k,t)=\Phi(k)\mathrm{e}^{-k^2a^2t}$$

为了求出原函数,现查附录 1 有

$$\mathfrak{F}^{-1}\big[\mathrm{e}^{-k^2/4\sigma^2}\big]=2\sqrt{\pi}\,\sigma\mathrm{e}^{-\sigma^2x^2}$$

再利用卷积定理

$$\mathfrak{F}^{-1}\big[F_1(k)F_2(k)\big]=\frac{1}{2\pi}f_1(x)*f_2(x)$$

可得

$$u(x,t)=\frac{1}{2a\sqrt{\pi t}}\int_{-\infty}^{\infty}\phi(\xi)\mathrm{e}^{-\frac{(x-\xi)^2}{4a^2t}}\mathrm{d}\xi$$

本例的傅里叶变换反演也可以直接从定义出发求得。

例 12.5 求量子力学中一维自由电子波包随时间的演化过程:

$$\begin{cases}\mathrm{i}\,\hbar\partial_t\psi(x,t)=-\dfrac{\hbar^2}{2m}\partial_x^2\psi(x,t)\\[2mm]\psi(x,t)\,|_{t=0}=\varphi(x)\end{cases}$$

解   将方程作傅里叶变换,$\Psi(k,t)=\mathfrak{F}[\psi(x,t)]$,有

$$\mathrm{i}\,\hbar\Psi'(k,t)=\frac{\hbar^2k^2}{2m}\Psi(k,t)$$

所以

$$\Psi(k,t)=\Phi(k)\mathrm{e}^{-\mathrm{i}\frac{\hbar^2k^2}{2m}t}$$

作逆变换并利用卷积定理,得到原函数为

$$\psi(x,t)=\varphi(x)*\sqrt{\frac{2\pi\mathrm{i}m}{\hbar t}}\mathrm{e}^{-\frac{\mathrm{i}m}{2\hbar t}x^2}=\sqrt{\frac{2\pi\mathrm{i}m}{\hbar t}}\int_{-\infty}^{\infty}\varphi(x')\mathrm{e}^{-\frac{\mathrm{i}m}{2\hbar t}(x-x')^2}\mathrm{d}x'$$

讨论   虽然都是波动方程,该结果与达朗贝尔公式有本质的不同。电子波包在传播过程中会发生色散 $E=\dfrac{\hbar^2k^2}{2m}$,不同能量的谐波具有不同的相速度,所以波包的形状会随时间发生变化,初始波包会逐渐扩散开。假设初始为一个高斯型波包,

$$\varphi(x,0)=\frac{1}{\sqrt{2\pi}\sigma}\mathrm{e}^{-\frac{x^2}{2\sigma^2}}$$

经过时间 t 后,波包演化为

$$\psi(x,t)=\sqrt{\frac{2\pi\mathrm{i}m}{\hbar t}}\int_{-\infty}^{\infty}\frac{1}{\sqrt{2\pi}\sigma}\mathrm{e}^{-\frac{x^2}{2\sigma^2}}\mathrm{e}^{-\frac{\mathrm{i}m}{2\hbar t}(x-x')^2}\mathrm{d}x'$$

$$=\frac{1}{\sqrt{2\pi\left(\sigma^2+\dfrac{\mathrm{i}\,\hbar t}{m}\right)}}\exp\left[-\frac{x^2}{2(\sigma^2+\mathrm{i}\,\hbar t/m)}\right]$$

相当于波包宽度随时间演化

$$\sigma\to\sigma\sqrt{1+\frac{\mathrm{i}\,\hbar t}{m\sigma^2}}$$

这是扩散运动的典型特征。

例 12.6 求解三维无界空间中波的传播问题:

$$\begin{cases} u_{tt} - a^2 \Delta u = 0 \\ u \mid_{t=0} = \phi(\boldsymbol{r}), \quad u_t \mid_{t=0} = \psi(\boldsymbol{r}) \end{cases}$$

解 将方程和初始条件都作三维傅里叶变换

$$\begin{cases} U''(t) + k^2 a^2 U(t) = 0 \\ U \mid_{t=0} = \Phi(\boldsymbol{k}), \quad U' \mid_{t=0} = \Psi(\boldsymbol{k}) \end{cases}$$

其中 $k = |\boldsymbol{k}|$,解得

$$U(\boldsymbol{k}, t) = \Phi(\boldsymbol{k}) \cos kat + \frac{\Psi(\boldsymbol{k})}{ka} \sin kat = \frac{\partial}{\partial t}\left[\frac{\Phi(\boldsymbol{k})}{ka} \sin kat\right] + \frac{\Psi(\boldsymbol{k})}{ka} \sin kat$$

先对第二项作三维傅里叶逆变换

$$\mathfrak{F}^{-1}\left[\frac{\Psi(\boldsymbol{k})}{ka} \sin kat\right]$$

$$= \iiint\limits_{-\infty}^{\infty} \frac{\Psi(\boldsymbol{k})}{ka} \sin kat \, \mathrm{e}^{\mathrm{i}\boldsymbol{k}\cdot\boldsymbol{r}} \, \mathrm{d}k_1 \mathrm{d}k_2 \mathrm{d}k_3$$

$$= \frac{1}{(2\pi)^3} \iiint\limits_{-\infty}^{\infty} \iiint\limits_{-\infty}^{\infty} \psi(\boldsymbol{r}') \mathrm{e}^{-\mathrm{i}\boldsymbol{k}\cdot\boldsymbol{r}'} \, \mathrm{d}\boldsymbol{r}' \frac{1}{ka} \sin kat \, \mathrm{e}^{\mathrm{i}\boldsymbol{k}\cdot\boldsymbol{r}} \, \mathrm{d}k_1 \mathrm{d}k_2 \mathrm{d}k_3$$

$$= \frac{1}{(2\pi)^3 a} \iiint\limits_{-\infty}^{\infty} \int_0^\infty k \, \mathrm{d}k \int_0^\pi \mathrm{d}\theta \int_0^{2\pi} \mathrm{d}\phi \, \psi(\boldsymbol{r}') \mathrm{e}^{-\mathrm{i}|\boldsymbol{k}|\cdot|\boldsymbol{r}-\boldsymbol{r}'|\cos\theta} \sin kat \sin\theta \, \mathrm{d}\boldsymbol{r}'$$

$$= -\frac{1}{2a} \frac{1}{(2\pi)^2} \iiint\limits_{-\infty}^{\infty} \int_0^\infty \frac{\psi(\boldsymbol{r}')}{|\boldsymbol{r}-\boldsymbol{r}'|} \left[\mathrm{e}^{\mathrm{i}k(|\boldsymbol{r}-\boldsymbol{r}'|+at)} - \mathrm{e}^{-\mathrm{i}k(|\boldsymbol{r}-\boldsymbol{r}'|-at)}\right] \mathrm{d}k \, \mathrm{d}\boldsymbol{r}'$$

$$= -\frac{1}{4\pi a} \iiint\limits_{-\infty}^{\infty} \frac{\psi(\boldsymbol{r}')}{|\boldsymbol{r}-\boldsymbol{r}'|} [\delta(|\boldsymbol{r}-\boldsymbol{r}'|+at) - \delta(|\boldsymbol{r}-\boldsymbol{r}'|-at)] \mathrm{d}\boldsymbol{r}'$$

$$= \frac{1}{4\pi a} \iint\limits_{S_r} \frac{\psi(\boldsymbol{r}')}{at} \mathrm{d}s'$$

第一项具有和第二项一样的形式,所以

$$u(\boldsymbol{r}, t) = \frac{1}{4\pi a} \frac{\partial}{\partial t} \oiint\limits_{S_r} \frac{\phi(\boldsymbol{r}')}{at} \mathrm{d}s' + \frac{1}{4\pi a} \oiint\limits_{S_r} \frac{\psi(\boldsymbol{r}')}{at} \mathrm{d}s' \qquad (12.2.2)$$

式(12.2.2)称作泊松公式,它表明波的振幅随时间或者传播距离成反比关系,这是符合能量守恒原理的。其中 S_r 表示距离场点 $\boldsymbol{r}$ 为 at 的所有点 $\boldsymbol{r}'$ 构成的球面,如图 12.2(a)所示,该面积分的意义是,r 点的运动是此前 t 时刻距离为 at 的所有球面点 $\boldsymbol{r}'$ 运动的叠加,在 $\boldsymbol{r}'$ 点的更早或更晚的运动都不会对 r 点的运动产生任何影响,这就是波动光学中的惠更斯原理。处于原点的灰色区域为初始波包,因此公式(12.2.2)的有效积分范围是处于灰色区域内的球面部分。

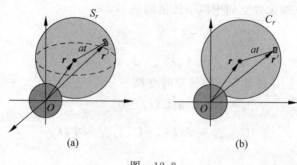

图　12.2

对于二维无界空间中的波动问题：

$$\begin{cases} u_{tt} - a^2 \Delta_2 u = 0 \\ u\,|_{t=0} = \phi(\boldsymbol{r}), \quad u_t\,|_{t=0} = \psi(\boldsymbol{r}) \end{cases}$$

同样可以求得其解为（参见 15.1 节习题[6]）

$$u(\boldsymbol{r},t) = \frac{1}{2\pi a} \frac{\partial}{\partial t} \iint\limits_{C_r} \frac{\phi(\boldsymbol{r}')}{\sqrt{(at)^2 - |\boldsymbol{r} - \boldsymbol{r}'|^2}} \mathrm{d}x' \mathrm{d}y' +$$

$$\frac{1}{2\pi a} \iint\limits_{C_r} \frac{\psi(\boldsymbol{r}')}{\sqrt{(at)^2 - |\boldsymbol{r} - \boldsymbol{r}'|^2}} \mathrm{d}x' \mathrm{d}y' \tag{12.2.3}$$

式中，C_r 为 $\sqrt{x^2 + y^2} \leqslant at$ 的圆内区域（图 12.2(b)）。处于原点的灰色区域为初始波包，公式(12.2.3)的有效积分区域是圆域 C_r 与灰色区域的重叠部分。

讨论　体会式(12.2.3)与式(12.2.2)中积分区域背后的物理差别。

2. 半无限空间问题

例 12.7　求解恒定表面浓度扩散问题：

$$\begin{cases} u_t - a^2 u_{xx} = 0 \quad (x > 0) \\ u\,|_{x=0} = N_0 \\ u\,|_{t=0} = 0 \end{cases}$$

解　首先需要对这个方程的边界条件进行齐次化，令

$$u(x,t) = N_0 + w(x,t)$$

有

$$\begin{cases} w_t - a^2 w_{xx} = 0 \\ w\,|_{x=0} = 0 \\ w\,|_{t=0} = -N_0 \quad (x > 0) \end{cases}$$

由于在 $x=0$ 具有第一类边界条件，将方程和初始条件都作奇延拓，再取傅里叶变换即可求解，最终结果为

$$u(x,t) = N_0 \left[1 - \mathrm{erf}\!\left(\frac{x}{2a\sqrt{t}} \right) \right]$$

其中定义误差函数：

$$\mathrm{erf}(x) \stackrel{\mathrm{def}}{=\!=} \frac{2}{\sqrt{\pi}} \int_0^x \mathrm{e}^{-y^2} \mathrm{d}y$$

对于半无限空间问题,如果满足第一或者第二类齐次边界条件,则可以采用奇延拓或偶延拓的方法拓展至无限空间问题,然后利用傅里叶变换法求解。如果是非齐次边界条件,可以先设法齐次化后,再作奇偶延拓。但也可以直接采用傅里叶正弦(第一类边界)或者余弦变换(第二类边界)进行求解,如下例所示。

例 12.8　求解半无界空间的稳定问题:

$$\begin{cases} \dfrac{\partial^2 u}{\partial x^2} + \dfrac{\partial^2 u}{\partial y^2} = 0 \quad (-\infty < x < \infty, y \geqslant 0) \\[2mm] u \mid_{y=0} = f(x) \end{cases}$$

解　对 y 方向作傅里叶正弦变换

$$U(x,k) = \mathscr{F}\left[u(x,y)\right] = \frac{2}{\pi} \int_0^\infty u(x,y) \sin ky \, \mathrm{d}y \quad (k \geqslant 0)$$

则

$$\mathscr{F}\left[\frac{\partial^2}{\partial y^2} u(x,y)\right] = \frac{2}{\pi} k f(x) - k^2 U(x,k)$$

于是方程化为关于 x 的常微分方程

$$\frac{\mathrm{d}^2}{\mathrm{d}x^2} U(x,k) - k^2 U(x,k) = -\frac{2}{\pi} k f(x)$$

相应齐次方程的通解为

$$U(x,k) = A \mathrm{e}^{-kx} + B \mathrm{e}^{kx} \quad (k \geqslant 0)$$

可以求得非齐次方程的特解为(参看例 12.11)

$$U(x,k) = \frac{1}{\pi} \int_{-\infty}^\infty \mathrm{e}^{-k|x-x'|} f(x') \mathrm{d}x'$$

再作傅里叶正弦逆变换,得到原函数

$$u(x,y) = -\frac{1}{\pi} \int_0^\infty \left[\int_{-\infty}^\infty \mathrm{e}^{-k|x-x'|} f(x') \mathrm{d}x'\right] \sin ky \, \mathrm{d}k = \frac{y}{\pi} \int_{-\infty}^\infty \frac{f(x')}{(x-x')^2 + y^2} \mathrm{d}x'$$

它就是我们在第 2 章中得到过的上半平面泊松公式。

讨论

(1) 从形式上看,当 $y \to 0$ 时,式(12.2.4)中 $u(x,y) \to 0$,这是否与题设相矛盾?

(2) 是否可以采用傅里叶余弦变换进行求解?

练习　将本例对 x 方向作傅里叶变换进行求解。

注记

在求解一维波动方程中,我们曾得到达朗贝尔解,它表明初始的波会分解为两个子波沿正负两个方向匀速传播,且波形保持不变,任何一点的运动只由此前 t 时刻,距离该点 at 的各点运动状态决定,这便是所谓的惠更斯原理。在三维波动中,由式(12.2.2)看出也满足惠更斯原理,波的传播一去无踪迹,不留下任何痕迹。但在二维波动中,我们由式(12.2.3)发现,r 点的运动不止由此前 t 时刻距离为 at 的圆周上那些点的运动决定,而是由半径为 at 圆内的所有点决定,也就是说,r' 点的运动会在更久时间以后一直影响 r 点的运动,这样惠更斯原理似乎出现了问题。事实上,凡是偶数维空间的波动方程都会有同样的问题。由式(12.2.3)可见,似乎子波源产生的波不只是向前传播,还会向后传播(图 12.3(a)),并且"余音袅袅"。因此建立在朴素直观上的惠更斯原理,在二维及偶数维空间中并不成立。

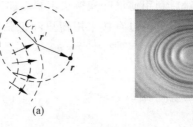

图   12.3

图 12.4 揭示了二维(a)和三维(b)空间中波的传播,假设初始时原点处有一个高斯型波包,经过一段时间后,二者表观上相似,实际上,三维空间的内部已经完全恢复到平衡位置(没有信号),而二维空间各处始终存在位移或场分布。

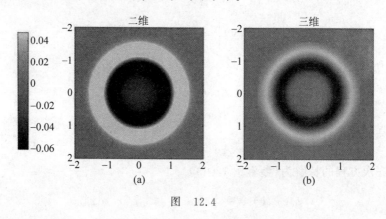

图   12.4

为了更清楚地显示这一特征,我们在图 12.5 中描绘了不同时刻一、二、三维波在 x 轴上的位移或场强分布。图中可见三维和一维空间波的运动特征一致,波的传播符合惠更斯原理,而二维空间波的传播更像是扩散过程,因此恰恰是水的表面波传播不满足惠更斯原理。

当波在三维空间中传播时,信号是清晰可辨、前后互不干扰的。而在二维的世界里说话,耳朵听到的将是前后混杂、持续不断的嗡嗡声,根本不可能听到美妙的歌声。信号在空间中传播的保真性并不像人们想象的那样,是理所当然的。就其内在和谐性而言,三维世界在各种维度空间中是非常独特的,我们很幸运地生活在其中!

至于由薛定谔方程描述的物质波运动式(12.1.2),即使在一维情形下惠更斯原理也完全不适用。

习题

[1] 求解无限长细杆的有源热传导问题:

$$\begin{cases} u_t - a^2 u_{xx} = f(x,t) & (-\infty < x < \infty) \\ u\mid_{t=0} = 0 \end{cases}$$

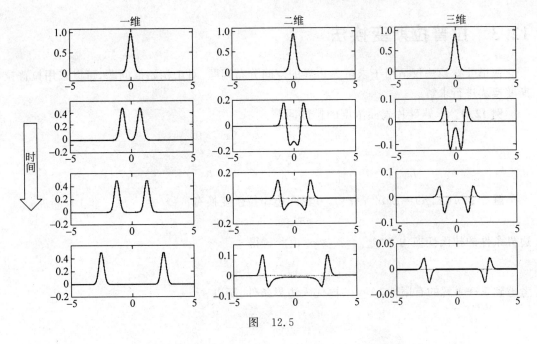

图 12.5

答案:

$$u(x,t)=\int_0^t \int_{-\infty}^{\infty} f(\xi,\tau)\left[\frac{1}{2a\sqrt{\pi(t-\tau)}}\mathrm{e}^{-\frac{(x-\xi)^2}{4a^2(t-\tau)}}\right]\mathrm{d}\xi\mathrm{d}\tau$$

[2] 用傅里叶正弦变换法求一维定解问题:

$$\begin{cases} \dfrac{\partial u}{\partial t}=a^2\dfrac{\partial^2 u}{\partial x^2} & (0\leqslant x<\infty) \\ u(0,t)=u_0+A\sin\Omega t, & u\mid_{t=0}=u_0 \end{cases}$$

[3] 求解一维半无界空间的输运问题:

$$\begin{cases} \dfrac{\partial u}{\partial t}=a^2\dfrac{\partial^2 u}{\partial x^2} & (0\leqslant x<\infty) \\ u(0,t)=At, & u\mid_{t=0}=0 \end{cases}$$

答案:

$$u(x,t)=At-A\int_0^t \mathrm{erf}\left(\frac{x}{2a\sqrt{t-\tau}}\right)\mathrm{d}\tau$$

[4] 求无界弦的振动问题:

$$\begin{cases} \dfrac{\partial^2 u}{\partial t^2}=a^2\dfrac{\partial^2 u}{\partial x^2} \\ u\mid_{t=0}=u_0\mathrm{e}^{-x^2/a^2}, & u_t\mid_{t=0}=0 \end{cases}$$

答案: $u(x,t)=\dfrac{u_0}{2}\left[\mathrm{e}^{-(x+ct)^2/a^2}+\mathrm{e}^{-(x-ct)^2/a^2}\right]$。

12.3 拉普拉斯变换法

傅里叶变换法仅适用于求解无边界的空间分布问题,对于初始值问题,可以采用拉普拉斯变换法进行求解。

例 12.9 求解硅片表面浓度的扩散问题:

$$\begin{cases} u_t - a^2 u_{xx} = 0 \quad (x \geqslant 0) \\ u \mid_{x=0} = N_0 \\ u \mid_{t=0} = 0 \end{cases}$$

解 令 $\bar{u}(x,p) = \mathcal{L}[u(x,t)]$,方程两边作拉氏变换有

$$p\bar{u} - a^2 \bar{u}_{xx} = 0$$

边界条件的拉氏变换为 $\bar{u}\mid_{x=0} = N_0/p$,由此解得

$$\bar{u} = A e^{\frac{\sqrt{p}}{a}x} + B e^{-\frac{\sqrt{p}}{a}x}$$

考虑到 $x \to \infty$ 解的有限性,$A = 0$,再代入边界条件,所以

$$\bar{u} = N_0 \frac{e^{-\sqrt{p}x/a}}{p}$$

再作拉氏逆变换,查附录 Ⅱ 得

$$u(x,t) = N_0 \operatorname{erfc}\left(\frac{x}{2a\sqrt{t}}\right)$$

例 12.10 用拉普拉斯变换法求一维定解问题:

$$\begin{cases} \dfrac{\partial u}{\partial t} = a^2 \dfrac{\partial^2 u}{\partial x^2} \quad (0 \leqslant x < \infty) \\ u(0,t) = u_0 + A\sin\Omega t, \quad u\mid_{t=0} = u_0 \end{cases}$$

解 先作零点平移,$u = v + u_0$,则 $v(x,t)$ 满足的方程和定解条件为

$$\begin{cases} \dfrac{\partial v}{\partial t} = a^2 \dfrac{\partial^2 v}{\partial x^2} \quad (0 \leqslant x < \infty) \\ v(0,t) = A\sin\Omega t, \quad v\mid_{t=0} = 0 \end{cases}$$

作拉普拉斯变换,$\bar{v}(x,p) = \mathcal{L}[v(x,t)]$,得

$$\bar{v}'' - \frac{p}{a^2}\bar{v} = 0$$

其解为

$$\bar{v}(x,p) = C e^{\frac{\sqrt{p}}{a}x} + D e^{-\frac{\sqrt{p}}{a}x}$$

考虑到 $x \to \infty$ 时温度有限,知 $C = 0$。再由边界条件得

$$\bar{v}(x,p) = \frac{\Omega}{p^2 + \Omega^2} e^{-\frac{\sqrt{p}}{a}x}$$

可以通过黎曼-梅林反演的方法来求原函数,由于 $p = 0$ 是支点,复平面上有两个单极点 $p = \pm i\Omega$,可画出如图 12.6 所示的闭合回路,读者可自己动手解决,最终结果为

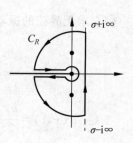

图 12.6

$$u(x,t) = u_0 + A \mathrm{e}^{-x/\delta} \sin\left(\Omega t - \frac{x}{\delta}\right)$$

其中 $\delta = a\sqrt{\dfrac{2}{\Omega}}$。

由于方程作拉普拉斯变换后是关于 x 的二阶常微分方程,如果方程或初始条件为齐次,则解题过程比较简单,否则会有一定的麻烦,如例 12.11 所示。

例 12.11　求解无限弦的振动问题

$$\begin{cases} u_{tt} - a^2 u_{xx} = 0 \quad (-\infty < x < \infty) \\ u\,|_{t=0} = \phi(x)\,, \quad u_t\,|_{t=0} = \psi(x) \end{cases}$$

解法 1　设函数的拉普拉斯变换:$\bar{u}(x,p) = \mathcal{L}[u(x,t)]$,有

$$p^2 \bar{u} - a^2 \bar{u}_{xx} = p\phi + \psi$$

根据 9.1 节的方法,该方程的通解为

$$\bar{u}(x,p) = A\mathrm{e}^{px/a} + B\mathrm{e}^{-px/a} - \frac{1}{2a}\mathrm{e}^{px/a}\int^x \frac{\mathrm{e}^{-p\xi/a}}{p}[\psi(\xi) + p\phi(\xi)]\mathrm{d}\xi +$$

$$\frac{1}{2a}\mathrm{e}^{-px/a}\int^x \frac{\mathrm{e}^{p\xi/a}}{p}[\psi(\xi) + p\phi(\xi)]\mathrm{d}\xi$$

由于在 $x \to \pm\infty$ 处的振幅有限,所以 $A = B = 0$,于是

$$\bar{u}(x,p) = -\frac{1}{2a}\int_\infty^x \frac{\mathrm{e}^{-p(\xi-x)/a}}{p}[\psi(\xi) + p\phi(\xi)]\mathrm{d}\xi + \frac{1}{2a}\int_{-\infty}^x \frac{\mathrm{e}^{-p(x-\xi)/a}}{p}[\psi(\xi) + p\phi(\xi)]\mathrm{d}\xi$$

$$= \left[\frac{1}{2a}\int_x^\infty \frac{\mathrm{e}^{-p(\xi-x)/a}}{p}\psi(\xi)\mathrm{d}\xi + \frac{1}{2a}\int_{-\infty}^x \frac{\mathrm{e}^{-p(x-\xi)/a}}{p}\psi(\xi)\mathrm{d}\xi\right] +$$

$$\left[\frac{1}{2a}\int_x^\infty \frac{\mathrm{e}^{-p(\xi-x)/a}}{p}p\phi(\xi)\mathrm{d}\xi + \frac{1}{2a}\int_{-\infty}^x \frac{\mathrm{e}^{-p(x-\xi)/a}}{p}p\phi(\xi)\mathrm{d}\xi\right]$$

上式中积分上下限取 $\pm\infty$ 是为了保证函数在无穷远处不发散。为了对 $\bar{u}(x,p)$ 进行反演,利用延迟定理,得

$$\mathcal{L}^{-1}\left[\frac{\mathrm{e}^{-p(\xi-x)/a}}{p}\right] = H\left(t - \frac{\xi-x}{a}\right) = \begin{cases} 1 & (\xi - x < at) \\ 0 & (\xi - x > at) \end{cases}$$

可得各项的原函数为

$$\mathcal{L}^{-1}\left[\int_x^\infty \frac{\mathrm{e}^{-p(\xi-x)/a}}{p}\psi(\xi)\mathrm{d}\xi\right] = \int_x^{x+at}\psi(\xi)\mathrm{d}\xi$$

$$\mathcal{L}^{-1}\left[\int_{-\infty}^x \frac{\mathrm{e}^{-p(x-\xi)/a}}{p}\psi(\xi)\mathrm{d}\xi\right] = \int_{x-at}^x \psi(\xi)\mathrm{d}\xi$$

以及

$$\frac{1}{2a}\mathcal{L}^{-1}\left[\int_x^\infty \frac{\mathrm{e}^{-p(\xi-x)/a}}{p}p\phi(\xi)\mathrm{d}\xi\right]$$

$$= \frac{1}{2}\mathcal{L}^{-1}\left[\int_x^\infty \frac{\partial}{\partial x}\frac{\mathrm{e}^{-p(\xi-x)/a}}{p}\phi(\xi)\mathrm{d}\xi\right] = \frac{1}{2}\int_x^\infty \frac{\partial}{\partial x}H\left(t - \frac{\xi-x}{a}\right)\phi(\xi)\mathrm{d}\xi$$

$$= \frac{1}{2}\int_x^\infty \delta[x - (\xi - at)]\phi(\xi)\mathrm{d}\xi$$

$$= \frac{1}{2}\phi(x+at)\,\mathcal{L}^{-1}\left[\frac{1}{2a}\int_{-\infty}^{x}\frac{\mathrm{e}^{-p(x-\xi)/a}}{p}p\phi(\xi)\mathrm{d}\xi\right]$$

$$= \frac{1}{2}\phi(x-at)$$

于是,我们第三次得到达朗贝尔解

$$u(x,t)=\frac{1}{2}\left[\phi(x+at)+\phi(x-at)\right]+\frac{1}{2a}\int_{x-at}^{x+at}\psi(\xi)\mathrm{d}\xi$$

由本例可见,用拉普拉斯变换法也可以求解无限弦的波动问题,但解题过程有些繁冗。究其原因,乃是由于变换后的方程是一个非齐次的二阶常微分方程,其特解表达式有点复杂。如果我们同时采用傅里叶变换与拉普拉斯变换的联合操作,求解过程会相对简明一些,解法如下:

解法 2 先作拉普拉斯变换,$\bar{u}(x,p)=\mathcal{L}[u(x,p)]$,方程变为

$$p^2\bar{u}-a^2\bar{u}_{xx}=p\phi(x)+\psi(x)$$

再作傅里叶变换,$\overline{U}(k,p)=\mathfrak{F}[\bar{u}(x,p)]$,方程进一步变为代数方程

$$p^2\overline{U}(k,p)+a^2k^2\overline{U}(k,p)=p\Phi(k)+\Psi(k)$$

解得

$$\overline{U}(k,p)=\Phi(k)\frac{p}{p^2+a^2k^2}+\Psi(k)\frac{1}{p^2+a^2k^2}$$

先作拉普拉斯逆变换

$$U(k,t)=\Phi(k)\cos kat+\frac{1}{ka}\Psi(k)\sin kat$$

$$=\Phi(k)\cos kat+\int_0^t\Psi(k)\cos ka\tau\mathrm{d}\tau$$

再作傅里叶逆变换,得

$$u(x,t)=\frac{1}{2}\left[\phi(x+at)+\phi(x-at)\right]+\frac{1}{2a}\int_{x-at}^{x+at}\psi(\xi)\mathrm{d}\xi$$

例 12.12 密度分别为 ρ_1、ρ_2 的两段半无限长弦在 $x=0$ 处连接,假设在 $x<0$ 的弦 ρ_1 上有位移分布 $u_1|_{t=0}=\phi(x)$,$x>0$ 的弦 ρ_2 处于平衡位置 $u_2|_{t=0}=0$,初始时弦处于静止状态,求解弦上波的传播。

解 根据题意写出方程的定解问题

$$\begin{cases}\partial_{tt}u_1-a_1^2\partial_{xx}u_1=0 & (x<0)\\ \partial_{tt}u_2-a_2^2\partial_{xx}u_2=0 & (x>0)\\ u_1|_{x=0}=u_2|_{x=0}, \quad \partial_xu_1|_{x=0}=\partial_xu_2|_{x=0}\\ u_1|_{t=0}=\phi(x), \quad u_{1t}|_{t=0}=0\\ u_2|_{t=0}=0, \quad u_{2t}|_{t=0}=0\end{cases}$$

其中 $a_j^2=T/\rho_j(j=1,2)$。对两段弦的波动方程分别作拉普拉斯变换

$$\bar{u}_j(x,p)=\mathcal{L}[u_j(x,t)]$$

得

$$p^2 \bar{u}_1 - p\phi(x) - a_1^2 \bar{u}_1'' = 0 \quad (x < 0)$$

$$p^2 \bar{u}_2 - a_2^2 \bar{u}_2'' = 0 \quad (x > 0)$$

解得

$$\bar{u}_1 = A_1 e^{\frac{p}{a_1}x} + B_1 e^{-\frac{p}{a_1}x} - \frac{1}{2a_1} e^{\frac{p}{a_1}x} \int_0^x \phi(\xi) e^{-\frac{p}{a_1}\xi} d\xi + \frac{1}{2a_1} e^{-\frac{p}{a_1}x} \int_{-\infty}^x \phi(\xi) e^{\frac{p}{a_1}\xi} d\xi$$

$$\bar{u}_2 = A_2 e^{\frac{p}{a_2}x} + B_2 e^{-\frac{p}{a_2}x}$$

由于 $x \to \pm\infty$ 时振动幅度有限，所以 $B_1 = A_2 = 0$。再根据 $x = 0$ 处的衔接条件，有

$$A_1 + \frac{1}{2a_1} \int_{-\infty}^0 \phi(\xi) e^{\frac{p}{a_1}\xi} d\xi = B_2$$

$$A_1 \frac{p}{a_1} - \frac{1}{2a_1} \frac{p}{a_1} \int_{-\infty}^0 \phi(\xi) e^{\frac{p}{a_1}\xi} d\xi = -B_2 \frac{p}{a_2}$$

所以

$$A_1(p) = \frac{1}{2a_1} \frac{a_2 - a_1}{a_1 + a_2} \int_{-\infty}^0 \phi(\xi) e^{\frac{p}{a_1}\xi} d\xi$$

$$B_2(p) = \frac{1}{a_1} \frac{a_2}{a_1 + a_2} \int_{-\infty}^0 \phi(\xi) e^{\frac{p}{a_1}\xi} d\xi$$

注意到

$$\frac{1}{2a_1} \int_{-\infty}^0 \phi(\xi) e^{\frac{p}{a_1}\xi} d\xi = \frac{1}{2} \mathcal{L}[\phi(-a_1 t)]$$

利用延迟定理，可得方程的解为

$$u_1(x,t) = \frac{1}{2}\phi(x + a_1 t) + \frac{1}{2}\phi(x - a_1 t) H(-x - a_1 t) +$$

$$\frac{a_2 - a_1}{2(a_1 + a_2)} \phi(-x - a_1 t) H(x + a_1 t) \quad (x < 0)$$

$$u_2(x,t) = \frac{a_2}{a_1 + a_2} \phi\left[\frac{a_1}{a_2}(x - a_2 t)\right] H(-x + a_2 t) \quad (x > 0)$$

式中，$u_1(x,t)$ 的第一项是初始波分裂成负方向传播的子波，第二项是向正方向传向界面的入射波，第三项是反射波。$u_2(x,t)$ 表示透射波。当 $a_2 < a_1$ 或者 $\rho_1 < \rho_2$ 时，反射波位移反转，即出现半波损，如果 $a_2 > a_1$ 或者 $\rho_1 > \rho_2$ 则不出现半波损。结果表明，反射波和透射波的波形均保持与入射波一样，只是透射波的宽度拉伸（压缩）了 a_1/a_2 倍。图 12.7 示意地描述了波的不同反射过程。

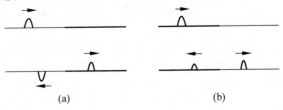

(a)　　　　　(b)

图　12.7

习题

[1] 用拉普拉斯变换法求解无限长细杆的有源热传导问题:

$$\begin{cases} u_t - a^2 u_{xx} = f(x,t) & (-\infty < x < \infty) \\ u \mid_{t=0} = 0 \end{cases}$$

[2] 长为 l 的均匀杆,一端保持温度为 u_0,另一端绝热,杆的初始温度为零,求杆中温度的变化。

[3] 一半无界弦,初始处于平衡状态,设 $t>0$ 时 $x=0$ 端作微小振动 $A\sin\omega t$,求解弦的运动:

$$\begin{cases} \dfrac{\partial^2 u}{\partial t^2} - a^2 \dfrac{\partial^2 u}{\partial x^2} = 0 & (0 \leqslant x < \infty) \\ u \mid_{x=0} = A\sin\omega t \\ u \mid_{t=0} = 0, \quad u_t \mid_{t=0} = 0 \end{cases}$$

[4] 两条半无界的均匀杆,初始温度分别为 0 和 u_0,将两杆在端点处紧密相接,求 $t>0$ 时杆中温度随时间的变化。

答案:

$$u(x,t) = \begin{cases} \dfrac{u_0}{2} \operatorname{erfc}\left(-\dfrac{x}{2\sqrt{\kappa t}}\right) & (x < 0) \\ u_0 - \dfrac{u_0}{2} \operatorname{erfc}\left(\dfrac{x}{2\sqrt{\kappa t}}\right) & (x > 0) \end{cases}$$

第13章

球谐函数

13.1 勒让德方程

1. 球坐标系

对于三维球对称问题,用球坐标系来表示拉普拉斯方程更便于分离变量。应用第 10 章的正交曲线坐标系方法,拉普拉斯方程的形式如下:

$$\frac{1}{r^2}\frac{\partial}{\partial r}\left(r^2\frac{\partial u}{\partial r}\right) + \frac{1}{r^2\sin\theta}\frac{\partial}{\partial\theta}\left(\sin\theta\frac{\partial u}{\partial\theta}\right) + \frac{1}{r^2\sin^2\theta}\frac{\partial^2 u}{\partial\phi^2} = 0 \tag{13.1.1}$$

分离变量:$u(r,\theta,\phi) = R(r)Y(\theta,\phi)$,则径向部分 $R(r)$ 满足欧拉型方程

$$\frac{\mathrm{d}}{\mathrm{d}r}\left(r^2\frac{\mathrm{d}R}{\mathrm{d}r}\right) - l(l+1)R = 0 \tag{13.1.2}$$

其解为

$$\begin{cases} R(r) = Cr^l + D\dfrac{1}{r^{l+1}} & (l \neq 0) \\ R(r) = C + D\ln r & (l = 0) \end{cases}$$

角向部分满足方程

$$\frac{1}{\sin\theta}\frac{\partial}{\partial\theta}\left(\sin\theta\frac{\partial Y}{\partial\theta}\right) + \frac{1}{\sin^2\theta}\frac{\partial^2 Y}{\partial\phi^2} + l(l+1)Y = 0 \tag{13.1.3}$$

后面会解释分离变量常数取 $l(l+1)$ 的理由。该方程可进一步分离变量 $Y(\theta,\phi) = \Theta(\theta)\Phi(\phi)$,得

$$\begin{cases} \Phi'' + \lambda\Phi = 0 \\ \dfrac{1}{\sin\theta}\dfrac{\mathrm{d}}{\mathrm{d}\theta}\left(\sin\theta\dfrac{\mathrm{d}\Theta}{\mathrm{d}\theta}\right) + \left[l(l+1) - \dfrac{\lambda}{\sin^2\theta}\right]\Theta = 0 \end{cases} \tag{13.1.4}$$

这里出现了第二个分离变量常数 λ。与 $\Phi(\phi)$ 有关的部分由于周期性条件

$$\Phi(\phi + 2\pi) = \Phi(\phi)$$

可以得到 $\lambda = m^2 (m=0,1,2,\cdots)$，相应的本征函数为

$$\Phi(\phi) = A\cos m\phi + B\sin m\phi \tag{13.1.5}$$

关于 $\Theta(\theta)$ 满足的方程，令 $x = \cos\theta$，函数符号改用 $y(x)$ 表示，得到方程

$$(1-x^2)\frac{d^2 y}{dx^2} - 2x\frac{dy}{dx} + \left[l(l+1) - \frac{m^2}{1-x^2}\right]y = 0 \tag{13.1.6}$$

该方程称作 l 阶连带勒让德方程(associated Legendre equation)。特别地，当 $m=0$，称作 l 阶勒让德方程

$$(1-x^2)\frac{d^2 y}{dx^2} - 2x\frac{dy}{dx} + l(l+1)y = 0 \tag{13.1.7}$$

在 9.2 节中，我们已经用幂级数法得到了勒让德方程(13.1.7)的两个线性独立的级数解

$$y_1(x) = 1 + \frac{(-l)(l+1)}{2!}x^2 + \frac{(2-l)(-l)(l+1)(l+3)}{4!}x^4 + \cdots +$$

$$\frac{(2k-2-l)(2k-4-l)\cdots(-l)(l+1)\cdots(l+2k-1)}{(2k)!}x^{2k} + \cdots \tag{13.1.8}$$

及

$$y_2(x) = x + \frac{(1-l)(l+2)}{3!}x^3 + \frac{(3-l)(1-l)(l+2)(l+4)}{5!}x^5 + \cdots +$$

$$\frac{(2k-1-l)(2k-3-l)\cdots(1-l)(l+2)\cdots(l+2k)}{(2k+1)!}x^{2k+1} + \cdots \tag{13.1.9}$$

它们的收敛半径均为

$$R = \lim_{k\to\infty}|a_k/a_{k+2}| = \lim_{n\to\infty}\left|\frac{(k+2)(k+1)}{(k-l)(k+l+1)}\right| = 1 \tag{13.1.10}$$

现在的问题是：根据高斯判别法，级数 $y_1(x)$ 和 $y_2(x)$ 在 $x=\pm1$，即在球坐标的南、北极发散(3.1 节)，导致没有物理意义的解。

无穷级数在 $x=\pm1$ 两个端点均发散，如果满足一定的条件时，可能使方程的解在其中一个端点收敛，但在另一个端点依然发散。但是物理问题要求在整个闭区间 $[-1,+1]$ 都必须有限，怎么办？

2. 本征值问题

1) 勒让德多项式

通过观察系数的递推关系，发现如果 l 取正整数或零，无穷幂级数将被截断成有限的多项式，就自然地避免了在 $x=\pm1$ 处的发散问题。例如当 $l=2n$ 时，$y_1(x)$ 被截断为最高 x^{2n} 次多项式，此时另一个解 $y_2(x)$ 在 $x=\pm1$ 仍旧发散；而当 $l=2n+1$ 时，$y_2(x)$ 被截断为最高 x^{2n+1} 次多项式，但 $y_1(x)$ 又发散。所以无论 l 为偶数还是奇数，方程在 $x\in[-1,+1]$ 始终只有一个有限的多项式解，称作 l 阶勒让德多项式(Legendre polynomials)，记作 $P_l(x)$，有

$$P_l(x) = \sum_{k=0}^{[l/2]}(-1)^k \frac{(2l-2k)!}{2^l k!\,(l-k)!\,(l-2k)!}x^{l-2k} \tag{13.1.11}$$

这里列出几个低阶勒让德多项式：

$$P_0(x) = 1$$

$$P_1(x) = x = \cos\theta$$

$$P_2(x) = \frac{1}{2}(3x^2 - 1) = \frac{1}{4}(3\cos2\theta + 1)$$

$$P_3(x) = \frac{1}{2}(5x^3 - 3x) = \frac{1}{8}(5\cos3\theta + 3\cos\theta)$$

$$P_4(x) = \frac{1}{8}(35x^4 - 30x^2 + 3) = \frac{1}{64}(35\cos4\theta + 20\cos2\theta + 9)$$

它们的函数曲线由图 13.1 展示。下面是几个特殊的函数值：

$$P_n(1) = 1, \quad P_{2n+1}(0) = 0, \quad P_{2n}(0) = (-1)^n \frac{(2n)!}{(2^n n!)^2}$$

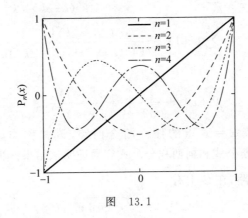

图　13.1

2）自然边界条件

由于方程的解在闭区间 $[-1, +1]$ 必须有限的限制，决定了分离变量所引入的常数 l 只能取零或正整数，这种约束称作方程的自然边界条件。它限制勒让德方程的本征值只能取为 $l(l+1)$，且 l 取正整数或零。

3）方程的第二个解

已知方程的一个解，利用第 9 章的方法，容易求得勒让德方程的另一个解为

$$Q_0(x) = \frac{1}{2}\ln\frac{1+x}{1-x}$$

$$Q_l(x) = P_l(x)\int_\alpha^x \frac{1}{[P_l(s)]^2} e^{-\int_0^s \frac{2t}{1-t^2}dt} ds = P_l(x)\int_\alpha^x \frac{1}{(1-s^2)[P_l(s)]^2} ds$$

$$= \frac{1}{2}P_l(x)\ln\frac{1+x}{1-x} + \frac{1}{2^l}\sum_{k=0}^{[(l-1)/2]} x^{l-1-2k} \cdot \sum_{n=0}^k \frac{(-1)^{n+1}}{2k-2n+1} \cdot \frac{(2l-2n)!}{n!\,(l-n)!\,(l-2n)!}$$

$Q_l(x)$ 称作第二类勒让德函数，它在 $x = \pm1$ 处始终存在对数发散。因此，对于含有南北极的球形区域物理问题，该发散解必须丢弃。如果物理定解问题不包含南北极，那么就没有自然边界条件，所以不要求 l 为正整数，这时需要将 $P_l(x)$ 和 $Q_l(x)$ 重新组合以便满足相应的齐次边界条件，由此确定 l 的取值，总之只有一个本征函数。

3. 基本性质

1）微分表示

$$P_l(x) = \frac{1}{2^l l!} \frac{d^l}{dx^l}(x^2-1)^l \tag{13.1.12}$$

该式称作罗德里格斯公式（Rodriguez formula）。

证明 根据二项式定理

$$\frac{1}{2^l l!}(x^2-1)^l = \frac{1}{2^l l!} \sum_{k=0}^{l} \frac{l!}{(l-k)! \, k!}(-1)^k x^{2l-2k}$$

两边求 l 次导数，求和的各项中低于 l 次幂的求导后为零，只需保留 $2l-2k \geqslant l$ 的项，即 $k \leqslant l/2$，所以

$$\frac{1}{2^l l!} \frac{d^l}{dx^l}(x^2-1)^l = \sum_{k=0}^{[l/2]} (-1)^k \frac{(2l-2k)(2l-2k-1)\cdots(l-2k+1)}{2^l(l-k)! \, k!} x^{l-2k}$$

$$= \sum_{k=0}^{[l/2]} (-1)^k \frac{(2l-2k)!}{2^l k! \, (l-k)! \, (l-2k)!} x^{l-2k} \equiv P_l(x)$$

2）积分表示

$$P_l(x) = \frac{1}{2\pi i 2^l} \oint_C \frac{(z^2-1)^l}{(z-x)^{l+1}} dz \tag{13.1.13}$$

式中 C 为 z 平面上围绕 $z=x$ 点的任一闭合回路，该式称作施列夫利积分（SchlMli integral），利用罗德里格斯公式和柯西积分公式容易证明该结果。再取 C 为以 x 为圆心，半径为 $\sqrt{|x^2-1|}$ 的闭合回路，在 C 上有

$$z - x = \sqrt{x^2-1}\, e^{i\psi}$$

由此可以得到拉普拉斯积分公式

$$P_l(x) = \frac{1}{\pi} \int_0^\pi [x + i\sqrt{1-x^2}\cos\psi]^l d\psi$$

$$P_l(\cos\theta) = \frac{1}{\pi} \int_{-\pi}^\pi [\cos\theta + i\sin\theta\cos\psi]^l d\psi \tag{13.1.14}$$

3）正交性

$$\int_{-1}^{+1} P_l(x) P_k(x) dx = 0 \quad (k \neq l)$$

$$\int_0^\pi P_l(\cos\theta) P_k(\cos\theta) \sin\theta \, d\theta = 0 \quad (k \neq l) \tag{13.1.15}$$

其中归一化模为

$$N_l^2 = \int_{-1}^{+1} [P_l(x)]^2 dx = \frac{2}{2l+1} \tag{13.1.16}$$

证明 先证明正交性，不妨假定 $l > k$，利用罗德里格斯公式并作分部积分，

$$\int_{-1}^{+1} P_l(x) P_k(x) dx = \frac{1}{2^l l!} \frac{1}{2^k k!} \int_{-1}^{+1} \frac{d^l}{dx^l}(x^2-1)^l \frac{d^k}{dx^k}(x^2-1)^k dx$$

$$= \frac{1}{2^l l!} \frac{1}{2^k k!} \int_{-1}^{+1} \frac{d}{dx}\left[\frac{d^{l-1}}{dx^{l-1}}(x^2-1)^l\right] \frac{d^k}{dx^k}(x^2-1)^k dx$$

$$= \frac{1}{2^l l! \; 2^k k!} \left[\frac{\mathrm{d}^{l-1}}{\mathrm{d}x^{l-1}}(x^2-1)^l \frac{\mathrm{d}^k}{\mathrm{d}x^k}(x^2-1)^k \right]_{-1}^{+1} -$$

$$\frac{1}{2^l l! \; 2^k k!} \int_{-1}^{+1} \frac{\mathrm{d}^{l-1}}{\mathrm{d}x^{l-1}}(x^2-1)^l \frac{\mathrm{d}^{k+1}}{\mathrm{d}x^{k+1}}(x^2-1)^k \mathrm{d}x$$

由于 $x=\pm 1$ 是 $(x^2-1)^l$ 的 l 阶零点,求 $l-1$ 阶导数后,还是一阶零点,故上式积分出来的项为零,于是

$$\int_{-1}^{+1} \mathrm{P}_l(x)\mathrm{P}_k(x)\mathrm{d}x = \frac{(-1)^1}{2^l l! \; 2^k k!} \int_{-1}^{+1} \frac{\mathrm{d}^{l-1}}{\mathrm{d}x^{l-1}}(x^2-1)^l \frac{\mathrm{d}^{k+1}}{\mathrm{d}x^{k+1}}(x^2-1)^k \mathrm{d}x$$

继续作 k 次分部积分,被积出的项同样为零,因此

$$\int_{-1}^{+1} \mathrm{P}_l(x)\mathrm{P}_k(x)\mathrm{d}x = \frac{(-1)^{k+1}}{2^l l! \; 2^k k!} \int_{-1}^{+1} \frac{\mathrm{d}^{l-k-1}}{\mathrm{d}x^{l-k-1}}(x^2-1)^l \frac{\mathrm{d}^{2k+1}}{\mathrm{d}x^{2k+1}}(x^2-1)^k \mathrm{d}x$$

注意到积分号内

$$\frac{\mathrm{d}^{2k+1}}{\mathrm{d}x^{2k+1}}(x^2-1)^k = 0$$

所以有

$$\int_{-1}^{+1} \mathrm{P}_l(x)\mathrm{P}_k(x)\mathrm{d}x = 0$$

再看正交模,令 $k=l$,依照上面作 l 次分部积分后,有

$$N_l^2 = \int_{-1}^{+1} [\mathrm{P}_l(x)]^2 \mathrm{d}x = \frac{(-1)^l}{2^{2l}(l!)^2} \int_{-1}^{+1} (x^2-1)^l \frac{\mathrm{d}^{2l}}{\mathrm{d}x^{2l}}(x^2-1)^l \mathrm{d}x$$

积分号内 $(x^2-1)^l$ 的最高次幂为 $2l$,对它求 $2l$ 阶导数即得到 $(2l)!$,于是

$$N_l^2 = \frac{(-1)^l (2l)!}{2^{2l}(l!)^2} \int_{-1}^{+1} (x-1)^l (x+1)^l \mathrm{d}x$$

再进行分部积分,得

$$N_l^2 = \frac{(-1)^l (2l)!}{2^{2l}(l!)^2} \frac{1}{l+1} \left[(x-1)^l (x+1)^{l+1} \Big|_{-1}^{+1} - l \int_{-1}^{+1} (x-1)^{l-1}(x+1)^{l+1} \mathrm{d}x \right]$$

被积出的部分为零,结果是 $(x-1)$ 降低一次幂,$(x+1)$ 升高一次幂,继续分部积分,直至得到

$$N_l^2 = \frac{(-1)^l (2l)!}{2^{2l}(l!)^2} \cdot (-1)^l \frac{l}{(l+1)} \cdot \frac{l-1}{(l+2)} \cdots \frac{1}{2l} \int_{-1}^{+1} (x-1)^0 (x+1)^{2l} \mathrm{d}x$$

$$= \frac{1}{2^{2l}(2l+1)}(x+1)^{2l+1} \Big|_{-1}^{+1} = \frac{2}{2l+1}$$

4. 广义傅里叶级数

后面会讲到,勒让德方程属于斯图姆-刘维尔型方程,其本征函数即勒让德多项式 $\mathrm{P}_l(x)$ 是正交完备的。类似于三角函数的傅里叶级数展开,可以将定义在区间 $[-1,+1]$ 上的函数 $f(x)$ 表示为按勒让德多项式的线性叠加,称作广义傅里叶级数展开:

$$f(x) = \sum_{l=0}^{\infty} f_l P_l(x)$$

$$f_l = \frac{2l+1}{2} \int_{-1}^{+1} f(x) P_l(x) \mathrm{d}x \tag{13.1.17}$$

或者

$$f(\theta) = \sum_{l=0}^{\infty} f_l P_l(\cos\theta)$$

$$f_l = \frac{2l+1}{2} \int_{0}^{\pi} f(\theta) P_l(\cos\theta) \sin\theta \mathrm{d}\theta \tag{13.1.18}$$

例 13.1   以勒让德多项式为基,在 $[-1, +1]$ 区间把 $f(x) = 2x^3 + 3x + 4$ 展开为广义傅里叶级数。

解   可以利用一般的展开法计算。但考虑到函数 $f(x)$ 也是不超过 3 次幂的多项式,因此可以直接用 $P_0(x), P_1(x), P_2(x), P_3(x)$ 的线性组合表示:

$$f(x) = f_0 P_0(x) + f_1 P_1(x) + f_2 P_2(x) + f_3 P_3(x)$$

将 $P_l(x)$ 的表达式代入,比较系数即可得到

$$f_0 = 4, \quad f_1 = \frac{21}{5}, \quad f_2 = 0, \quad f_3 = \frac{4}{5}$$

例 13.2   在球 $r = r_0$ 的内部求解 $\Delta u = 0$,其满足边界条件 $u|_{r=r_0} = \cos^2\theta$。

解   以球坐标的极轴为对称轴($m=0$),方程的解具有如下形式:

$$u(r, \theta) = \sum_{l=0}^{\infty} \left(A_l r^l + \frac{B_l}{r^{l+1}} \right) P_l(\cos\theta)$$

考虑到 $r=0$ 处物理量的有限性,故上式的第二项必须舍弃,取 $B_l = 0$,于是

$$u(r, \theta) = \sum_{l=0}^{\infty} A_l r^l P_l(\cos\theta)$$

需要根据边界条件来确定系数 A_l 的值,

$$u(r_0, \theta) = \sum_{l=0}^{\infty} A_l r_0^l P_l(\cos\theta) = \cos^2\theta = x^2$$

它相当于将按勒让德多项式作广义傅里叶级数展开

$$x^2 = \frac{1}{3}[1 + 2P_2(x)] = \frac{1}{3} P_0(x) + \frac{2}{3} P_2(x)$$

最后结果为

$$u(r, \theta) = \frac{1}{3} + \frac{2r^2}{3r_0^2} P_2(x)$$

例 13.3   如图 13.2 所示,在匀强静电场 E_0 中放置一个半径为 r_0 的均匀介质球,介电常数为 ε_0,试求介质球内外的电场分布。

解   以球心为原点建立极坐标系,由电磁学知道极化电荷只出现在界面即介质球的表面上,在球内和球外均没有净电荷,因此电势分布都满足拉普拉斯方程:

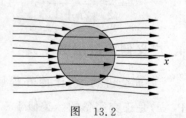

图 13.2

$$\Delta u_{内}=0,\quad \Delta u_{外}=0$$

无穷远的电势仍然为均匀电场的电势,即 $u_{外}|_{r\to\infty}=-E_0 r\cos\theta$。在球的表面上,由电磁学知识,电势和电位移矢量的法向分量连续,即

$$u_{内}|_{r=r_0}=u_{外}|_{r=r_0}$$

$$\varepsilon\varepsilon_0\frac{\partial}{\partial r}u_{内}|_{r=r_0}=\varepsilon_0\frac{\partial}{\partial r}u_{外}|_{r=r_0}$$

拉普拉斯方程的通解为

$$u=\sum_{l=0}^{\infty}\left(A_l r^l+B_l\frac{1}{r^{l+1}}\right)P_l(\cos\theta)$$

由于 $r=0$ 处电势的有限性,取 $B_l=0$,于是球内的电势为

$$u_{内}=\sum_{l=0}^{\infty}A_l r^l P_l(\cos\theta)$$

由无穷远的电势约束球外的电势分布

$$u_{外}=\sum_{l=0}^{\infty}\left(C_l r^l+D_l\frac{1}{r^{l+1}}\right)P_l(\cos\theta)\xrightarrow{r\to\infty}-E_0 r\cos\theta$$

比较系数得:$C_1=E_0,C_l=0\ (l\neq 0,1)$,因此球外的电势为

$$u_{外}=C_0-E_0 r P_1(\cos\theta)+\sum_{l=0}^{\infty}D_l\frac{1}{r^{l+1}}P_l(\cos\theta)$$

系数 A_l 和 D_l 需由球表面 $r=r_0$ 的衔接条件定出:

$$\sum_{l=0}^{\infty}A_l r_0^l P_l(\cos\theta)=C_0-E_0 r_0 P_1(\cos\theta)+\sum_{l=0}^{\infty}D_l\frac{1}{r_0^{l+1}}P_l(\cos\theta)$$

$$\varepsilon\sum_{l=0}^{\infty}l A_l r_0^{l-1}P_l(\cos\theta)=-E_0 P_1(\cos\theta)-\sum_{l=0}^{\infty}D_l\frac{l+1}{r_0^{l+2}}P_l(\cos\theta)$$

比较两边的系数,解得

$$A_0=C_0,\quad D_0=0,\quad A_l=0,\quad D_l=0$$

$$A_1=-\frac{3}{\varepsilon+2}E_0,\quad D_1=\frac{\varepsilon-1}{\varepsilon+2}r_0^3 E_0$$

最终解为

$$u_{内}=A_0-\frac{3}{\varepsilon+2}E_0 r\cos\theta$$

$$u_{外}=A_0-E_0 r\cos\theta+\frac{\varepsilon-1}{\varepsilon+2}r_0^3 E_0\frac{1}{r^2}\cos\theta$$

讨论　球内的电场强度大小 $E_{内}=-\nabla u_{内}=\frac{3}{\varepsilon+2}E_0$ 为常数,各点电场的方向都是沿 x 正方向,因此在球内的电场为均匀电场,说明介质球被均匀极化。

5. 母函数

图 13.3 中单位球的北极点放置一个点电荷 $q=4\pi\varepsilon_0$,考虑其在球内 M 点产生的静电势:

$$\frac{1}{d} = \frac{1}{\sqrt{1-2r\cos\theta+r^2}} = \sum_{l=0}^{\infty}(A_l r^l + B_l/r^{l+1})P_l(\cos\theta)$$

有限性要求 $B_l=0$，为了求系数 A_l，可以直接令 $\theta=0$，利用 $P_l(1)=1$，有

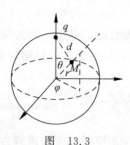

图 13.3

$$\frac{1}{1-r} = \sum_{l=0}^{\infty}A_l r^l = 1 + r + r^2 + \cdots + r^l + \cdots$$

$$\rightarrow A_l = 1 \quad (l=0,1,2,\cdots)$$

因此

$$G(r,\theta) \equiv \frac{1}{\sqrt{1-2r\cos\theta+r^2}} = \sum_{l=0}^{\infty}r^l P_l(\cos\theta) \quad (r<1) \qquad (13.1.19)$$

于是有

$$P_l(\cos\theta) = \frac{1}{l!}\frac{\partial^l G(r,\theta)}{\partial r^l}\bigg|_{r=0} \qquad (13.1.20)$$

$G(r,\theta)$ 称作勒让德多项式 $P_l(\cos\theta)$ 的母函数（generating function）。

讨论 根据"量纲"分析可以得出：

（1）球半径为 R 时的母函数

$$G(r,\theta) = \frac{1}{\sqrt{R^2-2Rr\cos\theta+r^2}} = \sum_{l=0}^{\infty}\frac{r^l}{R^{l+1}}P_l(\cos\theta) \quad (r<R) \qquad (13.1.21)$$

（2）球外区域的母函数

$$G(r,\theta) = \frac{1}{\sqrt{R^2-2Rr\cos\theta+r^2}} = \sum_{l=0}^{\infty}\frac{R^{l+1}}{r^l}P_l(\cos\theta) \quad (r>R) \qquad (13.1.22)$$

例 13.4 在点电荷 $4\pi\varepsilon_0 q$ 的电场中放置半径为 r_0 的接地导体球，球心距点电荷为 $r_1>r_0$，求解这个静电场。

解 如果不存在导体球，点电荷 q 在空间产生的电势将为

$$v(r,\theta) = \frac{q}{\sqrt{r_1^2-2r_1 r\cos\theta+r^2}}$$

导体球的存在导致感应电荷，从而改变了空间的电势分布，其满足拉普拉斯方程，

$$\Delta u_1(r,\theta) = 0$$

球外的总电势分布为 $u=u_1+v$，且满足边界条件

$$u\,|_{r=r_0} = 0, \quad u\,|_{r\to\infty} = 0$$

于是感应电荷产生的电势满足边界条件

$$u_1\,|_{r=r_0} = -v(r_0,\theta) = -\frac{q}{\sqrt{r_1^2-2r_1 r_0\cos\theta+r_0^2}}$$

$$u_1\,|_{r\to\infty} = 0$$

方程的一般解为

$$u_1 = \sum_{l=0}^{\infty}\left(A_l r^l + B_l\frac{1}{r^{l+1}}\right)P_l(\cos\theta)$$

考虑到 $r\to\infty$ 时，$u_1\to0$，有 $A_l=0$，所以

$$u_1 = \sum_{l=0}^{\infty} B_l \frac{1}{r^{l+1}} P_l(\cos\theta)$$

代入边界条件并利用母函数,有

$$\sum_{l=0}^{\infty} B_l \frac{1}{r_0^{l+1}} P_l(\cos\theta) = -\frac{q}{\sqrt{r_1^2 - 2r_1 r_0 \cos\theta + r_0^2}} = -q \sum_{l=0}^{\infty} \frac{r_0^l}{r_1^{l+1}} P_l(\cos\theta)$$

比较两边的系数得

$$B_l = -q \frac{r_0^{2l+1}}{r_1^{l+1}}$$

最终结果为

$$u(r,\theta) = \frac{q}{\sqrt{r_1^2 - 2r_1 r \cos\theta + r_1^2}} + \sum_{l=0}^{\infty} (-q) \frac{r_0^{2l+1}}{r_1^{l+1}} \cdot \frac{1}{r^{l+1}} P_l(\cos\theta)$$

$$= \frac{1}{\sqrt{r_1^2 - 2r_1 r \cos\theta + r_1^2}} + \frac{-q(r_0/r_1)}{\sqrt{(r_0^2/r_1)^2 - 2(r_0^2/r_1)r\cos\theta + r^2}}$$

上式中最后一步再次利用了母函数的性质。

讨论 本题也可以用电像法求解(图 13.4):假设在 A 点的球共轭点 B 处有一个负的像电荷 q',其中 $BP/AP = OP/OA = a/r_1$,点电荷 q 和 q' 共同保证球面的电势为零,根据简单的几何计算,可以得到 $q' = -\dfrac{r_0}{r_1} q$,空间的电势分布即两个点电荷产生的电势的叠加,读者可自己动手演算一下。

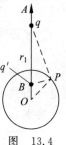

图 13.4

6. 递推关系

$$\begin{aligned}
&(k+1)P_{k+1}(x) - (2k+1)x P_k(x) + k P_{k-1}(x) = 0 \\
&P_k(x) = P'_{k+1}(x) - 2x P'_k(x) + P'_{k-1}(x) \\
&(2k+1)P_k(x) = P'_{k+1}(x) - P'_{k-1}(x) \\
&P'_{k+1}(x) = x P'_k(x) + (k+1)P_k(x)
\end{aligned} \qquad (13.1.23)$$

利用母函数或者罗德里格斯公式,可以很容易地证明这些关系式,在此从略。

例 13.5 计算定积分:$\displaystyle\int_{-1}^{+1} x P_k(x) P_l(x) dx$。

解 利用递推关系有

$$\int_{-1}^{+1} x P_k(x) P_l(x) dx = \int_{-1}^{+1} \frac{1}{2k+1} [(k+1)P_{k+1}(x) P_l(x) + k P_{k-1}(x) P_l(x)] dx$$

$$= \frac{k+1}{2k+1} \cdot \frac{2}{2l+1} \delta_{k+1,l} + \frac{k}{2k+1} \cdot \frac{2}{2l+1} \delta_{k-1,l}$$

$$= \begin{cases} \dfrac{2k}{(2k+1)(2k-1)} & (l = k-1) \\ \dfrac{2(k+1)}{(2k+3)(2k+1)} & (l = k+1) \\ 0 & (其他) \end{cases}$$

例 13.6   利用母函数证明勒让德多项式的正交性。

证明   由母函数得

$$\frac{1}{\sqrt{1-2xu+u^2}} \cdot \frac{1}{\sqrt{1-2xv+v^2}} = \sum_{m,n=0}^{\infty} P_m(x)P_n(x)u^m v^n$$

方程两边同时对 x 积分,等式左边积分后再作泰勒展开:

$$\int_{-1}^{+1} \frac{1}{\sqrt{1-2xu+u^2}} \cdot \frac{1}{\sqrt{1-2xv+v^2}} \mathrm{d}x = \frac{1}{\sqrt{uv}}\ln\frac{1+\sqrt{uv}}{1-\sqrt{uv}} = \sum_{n=0}^{\infty} \frac{2}{2n+1}u^n v^n$$

比较两边 $u^m v^n$ 项的系数,可得

$$\int_{-1}^{1} P_m(x)P_n(x)\mathrm{d}x = \frac{2}{2n+1}\delta_{mn}$$

习题

[1] 以勒让德多项式为基,在 $[-1,+1]$ 区间把 $f(x)=|x|$ 展开为广义傅里叶级数。
答案:

$$|x| = \frac{1}{2}P_0(x) + \sum_{n=1}^{\infty}(-1)^{n+1}\frac{(4n+1)(2n-1)!!}{(2n-1)(2n+2)!!}P_{2n}(x)$$

[2] 证明递推关系:

$$(k+1)P_{k+1}(x) - (2k+1)xP_k(x) + kP_{k-1}(x) = 0$$

[3] 半径为 r_0 的半球,其球面上的温度保持为 $u_0\cos\theta$,底面绝热,试求这个半球的稳定温度分布。
答案:

$$u(r,\theta) = \frac{1}{2}u_0 + u_0\sum_{n=1}^{\infty}(-1)^{n+1}\frac{(4n+1)(2n-1)!!}{(2n-1)(2n+2)!!}\frac{r^{2n}}{r_0^{2n}}P_{2n}(\cos\theta)$$

[4] 在匀强静电场 E_0 中放置一个半径为 r_0 的接地金属导体球,试求球外的静电场分布。
答案:

$$u(r,\theta) = -E_0 r\cos\theta + E_0 \frac{r_0^3}{r^2}\cos\theta$$

[5] 求解非齐次勒让德方程:

$$(1-x^2)\frac{\mathrm{d}^2 y}{\mathrm{d}x^2} - 2x\frac{\mathrm{d}y}{\mathrm{d}x} + y = -\mathrm{e}^{-x}$$

13.2 连带勒让德方程

1. 连带勒让德函数

我们继续讨论当 $m \neq 0$ 时的 l 阶连带勒让德方程

$$(1-x^2)\frac{\mathrm{d}^2 \Theta}{\mathrm{d}x^2} - 2x\frac{\mathrm{d}\Theta}{\mathrm{d}x} + \left[l(l+1) - \frac{m^2}{1-x^2}\right]\Theta = 0 \qquad (13.2.1)$$

由于 $x_0 = 0$ 是方程的常点,仍然可以用幂级数解法求解,但这里采用另一种更富启示性的解法:
首先作变换

$$\Theta(x) = (1-x^2)^{m/2}y(x)$$

方程变为
$$(1-x^2)y'' - 2(m+1)xy' + [l(l+1)-m(m+1)]y = 0 \qquad (13.2.2)$$
另一方面,对勒让德方程
$$(1-x^2)P_l'' - 2xP_l' + l(l+1)P_l = 0$$
逐项求 m 次导数,应用莱布尼茨求导规则,有
$$(1-x^2)(P_l^{[m]})'' - 2(m+1)x(P_l^{[m]})' + [l(l+1)-m(m+1)]P_l^{[m]} = 0 \qquad (13.2.3)$$
这里 $[m]$ 表示求 m 次导数。比较式(13.2.2)和式(13.2.3),可知其解就是 $y(x)=P_l^{[m]}(x)$,于是 l 阶连带勒让德方程的本征函数为
$$P_l^m(x) = (1-x^2)^{m/2} P_l^{[m]}(x)$$
$P_l^m(x)$ 称为 l 阶连带勒让德函数(associated Legendre function),与之对应的本征值也是 $l(l+1)$。由于 $P_l(x)$ 是 l 次多项式,因此最多只能求 l 次导数,故 $m \leq l$,即 $m=0,1,2,\cdots,l$。以下是一些低阶连带勒让德函数:
$$P_1^1(x) = (1-x^2)^{1/2} = \sin\theta$$
$$P_2^1(x) = 3x(1-x^2)^{1/2} = 3\sin\theta\cos\theta$$
$$P_2^2(x) = 3(1-x^2) = 3\sin^2\theta$$
$$P_3^1(x) = \frac{3}{2}(5x^2-1)(1-x^2)^{1/2} = \frac{3}{8}(\sin\theta + 5\sin3\theta)$$
$$P_3^2(x) = 15x(1-x^2) = 15\sin^2\theta\cos\theta$$
$$P_3^3(x) = 15(1-x^2)^{3/2} = 15\sin^3\theta$$

2. 基本性质

1)微分表示(罗德里格斯公式)

$$P_l^m(x) = \frac{(1-x^2)^{\frac{m}{2}}}{2^l l!} \frac{\mathrm{d}^{l+m}}{\mathrm{d}x^{l+m}} (x^2-1)^l \qquad (13.2.4)$$

可以证明:$P_l^m(x)$ 和 $P_l^{-m}(x)$ 线性相关,有

$$P_l^{-m}(x) = \frac{(1-x^2)^{-\frac{m}{2}}}{2^l l!} \frac{\mathrm{d}^{l-m}}{\mathrm{d}x^{l-m}} (x^2-1)^l = (-1)^m \frac{(l-m)!}{(l+m)!} P_l^m(x)$$

2)积分表示(施列夫利积分)

$$P_l^m(x) = \frac{(1-x^2)^{\frac{m}{2}}}{2\pi i} \frac{(l+m)!}{2^l l!} \oint_C \frac{(z^2-1)^l}{(z-x)^{l+m+1}} \mathrm{d}z \qquad (13.2.5)$$

式中 C 为 z 平面上围绕 $z=x$ 点的任一闭合回路。以及拉普拉斯积分公式

$$P_l^m(\cos\theta) = \frac{i^m}{2\pi} \frac{(l+m)!}{l!} \int_{-\pi}^{\pi} e^{-im\psi} [\cos\theta + i\sin\theta\cos\psi]^l \mathrm{d}\psi \qquad (13.2.6)$$

3)正交性

$$\begin{cases} \int_{-1}^{+1} P_l^m(x) P_k^m(x) \mathrm{d}x = (N_l^m)^2 \delta_{kl} \\ \int_0^{\pi} P_l^m(\cos\theta) P_k^m(\cos\theta) \sin\theta \mathrm{d}\theta = (N_l^m)^2 \delta_{kl} \end{cases} \qquad (13.2.7)$$

其归一化模为

$$(\mathrm{N}_l^m)^2 = \frac{2(l+|m|)!}{(2l+1)(l-|m|)!} \tag{13.2.8}$$

4）递推关系

$$(2k+1)x\mathrm{P}_k^m(x) = (k-m+1)\mathrm{P}_{k+1}^m(x) + (k+m)\mathrm{P}_{k-1}^m(x)$$

$$(2k+1)(1-x^2)^{\frac{1}{2}}\mathrm{P}_k^m(x) = \mathrm{P}_{k+1}^{m+1}(x) - \mathrm{P}_{k-1}^{m+1}(x)$$

$$(2k+1)(1-x^2)^{\frac{1}{2}}\mathrm{P}_k^m(x)$$

$$= (k+m)(k+m-1)\mathrm{P}_{k-1}^{m-1}(x) - (k-m+2)(k-m+1)\mathrm{P}_{k+1}^{m-1}(x) \tag{13.2.9}$$

$$(2k+1)(1-x^2)^{\frac{1}{2}}\frac{\mathrm{d}\mathrm{P}_k^m(x)}{\mathrm{d}x}$$

$$= (k+m)(k+1)\mathrm{P}_{k-1}^m(x) - k(k-m+1)\mathrm{P}_{k+1}^m(x)$$

证明 对 l 阶勒让德多项式的递推关系求 m 次导数，略。

3. 广义傅里叶级数

连带勒让德函数也属于斯图姆-刘维尔型本征值问题解，因此也构成完备集。m 相同的连带勒让德函数满足正交完备条件，可以作为广义傅里叶级数的基，将定义在[-1,$+1$]区间的函数 $f(x)$ 展开：

$$\begin{cases} f(x) = \sum_{l=0}^{\infty} f_l \mathrm{P}_l^m(x) \\ f_l = \frac{2l+1}{2} \frac{(l-m)!}{(l+m)!} \int_{-1}^{+1} f(x)\mathrm{P}_l^m(x)\mathrm{d}x \end{cases} \tag{13.2.10}$$

或者

$$\begin{cases} f(\theta) = \sum_{l=0}^{\infty} f_l \mathrm{P}_l^m(\cos\theta) \\ f_l = \frac{2l+1}{2} \frac{(l-m)!}{(l+m)!} \int_0^\pi f(\theta)\mathrm{P}_l^m(\cos\theta)\sin\theta\mathrm{d}\theta \end{cases} \tag{13.2.11}$$

说明 函数的正交性是对于相同 m 和不同的本征值 l，广义傅里叶级数是按相同 m 和不同 l 的本征函数进行展开。

习题

[1] 证明连带勒让德函数的归一化模为

$$(\mathrm{N}_l^m)^2 = \int_{-1}^{+1} |\mathrm{P}_l^m(x)|^2 \mathrm{d}x = \frac{2(l+|m|)!}{(2l+1)(l-|m|)!}$$

[2] 以 $\mathrm{P}_l^2(x)(l=2,3,4,\cdots)$ 为基，在[-1,$+1$]区间将函数 $f(x) = 1-x^2$ 作广义傅里叶级数展开。

答案：$f(x) = \frac{1}{3}\mathrm{P}_2^2(x)$。

[3] 证明递推公式：

$$(2k+1)x\mathrm{P}_k^m(x) = (k-m+1)\mathrm{P}_{k+1}^m(x) + (k+m)\mathrm{P}_{k-1}^m(x)$$

13.3　一般球面函数

1. 球面函数方程

$$\frac{1}{\sin\theta}\frac{\partial}{\partial\theta}\left(\sin\theta\frac{\partial Y}{\partial\theta}\right)+\frac{1}{\sin^2\theta}\frac{\partial^2 Y}{\partial\phi^2}+l(l+1)Y=0$$

将方程关于球面角(θ,ϕ)合并的一般解称作l阶球谐函数,又称球面调和函数,

$$Y_{lm}(\theta,\phi)=P_l^m(\cos\theta)\begin{cases}\sin m\phi\\\cos m\phi\end{cases}\quad\begin{pmatrix}m=0,1,2,\cdots,l\\l=0,1,2,3,\cdots\end{pmatrix}\tag{13.3.1}$$

或者表示为复指数函数形式

$$Y_{lm}(\theta,\phi)=P_l^{|m|}(\cos\theta)\mathrm{e}^{im\phi}\quad\begin{pmatrix}m=-l,-l+1,,\cdots,l\\l=0,1,2,3,\cdots\end{pmatrix}\tag{13.3.2}$$

球谐函数同样具有正交性:

$$\int_0^{2\pi}\int_0^{\pi}Y_{lm}(\theta,\phi)\left[Y_{kn}(\theta,\phi)\right]^*\sin\theta\mathrm{d}\theta\mathrm{d}\phi=\int_0^{\pi}P_l^m(\cos\theta)P_k^n(\cos\theta)\sin\theta\mathrm{d}\theta\int_0^{2\pi}\mathrm{e}^{im\phi}\mathrm{e}^{-in\phi}\mathrm{d}\phi$$

$$=(N_l^m)^2\delta_{kl}\delta_{mn}\tag{13.3.3}$$

归一化模为

$$(N_l^m)^2=\sqrt{\frac{4\pi(l+|m|)!}{(2l+1)(l-|m|)!}}\tag{13.3.4}$$

在物理学中,通常取正交归一化的球谐函数

$$\frac{1}{N_l^m}Y_{lm}(\theta,\phi)\rightarrow Y_{lm}(\theta,\phi)$$

则

$$\int_0^{2\pi}\int_0^{\pi}Y_{lm}(\theta,\phi)\left[Y_{kn}(\theta,\phi)\right]^*\sin\theta\mathrm{d}\theta\mathrm{d}\phi=\delta_{lk}\delta_{mn}\tag{13.3.5}$$

　球谐函数的节线:球谐函数$Y_{lm}(\theta,\varphi)$可以用球面上的节线来表示,即$\mathrm{Re}[Y_{lm}(\theta,\varphi)]=0$在球面上形成的$m$条穿过南北极的经线,以及$l-m$条平行于赤道的纬线,球谐函数每经过一次节线改变一次符号,如图13.5所示。

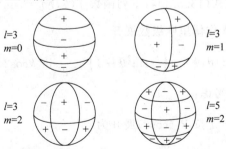

图 13.5

2. 广义傅里叶级数

一个定义在球面的函数 $f(\theta,\phi)$ 可以用球谐函数作广义傅里叶级数展开

$$\begin{cases} f(\theta,\phi)=\sum_{l=0}^{\infty}\sum_{m=-l}^{l}C_{lm}Y_{lm}(\theta,\phi) \\ C_{lm}=\int_{0}^{2\pi}\int_{0}^{\pi}f(\theta,\phi)Y_{lm}^{*}(\theta,\phi)\sin\theta\mathrm{d}\theta\mathrm{d}\phi \end{cases} \tag{13.3.6}$$

展开过程分为两步,以三角函数形式的球谐函数式(13.3.1)为例。

(1) 先按 ϕ 作傅里叶级数展开,

$$f(\theta,\phi)=\sum_{m=0}^{\infty}\left[A_{m}(\theta)\cos m\phi+B_{m}(\theta)\sin m\phi\right]$$

$$A_{m}(\theta)=\frac{1}{\pi\delta_{m}}\int_{0}^{2\pi}f(\theta,\phi)\cos m\phi\,\mathrm{d}\phi$$

$$B_{m}(\theta)=\frac{1}{\pi}\int_{0}^{2\pi}f(\theta,\phi)\sin m\phi\,\mathrm{d}\phi$$

(2) "系数" $A_{m}(\theta)$ 和 $B_{m}(\theta)$ 仍是 θ 的函数,对给定 m,将其按 l 阶连带勒让德函数展开,

$$A_{m}(\theta)=\sum_{l=m}^{\infty}A_{l}^{m}\mathrm{P}_{l}^{m}(\cos\theta)$$

$$B_{m}(\theta)=\sum_{l=m}^{\infty}B_{l}^{m}\mathrm{P}_{l}^{m}(\cos\theta)$$

最终得到

$$f(\theta,\phi)=\sum_{m=0}^{\infty}\sum_{l=m}^{\infty}\left[A_{l}^{m}\cos m\phi+B_{l}^{m}\sin m\phi\right]\mathrm{P}_{l}^{m}(\cos\theta) \tag{13.3.7}$$

如果以指数函数形式的球谐函数式(13.3.2)为基,则有

$$\begin{cases} f(\theta,\phi)=\sum_{l=0}^{\infty}\sum_{m=-l}^{l}C_{l}^{m}\mathrm{P}_{l}^{|m|}(\cos\theta)\mathrm{e}^{\mathrm{i}m\phi} \\ C_{l}^{m}=\frac{1}{(\mathrm{N}_{l}^{m})^{2}}\int_{0}^{\pi}\int_{0}^{2\pi}f(\theta,\phi)\mathrm{P}_{l}^{|m|}(\cos\theta)\left[\mathrm{e}^{\mathrm{i}m\phi}\right]^{*}\sin\theta\mathrm{d}\theta\mathrm{d}\varphi \end{cases} \tag{13.3.8}$$

例 13.7 用球谐函数式(13.3.1)将下列函数 $f(\theta,\phi)=3\sin^{2}\theta\cos^{2}\phi-1$ 展开。

解 先将 $f(\theta,\phi)$ 对 ϕ 作傅里叶级数展开

$$f(\theta,\phi)=\left(\frac{3}{2}\sin^{2}\theta-1\right)+\frac{3}{2}\sin^{2}\theta\cos 2\phi$$

由此可知 $m=0,2$,分两步考虑:

(1) $m=0$,将 $\frac{3}{2}\sin^{2}\theta-1$ 按 $\mathrm{P}_{l}(\cos\theta)$ 展开为

$$\frac{3}{2}\sin^{2}\theta-1=-\frac{1}{2}(3\cos^{2}\theta-1)=-\mathrm{P}_{2}(\cos\theta)$$

(2) 将 $\dfrac{3}{2}\sin^2\theta$ 按 $m=2$ 的 $P_l^2(\cos\theta)$ 展开为

$$\frac{3}{2}\sin^2\theta = \frac{1}{2}P_2^2(\cos\theta)$$

所以

$$f(\theta,\phi) = 3\sin^2\theta\cos^2\phi - 1 = -P_2(\cos\theta) + \frac{1}{2}P_2^2(\cos\theta)\cos2\phi$$

例 13.8 半径为 r_0 的球形区域内部没有电荷,球面上的电势分布为

$$f(\theta,\phi) = u_0\sin^2\theta\cos\phi\sin\phi$$

求球形区域内部的电势分布。

解 由于没有轴对称性,拉普拉斯方程的一般解为

$$u(r,\theta,\phi) = \sum_{m=0}^{\infty}\sum_{l=m}^{\infty}r^l\left[A_l^m\cos m\phi + B_l^m\sin m\phi\right]P_l^m(\cos\theta) +$$

$$\sum_{m=0}^{\infty}\sum_{l=m}^{\infty}\frac{1}{r^{l+1}}\left[C_l^m\cos m\phi + D_l^m\sin m\phi\right]P_l^m(\cos\theta)$$

由于球心的电势有限,所以 $C_l^m = D_l^m = 0$,再代入边界条件

$$u(r_0,\theta,\phi) = \sum_{m=0}^{\infty}\sum_{l=m}^{\infty}r_0^l\left[A_l^m\cos m\phi + B_l^m\sin m\phi\right]P_l^m(\cos\theta)$$

$$= u_0\sin^2\theta\cos\phi\sin\phi$$

将上式右边按球谐函数展开,

$$u_0\sin^2\theta\cos\phi\sin\phi = \frac{1}{6}u_0P_2^2(\cos\theta)\sin2\phi$$

比较系数可得

$$\begin{cases} B_2^2 = \dfrac{u_0}{6r_0^2} & (l=2,m=2) \\ B_l^m = 0, \quad A_l^m = 0 & (\text{其他}) \end{cases}$$

所以结果为

$$u(r,\theta,\phi) = \frac{u_0}{6r_0^2}r^2P_2^2(\cos\theta)\sin2\phi$$

3. 加法公式

将轴对称的勒让德多项式按球谐函数展开,可得加法定理:

$$P_l(\cos\gamma) = \frac{4\pi}{2l+1}\sum_{m=-l}^{l}Y_{lm}(\theta_1,\phi_1)Y_{lm}^*(\theta_2,\phi_2) \quad (13.3.9)$$

其中 γ 为矢量 $\boldsymbol{P}_1$ 和 $\boldsymbol{P}_2$ 的夹角,如图 13.6 所示。当 $\boldsymbol{P}_1$ 和 $\boldsymbol{P}_2$ 重合时,$\gamma=0$,则有

$$\sum_{m=-l}^{l}|Y_{lm}(\theta,\phi)|^2 = \frac{2l+1}{4\pi} \quad (13.3.10)$$

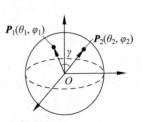

图 13.6

说明 球谐函数加法公式可视作平面三角函数加法公式的推广

$$\cos(\theta_1 - \theta_2) = \cos\theta_1 \cos\theta_2 + \sin\theta_1 \sin\theta_2$$

其左边的三角函数用勒让德多项式取代,右边的用球谐函数取代式(13.3.10),即对应二维坐标系中的三角公式:$\cos^2\theta + \sin^2\theta = 1$。

加法公式在处理库仑相互作用问题时常常会用到。考虑 $\dfrac{1}{|\boldsymbol{r} - \boldsymbol{r}'|}$ 的展开式,为明确起见,假设 $|\boldsymbol{r}'| \equiv r' < |\boldsymbol{r}| \equiv r$,令 $t = r'/r$,有

$$\frac{1}{|\boldsymbol{r} - \boldsymbol{r}'|} = \frac{1}{(r^2 + r'^2 - 2rr'\cos\gamma)^{1/2}} = \frac{1}{r}(1 + t^2 - 2t\cos\gamma)^{-1/2}$$

利用勒让德多项式的母函数以及球谐函数加法公式,可得

$$\frac{1}{|\boldsymbol{r} - \boldsymbol{r}'|} = \frac{1}{r}\sum_{l=0}^{\infty} t^l P_l(\cos\gamma) = 4\pi \sum_{l=0}^{\infty} \sum_{m=-l}^{l} \frac{1}{2l+1} \frac{r'^l}{r^{l+1}} Y_{lm}(\theta, \phi) Y_{lm}^*(\theta', \phi')$$

如果 $r' > r$,则应按 r/r' 展开。

注记

球坐标系中的拉普拉斯方程(13.1.1)可写成

$$\frac{1}{r^2} \frac{\partial}{\partial r}\left(r^2 \frac{\partial u}{\partial r}\right) + \frac{1}{r^2} \boldsymbol{L}^2 u = 0$$

其中算符

$$\boldsymbol{L}^2 = \frac{1}{\sin\theta} \frac{\partial}{\partial \theta}\left(\sin\theta \frac{\partial}{\partial \theta}\right) + \frac{1}{\sin^2\theta} \frac{\partial^2}{\partial \phi^2}$$

就是量子力学中的角动量算符(差一个常数)$\boldsymbol{L}^2 = \boldsymbol{L}_x^2 + \boldsymbol{L}_y^2 + \boldsymbol{L}_z^2$,其中角动量分量满足

$$[\boldsymbol{L}_i, \boldsymbol{L}_j] = \mathrm{i}\epsilon_{ijk}\boldsymbol{L}_k$$

角动量算符本征方程为

$$\boldsymbol{L}^2 |Y\rangle = \lambda |Y\rangle$$

值得注意的是,对应于本征值 λ 的本征态可能有许多个,或者说本征态是简并的。为了将它们区分开来,需引入角动量的 z 分量算符

$$\boldsymbol{L}_z = \mathrm{i} \frac{\partial}{\partial \phi}$$

其本征方程为

$$\boldsymbol{L}_z |Y\rangle = m |Y\rangle$$

所以本征态可用两个指标 (λ, m) 标记:$|Y\rangle \rightarrow |Y_{lm}\rangle$。我们已经证明了本征值 $\lambda = l(l+1)$ 只能取不连续的数,即

$$\boldsymbol{L}^2 |Y_{lm}\rangle = l(l+1) |Y_{lm}\rangle$$

$$\boldsymbol{L}_z |Y_{lm}\rangle = m |Y_{lm}\rangle$$

本征态 $|Y_{lm}\rangle$ 在坐标表象中就是球谐函数:$Y_{lm}(\theta, \phi) = \langle x | Y_{lm}\rangle$,整数 l 称作角动量量子数,整数 m 称作角动量 z 分量量子数或磁量子数。

给定一组量子数 (l, m) 确定电子云的一个完整本征态,表 13.1 列出了几个较小量子数的组合态,它们对应的本征波函数用图 13.7 所示的电子云模型表示,其中模型表面到原点的距离就是由式(13.3.1)表示的 $|Y_{lm}(\theta, \phi)|^2$。(图片来自 Wikipedia)

表　13.1

$l=0$	$l=1$	$l=2$	$l=3$	$l=4$
s	p	d	f	g
$m=0$	$m=0,\pm1$	$m=0,\pm1,$ ±2	$m=0,\pm1,$ $\pm2,\pm3$	$m=0,\pm1,$ $\pm2,\pm3,\pm4$

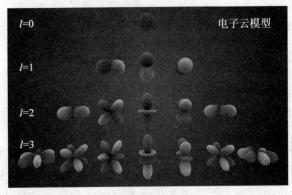

图　13.7

习题

[1] 将下列函数按球谐函数式(13.3.1)展开：

(1) $f(\theta,\phi)=\sin\theta\cos\phi$；　　(2) $(1+3\cos\theta)\sin\theta\cos\phi$。

[2] 在半径为 r_0 的球形区域外部求解方程：

$$\begin{cases} \Delta u=0 \quad (r>r_0) \\ \dfrac{\partial u}{\partial r}\Big|_{r=r_0}=u_0\left(\sin^2\theta\sin^2\phi-\dfrac{1}{3}\right) \end{cases}$$

答案：$u(r,\theta,\phi)=\dfrac{u_0}{9}\dfrac{r_0^4}{r^3}\mathrm{P}_2^0(\cos\theta)-\dfrac{u_0}{18}\dfrac{r_0^4}{r^3}\mathrm{P}_2^2(\cos\theta)\cos2\phi$。

[3] 在半径为 r_0 的球内区域求解泊松方程：

$$\begin{cases} \Delta u=Ar\cos\theta \quad (r<r_0) \\ u\big|_{r=r_0}=0 \end{cases}$$

答案：$u(r,\theta)=\dfrac{A}{10}(r^2-r_0^2)r\mathrm{P}_1(\cos\theta)$。

[4] 证明球面角公式：

$$\cos\gamma=\cos\theta\cos\theta'+\sin\theta\sin\theta'\cos(\varphi-\varphi')$$

其中 γ 是 (θ,φ) 与 (θ',φ') 之间的夹角。

第14章

本征函数论

在第 9 章我们介绍了求微分方程通解的方法,那里所处理的微分方程都是不考虑边界或初始条件约束的泛定方程,实际物理方程的定解需要由边界上的值确定。在第 11 章,我们看到某些微分方程由于受到齐次边界条件或者自然边界条件的约束,导致只能出现不连续的本征值及互相正交的本征函数,否则没有有限解。本章我们先讨论有限区间 $[a,b]$ 内线性微分方程本征值问题的一般理论,后面再介绍几种经典正交多项式。

14.1　线性空间基础

1. 度量空间

1) 线性向量空间

向量空间 $\mathbb{V}$ 是由向量组成的一个集合,其中向量满足加法,即若 $x,y\in\mathbb{V}$,则 $x+y\in\mathbb{V}$,此外赋予复数域 $\mathbb{C}$(或实数域 $\mathbb{R}$)与向量之间的乘法,即若 $\alpha\in\mathbb{C}$,则 $\alpha x\in\mathbb{V}$。向量空间中向量加法与标量乘法运算具有线性特征,因此也称线性向量空间(linear vector space)。它满足交换律、结合律及分配律,每个向量有唯一的逆元 $-x$,满足 $x+(-x)=0$。

说明　线性向量空间的定义中并不包含向量与向量之间的乘法。

2) 赋范空间

范数用来度量某个线性向量空间 $\mathbb{V}$ 中向量 x 的长度,记作 $\|x\|$,其定义为:对于任何 $x,y\in\mathbb{V},\alpha\in\mathbb{F}$,函数 $\|\cdot\|$ 作用于 $\mathbb{V}$,且满足条件

(1) 正定性:$\|x\|\geqslant0$,当且仅当 $x=0$ 时,$\|x\|=0$;

(2) 齐次性:$\|\alpha x\|=\|\alpha\|\|x\|$;

(3) 三角不等式:$\|x+y\|\leqslant\|x\|+\|y\|$;

则称 $\|\cdot\|$ 为 $\mathbb{V}$ 上的一个范数,定义了范数的向量空间称为赋范空间(normed space)。

3) 度量空间

设 $\mathbb{W}$ 是一个非空集合,对其中任意两点 x 和 y,引入一个相应的实数 $d(x,y)$,满足

(1) 正定性:$d(x,y)\geqslant0$,当且仅当 $x=y$ 时,$d(x,y)=0$;

（2）对称性：$d(\boldsymbol{x},\boldsymbol{y})=d(\boldsymbol{y},\boldsymbol{x})$；

（3）三角不等式：$d(\boldsymbol{x},\boldsymbol{y})\leqslant d(\boldsymbol{x},\boldsymbol{z})+d(\boldsymbol{z},\boldsymbol{y})$，

则称 $d(\boldsymbol{x},\boldsymbol{y})$ 为 $\mathbb{W}$ 中的一个度量，称 $\mathbb{W}$ 为定义度量 $d(\boldsymbol{x},\boldsymbol{y})$ 的度量空间（metric space）。

度量空间是将欧几里得空间的距离概念作推广的一个抽象数学结构，它采用集合中两个元素之间的度量取代欧几里得空间中两点之间的直线距离概念，可以包括向量距离、函数距离、曲面距离等。比较赋范空间和度量空间的内涵，可知度量定义在任意非空集合上，而范数则定义在向量空间上。在向量空间中，范数可以诱导出度量，反之不成立。

2. 完备性

1）柯西序列

设（$\mathbb{W}$，d）为一度量空间中的点序列 $\boldsymbol{x}_1,\boldsymbol{x}_2,\cdots,\boldsymbol{x}_k,\cdots\in\mathbb{W}$，如果对于任意正实数 $\varepsilon>0$，存在正整数 $N(\varepsilon)$，当 $n,m>N(\varepsilon)$ 时，度量 $d(\boldsymbol{x}_n,\boldsymbol{x}_m)<\varepsilon$，则该序列称作柯西序列（Cauchy sequence），用极限表示即

$$\lim_{n,m\to\infty}d(\boldsymbol{x}_n,\boldsymbol{x}_m)=0$$

度量空间中任何收敛的序列一定是柯西序列；反过来，柯西序列一定是有界的，但是不一定收敛。那么柯西序列在什么情况下是收敛的呢？这个问题与度量空间的完备性（completeness）密切相关。

2）完备空间

如果一个度量空间 $\mathbb{W}$ 的所有柯西序列都收敛于该空间内一点，则称该度量空间为完备空间。例如，由实数集 $\mathbb{R}$ 定义的序列在通常定义的距离意义下是完备的，而由有理数集 $\mathbb{Q}$ 定义的序列则不是完备的，这一点可作如下说明：假设由有理数构成的序列为

$$x_0=1,\quad x_{n+1}=\frac{1}{2}\left(x_n+\frac{2}{x_n}\right)$$

可以证明其收敛于无理数 $\sqrt{2}\notin\mathbb{Q}$。另一个更为熟悉的例子是有理数序列

$$x_n=\left(1+\frac{1}{n}\right)^n\quad(n\in\mathbb{N})$$

其极限为超越数 e，也不属于有理数集

$$\lim_{n\to\infty}x_n=e\notin\mathbb{Q}$$

任何紧致集合都是完备的，但反过来不成立。比如实数集 $\mathbb{R}$ 是完备的，但不是紧致的。只有加上 ∞ 后，才构成紧致闭集合，它等价于一个圆周。有限维的欧几里得空间，在通常的距离定义下是完备的，但也不是紧致的。

3. 内积空间

用符号 $\langle a|\equiv(|a\rangle)^{\dagger}$ 表示向量 $|a\rangle$ 的对偶向量，有

$$(\alpha\mid a\rangle+\beta\mid b\rangle)^{\dagger}=\alpha^*\langle a\mid+\beta^*\langle b\mid$$

其中星号表示取复共轭。

1）内积

设有 n 维线性向量空间 $\mathbb{V}$，设向量 $|a\rangle,|b\rangle,|c\rangle\in\mathbb{V}$，在复数域 $\mathbb{C}$ 上定义内积（inner product)$\langle a|b\rangle \in \mathbb{C}$,满足如下条件:

(1) $\langle a|b\rangle = \langle b|a\rangle^*$;

(2) $\langle \alpha a + \beta b|c\rangle = \alpha^* \langle a|c\rangle + \beta^* \langle b|c\rangle$;

(3) $\langle a|a\rangle \geqslant 0$,当且仅当$|a\rangle = 0$时,$\langle a|a\rangle = 0$。

内积有时又称作标量积(scalar product)或点积(dot product),它将一对向量与一个实数或复数标量联系起来。如果两个非零的向量满足$\langle a|b\rangle = 0$,则称它们互相正交。

定义了内积的线性向量空间称作内积空间。具有实数内积定义的线性向量空间称作欧几里得空间,具有复数内积定义的线性向量空间称作酉空间。内积定义区别了内积空间与一般向量空间,它包含三个运算:向量与向量之间的加法,标量与向量之间的乘法,以及向量与向量之间的乘法。

内积实际上也定义了一个度量,因此内积空间也是度量空间。

2) 矩阵表示

设$\{|e_1\rangle, |e_2\rangle, \cdots, |e_k\rangle, \cdots\}$为$n$维向量空间$\mathbb{V}$中完备的正交归一化基向量,$\langle e_i|e_j\rangle = \delta_{ij}$,则任何向量$|a\rangle$可表示为基向量的线性叠加

$$|a\rangle = \sum_{k=1}^{n} \alpha_k |e_k\rangle, \quad \alpha_k = \langle e_k|a\rangle$$

α_k称作向量$|a\rangle$在基向量$|e_k\rangle$方向上的投影或展开系数。于是向量的内积可写成矩阵的乘积

$$\langle a|b\rangle = \sum_{k=1}^{n} \alpha_k^* \left\langle e_k \Big| \sum_{k'=1}^{n} \beta_{k'} \Big| e_{k'} \right\rangle = \sum_{j=1}^{n} \alpha_j^* \beta_j$$

因此向量$|a\rangle$在通常意义下的模或范数可表示为

$$\|a\| = \sqrt{\langle a|a\rangle} = \sqrt{\sum_{k=1}^{n} |\alpha_k|^2}$$

也可以选择一组基础基向量,将向量$|a\rangle$用列矩阵表示为

$$|a\rangle \overset{\text{def}}{=} \alpha_1 \begin{pmatrix} 1 \\ 0 \\ \vdots \\ 0 \end{pmatrix} + \alpha_2 \begin{pmatrix} 0 \\ 1 \\ \vdots \\ 0 \end{pmatrix} + \cdots + \alpha_n \begin{pmatrix} 0 \\ 0 \\ \vdots \\ 1 \end{pmatrix} = \begin{pmatrix} \alpha_1 \\ \alpha_2 \\ \vdots \\ \alpha_n \end{pmatrix}$$

对偶向量$\langle a|$则表示为具有复共轭元的行矩阵

$$\langle a| = (\alpha_1^* \quad \alpha_2^* \quad \cdots \quad \alpha_n^*)$$

3) 厄米算符

向量空间$\mathbb{V}$的线性算符$\boldsymbol{A}$作用于向量$|a\rangle$,向量$|b\rangle = \boldsymbol{A}|a\rangle$也属于该空间,有

$$\boldsymbol{A}(\alpha|a\rangle + \beta|b\rangle) = \alpha\boldsymbol{A}|a\rangle + \beta\boldsymbol{A}|b\rangle$$

$$(\boldsymbol{AB})|a\rangle = \boldsymbol{A}(\boldsymbol{B}|a\rangle)$$

一般两个线性算符是不可交换次序的:$\boldsymbol{AB} \neq \boldsymbol{BA}$。定义泊松括号为$[\boldsymbol{A}, \boldsymbol{B}] = \boldsymbol{AB} - \boldsymbol{BA}$。线性算符$\boldsymbol{A}$也可用基向量组$\{|e_1\rangle, |e_2\rangle, \cdots, |e_n\rangle\}$表示,令

$$\boldsymbol{A}|e_i\rangle = \sum_{k=1}^{n} a_{ik}|e_k\rangle$$

则有

$$\langle e_i \mid A \mid e_j \rangle = \left\langle e_i \left| \sum_{k=1}^{n} a_{ik} \right| e_k \right\rangle = \sum_{k=1}^{n} a_{ik} \langle e_j \mid e_k \rangle = a_{ij}$$

它称作算符 A 在基向量 $\langle | e_1 \rangle, | e_2 \rangle, \cdots, | e_n \rangle \}$ 下的矩阵表示

$$[A]_{ij} \overset{\text{def}}{=\!=} \langle e_i \mid A \mid e_j \rangle = a_{ij} \tag{14.1.1}$$

算符 $A^{\dagger}$ 称作 A 的厄米共轭（Hermitian conjugate）或者称作伴随算符（adjoint operator），满足

$$\langle a \mid A \mid b \rangle^* = \langle b \mid A^{\dagger} \mid a \rangle$$

如果 $A^{\dagger} = A$，则称算符 A 是厄米算符或自伴算符（self-adjoint operator），其矩阵元为

$$a_{ij} = a_{ji}^*$$

如果 A 是一个厄米算符，$|a\rangle$ 是一个非零向量，满足

$$A \mid a \rangle = \lambda \mid a \rangle$$

则称 $|a\rangle$ 为 A 的本征向量，λ 称作本征值。我们有以下基本定理：

（1）厄米算符的全部本征值均为实数，相应于不同本征值的本征向量互相正交；

（2）厄米算符 A 的本征向量组是完备的，n 维向量空间中的任何向量都可表示为 A 的本征向量族的线性叠加；

（3）如果两个厄米算符互相对易，$AB = BA$，则它们可以有共同的本征向量集。

（4）算符 A 存在逆算符，当且仅当其行列式 $\det A \neq 0$。

注记

直观上，收敛意味着不断逼近的思想，这就要求有"距离"的概念。向量的内积可以定义模的概念，它具有从向量终点到原点距离的意思。事实上，不需要内积也可以定义模，对于复数或者实数域，一般定义范数为

$$\| a \|_p \equiv \left(\sum_{k=1}^{n} |\alpha_k|^p \right)^{1/p}$$

通常由内积定义的模对应于 $p = 2$。这样两点之间的距离就依赖于范数的定义，比如在 $n = 1000$ 维空间中的一个点或向量 $b = (0.1, 0.1, \cdots, 0.1)$，其范数可以为

$$\| b \|_1 = 100, \quad \| b \|_2 = 3.16, \quad \| b \|_{10} = 0.2$$

它依赖于 p 值，这似乎难以给人以"逼近"的印象。其实不然，两个向量之间的距离是一个相对概念，虽然说"向量 a 逼近向量 b"没有意义，但总可以说"向量 a 比向量 c 更逼近向量 b"。取模的自然定义 $p = 2$，两个向量之间的距离定义为

$$d(a, b) = \| a - b \| = \sqrt{\sum_{k=1}^{n} |\alpha_k - \beta_k|^2}$$

设有赋范线性空间中的无穷向量序列 $\{a_k\}_{k=1}^{\infty}$，如果

$$\lim_{j, k \to \infty} \| a_j - a_k \| = 0$$

则它构成柯西序列。对于有限维向量空间，所有的柯西序列都是收敛的，或者说向量空间是完备的；对于无限维的向量空间，完备性问题更加微妙，一个完备的赋范向量空间称作巴拿赫空间（Banach space）。

习题

[1] 证明开区间 $(0,1)$ 不是完备的。

提示：考虑柯西序列 $\left\{\dfrac{1}{k}\right\}_{k=1}^{\infty}$。

［2］证明任何收敛序列必是柯西序列。

［3］举例说明柯西序列不一定收敛。

［4］对于内积空间中的任意一对向量 $|a\rangle$，$|b\rangle$，证明施瓦茨不等式（Schwarz inequality）成立：$\langle a|a\rangle\langle b|b\rangle\geqslant|\langle a|b\rangle|^{2}$。

提示：令 $|c\rangle=|b\rangle-\dfrac{\langle a|b\rangle}{\langle a|a\rangle}|a\rangle$，有 $\langle a|c\rangle=0$。

14.2　希尔伯特空间

1. 贝塞尔不等式

在 14.1 节中，我们简要学习了有限维线性向量空间的基本思想，其中的概念如线性叠加、线性无关、内积、子空间等，都可以直接推广到无限维空间。然而有一件事至关重要，那就是向量无穷求和的收敛性，或者说无穷维向量空间的完备性，这个并非平庸的问题赋予无限维空间更加深刻的性质。

设无穷序列 $\{|e_k\rangle\}_{k=1}^{\infty}$ 是线性向量空间 $\mathbf{V}$ 中的一组正交基向量，对于任何向量 $|f\rangle\in\mathbf{V}$，定义其在基向量上的投影 $f_k=\langle e_k|f\rangle$，f_k 一般是复数，由于范数

$$\left\||f\rangle-\sum_{k=1}^{\infty}f_k|e_k\rangle\right\|\geqslant0$$

$$\rightarrow\langle f|f\rangle-\sum_{k=1}^{\infty}f_k\langle f|e_k\rangle-\sum_{k=1}^{\infty}f_k^*\langle e_k|f\rangle+\sum_{k=1}^{\infty}|f_k|^2=\langle f|f\rangle-\sum_{k=1}^{\infty}|f_k|^2\geqslant0$$

所以有贝塞尔不等式

$$\langle f|f\rangle\geqslant\sum_{k=1}^{\infty}|f_k|^2 \tag{14.2.1}$$

贝塞尔不等式表明，向量 $\sum_{k=1}^{\infty}f_k|e_k\rangle$ 是收敛的，也就是说，向量的模有限；但反过来，它并不意味着一个无穷级数和 $\sum_{k=1}^{\infty}f_k|e_k\rangle$ 一定收敛于该空间内某点。在由基向量 $\{|e_k\rangle\}_{k=1}^{\infty}$ 张开的线性空间中，如果任意无穷级数 $\sum_{k=1}^{\infty}f_k|e_k\rangle$ 一致收敛于该空间内的向量 $|f\rangle$，

$$\lim_{n\to\infty}\left(|f\rangle-\sum_{k=1}^{n}f_k|e_k\rangle\right)=0 \tag{14.2.2}$$

则称该空间是完备的。

一个完备的内积空间称作希尔伯特空间（Hilbert space），记作 $\mathcal{H}$，所有完备的有限或无限维内积空间都是希尔伯特空间。完备性表明帕塞瓦恒等式（Parseval identity）成立：

$$\langle f|f\rangle=\sum_{k=1}^{\infty}|\langle f_k|e_k\rangle|^2=\sum_{k=1}^{\infty}|f_k|^2 \tag{14.2.3}$$

2. 完备性关系

式(14.2.2)表明,希尔伯特空间中的任意向量$|f\rangle \in \mathcal{H}$,均可用一组完备基展开,$f_k = \langle e_k|f\rangle$也称作广义傅里叶系数,算符

$$\hat{P}_k = |e_k\rangle\langle e_k|$$

称作投影算符,因为

$$\hat{P}_k|f\rangle = |e_k\rangle\langle e_k|f\rangle = f_k|e_k\rangle$$

它将向量$|f\rangle$投影到基$|e_k\rangle$上。由于帕塞瓦恒等式

$$\langle f|f\rangle = \sum_{k=1}^{\infty}|f_k|^2 \equiv \sum_{k=1}^{\infty}\langle f|e_k\rangle\langle e_k|f\rangle$$

所以

$$\sum_{k=1}^{\infty}|e_k\rangle\langle e_k| = 1$$

该式也称作完备性关系。

设$\{|e_k\rangle\}_{k=1}^{\infty}$为希尔伯特空间$\mathcal{H}$中可数的正交向量集,对于任何向量$|f\rangle,|g\rangle \in \mathcal{H}$,下列说法是互相等价的:

(1) $\{|e_k\rangle\}_{k=1}^{\infty}$ 是完备的;

(2) $\langle f|f\rangle = \sum_{k=1}^{\infty}|f_k|^2$;

(3) $\sum_{k=1}^{\infty}|e_k\rangle\langle e_k| = 1$;

(4) $|f\rangle = \sum_{k=1}^{\infty}|e_k\rangle\langle e_k|f\rangle = \sum_{k=1}^{\infty}f_k|e_k\rangle$;

(5) $\langle f|g\rangle = \sum_{k=1}^{\infty}\langle f|e_k\rangle\langle e_k|g\rangle \equiv \sum_{k=1}^{\infty}f_k^* g_k$。

3. 函数空间

定义在区间$[a,b]$的所有连续函数也构成一个线性向量空间,但这个空间并不是完备的,如何构造一个完备的内积空间呢?首先,对于函数来说,内积的定义很自然地与积分有关,所以将函数空间的内积定义为

$$\langle f|g\rangle \stackrel{\text{def}}{=} \int_a^b f^*(x)g(x)\rho(x)\mathrm{d}x \tag{14.2.4}$$

其中$\rho(x)$是一个正定的实函数,称作权重函数,以后会讨论到,有时为了方便,我们简单地取$\rho(x)=1$。内积定义式(14.2.4)要求函数必须是可积的。一般来说,可积性并不要求函数是连续的,它只要求函数分段光滑即可。令$f(x)=g(x)$,则有

$$\langle f|f\rangle = \int_a^b |f(x)|^2\rho(x)\mathrm{d}x$$

因此内积空间的函数必须是平方(加权)可积的。

用$\mathcal{L}_\rho^2(a,b)$表示区间$[a,b]$中所有平方(加权)可积函数构成的内积空间,我们有如下基

本定理：

（1）里斯-费希尔定理（Riesz-Fischer theorem）：$\mathcal{L}_\rho^2(a,b)$空间是完备的；

（2）所有具有可数基的完备内积空间都同构于$\mathcal{L}_\rho^2(a,b)$；

（3）斯通-魏尔斯特拉斯定理（Stone-Weierstrass theorem）：单项式序列$\{x^k\}_{k=0}^\infty$构成$\mathcal{L}_\rho^2(a,b)$空间的完备基。

作用于函数微分或积分算符就是对向量作线性变换操作，变换后的向量仍然在$\mathcal{L}_\rho^2(a,b)$空间内。其中某类特殊的微分或积分算符属于希尔伯特空间的厄米算符（自伴算符），它们构成本征值问题，我们将在 14.3 节仔细讨论。

4. 连续基

当希尔伯特空间是无穷维时，存在两种可能：一是无限可数维，二是无限不可数维。整数的"数"是前者的范例，而实数的"数"是后者的范例。无限维向量空间表明向量有无穷多分量，对应于有无限"可数的"和"不可数的"基向量。

为了便于理解，可将向量的分量视作计数的集合。有限 N 维空间向量$|f\rangle$的分量 f_k 被视作有限集合$\{1,2,3,\cdots,N\}$的函数，我们将其改写为 $f(k)$。无限维空间向量$|f\rangle$的分量也被视作无限可数集合$\{|e_k\rangle\}_{k=1}^\infty$的函数 $f:\mathbb{N}\mapsto\mathbb{C}$，其中$\mathbb{N}$就是可数的无限自然数集合。下一步就是让计数集合变成不可数的或者连续实数，其中向量分量 $f(x)$对应函数 $f:\mathbb{R}\mapsto\mathbb{C}$。那么向量本身又如何？什么类型的基向量能够导致这种分量呢？

我们专注于$\mathcal{L}_\rho^2(a,b)$空间。令$\{|e_x\rangle\}_{x\in\mathbb{R}}$为一组基向量，将 $f(x)$等同于$\langle e_x|f\rangle$，空间$\mathcal{L}_\rho^2(a,b)$的内积可写成

$$\langle g\mid f\rangle=\int_a^b g^*(x)f(x)\rho(x)\mathrm{d}x$$

$$=\int_a^b\langle g\mid e_x\rangle\langle e_x\mid f\rangle\rho(x)\mathrm{d}x$$

$$=\langle g\mid\int_a^b\mid e_x\rangle\rho(x)\langle e_x\mid\mathrm{d}x\mid f\rangle$$

表明

$$\int_a^b\mid e_x\rangle\rho(x)\langle e_x\mid\mathrm{d}x=1$$

物理学家习惯于忽略掉 e，而将基向量写作$|x\rangle$，则连续指标的完备性关系为

$$\int_a^b\mid x\rangle\rho(x)\langle x\mid\mathrm{d}x=1$$

向量$|f\rangle$按$|x\rangle$展开为

$$\mid f\rangle=\int_a^b\mid x\rangle\rho(x)\langle x\mid\mathrm{d}x\mid f\rangle=\int_a^b f(x)\rho(x)\mid x\rangle\mathrm{d}x$$

取内积$\langle x'|$得

$$\langle x'\mid f\rangle=f(x')=\int_a^b f(x)\rho(x)\langle x'\mid x\rangle\mathrm{d}x$$

其中$x'\in(a,b)$。由此可见，

$$\rho(x)\langle x'\mid x\rangle=\delta(x-x')$$

如果取权重 $\rho(x)=1$,则有

$$\int_a^b |x\rangle\langle x| \,\mathrm{d}x = 1, \quad \delta(x-x') = \langle x' | x\rangle$$

注记

在量子力学中,量子态被视作一个单位向量,态向量在希尔伯特空间的运动轨迹由以下方程决定:

$$\mathrm{i}\hbar\frac{\mathrm{d}}{\mathrm{d}t}|\psi(t)\rangle = \boldsymbol{H}|\psi(t)\rangle$$

其中 $\boldsymbol{H}$ 是哈密顿算符。这是一个抽象的算符方程,为了得到一个具体表象下的矩阵方程,假设 $\{|\psi_k\rangle\}_{k=1}^{\infty}$ 是希尔伯特空间中一组可数的正交完备基,有

$$\langle\psi_i|\psi_j\rangle = \delta_{ij}, \quad \sum_{k=1}^{\infty}|\psi_k\rangle\langle\psi_k| = 1$$

态向量可以表示为这组完备基的线性叠加,

$$|\psi(t)\rangle = \sum_{k=1}^{\infty} c_k(t)|\psi_k\rangle$$

哈密顿算符的矩阵表示为

$$[H]_{ij} \stackrel{\mathrm{def}}{=} \langle\psi_i|\boldsymbol{H}|\psi_j\rangle = h_{ij}$$

态演化方程可写成

$$\mathrm{i}\hbar\frac{\mathrm{d}}{\mathrm{d}t}\sum_{i=1}^{\infty} c_i(t)|\psi_i\rangle = \boldsymbol{H}\sum_{j=1}^{\infty} c_j(t)|\psi_j\rangle$$

$$\rightarrow \mathrm{i}\hbar\frac{\mathrm{d}}{\mathrm{d}t} c_i(t)|\psi_i\rangle = \sum_{j=1}^{\infty} c_j(t)\sum_{k=1}^{\infty}|\psi_k\rangle\langle\psi_k|\boldsymbol{H}|\psi_j\rangle$$

所以系数的演化由矩阵方程描述,

$$\mathrm{i}\hbar\frac{\mathrm{d}}{\mathrm{d}t} c_i(t) = \sum_{j=1}^{\infty} h_{ij} c_j(t)$$

那么这组正交完备基 $\{|\psi_k\rangle\}_{k=1}^{\infty}$ 是什么呢？在量子理论中,所有的物理可观测量都是希尔伯特空间中的自伴算符,$\boldsymbol{\Lambda} = \boldsymbol{\Lambda}^{\dagger}$。原则上我们可以采用任意自伴算符的本征向量集作为正交完备的基向量,比如力学量算符 $\boldsymbol{\Lambda}$,其本征方程

$$\boldsymbol{\Lambda}|\psi_k\rangle = \lambda_k|\psi_k\rangle$$

如果 $\boldsymbol{\Lambda} = \boldsymbol{H}$,则 $\lambda_k = E_k$ 就是能量本征值,$|\psi_k\rangle$ 就是能量本征态；如果 $\boldsymbol{\Lambda} = \boldsymbol{L}^2$,则 $\lambda_l = l(l+1)$ 就是角动量本征值,$|\psi_l\rangle$ 就是角动量本征态。物理量的实验测量值就是自伴算符在量子态下的平均值,

$$\langle\boldsymbol{\Lambda}(t)\rangle \stackrel{\mathrm{def}}{=} \langle\psi(t)|\boldsymbol{\Lambda}|\psi(t)\rangle = \sum_{k=1}^{\infty}\lambda_k|c_k(t)|^2$$

由于一个本征值可能有多个本征态(简并态),为了区分这些本征态,可选取一组互相对易的力学量算符的共同本征态作为基向量集。相互对易的力学量完备集的共同本征态,由各个力学量的本征值共同刻画,它表征了量子系统的全部性质。

习题

[1] 将狄拉克 δ 函数用勒让德多项式展开。

提示：$\delta(x-x') = \langle x' \mid x \rangle = \langle x' \mid \sum_k \mid f_k \rangle \langle f_k \mid x \rangle$。

[2] 证明球谐函数的加法定理：

$$P_l(\cos\gamma) = \frac{4\pi}{2l+1} \sum_{m=-l}^{l} Y_{lm}(\theta_1, \phi_1) Y_{lm}^*(\theta_2, \phi_2)$$

[3] 归一化量子态 $|\psi\rangle$ 下算符 $\boldsymbol{A}$ 的期待（平均）值为 $\langle \boldsymbol{A} \rangle = \langle \psi \mid \boldsymbol{A} \mid \psi \rangle$，算符 $\boldsymbol{A}$ 测量值的不确定性为

$$\Delta A = \sqrt{\langle (\boldsymbol{A} - \langle \boldsymbol{A} \rangle)^2 \rangle} = \sqrt{\langle \psi \mid (\boldsymbol{A} - \langle \boldsymbol{A} \rangle)^2 \mid \psi \rangle}$$

(1) 证明对于任意两个厄米算符 $\boldsymbol{A}$ 和 $\boldsymbol{B}$，有

$$|\langle \psi \mid \boldsymbol{AB} \mid \psi \rangle|^2 \leqslant \langle \psi \mid \boldsymbol{A}^2 \mid \psi \rangle \langle \psi \mid \boldsymbol{B}^2 \mid \psi \rangle$$

(2) 证明泊松括号

$$|\langle \psi \mid [\boldsymbol{A}, \boldsymbol{B}] \mid \psi \rangle|^2 \leqslant 4 \langle \psi \mid \boldsymbol{A}^2 \mid \psi \rangle \langle \psi \mid \boldsymbol{B}^2 \mid \psi \rangle$$

(3) 证明：

$$(\Delta A)(\Delta B) \geqslant \frac{1}{2} |\langle \psi \mid [\boldsymbol{A}, \boldsymbol{B}] \mid \psi \rangle|$$

(4) 取 $\boldsymbol{A} = \boldsymbol{x}$，$\boldsymbol{B} = \boldsymbol{p}$，满足 $[\boldsymbol{x}, \boldsymbol{p}] = \mathrm{i}\hbar$，可得海森伯不确定性关系

$$(\Delta x)(\Delta p) \geqslant \frac{1}{2}\hbar$$

14.3　斯图姆-刘维尔系统

1. 自伴算符

定义希尔伯特空间中作用于任意函数 $|f\rangle \in \mathcal{H}$ 的算符 $\boldsymbol{L} \in \mathcal{L}(\mathcal{H})$，

$$|g\rangle = \boldsymbol{L} |f\rangle$$

如果有一个算符 $\boldsymbol{L}^\dagger$ 满足 $\langle f | \boldsymbol{L} | g \rangle^* = \langle g | \boldsymbol{L}^\dagger | f \rangle$，则称其为算符 $\boldsymbol{L}$ 的厄米共轭算符，更经常地称作 $\boldsymbol{L}$ 的伴随算符。如果算符 $\boldsymbol{L}^\dagger = \boldsymbol{L}$，则称之为厄米算符或自伴算符。类似于线性向量空间，自伴算符的所有本征值均为实数，相应的本征函数构成正交完备集。

考虑一般的二阶微分算符 $\boldsymbol{L}$，

$$\boldsymbol{L}u \equiv \left[p_2(x) \frac{\mathrm{d}^2}{\mathrm{d}x^2} + p_1(x) \frac{\mathrm{d}}{\mathrm{d}x} + p_0(x) \right] u \tag{14.3.1}$$

两边左乘 $v(x)$ 得

$$\begin{aligned}
v\boldsymbol{L}u &= vp_2(x)u'' + vp_1(x)u' + vp_0(x)u \\
&= (p_2vu' + p_1vu)' - (p_2v)'u' - (p_1v)'u + p_0uv \\
&= [p_2vu' - (p_2v)'u + p_1vu]' + u[(p_2v)'' - (p_1v)' + p_0v] \\
&= u\boldsymbol{M}v + [p_2vu' - (p_2v)'u + p_1vu]'
\end{aligned}$$

其中算符

$$\boldsymbol{M} = p_2 \frac{\mathrm{d}^2}{\mathrm{d}x^2} + [2p_2' - p_1] \frac{\mathrm{d}}{\mathrm{d}x} + [p_2'' - p_1' + p_0] \tag{14.3.2}$$

所以

$$vLu - uMv = \frac{\mathrm{d}}{\mathrm{d}x}[p_2 vu' - (p_2 v)'u + p_1 vu] \tag{14.3.3}$$

对区间 $[a, b]$ 进行积分，可得

$$\int_a^b \{vLu - uMv\}\mathrm{d}x = [p_2 vu' - (p_2 v)'u + p_1 vu]_{x=a}^{x=b} \tag{14.3.4}$$

方程(14.3.4)称为拉格朗日恒等式，它可以视作另一种形式的格林公式。

将式(14.3.4)的函数用抽象向量 $|u\rangle$，$|v\rangle$ 表示，L 和 M 为定义内积 $\langle u \mid v \rangle = \int_a^b u^*(x)v(x)\mathrm{d}x$ 的希尔伯特空间算符，有

$$\langle v \mid L \mid u \rangle - \langle u \mid M \mid v \rangle = [p_2 vu' - (p_2 v)'u + p_1 vu]_{x=a}^{x=b}$$

如果方程(14.3.4)的右边等于零，

$$\{p_2(x)[vu' - v'u] + [p_1(x) - p_2'(x)]uv\} \mid_a^b = 0$$

则有

$$\langle v \mid L \mid u \rangle = \langle u \mid M \mid v \rangle$$

所以对于实内积空间，M 是 L 的伴随算符：$M \equiv L^\dagger$。容易验证，该结论对于复内积空间也成立。我们称 $Mv = 0$ 为方程 $Lu = 0$ 的伴随方程。根据式(14.3.2)的形式，可以得出结论：

当且仅当 $p_1(x) = p_2'(x)$ 时，二阶线性微分算符式(14.3.1)为自伴算符

$$L^\dagger = L = -\frac{\mathrm{d}}{\mathrm{d}x}\left[p_2(x)\frac{\mathrm{d}}{\mathrm{d}x}\right] + p_0(x) \tag{14.3.5}$$

式(14.3.5)形式的算符被称作斯图姆-刘维尔算符。值得强调的是，斯图姆-刘维尔算符 L 之所以成为自伴算符，前提是其满足边界条件

$$p_2(x)[v(x)u'(x) - v'(x)u(x)] \mid_a^b = 0 \tag{14.3.6}$$

对于一般的二阶齐次微分方程

$$p_2(x)y'' + p_1(x)y' + p_0(x)y = 0 \tag{14.3.7}$$

将方程(14.3.7)两边乘以

$$\rho(x) = \frac{1}{p_2(x)}\exp\int^{(x)}\frac{p_1(t)}{p_2(t)}\mathrm{d}t$$

即可化为斯图姆-刘维尔型方程，其中

$$p(x) = p_2(x)\rho(x), \quad q(x) = -p_0(x)\rho(x)$$

说明　下列形式的勒让德方程不是斯图姆-刘维尔型

$$y'' - \frac{2x}{1-x^2}y' + \frac{\lambda}{1-x^2}y = 0$$

但两边同时乘以 $1 - x^2$ 后就成为斯图姆-刘维尔型方程

$$(1-x^2)y'' - 2xy' + \lambda y = 0$$
$$\rightarrow [(1-x^2)y']' + \lambda y = 0$$

例 14.1　将方程化为斯图姆-刘维尔型：

$$x^3 y'' - xy' + 2y = 0$$

解　方程两边同除以 x^3，再乘以

$$\mathrm{e}^{\int -x/x^3 \mathrm{d}x} = \mathrm{e}^{1/x}$$

$$\longrightarrow e^{1/x} y'' - \frac{e^{1/x}}{x^2} y' + \frac{2 e^{1/x}}{x^3} y = 0$$

所以

$$(e^{1/x} y')' + \frac{2 e^{1/x}}{x^3} y = 0$$

2. 斯图姆-刘维尔本征方程

定义在区间 $x \in [a, b]$ 的形如

$$\boldsymbol{L} y \equiv -\frac{\mathrm{d}}{\mathrm{d}x}\left[p(x) \frac{\mathrm{d}y}{\mathrm{d}x} \right] + q(x) y = \lambda \rho(x) y \tag{14.3.8}$$

的二阶常微分方程称作斯图姆-刘维尔本征方程。由于 $\rho(x) > 0$，令

$$u(x) \mapsto \sqrt{\rho(x)}\, y(x), \quad \boldsymbol{L} \mapsto [\rho(x)]^{-1/2} \boldsymbol{L} [\rho(x)]^{-1/2}$$

于是式(14.3.8)化为标准的本征方程

$$\boldsymbol{L} u = \lambda u$$

假设 y_1 和 y_2 为算符斯图姆-刘维尔算符 $\boldsymbol{L}$ 的本征函数，相应的本征值为 λ_1 和 λ_2，有

$$\boldsymbol{L} y_i = \lambda_i \rho(x) y_i \quad (i = 1, 2)$$

则

$$y_1 \boldsymbol{L} y_2 - y_2 \boldsymbol{L} y_1 = (\lambda_1 - \lambda_2) \rho y_1 y_2$$

由拉格朗日恒等式(14.3.4)得

$$(\lambda_1 - \lambda_2) \int_a^b \rho(x) y_1(x) y_2(x) \mathrm{d}x = p(x) [y_1(x) y_2'(x) - y_1'(x) y_2(x)] \Big|_{x=a}^{x=b} \tag{14.3.9}$$

对于不同本征值 $\lambda_1 \neq \lambda_2$，我们希望其对应的本征函数是(加权)正交的，即

$$\int_a^b \rho(x) y_1(x) y_2(x) \mathrm{d}x = 0$$

它需要式(14.3.9)的右边为零，这恰好是斯图姆-刘维尔算符成为自伴算符的必要条件。为达此目的，可以采取三种途径：

(1) 如果端点满足第一类或第二类的齐次边界条件，这显然是可以实现的；

(2) 如果端点满足第三类齐次边界条件，比如在 $x = a$ 端满足

$$(\alpha y_1 + \beta y_1') \big|_{x=a} = (\alpha y_2 + \beta y_2') \big|_{x=a} = 0$$

则 $(y_1 y_2' - y_1' y_2) \big|_{x=a} = 0$，因此也是可以实现的；

(3) 虽然不满足齐次边界条件，但是如果在端点 $p(x)$ 为零，比如 $p(a) = 0$，同样可以实现方程(14.3.9)右边为零，这就是第 13 章提及的所谓自然边界条件。

斯图姆-刘维尔型方程附加以第一/第二/第三类齐次边界条件，或者自然边界条件，就构成斯图姆-刘维尔本征值问题。

端点满足齐次边界条件和满足自然边界条件有什么区别呢？由于二阶常微分方程原则上都有两个线性无关解，不同的边界条件将导致不同的本征值决定方案。

(1) 两个端点均有齐次边界条件

两个解必将组合成唯一的有限解，且本征值是离散的。分离变量法中求解振动方程就是这种情形。

(2) 两个端点均有自然边界条件

端点均为 $p(x)$ 的一阶零点,且最多是 $q(x)$ 的一阶极点,则由斯图姆-刘维尔方程(14.3.8)知,两个端点必为方程的正规奇点,这时二阶常微分方程的两个线性无关级数解在端点都会出现发散。为了得到物理上有意义的有限解,只能将其中一个解截断为多项式,为此本征值只能取一些离散的值。此时另外一个解仍然存在发散,因此物理上有意义的本征解也只有一个。在第 13 章中处理的勒让德方程就是这种情形。

(3) 两个端点分别有齐次边界条件和自然边界条件

常微分方程的两个线性无关级数解中,有一个在区域内是收敛的,另一个在自然边界端是发散的,因此物理上有意义的解仍然只有一个,相应的本征值需由齐次边界条件决定。第 15 章将要介绍的贝塞尔方程就属于这种情况。

说明

(1) 初看起来周期边界条件好像也能够满足式(14.3.9)右边为零,但实际上由于可能出现简并的本征函数(第 10 章),因此周期边界条件不应算在此列。

(2) 如果方程的端点出现非正规奇点,比如端点为 $p(x)$ 的二阶或以上的零点,这时除了某些特殊情况外,不构成本征值问题,方程可能没有有限解。

习题

[1] 将下述方程化为自伴形式:

(1) $x^2 y'' + xy' + y = 0$; (2) $y'' - 2xy' + 2\alpha y = 0$;

(3) $xy'' + 2y' + (x+\lambda)y = 0$; (4) $y'' + \cot x y' + \lambda y = 0$。

答案:

(1) $(xy')' + \dfrac{1}{x}y = 0$; (2) $(\mathrm{e}^{-x^2} y')' + 2\alpha \mathrm{e}^{-x^2} y = 0$;

(3) $(x^2 y')' + (x^2 + \lambda x)y = 0$; (4) $(\sin x y')' + \lambda \sin x y = 0$。

[2] 将下列方程化为斯图姆-刘维尔型:

(1) $x(x-1)y'' + [(1+\alpha+\beta)x - \gamma]y' + \alpha\beta y = 0$;

(2) $xy'' + (\gamma - x)y' + \alpha y = 0$。

答案:

(1) $\dfrac{\mathrm{d}}{\mathrm{d}x}\left[x^{\gamma}(x-1)^{1+\alpha+\beta-\gamma} \dfrac{\mathrm{d}y}{\mathrm{d}x}\right] + \alpha\beta x^{\gamma-1}(x-1)^{\alpha+\beta-\gamma} y = 0$;

(2) $\dfrac{\mathrm{d}}{\mathrm{d}x}\left(x^{\gamma}\mathrm{e}^{-x} \dfrac{\mathrm{d}y}{\mathrm{d}x}\right) + \alpha x^{\gamma-1}\mathrm{e}^{-x} y = 0$。

14.4 本征值理论

1. 基本性质

对于式(14.3.8)的施图姆-刘维尔算符的本征值方程,假设它的系数 $p(x)$,$q(x)$ 和 $\rho(x)$ 都是正定的,且 $p(x)$ 具有连续导数,如果方程满足三类齐次边界条件之一,或者满足自然边界条件,则有如下的基本性质。

（1）本征值离散性

如果 $p(x),p'(x),q(x)$ 连续，则存在无限多个离散的实本征值，$\lambda_1\leqslant\lambda_2\leqslant\lambda_3\leqslant\lambda_4\leqslant\cdots$，相应地有无限多个本征函数 $y_1(x),y_2(x),y_3(x),\cdots$，这些本征函数的排列次序正好使节点个数依次增多。

我们仅证明本征值为实数，设有本征值 λ_n 及其相应的本征函数 $y_n(x)$，则

$$\boldsymbol{L}y_n=\lambda_ny_n\ \rightarrow\ \langle y_n\boldsymbol{L}y_n\rangle=\lambda_n\langle y_n\mid y_n\rangle$$

由于 $\boldsymbol{L}$ 是自伴算符，且范数 $\langle y_n\mid y_n\rangle\neq0$，所以

$$\langle y_n\boldsymbol{L}y_n\rangle=\langle y_n\boldsymbol{L}y_n\rangle^*=\lambda_n^*\langle y_n\mid y_n\rangle$$

于是必有 $\lambda_n^*=\lambda_n$，即本征值为实数。

（2）本征值单重性

先用反证法证明本征值的单重性：假设对应于本征值 λ_n 有两个有限的本征函数 $y_1(x)$，$y_2(x)$，即

$$-\frac{\mathrm{d}}{\mathrm{d}x}\left[p(x)\frac{\mathrm{d}y_1}{\mathrm{d}x}\right]+q(x)y_1=\lambda_n\rho(x)y_1$$

$$-\frac{\mathrm{d}}{\mathrm{d}x}\left[p(x)\frac{\mathrm{d}y_2}{\mathrm{d}x}\right]+q(x)y_2=\lambda_n\rho(x)y_2$$

将第一行乘以 $y_2(x)$，第二行乘以 $y_1(x)$，然后两式相减

$$y_2\frac{\mathrm{d}}{\mathrm{d}x}\left[p(x)\frac{\mathrm{d}y_1}{\mathrm{d}x}\right]-y_1\frac{\mathrm{d}}{\mathrm{d}x}\left[p(x)\frac{\mathrm{d}y_2}{\mathrm{d}x}\right]=0$$

$$\rightarrow\ p(x)(y_2y_1'-y_1y_2')'+p'(x)(y_2y_1'-y_1y_2')=0$$

积分后得

$$p(x)(y_2y_1'-y_1y_2')=C$$

由齐次边界条件或自然边界条件可知，常数 $C=0$。又由于在 $x\in(a,b)$ 内 $p(x)\neq0$，所以

$$y_1(x)\propto y_2(x)$$

即 $y_1(x),y_2(x)$ 必然线性相关。

由于本征值为实数，相应的本征函数又是唯一的，因此可将本征函数取作实函数。

（3）本征值正定性

下面再证明 $\lambda_n\geqslant0$，根据

$$-\frac{\mathrm{d}}{\mathrm{d}x}\left[p(x)\frac{\mathrm{d}y_n}{\mathrm{d}x}\right]+q(x)y_n=\lambda_n\rho(x)y_n$$

两边同时乘以 $y_n(x)$ 并积分

$$\lambda_n\int_a^b\rho(x)y_n^2\mathrm{d}x=-\int_a^by_n\frac{\mathrm{d}}{\mathrm{d}x}\left[p(x)\frac{\mathrm{d}y_n}{\mathrm{d}x}\right]\mathrm{d}x+\int_a^bq(x)y_n^2\mathrm{d}x$$

$$=-\left[p(x)y_n\frac{\mathrm{d}y_n}{\mathrm{d}x}\right]_a^b+\int_a^bp(x)\left(\frac{\mathrm{d}y_n}{\mathrm{d}x}\right)^2\mathrm{d}x+\int_a^bq(x)y_n^2\mathrm{d}x$$

$$=\int_a^bp(x)\left(\frac{\mathrm{d}y_n}{\mathrm{d}x}\right)^2\mathrm{d}x+\int_a^bq(x)y_n^2\mathrm{d}x$$

由于齐次边界条件，或者自然边界条件，上式第二行中已积分出来的项为零；又由于 $p(x),q(x),\rho(x)\geqslant0$，剩下的积分项都是正定的，于是必有 $\lambda_n\geqslant0$。

（4）本征函数正交性

相应于不同本征值 λ_m 和 λ_n 的本征函数 $y_m(x)$ 和 $y_n(x)$ 在区间 $[a,b]$ 上带权重 $\rho(x)$ 正交，即

$$\langle y_m \mid y_n \rangle \equiv \int_a^b y_n(x) y_m^*(x) \rho(x) \mathrm{d}x = 0 \quad (m \neq n) \tag{14.4.1}$$

事实上，本征函数的正交性由方程的自伴性条件预先得到了保证。

（5）所有本征函数构成完备集

2. 广义傅里叶级数

由于施图姆-刘维尔型方程的本征函数具有带权重的正交性以及完备性，如果函数 $f(x)$ 具有连续的一阶导数和分段连续的二阶导数，且满足本征函数族所满足的边界条件，就可以用这些本征函数 $y_1(x), y_2(x), y_3(x), \cdots$ 的线性叠加表示，称作广义傅里叶级数展开：

$$f(x) = \sum_{n=1}^{\infty} f_n y_n(x) \tag{14.4.2}$$

本征函数族称作级数展开的基，展开系数为

$$f_n = \frac{1}{N^2} \int_a^b f(\xi) y_n^*(\xi) \rho(\xi) \mathrm{d}\xi$$

其中归一化模为

$$N_n^2 = \int_a^b \mid y_n(\xi) \mid^2 \rho(\xi) \mathrm{d}\xi$$

常常取 $N_n^2 = 1$，相应的本征函数称作归一化的本征函数

$$\int_a^b y_n(x) y_m^*(x) \rho(x) \mathrm{d}x = \delta_{mn} \tag{14.4.3}$$

3. 几种本征值问题

1）振动方程的本征值问题

$$p(x) = 1, \quad q(x) = 0, \quad \rho(x) = 1$$
$$y'' + \lambda y = 0$$

方程在端点 $x = a$ 和 $x = b$ 须同时满足三类齐次边界条件之一。

2）勒让德方程的本征值问题

$$p(x) = 1 - x^2, \quad q(x) = 0, \quad \rho(x) = 1$$
$$\frac{\mathrm{d}}{\mathrm{d}x}\left[(1-x^2)\frac{\mathrm{d}y}{\mathrm{d}x}\right] + \lambda y = 0$$

方程在两个端点，即 $p(x)$ 的两个一阶零点 $x = \pm 1$ 处，均存在自然边界条件。

3）连带勒让德方程的本征值问题

$$p(x) = 1 - x^2, \quad q(x) = \frac{m^2}{1-x^2}, \quad \rho(x) = 1$$

$$\frac{\mathrm{d}}{\mathrm{d}x}\left[(1-x^2)\frac{\mathrm{d}y}{\mathrm{d}x}\right] + \left(\lambda - \frac{m^2}{1-x^2}\right)y = 0$$

方程也在两个端点 $x = \pm 1$ 存在自然边界条件。

4）贝塞尔方程的本征值问题

$$p(x) = x, \quad q(x) = \frac{m^2}{x}, \quad \rho(x) = x$$

$$\frac{\mathrm{d}}{\mathrm{d}x}\left[x\,\frac{\mathrm{d}y}{\mathrm{d}x}\right] + \left(\lambda x - \frac{m^2}{x}\right)y = 0$$

方程在 $p(x)$ 的一阶零点 $x = 0$ 存在自然边界条件，在端点 $x = x_0$ 需满足齐次边界条件。

说明

（1）如果没有齐次边界条件，贝塞尔方程在 $x = \infty$ 为非正规奇点，将不能构成本征值问题。

（2）对于有内外表面的圆筒，则需在内外半径 $x = a$ 和 $x = b$ 处同时满足齐次边界条件，此时不存在自然边界条件，但也构成本征值问题，泛定方程的两个线性无关解 $J_m(x)$ 和 $N_m(x)$ 将组合成唯一的本征函数。

5）厄米方程的本征值问题

$$p(x) = \mathrm{e}^{-x^2}, \quad q(x) = 0, \quad \rho(x) = \mathrm{e}^{-x^2}$$

$$\frac{\mathrm{d}}{\mathrm{d}x}\left[\mathrm{e}^{-x^2}\,\frac{\mathrm{d}y}{\mathrm{d}x}\right] + \lambda\,\mathrm{e}^{-x^2} y = 0$$

$$\to y'' - 2xy' + \lambda y = 0$$

方程在 $p(x)$ 的两个一阶零点 $x = \pm\infty$ 均存在自然边界条件。该方程是量子力学谐振子运动方程。

6）拉盖尔方程的本征值问题

$$p(x) = x\,\mathrm{e}^{-x}, \quad q(x) = 0, \quad \rho(x) = \mathrm{e}^{-x}$$

$$\frac{\mathrm{d}}{\mathrm{d}x}\left[x\,\mathrm{e}^{-x}\,\frac{\mathrm{d}y}{\mathrm{d}x}\right] + \lambda\,\mathrm{e}^{-x} y = 0$$

$$\to xy'' + (1-x)y' + \lambda y = 0$$

方程在 $p(x)$ 的两个一阶零点 $x = 0$ 和 $x = \infty$，均存在自然边界条件。该方程是量子力学氢原子中的电子运动方程。

在第 13 章我们已经介绍了斯图姆-刘维尔型方程本征值问题的一个例子，即勒让德方程。在第 15 章里，我们还将介绍另外几种斯图姆-刘维尔型方程的本征值问题，以及它们在物理学中的应用。

注记

关于量子力学的表象问题，以一维为例，位置算符 $\boldsymbol{x}$ 的本征方程为

$$\boldsymbol{x}\,|\,x\rangle = x\,|\,x\rangle$$

其本征值就是粒子的位置 x，$|x\rangle$ 是相应的本征向量，$\{|x\rangle\}_{-\infty}^{\infty}$ 构成希尔伯特空间的正交完备集。由于位置坐标是连续的，所以

$$\langle x' \,|\, x\rangle = \delta(x - x'), \quad \int_{-\infty}^{\infty} |\,x\rangle\langle x\,|\,\mathrm{d}x = I$$

由位置基向量表示的空间称作坐标表象。坐标表象下的量子态表示为

$$|\,\psi(t)\rangle = \int_{-\infty}^{\infty} |\,x\rangle\langle x\,|\,\psi(t)\rangle\mathrm{d}x = \int_{-\infty}^{\infty} \psi(x, t)\,|\,x\rangle\mathrm{d}x$$

投影 $\psi(x, t)$ 就是通常的波函数。由单位态向量可得到波函数的归一化条件

$$\langle \psi(t) \mid \psi(t) \rangle \equiv 1$$

$$\to \int_{-\infty}^{\infty} \langle \psi(t) \mid x \rangle \langle x \mid \psi(t) \rangle \mathrm{d}x = \int_{-\infty}^{\infty} \mid \psi(x,t) \mid^2 \mathrm{d}x = 1$$

假设存在另一个具有连续谱的算符 $\boldsymbol{p}$，其本征向量为 $|p\rangle$，

$$\boldsymbol{p} \mid p \rangle = p \mid p \rangle$$

基向量 $\{|p\rangle\}_{-\infty}^{\infty}$ 也构成正交完备集，即

$$\langle p' \mid p \rangle = \delta(p - p'); \quad \int_{-\infty}^{\infty} \mid p \rangle \langle p \mid \mathrm{d}p = I$$

根据 δ 函数的性质，

$$\langle x' \mid x \rangle = \int_{-\infty}^{\infty} \langle x' \mid p \rangle \langle p \mid x \rangle \mathrm{d}p = \delta(x - x') \equiv \frac{1}{2\pi} \int_{-\infty}^{\infty} \mathrm{e}^{ip(x-x')} \mathrm{d}p$$

$$\langle p' \mid p \rangle = \int_{-\infty}^{\infty} \langle p' \mid x \rangle \langle x \mid p \rangle \mathrm{d}x = \delta(p - p') \equiv \frac{1}{2\pi} \int_{-\infty}^{\infty} \mathrm{e}^{i(p-p')x} \mathrm{d}x$$

必有

$$\langle p \mid x \rangle = \frac{1}{\sqrt{2\pi}} \mathrm{e}^{ipx}, \quad \langle x \mid p \rangle = \frac{1}{\sqrt{2\pi}} \mathrm{e}^{-ipx}$$

如果将 p 视作动量，由于 px 具有作用量的量纲 $[\mathrm{J} \cdot \mathrm{s}]$，指数因子应该除去一个作用量常数 $\hbar$，则

$$\delta(x - x') = \frac{1}{2\pi \hbar} \int_{-\infty}^{\infty} \mathrm{e}^{ip(x-x')/\hbar} \mathrm{d}p$$

$$\langle p \mid x \rangle = \frac{1}{\sqrt{2\pi \hbar}} \mathrm{e}^{ipx/\hbar}$$

动量算符 $\boldsymbol{p}$ 作用在位置基向量上有

$$\boldsymbol{p} \mid x \rangle = \int_{-\infty}^{\infty} \boldsymbol{p} \mid p \rangle \langle p \mid x \rangle \mathrm{d}p = \int_{-\infty}^{\infty} \frac{1}{\sqrt{2\pi \hbar}} \mathrm{e}^{ipx/\hbar} p \mid p \rangle \mathrm{d}p$$

$$= \frac{1}{\sqrt{2\pi \hbar}} \int_{-\infty}^{\infty} \left(-i\hbar \frac{\partial}{\partial x}\right) \mathrm{e}^{ipx/\hbar} \mid p \rangle \mathrm{d}p = -i\hbar \frac{\partial}{\partial x} \int_{-\infty}^{\infty} \mid p \rangle \langle p \mid x \rangle \mathrm{d}p = -i\hbar \frac{\partial}{\partial x} \mid x \rangle$$

所以坐标表象中的动量算符为

$$\boldsymbol{p} = -i\hbar \frac{\partial}{\partial x}$$

把由基向量 $\{|p\rangle\}_{-\infty}^{\infty}$ 表示的空间称作动量表象，可推出位置算符 $\boldsymbol{x}$ 在动量表象中表示为

$$\boldsymbol{x} = i\hbar \frac{\partial}{\partial p}$$

由此可见，物理世界能否同时存在坐标表象和动量表象，关键在于是否存在作用量常数 $\hbar$。普朗克的伟大贡献就是发现宇宙中确实存在这么一个普适的作用量量子，现在称之为普朗克常数。

内积 $\langle p|x \rangle$ 给出两组基向量 $\{|x\rangle\}_{-\infty}^{\infty}$ 和 $\{|p\rangle\}_{-\infty}^{\infty}$ 之间的变换关系，称作表象变换，它们构成一个幺正矩阵。它是动量本征向量 $|p\rangle$ 在位置表象的投影，或者等价地可视作位置本征向量 $|x\rangle$ 在动量表象的投影。表象变换矩阵元具有等价互易的复指数形式，意义匪浅，比如动量表象的波函数为

$$\varphi(p,t) \overset{\mathrm{def}}{=} \langle p \mid \psi(t) \rangle = \int_{-\infty}^{\infty} \langle p \mid x \rangle \langle x \mid \psi(t) \rangle \mathrm{d}x$$

$$= \frac{1}{\sqrt{2\pi\hbar}} \int_{-\infty}^{\infty} \psi(x,t) e^{ipx/\hbar} dx$$

它与坐标表象的波函数 $\psi(x,t)$ 之间恰好构成傅里叶变换！由此看出，被视作量子力学核心的不确定性原理，其实与量子态的演化没有内在逻辑，它只是表象变换蕴含的必然结果。

由于作用量量子 $\hbar$ 非常小，表象变换只在微观尺度才有意义。所谓微观粒子的波粒二象性，实乃量子态分别在坐标表象和在动量表象的两种表示，与物质遵循的运动方程没有必然关系。当自由传播时，人们在位置空间进行观测，坐标表象处于"本征状态"，物质显示出波的叠加特征；当涉及相互作用（散射或吸收）时，由于动量守恒，此时动量表象处于"本征状态"，物质显示出粒子的特征。用一个比喻说，眼睛看到的是树叶摇动，耳朵听到的是沙沙风声，看到落下的雨是波，听到的雨滴声是粒子。

坐标表象下的哈密顿算符为

$$\boldsymbol{H}(\boldsymbol{x},\boldsymbol{p}) = H\left(x, -i\hbar\frac{\partial}{\partial x}\right)$$

态向量的演化方程表示为

$$i\hbar\frac{d}{dt} \mid \psi(t)\rangle = \boldsymbol{H} \mid \psi(t)\rangle$$

$$\rightarrow i\hbar\frac{d}{dt}\langle x \mid \psi(t)\rangle = \int_{-\infty}^{\infty} \langle x \mid \boldsymbol{H} \mid x'\rangle\langle x' \mid \psi(t)\rangle dx'$$

$$\rightarrow i\hbar\frac{\partial}{\partial t}\psi(x,t) = H\psi(x,t)$$

这就是薛定谔方程。

可以证明，角动量算符 $\boldsymbol{L}$ 满足

$$[\boldsymbol{L}_i, \boldsymbol{L}_j] = i\varepsilon_{ijk}\boldsymbol{L}_k$$

其本征方程为

$$\boldsymbol{L}^2 \mid Y_{lm}\rangle = l(l+1) \mid Y_{lm}\rangle$$

在三维坐标表象下本征向量表示为

$$\mid Y_{lm}\rangle = \int_{-\infty}^{\infty} \mid \boldsymbol{x}\rangle\langle \boldsymbol{x} \mid Y_{lm}\rangle d\boldsymbol{x} = \int_{-\infty}^{\infty} Y_{lm}(\theta,\varphi) \mid \boldsymbol{x}\rangle d\boldsymbol{x}$$

内积 $Y_{lm}(\theta,\phi) \overset{\text{def}}{=\!=} \langle \boldsymbol{x}|Y_{lm}\rangle$ 就是我们熟悉的球谐函数，它是角动量本征向量 $|Y_{lm}\rangle$ 在位置基向量 $|\boldsymbol{x}\rangle$ 上的投影，或曰波函数。坐标表象下的角动量算符 $\boldsymbol{L}^2$ 就是勒让德微分算符，

$$\boldsymbol{L}^2 = \frac{1}{\sin\theta} \frac{\partial}{\partial\theta}\left(\sin\theta \frac{\partial}{\partial\theta}\right) + \frac{1}{\sin^2\theta} \frac{\partial^2}{\partial\phi^2}$$

值得指出的是，算符的本征值与表象无直接关系，原则上我们不需要知道坐标表象中力学量算符的形式，直接从角动量对易关系即可得到本征值谱。

最后，坐标表象下的力学量 $\boldsymbol{O}$ 的期望值为

$$\langle \boldsymbol{O}(t)\rangle \overset{\text{def}}{=\!=} \langle \psi(t) \mid \boldsymbol{O} \mid \psi(t)\rangle = \int_{-\infty}^{\infty}\int_{-\infty}^{\infty} \langle \psi(t) \mid x'\rangle\langle x' \mid \boldsymbol{O} \mid x\rangle\langle x \mid \psi(t)\rangle dx dx'$$

$$= \int_{-\infty}^{\infty} \psi^*(x',t)[\boldsymbol{O}]_{x'x}\psi(x,t) dx dx'$$

$$= \int_{-\infty}^{\infty} \psi^*(x,t)O\left(x, -i\hbar\frac{\partial}{\partial x}\right)\psi(x,t) dx$$

习题

[1] 证明下述微分方程构成本征值问题：

$$xy'' + (1-x)y' + \lambda y = 0$$

其中 $y(x)$ 在 $[0,\infty)$ 有限。

[2] 为何下述微分方程不能构成本征值问题：

$$\frac{\mathrm{d}}{\mathrm{d}x}\left[x\frac{\mathrm{d}y}{\mathrm{d}x}\right] - \frac{\nu^2}{x}y - \lambda xy = 0$$

[3] 求解非齐次微分方程：

$$\begin{cases} xy'' + 2y' + 2xy = x \\ y(1) = 0, \quad y(0) \to \text{有限} \end{cases}$$

提示：将 $xy'' + 2y' + \lambda xy = 0$ 化成斯图姆-刘维尔本征方程形式，求出其本征函数及本征值，将方程两边按本征函数展开。

答案：$y(x) = \sum_{n=1}^{\infty} b_n y_n(x) = \sum_{n=1}^{\infty} \frac{\sqrt{2}(-1)^{n+1}}{n\pi(2-n^2\pi^2)} \frac{\sqrt{2}\sin n\pi x}{x}$。

[4] 勒让德算符为 $\boldsymbol{L} = -\dfrac{\mathrm{d}}{\mathrm{d}x}\left[(1-x^2)\dfrac{\mathrm{d}}{\mathrm{d}x}\right]$，求解非齐次微分方程：

(1) $\boldsymbol{L}y - \dfrac{3}{2}y = x$；　　(2) $\boldsymbol{L}y - 2y = x$。

提示：在 (2) 中尝试 $(\boldsymbol{L}-2)x\ln(1\pm x)$，从而寻找方程的特解。

答案：$(1)y(x) = 2P_1(x)$；$(2)y(x) = aP_1(x) + bQ_1(x) + \dfrac{x}{6}\ln(1-x^2)$。

14.5　经典正交多项式

我们知道勒让德多项式许多特别的性质，比如正交性、完备性，以及罗德里格斯公式等。其实这并不是勒让德多项式独有的特性，还有一大类多项式也具有这样的性质，它们大多是某个特定的常微分方程的本征解，其中一些后面还会专门讨论，本节我们先勾勒一个粗略的轮廓。

1. 正交多项式

前面提到了斯通-魏尔斯特拉斯定理：单项式序列 $\{x^k\}_{k=0}^{\infty}$ 构成 $\mathcal{L}_\rho^2(a,b)$ 的完备基。

因此单项式序列 $\{x^k\}_{k=0}^{\infty}$ 可视作线性独立但并非正交的基，如果我们希望获得彼此正交的基，需要将它们重新作线性组合变成多项式，这些多项式组成的正交完备基张成 $\mathcal{L}_\rho^2(a,b)$ 空间。为达到这一目的，可以采用格雷姆-施密特(Gram-Schmidt)方案。

考虑函数

$$F_n(x) = \frac{1}{\rho(x)} \frac{\mathrm{d}^n}{\mathrm{d}x^n}[\rho(x)s^n(x)] \quad (n = 0,1,2,\cdots) \tag{14.5.1}$$

如果它满足：

(1) $F_1(x)$ 是 x 的一次多项式；

(2) $s(x)$ 是不高于二次的多项式，且只有实根；

(3) $\rho(x)$是一个正定函数,在区间$[a,b]$可积,并满足边界条件$\rho(a)s(a)=\rho(b)s(b)=0$,则$F_n(x)$必是一个$n$次多项式,并且$F_n(x)$与所有次数$k<n$的多项式$p_k(x)$带权重$\rho(x)$正交,即

$$\int_a^b p_k(x)F_n(x)\rho(x)\mathrm{d}x=0 \quad (k<n) \tag{14.5.2}$$

这类多项式$F_n(x)$统称为经典正交多项式。

证明可参见文献[7],此处从略。通常在$F_n(x)$的定义中再引入一个归一化因子N_n,即

$$F_n(x)=\frac{1}{N_n\rho(x)}\frac{\mathrm{d}^n}{\mathrm{d}x^n}[\rho(x)s^n(x)] \tag{14.5.3}$$

该式称作广义罗德里格斯公式(generaliged Rodriguez formula)。

式(14.5.2)表明,多项式集合$\{F_n(x)\}_{n=0}^{\infty}$构成带权重$\rho(x)$的正交完备集,这些$F_n(x)$都是某些微分方程的解。令$k_1^{(1)}$为$F_1(x)$中$x$的一次幂系数,$\sigma_2$为$s(x)$中$x$的二次幂系数,则不难验证,正交多项式满足微分方程

$$\frac{\mathrm{d}}{\mathrm{d}x}\left[\rho(x)s(x)\frac{\mathrm{d}F_n(x)}{\mathrm{d}x}\right]=\rho(x)\lambda_n F_n(x) \tag{14.5.4}$$

式中,

$$\lambda_n=N_1 k_1^{(1)}n+\sigma_2 n(n-1)$$

2. 正交多项式分类

我们研究选择不同$s(x)$导致的结果。当$n=1$时,由罗德里格斯公式(14.5.3)知

$$F_1(x)=\frac{1}{N_1\rho(x)}\frac{\mathrm{d}}{\mathrm{d}x}[\rho(x)s(x)]$$

$$\rightarrow \frac{1}{\rho(x)s(x)}\frac{\mathrm{d}}{\mathrm{d}x}[\rho(x)s(x)]=\frac{N_1 F_1(x)}{s(x)}$$

由于$F_1(x)$是一次多项式,令$F_1(x)=k_1^{(1)}x+k_1^{(0)}$,上式积分后得

$$\rho(x)s(x)=A\exp\left[N_1\int^{(x)}\frac{k_1^{(1)}x'+k_1^{(0)}}{s(x')}\mathrm{d}x'\right] \tag{14.5.5}$$

有三种不同的$s(x)$:

(1) 常数:$s(x)=\sigma_0$,则有

$$\rho(x)s(x)=A\exp\left[\int^{(x)}(2\alpha x'+\beta)\mathrm{d}x'\right]=B\mathrm{e}^{\alpha x^2+\beta x}$$

$$2\alpha=\frac{N_1 k_1^{(1)}}{\sigma_0}, \quad \beta=\frac{N_1 k_1^{(0)}}{\sigma_0}, \quad B=A\mathrm{e}^C$$

由边界条件可知

$$B\mathrm{e}^{\alpha a^2+\beta a}=0=B\mathrm{e}^{\alpha b^2+\beta b}$$

由于$B\neq 0,a<b$,上式成立的唯一可能是$a=-\infty,b=\infty$。令

$$\sqrt{|\alpha|}\left(x+\frac{\beta}{2\alpha}\right)\rightarrow x$$

并取$B=\sigma_0 \mathrm{e}^{\beta^2/4\alpha}$,于是得

$$\rho(x) = e^{-x^2}$$

该类别的多项式被称作厄米多项式,记作 $H_n(x)$。

(2) 一次函数:$s(x) = \sigma_1 x + \sigma_0$,则有

$$\rho(x)s(x) = A \exp\left[N_1 \int^{(x)} \frac{[k_1^{(1)}x' + k_1^{(0)}]}{\sigma_1 x' + \sigma_0} dx'\right] = B(\sigma_1 x + \sigma_0)^\tau e^{\gamma x}$$

$$\gamma = \frac{N_1 k_1^{(1)}}{\sigma_1}, \quad \tau = \frac{N_1 k_1^{(0)}}{\sigma_1} - \frac{N_1 k_1^{(1)} \sigma_0}{\sigma_1^2}$$

由边界条件可以确定

$$a = -\frac{\sigma_0}{\sigma_1}, \quad b = \infty, \quad \tau > 0, \quad \gamma < 0$$

取适当的变量后可得

$$\rho(x) = x^\nu e^{-x}$$

$$\nu = -1, \quad s(x) = x, \quad a = 0, \quad b = \infty$$

该类别的多项式称作拉盖尔多项式,记作 $L_n^\nu(x)$ ($\nu > -1$)。

(3) 二次函数:$s(x) = \sigma_1 x^2 + \sigma_1 x + \sigma_0$,类似地可推断出

$$\rho(x) = (1+x)^\mu (1-x)^\nu \quad (\mu, \nu > -1)$$

$$s(x) = 1 - x^2, \quad a = -1, \quad b = +1$$

该类别的多项式被称作雅可比多项式,记作 $P_n^{\mu,\nu}(x)$。雅可比多项式还可以根据 μ, ν 的取值进一步细分,包括勒让德多项式在内,列举于表 14.1。

表 14.1

μ	ν	$\rho(x)$	多 项 式
0	0	1	勒让德 $P_n(x)$
$\lambda - \dfrac{1}{2}$	$\lambda - \dfrac{1}{2}$	$(1-x^2)^{\lambda-1/2}$	盖根堡 $C_n^\lambda(x)$
$-\dfrac{1}{2}$	$-\dfrac{1}{2}$	$(1-x^2)^{-1/2}$	第一类契比雪夫 $T_n(x)$
$\dfrac{1}{2}$	$\dfrac{1}{2}$	$(1-x^2)^{1/2}$	第二类契比雪夫 $U_n(x)$

3. 递推关系

经典正交多项式存在许多递推关系,比如

$$F_{n+1}(x) = (\alpha_n x + \beta_n) F_n(x) + \gamma_n F_{n-1}(x) \tag{14.5.6}$$

对两边求两次导,并应用方程(14.3.4)可得

$$2\rho s \alpha_n F_n' + [\alpha_n(\rho s)' + \rho \lambda_n(\alpha_n x + \beta_n)] F_n(x) -$$
$$\rho \lambda_{n+1} F_{n+1}(x) + \rho \gamma_n \lambda_{n-1} F_{n-1}(x) = 0 \tag{14.5.7}$$

如此等等,不一一罗列。

4. 常见正交多项式

1）勒让德多项式（Legendre polynomials）

罗德里格斯公式

$$P_n(x) = \frac{(-1)^n}{2^n n!} \frac{d^n}{dx^n}[(1-x^2)^n] \tag{14.5.8}$$

它的性质在第 13 章已经详细介绍过。

2）厄米多项式（Hermite polynomials）

罗德里格斯公式

$$H_n(x) = (-1)^n e^{x^2} \frac{d^n}{dx^n}(e^{-x^2}) \tag{14.5.9}$$

递推关系

$$H_{n+1}(x) = 2x H_n(x) - 2n H_{n-1}(x) \tag{14.5.10}$$

微分方程

$$\frac{d^2 y(x)}{dx^2} - 2x \frac{dy(x)}{dx} + 2n y(x) = 0 \tag{14.5.11}$$

罗德里格斯公式相当于多项式递推关系的通项表示。以下是几个低阶厄米多项式，它们的函数曲线展示在图 14.1 中：

$$H_0(x) = 1$$
$$H_1(x) = 2x$$
$$H_2(x) = 4x^2 - 2$$
$$H_3(x) = 8x^3 - 12x$$
$$H_4(x) = 16x^4 - 48x^2 + 12$$
$$H_5(x) = 32x^5 - 160x^3 + 120x$$

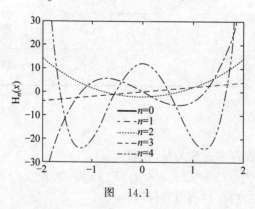

图 14.1

3）拉盖尔多项式（Laguerre polynomials）

罗德里格斯公式

$$L_n^\nu(x) = \frac{1}{n!} \frac{1}{x^\nu e^{-x}} \frac{d^n}{dx^n}(x^\nu e^{-x} x^n) \tag{14.5.12}$$

递推关系

$$(n+1)\boldsymbol{L}_{n+1}^{\nu}(x)=(2n+\nu+1-x)\mathrm{L}_{n}^{\nu}(x)-(n+\nu)\mathrm{L}_{n-1}^{\nu}(x) \qquad (14.5.13)$$

微分方程

$$x\frac{\mathrm{d}^2 y(x)}{\mathrm{d}x^2}+(\nu+1-x)\frac{\mathrm{d}y(x)}{\mathrm{d}x}+ny(x)=0 \qquad (14.5.14)$$

以下是几个低阶拉盖尔多项式:

$$\mathrm{L}_0(x)=1$$

$$\mathrm{L}_1(x)=-x+1$$

$$\mathrm{L}_2(x)=x^2-4x+2$$

$$\mathrm{L}_3(x)=-x^3+9x^2-18x+6$$

$$\mathrm{L}_4(x)=x^4-16x^3+72x^2-96x+24$$

$$\mathrm{L}_5(x)=-x^5+25x^4-200x^3+600x^2-600x+120$$

4) 雅可比多项式(Jacobi polynomials)

罗德里格斯公式

$$\mathrm{P}_n^{\mu,\nu}(x)=\frac{(-1)^n}{2^n n!}(1+x)^{-\mu}(1-x)^{-\nu}\frac{\mathrm{d}^n}{\mathrm{d}x^n}\left[(1+x)^{-\mu+n}(1-x)^{-\nu+n}\right] \qquad (14.5.15)$$

递推关系

$$2(n+1)(n+\mu+\nu+1)(2n+\mu+\nu)\mathrm{P}_{n+1}^{\mu,\nu}(x)$$

$$=(2n+\mu+\nu+1)\left[(2n+\mu+\nu)(2n+\mu+\nu+2)x+\nu^2-\mu^2\right]\cdot$$

$$\mathrm{P}_n^{\mu,\nu}(x)-2(n+\mu)(n+\nu)(2n+\mu+\nu+2)\mathrm{P}_{n-1}^{\mu,\nu}(x) \qquad (14.5.16)$$

微分方程

$$(1-x^2)\frac{\mathrm{d}^2 y(x)}{\mathrm{d}x^2}+\left[\mu-\nu-(\mu+\nu+2)x\right]\frac{\mathrm{d}y(x)}{\mathrm{d}x}+$$

$$n(n+\mu+\nu+1)y(x)=0 \qquad (14.5.17)$$

图 14.2 描绘了 $\mu=\nu=3$ 时的几个低阶雅可比多项式。

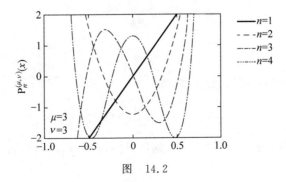

图 14.2

5）盖根堡多项式（Gegenbauer polynomials）

罗德里格斯公式

$$C_n^\lambda(x) = \frac{(-1)^n \Gamma(n+2\lambda)\Gamma\left(\lambda+\frac{1}{2}\right)}{2^n n! \ \Gamma\left(n+\lambda+\frac{1}{2}\right)\Gamma(2\lambda)}(1-x^2)^{-\lambda+\frac{1}{2}} \cdot$$

$$\frac{d^n}{dx^n}\left[(1-x^2)^{n+\lambda-\frac{1}{2}}\right] \tag{14.5.18}$$

递推关系

$$(n+1)C_{n+1}^\lambda(x) = 2(n+\lambda)xC_n^\lambda(x) - (n+2\lambda-1)C_{n-1}^\lambda(x) \tag{14.5.19}$$

微分方程

$$(1-x^2)\frac{d^2 y(x)}{dx^2} - (2\lambda+1)x\frac{dy(x)}{dx} + n(n+2\lambda)y(x) = 0 \tag{14.5.20}$$

6）第一类契比雪夫多项式（Chebyshev polynomials of the first kind）

罗德里格斯公式

$$T_n(x) = \frac{(-1)^n 2^n n!}{(2n)!}(1-x^2)^{1/2}\frac{d^n}{dx^n}\left[(1-x^2)^{n-1/2}\right] \tag{14.5.21}$$

递推关系

$$T_{n+1}(x) = 2xT_n(x) - T_{n-1}(x) \tag{14.5.22}$$

微分方程

$$(1-x^2)\frac{d^2 y(x)}{dx^2} - x\frac{dy(x)}{dx} + n^2 y(x) = 0 \tag{14.5.23}$$

7）第二类契比雪夫多项式（Chebyshev polynomials of the second kind）

罗德里格斯公式

$$U_n(x) = \frac{(-1)^n 2^n (n+1)!}{(2n+1)!}(1-x^2)^{-1/2}\frac{d^n}{dx^n}\left[(1-x^2)^{n+1/2}\right] \tag{14.5.24}$$

递推关系

$$U_{n+1}(x) = 2xU_n(x) - U_{n-1}(x) \tag{14.5.25}$$

微分方程

$$(1-x^2)\frac{d^2 y(x)}{dx^2} - 3x\frac{dy(x)}{dx} + n(n+2)y(x) = 0 \tag{14.5.26}$$

5. 母函数

经典正交多项式均可由母函数生成，即

$$G(x,t) = \sum_{n=0}^{\infty} a_n t^n F_n(x) \tag{14.5.27}$$

$F_n(x)$可由$G(x,t)$对t求n次导数产生，这些母函数$G(x,t)$列于表14.2中。

表 14.2

多项式 $F_n(x)$	母函数 $G(x,t)$	a_n
$P_n(x)$	$\dfrac{1}{(t^2-2xt+1)^{1/2}}$	1
$H_n(x)$	e^{-t^2+2xt}	$\dfrac{1}{n!}$
$L_n^{\nu}(x)$	$\dfrac{1}{(1-t)^{\nu+1}}e^{-\frac{xt}{1-t}}$	1
$C_n^{\lambda}(x)$	$\dfrac{1}{(t^2-2xt+1)^{\lambda}}$	1
$T_n(x)$	$\dfrac{1-t^2}{t^2-2xt+1}$	$2\ (n\neq 0,a_0=1)$
$U_n(x)$	$\dfrac{1}{t^2-2xt+1}$	1

6. 按正交多项式展开

除了上述的经典多项式,还有许多其他的正交多项式,比如贝塞尔多项式、诺依曼多项式等。定义在 $[a,b]$ 区间的函数可以用正交完备的多项式进行展开,我们用抽象态空间的基向量 $|F_k\rangle$ 表示正交多项式,用向量 $|f\rangle$ 表示函数,有

$$|f\rangle = \sum_{k=0}^{\infty} c_k \mid F_k\rangle \tag{14.5.28}$$

展开系数 c_k 由多项式的正交性确定

$$\langle F_j \mid f\rangle = \sum_{k=0}^{\infty} c_k\langle F_j \mid F_k\rangle = c_j\langle F_j \mid F_j\rangle \rightarrow c_j = \frac{\int_a^b F_j^* f(x)\rho(x)\mathrm{d}x}{\int_a^b \mid F_j \mid^2 \rho(x)\mathrm{d}x} \tag{14.5.29}$$

将态向量表示成函数形式:$f(x)=\langle x|f\rangle$,$F_k(x)=\langle x|F_k\rangle$,则有

$$f(x) = \sum_{k=0}^{\infty} c_k F_k(x)$$

注记

提示一个有趣的对比,对于正交的三角函数

$$F_n(x) = \sin nx \quad (x \in [-\pi,\pi])$$

根据第 7 章的论证,存在一个母函数

$$G(x,t) = \frac{t\sin x}{1-2t\cos x + t^2} = \sum_{n=1}^{\infty} t^n \sin nx \quad (t<1)$$

有

$$F_n(x) = \frac{1}{n!}\frac{\partial^n}{\partial t^n}G(x,t)\mid_{t=0}$$

且满足递推关系

$$F_{n+1}(x) + F_{n-1}(x) = 2\cos x F_n(x)$$

$F_n(x)$ 显然是微分方程的解：

$$\frac{\mathrm{d}^2 y(x)}{\mathrm{d}x^2} + n^2 y(x) = 0$$

定义在区间 $[-\pi, \pi]$ 的奇函数都可以用 $F_n(x) = \sin nx$ 作级数展开，这正是傅里叶正弦级数。

习题

［1］证明经典正交多项式的一般递推公式：

$$F_{n+1}(x) = (\alpha_n x + \beta_n) F_n(x) + \gamma_n F_{n-1}(x)$$

［2］证明厄米多项式的母函数为

$$G(x, t) = \mathrm{e}^{-t^2 + 2xt}$$

［3］证明拉盖尔多项式满足微分方程：

$$x \frac{\mathrm{d}^2 y(x)}{\mathrm{d}x^2} + (\nu + 1 - x) \frac{\mathrm{d}y(x)}{\mathrm{d}x} + ny(x) = 0$$

第15章

特殊函数

15.1 贝塞尔函数

1. 圆柱坐标系

第 13 章我们讨论了球坐标系中拉普拉斯方程的本征值问题,引入了球谐函数。对于具有圆柱对称性的物理问题,一般选择圆柱坐标系处理问题比较方便,根据 10.5 节,拉普拉斯方程在圆柱坐标系表示为

$$\frac{1}{\rho} \frac{\partial}{\partial \rho} \left(\rho \frac{\partial u}{\partial \rho} \right) + \frac{1}{\rho^2} \frac{\partial^2 u}{\partial \phi^2} + \frac{\partial^2 u}{\partial z^2} = 0 \tag{15.1.1}$$

分离变量:$u(\rho,\phi,z) = R(\rho)\Phi(\phi)Z(z)$,与 $\Phi(\phi)$ 有关的部分满足方程

$$\Phi'' + \lambda \Phi = 0 \tag{15.1.2}$$

由于周期性条件,其相应的本征函数为

$$\Phi(\phi) = A\cos m\phi + B\sin m\phi$$

$$\lambda = m^2 \quad (m = 0,1,2,\cdots)$$

与 $R(\rho),Z(z)$ 有关的部分为

$$\frac{\rho^2}{R} \frac{\mathrm{d}^2 R}{\mathrm{d}\rho^2} + \frac{\rho}{R} \frac{\mathrm{d}R}{\mathrm{d}\rho} + \rho^2 \frac{Z''}{Z} = \lambda$$

进一步分离变量,得

$$Z'' - \mu Z = 0$$

$$\frac{\mathrm{d}^2 R}{\mathrm{d}\rho^2} + \frac{1}{\rho} \frac{\mathrm{d}R}{\mathrm{d}\rho} + \left(\mu - \frac{m^2}{\rho^2} \right) R = 0 \tag{15.1.3}$$

方程(15.1.3)的解需要分三种情况讨论:

(1) $\mu=0$，方程的解为

$$Z = C + Dz$$

$$R = \begin{cases} E + F\ln\rho & (m=0) \\ E\rho^m + \dfrac{F}{\rho^m} & (m=1,2,\cdots) \end{cases} \tag{15.1.4}$$

(2) $\mu>0$，方程的解为

$$Z(z) = Ce^{\sqrt{\mu}z} + De^{-\sqrt{\mu}z} \tag{15.1.5}$$

作变量代换 $x=\sqrt{\mu}\rho$，$R(\rho)$ 满足的方程化为

$$\frac{d^2R}{dx^2} + \frac{1}{x}\frac{dR}{dx} + \left(1 - \frac{m^2}{x^2}\right)R = 0 \tag{15.1.6}$$

该方程称作 m 阶贝塞尔方程。

(3) $\mu<0$，令 $\mu=-\nu^2$，则 $Z(z)=C\cos\nu z + D\sin\nu z$，令 $x=\nu\rho$，方程化为

$$\frac{d^2R}{dx^2} + \frac{1}{x}\frac{dR}{dx} - \left(1 + \frac{m^2}{x^2}\right)R = 0 \tag{15.1.7}$$

该方程称作 m 阶虚宗量贝塞尔方程，它相当于对贝塞尔方程(15.1.6)作自变量替换 $x \to ix$。

2. 三类贝塞尔函数

贝塞尔方程(15.1.6)在 $x=0$ 有正规奇点，第 9 章我们已经在 $x=0$ 邻域求出了它的两个线性无关级数解，其一为 ν 阶贝塞尔函数

$$J_\nu(x) = \sum_{k=0}^{\infty} (-1)^k \frac{1}{k!\,\Gamma(\nu+k+1)} \left(\frac{x}{2}\right)^{\nu+2k} \tag{15.1.8}$$

该无穷级数也称作第一类贝塞尔函数，收敛半径为 ∞。另一个解可取 ν 阶诺依曼函数（Neumann function）

$$N_\nu(x) = \frac{J_\nu(x)\cos\nu\pi - J_{-\nu}(x)}{\sin\nu\pi} \tag{15.1.9}$$

它也被称作第二类贝塞尔函数，该解在自然边界 $x=0$ 发散。

在处理波的散射问题时，有时候使用另外形式的一组线性无关解更方便，这就是汉克尔函数（Hankel function），也称第三类贝塞尔函数，它是贝塞尔函数和诺依曼函数的线性叠加：

$$\begin{cases} H_\nu^{(1)}(x) = J_\nu(x) + iN_\nu(x) \\ H_\nu^{(2)}(x) = J_\nu(x) - iN_\nu(x) \end{cases} \tag{15.1.10}$$

所有三类圆柱函数都具有振荡特性，且零点交替出现。图 15.1 展示了贝塞尔函数，图 15.2 为诺依曼函数曲线。

当 $\nu = \dfrac{1}{2}$ 时，贝塞尔函数可以用初等三角函数表示：

$$J_{\frac{1}{2}}(x) = \sqrt{\frac{2}{\pi x}}\sin x, \quad J_{-\frac{1}{2}}(x) = \sqrt{\frac{2}{\pi x}}\cos x$$

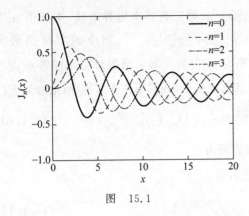 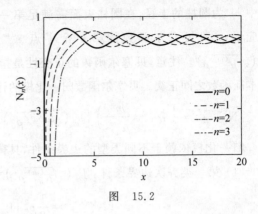

图　15.1　　　　　　　　　　　　　　　　图　15.2

3．基本性质

1）极限行为

当 $x \to 0$ 时，

$$J_0(0) = 1, \qquad J_\nu(0) = 0, \qquad J_{-\nu}(0) \to \infty$$

$$N_0(0) \to -\infty, \qquad N_\nu(0) \to \pm\infty \quad (\nu \neq 0)$$

当 $x \to \infty$ 时，

$$J_\nu(x) \sim \sqrt{\frac{2}{\pi x}} \cos\left(x - \frac{\nu\pi}{2} - \frac{\pi}{4}\right), \quad N_\nu(x) \sim \sqrt{\frac{2}{\pi x}} \sin\left(x - \frac{\nu\pi}{2} - \frac{\pi}{4}\right)$$

$$H_\nu^{(1)}(x) \sim \sqrt{\frac{2}{\pi x}} e^{i\left(x - \frac{\nu\pi}{2} - \frac{\pi}{4}\right)}, \qquad H_\nu^{(2)}(x) \sim \sqrt{\frac{2}{\pi x}} e^{-i\left(x - \frac{\nu\pi}{2} - \frac{\pi}{4}\right)}$$

可见汉克尔函数在 $x \to \infty$ 时具有圆周波的形式。

2）递推关系

用 $Z_\nu(x)$ 代表三类圆柱函数，由贝塞尔函数的级数表达式(15.1.8)，可以证明一般的递推关系如下：

$$\frac{d}{dx}\left[\frac{Z_\nu(x)}{x^\nu}\right] = -\frac{Z_{\nu+1}(x)}{x^\nu}$$

$$\frac{d}{dx}\left[x^\nu Z_\nu(x)\right] = x^\nu Z_{\nu-1}(x)$$

$$Z_{\nu-1}(x) - Z_{\nu+1}(x) = 2\frac{d}{dx}\left[Z_\nu(x)\right]$$

$$Z_{\nu+1}(x) - \frac{2\nu Z_\nu(x)}{x} + Z_{\nu-1}(x) = 0 \tag{15.1.11}$$

4．本征值问题

贝塞尔方程属于斯图姆-刘维尔型方程的本征值问题，它在圆周上有齐次边界条件，在 $x=0$ 有自然边界条件约束。贝塞尔函数具有带权重 $\rho(x) = x$ 的正交性：

$$\int_0^{\rho_0} J_m\left(\sqrt{\mu_n^{(m)}}\,\rho\right) J_m\left(\sqrt{\mu_k^{(m)}}\,\rho\right) \rho\, d\rho = \delta_{nk}\left[N_n^{(m)}\right]^2 \tag{15.1.12}$$

其中 ρ_0 为圆柱的半径,在圆柱表面需满足第一、第二或第三类齐次边界条件,本征值 $\mu_n^{(m)}$ 对应于 m 阶贝塞尔函数的第 n 个零点 $x_n^{(m)}$,$\mu_n^{(m)} = [x_n^{(m)}/\rho_0]^2$,相应的本征函数为 $J_m(\sqrt{\mu_n^{(m)}}\rho)$。注意,贝塞尔函数的正交性是指相同 m 阶的贝塞尔函数对应不同零点 $\mu_n^{(m)}$ 的本征函数之间正交。贝塞尔函数归一化模的计算有点复杂,我们不作详细推导,结果如下:

$$[N_n^{(m)}]^2 = \frac{1}{2}\left(\rho_0^2 - \frac{m^2}{\mu_n^{(m)}}\right)\left[J_m(\sqrt{\mu_n^{(m)}}\rho_0)\right]^2 + \frac{1}{2}\rho_0^2\left[J_m{}'(\sqrt{\mu_n^{(m)}}\rho_0)\right]^2 \tag{15.1.13}$$

归一化模依赖于不同类型的边界条件,具体表现为

(1) 第一类齐次边界条件:$J_m(\sqrt{\mu_n^{(m)}}\rho_0)=0$,有

$$[N_n^{(m)}]^2 = \frac{1}{2}\rho_0^2\left[J_{m+1}(\sqrt{\mu_n^{(m)}}\rho_0)\right]^2 \tag{15.1.14}$$

(2) 第二类齐次边界条件:$J_m{}'(\sqrt{\mu_n^{(m)}}\rho_0)=0$,有

$$[N_n^{(m)}]^2 = \frac{1}{2}\left(\rho_0^2 - \frac{m^2}{\mu_n^{(m)}}\right)\left[J_m(\sqrt{\mu_n^{(m)}}\rho_0)\right]^2 \tag{15.1.15}$$

(3) 第三类齐次边界条件:$J_m' = -J_m/\sqrt{\mu_n^{(m)}}H$,有

$$[N_n^{(m)}]^2 = \frac{1}{2}\left(\rho_0^2 - \frac{m^2}{\mu_n^{(m)}} + \frac{\rho_0^2}{\mu_n^{(m)}H}\right)\left[J_m(\sqrt{\mu_n^{(m)}}\rho_0)\right]^2 \tag{15.1.16}$$

表 15.1 列出了贝塞尔函数的前几个零点值。

表 15.1

$x_n^{(m)}$	$n=1$	$n=2$	$n=3$	$n=4$	$n=5$	$n=6$	$n=7$	$n=8$
$J_0(x)$	2.4048	5.5201	8.6537	11.7915	14.9309	18.0711	21.2116	24.3525
$J_1(x)$	3.8317	7.0156	10.1735	13.3237	16.4706	19.6159	22.7601	25.9037

5. 广义傅里叶级数

贝塞尔方程的本征函数是(带权重)正交完备的,可以将定义在 $[0,\rho_0]$ 区间的函数作广义傅里叶级数展开:

$$f(\rho) = \sum_{n=1}^{\infty} f_n J_m(\sqrt{\mu_n^{(m)}}\rho)$$

$$f_n = \frac{1}{[N_n^{(m)}]^2}\int_0^{\rho_0} f(\rho)J_m(\sqrt{\mu_n^{(m)}}\rho)\rho\mathrm{d}\rho \tag{15.1.17}$$

例 15.1 匀质圆柱,半径为 ρ_0,高为 L,柱侧绝热,上下底温度分别为 $f_1(\rho)$ 和 $f_2(\rho)$,求柱内的稳定温度分布。

解 方程和定解条件为

$$\begin{cases} \Delta u = 0 \\ u_\rho\big|_{\rho=\rho_0}=0, \quad u\big|_{\rho=0} \to \text{有限} \\ u\big|_{z=0}=f_1(\rho), \quad u\big|_{z=L}=f_2(\rho) \end{cases}$$

拉普拉斯方程在圆柱坐标系三个方向的线性无关解为

$$u(\rho,\phi,z) \sim J_m(\sqrt{\mu_n}\rho)(e^{\sqrt{\mu_n}z}, e^{-\sqrt{\mu_n}z})(\cos m\phi, \sin m\phi)$$

本题的边界条件具有轴对称性,故 $m=0$。由于包含圆柱轴心,物理量的有限性决定径向部分只能有有限解,故弃掉 $N_m(\sqrt{\mu_n}\rho)$ 解。此外,由于圆柱侧面满足第二类齐次边界条件,故需要考虑 $\mu>0$ 和 $\mu=0$ 两种可能的情形。

(1) 对于 $\mu>0$,由齐次边界条件

$$J_0'(\sqrt{\mu}\rho)\mid_{\rho=\rho_0} = -J_1(\sqrt{\mu}\rho_0) = 0$$

得到本征值 $\mu_n = (x_n^{(1)}/\rho_0)^2$,其中 $x_n^{(1)}$ 为一阶贝塞尔函数的第 n 个零点位置,相应的本征函数为 $J_0(\sqrt{\mu_n}\rho)$。

(2) 对于 $\mu=0$,由于 $m=0$,所以

$$R(\rho) \sim (1,\ln\rho), \quad Z(z) \sim (1,z)$$

只保留有限解,方程的一般解为

$$u(\rho,z) = A_0 + B_0 z + \sum_{n=1}^{\infty}(A_n e^{\sqrt{\mu_n}z} + B_n e^{-\sqrt{\mu_n}z})J_0(\sqrt{\mu_n}\rho)$$

系数 A_0, B_0, A_n, B_n 由圆柱上下底面的边界值决定,有

$$A_0 + \sum_{n=1}^{\infty}(A_n + B_n)J_0(\sqrt{\mu_n}\rho) = f_1(\rho)$$

$$A_0 + B_0 L + \sum_{n=1}^{\infty}(A_n e^{\sqrt{\mu_n}L} + B_n e^{-\sqrt{\mu_n}L})J_0(\sqrt{\mu_n}\rho) = f_2(\rho)$$

它相当于将 $f_1(\rho), f_2(\rho)$ 以零阶贝塞尔函数 $J_0(\sqrt{\mu_n}\rho)$ 为基,作广义傅里叶级数展开,展开系数为

$$A_0 = \frac{2}{\rho_0^2}\int_0^{\rho_0} f_1(\rho)\rho\,d\rho \equiv f_{10}$$

$$A_0 + B_0 L = \frac{2}{\rho_0^2}\int_0^{\rho_0} f_2(\rho)\rho\,d\rho \equiv f_{20}$$

所以

$$A_n + B_n = \frac{2}{\rho_0^2[J_0(x_n^{(0)})]^2}\int_0^{\rho_0} f_1(\rho)J_0(\sqrt{\mu_n}\rho)\rho\,d\rho \equiv f_{1n}$$

$$A_n e^{\sqrt{\mu_n}L} + B_n e^{-\sqrt{\mu_n}L} = \frac{2}{\rho_0^2[J_0(x_n^{(0)})]^2}\int_0^{\rho_0} f_2(\rho)J_0(\sqrt{\mu_n}\rho)\rho\,d\rho \equiv f_{2n}$$

最后结果是

$$A_0 = f_{10}, \qquad A_n = \frac{f_{1n}e^{-\sqrt{\mu_n}L} - f_{2n}}{e^{-\sqrt{\mu_n}L} - e^{\sqrt{\mu_n}L}}$$

$$B_0 = \frac{f_{20} - f_{10}}{L}, \quad B_n = \frac{f_{1n}e^{\sqrt{\mu_n}L} - f_{2n}}{e^{\sqrt{\mu_n}L} - e^{-\sqrt{\mu_n}L}}$$

例 15.2 半径为 ρ_0,高为 L 的圆柱体,侧面和下底面温度保持为 u_0,上低面绝热,假设

初始温度为 $u_0 + f_1(\rho)f_2(z)$，求圆柱体内各处温度随时间的变化。

解   方程及定解条件为

$$\begin{cases} u_t - a^2 \Delta u = 0 \\ u \mid_{\rho=\rho_0} = u_0, \quad u \mid_{\rho=0} \to \text{有限} \\ u \mid_{z=0} = u_0, \quad u_z \mid_{z=L} = 0 \\ u \mid_{t=0} = u_0 + f_1(\rho)f_2(z) \end{cases}$$

首先将边界条件齐次化，令 $u = u_0 + v$，有

$$\begin{cases} v_t - a^2 \Delta v = 0 \\ v \mid_{\rho=\rho_0} = 0, \quad v \mid_{\rho=0} \to \text{有限} \\ v \mid_{z=0} = 0, \quad v_z \mid_{z=L} = 0 \\ v \mid_{t=0} = f_1(\rho)f_2(z) \end{cases}$$

分离变量得

$$\Phi'' + m^2 \Phi = 0 \quad (m = 0, 1, 2, \cdots)$$

$$Z'' + \nu^2 Z = 0$$

$$\frac{\mathrm{d}^2 R}{\mathrm{d}\rho^2} + \frac{1}{\rho}\frac{\mathrm{d}R}{\mathrm{d}\rho} + \left(k^2 - \nu^2 - \frac{m^2}{\rho^2}\right) R = 0$$

考虑到边界条件的轴对称性，有 $m = 0$，以及轴心物理量有限的约束，得到方程的一般解为

$$v \propto \mathrm{e}^{-k^2 a^2 t} \mathrm{J}_0\left(\sqrt{\mu'_n}\rho\right)\sin\nu z$$

其中 $k^2 = \mu' + \nu^2$，由上下底的齐次边界条件可得 z 方向的本征值

$$\nu_p = \frac{(p + 1/2)\pi}{L} \quad (p = 0, 1, 2, \cdots)$$

由圆柱侧面的齐次边界条件，可得径向的本征值：$\mu'_n = (x_n^{(0)}/\rho_0)^2$，其中 $x_n^{(0)}$ 为零阶贝塞尔函数的零点。所以 $k_{np} = \sqrt{\mu'_n + \nu_p^2}$，方程的一般解是将相应的本征函数叠加起来

$$v(\rho, z, t) = \sum_{n=1, p=0}^{\infty} A_{np} \mathrm{e}^{-k_{np}^2 a^2 t} \mathrm{J}_0\left(\sqrt{\mu'_n}\rho\right)\sin\nu_p z$$

叠加系数 A_{np} 由初始条件决定：

$$A_{np} = \frac{2}{\rho_0^2 [\mathrm{J}_1(x_n^{(0)})]^2} \int_0^{\rho_0} f_1(\rho) \mathrm{J}_0\left(\sqrt{\mu'_n}\rho\right)\rho\mathrm{d}\rho \times \frac{2}{L}\int_0^L f_2(z)\sin\nu_p z\mathrm{d}z$$

6. 母函数

贝塞尔函数的母函数为

$$F(x, z) = \mathrm{e}^{\frac{1}{2}x(z - \frac{1}{z})} = \sum_{m=-\infty}^{\infty} \mathrm{J}_m(x) z^m \quad (0 < |z| < \infty) \tag{15.1.18}$$

上式可以视为将函数 $F(x, z)$ 对 z 作洛朗级数展开，同时也是对 x 作贝塞尔级数展开。令 $z = \mathrm{e}^{\mathrm{i}\zeta}$，有

$$F(x, z) = \mathrm{e}^{\mathrm{i}x\sin\zeta} = \sum_{m=-\infty}^{\infty} \mathrm{J}_m(x)\mathrm{e}^{\mathrm{i}m\zeta}$$

将其视作函数 $F(x, z)$ 的复数形式傅里叶级数展开，展开系数

$$J_m(x) = \frac{1}{2\pi}\int_{-\pi}^{\pi} e^{ix\sin\zeta - im\zeta}\,d\zeta = \frac{1}{2\pi}\int_{-\pi}^{\pi}\cos(x\sin\zeta - m\zeta)\,d\zeta$$

该式称作贝塞尔函数的积分表示。再令 $\zeta = \psi - \dfrac{\pi}{2}$,有

$$F(x,z) = e^{-ix\cos\psi} = \sum_{m=-\infty}^{\infty} (-i)^m J_m(x) e^{im\psi}$$

展开系数为

$$J_m(x) = \frac{(-i)^m}{2\pi}\int_{-\pi}^{\pi} e^{ix\cos\psi + im\psi}\,d\psi$$

或者令 $\zeta = \theta + \dfrac{\pi}{2}$,有

$$F(x,z) = e^{ix\cos\theta} = \sum_{m=-\infty}^{\infty} i^m J_m(x) e^{im\theta}$$

由于

$$\sum_{m=-\infty}^{\infty} J_m(x+y) z^m = e^{\frac{1}{2}(x+y)\left(z-\frac{1}{z}\right)} = e^{\frac{1}{2}x\left(z-\frac{1}{z}\right)} \cdot e^{\frac{1}{2}y\left(z-\frac{1}{z}\right)}$$

$$= \sum_{k=-\infty}^{\infty} J_k(x) z^k \cdot \sum_{n=-\infty}^{\infty} J_n(y) z^n$$

于是有贝塞尔函数的加法公式:

$$J_m(x+y) = \sum_{k=-\infty}^{\infty} J_k(x) \cdot J_{m-k}(y) \tag{15.1.19}$$

注记

贝塞尔函数的加法公式具有函数序列 $J_m(x)(m\in\mathbb{Z})$ 的 z 变换卷积形式:

$$J_m(x+y) = \sum_{k=-\infty}^{\infty} J_k(x) \cdot J_{m-k}(y) \stackrel{\text{def}}{=} J_m(x) * J_m(y)$$

根据 z 变换的卷积定理有

$$z[J_m(x+y)] = z[J_m(x)] \cdot z[J_m(y)]$$

该式将自变量的加法运算映射为函数的乘法运算,暗示 $J_m(x)$ 的 z 变换具有指数函数的特征,而贝塞尔函数的母函数确实具有指数形式,它们之间是一脉相承的。

聊记于心,注意到厄米多项式的母函数也具有指数函数形式,

$$G(x,t) = e^{-t^2+2xt} = \sum_{n=0}^{\infty} \frac{1}{n!} H_n(x) t^n$$

不免让人猜想厄米多项式是否也有加法公式?读者不妨动动手,看个究竟。

习题

[1] 计算积分:(1) $\displaystyle\int_0^a x^3 J_0(x)\,dx$; (2) $\displaystyle\int_0^\infty e^{-ax} J_0(\sqrt{bx})\,dx$。

答案:(1) $a^3 J_1(a) - 2a^2 J_2(a)$; (2) $\dfrac{1}{a} e^{-b/4a}$。

[2] 半径为 ρ_0 的匀质圆柱,高为 L,上底有均匀热流 q_0 流入,下底有同样的热流流出,侧面保持温度为零,求柱内的稳定温度分布。

答案：

$$u(\rho,z)=\sum_{n=1}^{\infty}\frac{2q_0\rho_0}{\kappa\left[x_n^{(0)}\right]^2 J_1(x_n^{(0)})\sinh(x_n^{(0)}L/\rho_0)}\left[\cosh\frac{x_n^{(0)}}{\rho_0}z-\cosh\frac{x_n^{(0)}}{\rho_0}(L-z)\right]J_0\left(\frac{x_n^{(0)}}{\rho_0}\rho\right)$$

［3］ 半径为 ρ_0 的圆形膜，边缘固定，膜的初始形状为：$u(\rho)\mid_{t=0}=\left(1-\dfrac{\rho^2}{\rho_0^2}\right)u_0$，初始速度为零，求解膜的振动。

答案：

$$u(\rho,t)=\sum_{n=1}^{\infty}\frac{8u_0}{\left[x_n^{(0)}\right]^3 J_1(x_n^{(0)})}J_0\left(\frac{x_n^{(0)}}{\rho_0}\rho\right)\cos\frac{x_n^{(0)}}{\rho_0}at$$

［4］ 推导贝塞尔函数的归一化模

$$\left[N_n^{(m)}\right]^2=\frac{1}{2}\left(\rho_0^2-\frac{m^2}{\mu_n^{(m)}}\right)\left[J_m\left(\sqrt{\mu_n^{(m)}}\rho_0\right)\right]^2+\frac{1}{2}\rho_0^2\left[J_m'\left(\sqrt{\mu_n^{(m)}}\rho_0\right)\right]^2$$

［5］ 证明贝塞尔函数的母函数为

$$F(x,z)=e^{\frac{1}{2}x\left(z-\frac{1}{z}\right)}=\sum_{m=-\infty}^{\infty}J_m(x)z^m\quad(0<\mid z\mid<\infty)$$

提示：将 $e^{\frac{1}{2}x\left(z-\frac{1}{z}\right)}=e^{\frac{1}{2}xz}\cdot e^{-\frac{x}{2z}}$ 在 $z=0$ 的邻域分别作泰勒级数/洛朗级数展开，然后再重新组合。

［6］ 求解二维无界空间中的波动方程：

$$\begin{cases}u_{tt}-a^2\Delta_2 u=0\\[2mm]u\mid_{t=0}=\phi(r),\quad u_t\mid_{t=0}=\psi(\boldsymbol{r})\end{cases}$$

提示：利用积分公式

$$\int_0^{\infty}J_\nu(\alpha x)\sin\beta x\,\mathrm{d}x=\begin{cases}\dfrac{\sin\left(\nu\arcsin\dfrac{\beta}{\alpha}\right)}{\sqrt{\alpha^2-\beta^2}}&(\beta<\alpha)\\[6mm]\dfrac{\alpha^\nu\cos\dfrac{\nu\pi}{2}}{\sqrt{\beta^2-\alpha^2}\left(\beta+\sqrt{\beta^2-\alpha^2}\right)^\nu}&(\beta>\alpha)\end{cases}$$

［7］ 证明：

(1) $\displaystyle\int_0^{\infty}e^{-a^2x^2}J_\nu(bx)x^{\nu+1}\,\mathrm{d}x=\frac{b^\nu}{(2a^2)^{\nu+1}}e^{-\frac{b^2}{4a^2}}$；

(2) $\displaystyle\int_0^{\infty}e^{-ax}J_\nu(\sqrt{bx})x^{\nu+1}\,\mathrm{d}x=\frac{1}{a}e^{-\frac{b}{4a}}$。

［8］ 如图 15.3 所示的薄片（磬），研究边界固定时的本征振动。

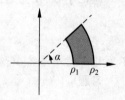

图　15.3

答案：

$$u_{np}(\rho,\phi)=\left[N_{\lambda_n}(k_{np}\rho_1)J_{\lambda_n}(k_{np}\rho)-J_{\lambda_n}(k_{np}\rho_1)N_{\lambda_n}(k_{np}\rho)\right]\sin\lambda_n\phi$$

$$\lambda_n=\frac{n\pi}{\alpha}\quad(n,p\in\mathbf{N})$$

15.2 虚宗量贝塞尔函数

虚宗量贝塞尔方程(15.1.7)的一个级数解称作 ν 阶第一类修正贝塞尔函数(modified Bessel function of the first kind)或虚宗量贝塞尔函数(Bessel function of imaginary argument),取 $I_\nu(x) = i^{-\nu} J_\nu(ix)$,有

$$I_\nu(x) = \sum_{k=0}^{\infty} \frac{1}{k! \ \Gamma(\nu + k + 1)} \left(\frac{x}{2}\right)^{\nu + 2k} \tag{15.2.1}$$

图 15.4 描绘了几个整数阶虚宗量贝塞尔函数。

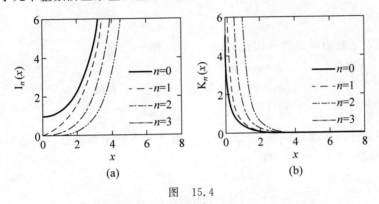

图 15.4

类似于诺依曼函数,ν 阶虚宗量贝塞尔方程的第二个解可取为第二类修正贝塞尔函数(modified Bessel function of the second kind)或虚宗量汉克尔函数

$$K_\nu(x) = \frac{\pi i}{2} e^{\frac{i\pi\nu}{2}} H_\nu^{(1)}(ix) = \frac{\pi}{2} \frac{I_{-\nu}(x) - I_\nu(x)}{\sin\nu\pi}$$

当 $\nu = m \in \mathbf{Z}$,有

$$K_m(x) = \lim_{\nu \to m} \frac{\pi}{2} \frac{I_{-\nu}(x) - I_\nu(x)}{\sin\nu\pi}$$

方程的通解为

$$y(x) = C_1 I_\nu(x) + C_2 K_\nu(x)$$

图 15.4(a)和图 15.4(b)分别描绘了几个低阶的虚宗量贝塞尔函数和虚宗量汉克尔函数,它们与贝塞尔函数和诺依曼函数有着本质的区别,就是函数曲线没有振荡性。贝塞尔函数与虚宗量贝塞尔函数之间的关系,很像三角函数与指数函数之间的关系,其极限行为如下:

当 $x = 0$ 时,

$$I_0(0) = 1, \quad I_m(0) = 0, \quad K_m(0) \to \infty$$

当 $x \to \infty$ 时,

$$I_m(x) \sim \frac{1}{2\sqrt{x}} e^x \to \infty, \quad K_m(x) \sim \frac{\pi}{2\sqrt{x}} e^{-x} \to 0$$

讨论 虚宗量贝塞尔方程是否属于斯图姆-刘维尔型方程?它是否构成本征值问题?为什么?

虚宗量贝塞尔函数 $I_m(x)$ 除了在 $x = 0$ 点外,没有其他零点,不能满足齐次边界条件,

也不具备自然边界条件。由于 $x=0$ 时 $K_m(x)$ 发散,当物理问题包含圆柱轴心时,必须丢弃;但当系统不包含轴心,比如空心圆筒问题,就需要考虑虚宗量汉克尔函数的贡献。

对于上下底面取齐次边界条件的问题,应当考虑 $\mu \leqslant 0$ 的情形,此时径向部分满足虚宗量贝塞尔方程。

例 15.3   匀质圆柱,半径 ρ_0,高 L,圆柱侧面有强度为 q_0 的均匀热流进入,圆柱上下两底为恒定的温度 u_0,求解柱内稳定温度分布。

解   该定解问题可表述为

$$\begin{cases} \Delta u = 0 \\ ku_\rho \mid_{\rho=\rho_0} = q_0, \quad u\mid_{\rho=0} \to 有限 \\ u\mid_{z=0} = u_0, \quad u\mid_{z=L} = u_0 \end{cases}$$

本题适宜采用上下底边界条件齐次化:$u=u_0+v$,则

$$\begin{cases} \Delta v = 0 \\ kv_\rho \mid_{\rho=\rho_0} = q_0, \quad v\mid_{\rho=0} \to 有限 \\ v\mid_{z=0} = 0, \quad v\mid_{z=L} = 0 \end{cases}$$

由于本题边界条件具有轴对称性,所以 $m=0$。由于上下底面都满足齐次边界条件,故只需考虑 $\mu \leqslant 0$ 的情况,令 $\mu=-\nu^2$,有

(1) 对于 $\mu<0$,有

$$v(\rho,z) \propto \{I_0(\nu\rho), K_0(\nu\rho)\}\{\cos\nu z, \sin\nu z\}$$

考虑到圆柱轴心上物理量有限的约束,丢弃发散解 $K_0(\nu\rho)$,本征函数应取为

$$v_p(\rho,z) \propto I_0(\nu\rho)\sin\nu_p z$$

$$\nu_p = \frac{p\pi}{L} \quad (p=1,2,3,\cdots)$$

(2) 对于 $\mu=0$,上下底的齐次边界条件使得 $v(\rho,z) \to 0$,所以不需要考虑这种情况。

于是方程的一般解为

$$v(\rho,z) = \sum_{p=1}^\infty A_p I_0\left(\frac{p\pi}{L}\rho\right)\sin\frac{p\pi}{L}z$$

由圆柱侧面的边界条件可以确定系数

$$A_p = \frac{2Lq_0}{p^2\pi^2 k}\frac{1}{I_0'(p\pi\rho_0/L)}[1-(-1)^p]$$

所以

$$u(\rho,z) = u_0 + \frac{4Lq_0}{\pi^2 k}\sum_{n=0}^\infty \frac{1}{(2n+1)^2}\frac{1}{I_0'((2n+1)\pi\rho_0/L)}I_0\left(\frac{(2n+1)\pi}{L}\rho\right)\sin\frac{(2n+1)\pi}{L}z$$

思考   本题可否采用使圆柱侧面边界条件齐次化的办法?为什么?

例 15.4   求二维各向同性波包随时间的演化:

$$\begin{cases} i\hbar\partial_t\psi(x,y,t) = -\frac{\hbar^2}{2m}\nabla^2\psi(x,y,t) \\ \psi(x,y,t)\mid_{t=0} = \varphi(r) \end{cases}$$

解　作二维傅里叶变换：$\Psi(k_x,k_y,t)=\mathfrak{F}[\psi(x,y,t)]$，有

$$\Psi(k_x,k_y,t)=\Phi(k)\mathrm{e}^{-\mathrm{i}\frac{\hbar k^2}{2m}t}$$

式中，$k^2=k_x^2+k_y^2$，$\Phi(k)$ 是 $\varphi(r)$ 的二维傅里叶变换，

$$\Phi(k)=\frac{1}{(2\pi)^2}\int_0^\infty\mathrm{d}r\int_0^{2\pi}\mathrm{d}\theta\varphi(r)\mathrm{e}^{-\mathrm{i}kr\cos\theta}r\,\mathrm{d}r\,\mathrm{d}\theta=\frac{1}{2\pi}\int_0^\infty\varphi(r)\mathrm{J}_0(kr)r\,\mathrm{d}r$$

再作逆变换，利用贝塞尔函数母函数的性质，得到原函数为

$$\psi(r,t)=\int_0^\infty\int_0^{2\pi}\mathrm{d}\theta\Phi(k)\mathrm{e}^{-\mathrm{i}\frac{\hbar k^2}{2m}t}\mathrm{e}^{\mathrm{i}kr\cos\theta}k\,\mathrm{d}k\,\mathrm{d}\theta=2\pi\int_0^\infty\Phi(k)\mathrm{J}_0(kr)\mathrm{e}^{-\mathrm{i}\frac{\hbar k^2}{2m}t}k\,\mathrm{d}k$$

$$=\int_0^\infty\int_0^\infty\varphi(r')\mathrm{J}_0(kr')r'\,\mathrm{d}r'\mathrm{J}_0(kr)\mathrm{e}^{-\mathrm{i}\frac{\hbar k^2}{2m}t}k\,\mathrm{d}k$$

$$=\int_0^\infty\varphi(r')r'\,\mathrm{d}r'\left[\int_0^\infty\mathrm{J}_0(kr')\mathrm{J}_0(kr)\mathrm{e}^{-\mathrm{i}\frac{\hbar k^2}{2m}t}k\,\mathrm{d}k\right]$$

$$=\frac{m}{\mathrm{i}\hbar t}\mathrm{e}^{\frac{\mathrm{i}mr^2}{2\hbar t}}\int_0^\infty\mathrm{e}^{\frac{\mathrm{i}mr'^2}{2\hbar t}}\mathrm{J}_0\left(\frac{mr}{\hbar t}r'\right)\varphi(r')r'\,\mathrm{d}r'$$

最后一步利用了积分公式（可查积分手册）：

$$\int_0^\infty\mathrm{J}_n(\alpha k)\mathrm{J}_n(\beta k)\mathrm{e}^{-\rho^2k^2}k\,\mathrm{d}k=\frac{1}{2\rho^2}\mathrm{e}^{-\frac{\alpha^2+\beta^2}{4\rho^2}}\mathrm{I}_n\left(\frac{\alpha\beta}{2\rho^2}\right)$$

假设初始时刻在原点处有一个二维高斯型波包 $\varphi(r)=\dfrac{1}{4\pi\sigma^2}\mathrm{e}^{-\frac{r^2}{2\sigma^2}}$，利用积分公式

$$\int_0^\infty\mathrm{J}_n(\beta x)\mathrm{e}^{-\alpha x^2}x\,\mathrm{d}x=\frac{\sqrt{\pi}\beta}{8\alpha^{3/2}}\mathrm{e}^{-\frac{\beta^2}{8\alpha}}\left[\mathrm{I}_{\frac{(n-1)}{2}}\left(\frac{\beta^2}{8\alpha}\right)-\mathrm{I}_{\frac{(n+1)}{2}}\left(\frac{\beta^2}{8\alpha}\right)\right]$$

令

$$\beta=\frac{mr}{\hbar t},\quad\alpha=\frac{1}{2\sigma^2}-\frac{\mathrm{i}m}{2\hbar t},\quad\frac{\beta^2}{4\alpha}=\frac{m^2\sigma^2r^2}{2(\hbar t-\mathrm{i}m\sigma^2)\hbar t}$$

并注意到 $\mathrm{I}_{-\frac12}(x)-\mathrm{I}_{\frac12}(x)=\sqrt{\dfrac{2}{\pi x}}\mathrm{e}^{-x}$，有

$$\psi(r,t)=\frac{m}{\mathrm{i}4\pi\sigma^2\hbar t}\mathrm{e}^{\frac{\mathrm{i}mr^2}{2\hbar t}}\int_0^\infty\mathrm{e}^{-\left(\frac{1}{2\sigma^2}-\frac{\mathrm{i}m}{2\hbar t}\right)r'^2}\mathrm{J}_0\left(\frac{mr}{\hbar t}r'\right)r'\,\mathrm{d}r'$$

$$=\frac{m}{\mathrm{i}4\pi\sigma^2\hbar t}\mathrm{e}^{\frac{\mathrm{i}mr^2}{2\hbar t}}\frac{\sqrt{\pi}\beta}{8\alpha^{3/2}}\mathrm{e}^{-\frac{\beta^2}{8\alpha}}\left[\mathrm{I}_{-\frac12}\left(\frac{\beta^2}{8\alpha}\right)-\mathrm{I}_{\frac12}\left(\frac{\beta^2}{8\alpha}\right)\right]$$

$$=\frac{m}{\mathrm{i}4\pi\sigma^2\hbar t}\mathrm{e}^{\frac{\mathrm{i}mr^2}{2\hbar t}}\frac{\sqrt{\pi}\beta}{8\alpha^{3/2}}\sqrt{\frac{16\alpha}{\pi\beta^2}}\mathrm{e}^{-\frac{\beta^2}{4\alpha}}=\frac{m}{2\mathrm{i}\sigma^2\hbar t}\frac{1}{\alpha}\mathrm{e}^{\frac{\mathrm{i}mr^2}{2\hbar t}}\mathrm{e}^{-\frac{\beta^2}{4\alpha}}$$

$$=\frac{1}{4\pi(\sigma^2+\mathrm{i}\hbar t/m)}\mathrm{e}^{-\frac{r^2}{2(\sigma^2+\mathrm{i}\hbar t/m)}}$$

可见对于物质波而言，二维波包和一维波包的扩散行为是一样的。

讨论　量子波包扩散与经典粒子的扩散行为（布朗运动）非常相似，即扩散范围与时间的平方根成正比，它们源自于薛定谔方程与扩散方程在形式上是一致的，都含有关于时间的

一阶导数,而与机械波运动完全不同。

说明 贝塞尔方程和虚宗量贝塞尔方程的区别,在于分离变量常数分别为 $\mu > 0$ 和 $\mu < 0$,那么 μ 究竟由什么决定呢? 其实 μ 由齐次边界条件决定:

(1) 对于圆柱体,如果侧面满足齐次边界条件,则必有 $\mu \geqslant 0$,此时为贝塞尔方程,本征值由振荡贝塞尔函数的零点决定;

(2) 如果上下底面满足齐次边界条件,则必有 $\mu \leqslant 0$,此时径向部分为非振荡的虚宗量贝塞尔方程,它不能决定本征值问题,本征值须由 z 方向的齐次边界问题决定。

类似的情况曾出现在 11.3 节习题[3]中。此外,$\mu = 0$ 的情况只出现在第二或第三类齐次边界条件。读者从本节的习题[2]中可以进一步体会这种差异。

习题

[1] 半径为 ρ_0 的匀质圆柱,高为 L,下底温度为 u_0,上底有均匀分布的热流 q_0 流入,侧面温度分布为 $f(z)$,求柱内格点的温度分布。

答案:

$$u(\rho, z) = u_0 + \frac{q_0}{\kappa} z + \sum_{p=1}^{\infty} A_p \, \mathrm{I}_0 \left(\frac{(p+1/2)\pi}{L} \rho \right) \sin \frac{(p+1/2)\pi}{L} z$$

[2] 半径为 ρ_0 的匀质圆柱,高为 L,圆柱侧面有强度为 q_0 的均匀热流进入,圆柱上下底面保持温度分别为 $f_2(\rho)$ 和 $f_1(\rho)$,求解柱内稳定温度分布。

提示:将函数分为两部分之和,一部分满足上下底齐次边界条件,另一部分满足侧面齐次边界条件。

[3] 证明:

(1) $\displaystyle\int_0^{\infty} \mathrm{e}^{-ax/2} \sin bx \, \mathrm{I}_0(ax/2) \, \mathrm{d}x = \frac{1}{\sqrt{2b}} \frac{1}{\sqrt{a^2 + b^2}} \sqrt{b + \sqrt{a^2 + b^2}}$;

(2) $\displaystyle\int_0^{\infty} \mathrm{e}^{-ax/2} \cos bx \, \mathrm{I}_0(ax/2) \, \mathrm{d}x = \frac{1}{\sqrt{2b}} \frac{1}{\sqrt{a^2 + b^2}} \frac{a}{\sqrt{b + \sqrt{a^2 + b^2}}}$。

15.3 球贝塞尔函数

波动方程 $u_{tt} - a^2 \Delta u = 0$ 及输运方程 $u_t - a^2 \Delta u = 0$ 在分离出时间变量后,都得到方程 $\Delta v + k^2 v = 0$,称为亥姆霍兹方程。

1. 球坐标系亥姆霍兹方程

$$\frac{1}{r^2} \frac{\partial}{\partial r} \left(r^2 \frac{\partial v}{\partial r} \right) + \frac{1}{r^2 \sin\theta} \frac{\partial}{\partial \theta} \left(\sin\theta \frac{\partial v}{\partial \theta} \right) + \frac{1}{r^2 \sin^2\theta} \frac{\partial^2 v}{\partial \phi^2} + k^2 v = 0 \tag{15.3.1}$$

其径向部分满足所谓球贝塞尔方程

$$r^2 \frac{\mathrm{d}^2 R}{\mathrm{d}r^2} + 2r \frac{\mathrm{d}R}{\mathrm{d}r} + [k^2 r^2 - l(l+1)]R = 0 \tag{15.3.2}$$

作变量替换

$$x = kr, \quad R(r) = \left(\frac{\pi}{2x} \right)^{1/2} y(x)$$

该方程可化成半奇数 $l+1/2$ 阶的贝塞尔方程

$$x^2 \frac{\mathrm{d}^2 y}{\mathrm{d}x^2} + x \frac{\mathrm{d}y}{\mathrm{d}x} + [x^2 - (l+1/2)^2]y = 0 \tag{15.3.3}$$

其解称为 l 阶球贝塞尔函数(spherical Bessel function)(图 15.5(a))

$$\mathrm{j}_l(x) = \sqrt{\frac{\pi}{2x}} \mathrm{J}_{l+1/2}(x), \quad \mathrm{j}_{-l}(x) = \sqrt{\frac{\pi}{2x}} \mathrm{J}_{-l+1/2}(x) \tag{15.3.4}$$

以及球诺依曼函数 $\mathrm{n}_l(x)$(图 15.5(b))

$$\mathrm{n}_l(x) = \sqrt{\frac{\pi}{2x}} \mathrm{N}_{l+1/2}(x) \tag{15.3.5}$$

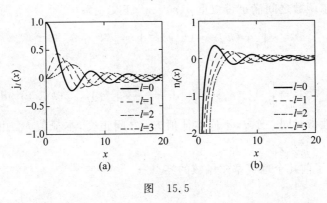

图 15.5

球贝塞尔函数和球诺依曼函数均显示出振荡特性,它们都构成斯图姆-刘维尔本征值问题。

2. 基本性质

1) 极限行为

当 $x=0$ 时,

$$\mathrm{j}_0(0) = 1, \quad \mathrm{j}_l(0) = 0, \quad \mathrm{n}_l(x) \to \infty$$

当 $x \to \infty$ 时,

$$\mathrm{j}_l(x) \sim \frac{1}{x} \cos\left(x - \frac{l+1}{2}\pi\right)$$

$$\mathrm{n}_l(x) \sim \frac{1}{x} \sin\left(x - \frac{l+1}{2}\pi\right)$$

2) 递推关系

$$z_{l+1}(x) = \frac{2l+1}{x} z_l(x) - z_{l-1}(x) \tag{15.3.6}$$

3) 初等函数表示

$$\mathrm{j}_0(x) = \frac{\sin x}{x}, \quad \mathrm{j}_{-1}(x) = \frac{\cos x}{x}, \quad \mathrm{j}_1(x) = \frac{\sin x - x\cos x}{x^2}, \quad \cdots$$

$$\mathrm{n}_0(x) = -\frac{\cos x}{x}, \quad \mathrm{n}_1(x) = -\frac{\cos x + x\sin x}{x^2}, \quad \cdots$$

4) 球汉克尔函数

$$\mathrm{h}_l^{(1)}(x) = \mathrm{j}_l(x) + \mathrm{in}_l(x)$$

$$h_l^{(2)}(x) = j_l(x) - i n_l(x) \tag{15.3.7}$$

球汉克尔函数通常用于处理波在球状物体上的散射问题,其渐近行为是

$$h_l^{(1)}(x) \sim \frac{1}{x} e^{ix}(-i)^{l+1}$$

$$h_l^{(2)}(x) \sim \frac{1}{x} e^{-ix} i^{l+1}$$

3. 本征值问题

附带齐次边界条件的球贝塞尔方程也属于斯图姆-刘维尔型方程本征问题,对应于不同本征值的球贝塞尔函数之间满足带权重 $\rho(r) = r^2$ 正交关系:

$$\int_0^{r_0} j_l(k_m r) j_l(k_n r) r^2 \, dr = [N_m]^2 \delta_{mn} \tag{15.3.8}$$

归一化模为

$$[N_m]^2 = \int_0^{r_0} [j_l(k_m r)]^2 r^2 \, dr = \frac{\pi}{2k_m} \int_0^{r_0} [J_{l+1/2}(k_m r)]^2 r \, dr \tag{15.3.9}$$

说明 正交性指对同一个 l,不同本征值 k_m 之间正交,本征值 k_m 由球面上的齐次边界条件决定:$k_m = x_n^{(m)}/r_0$。

表 15.2 列出了前几个球贝塞尔函数的零点。

表 15.2

$x_n^{(m)}$	$n=1$	$n=2$	$n=3$	$n=4$	$n=5$	$n=6$	$n=7$	$n=8$
$j_0(x)$	π	2π	3π	4π	5π	6π	7π	8π
$j_1(x)$	4.4934	7.7252	10.9041	14.0662	17.2201	20.2713	23.5194	26.6661

4. 广义傅里叶级数

球贝塞尔方程写成施图姆-刘维尔型,即

$$\frac{d}{dr}\left(r^2 \frac{dR}{dr}\right) - l(l+1)R + k^2 r^2 R = 0$$

式中,k 是本征值,由径向(球面 $r=r_0$)的齐次边界条件及 $r=0$ 的自然边界条件决定,定义在 $[0, r_0]$ 区间的函数 $f(r)$ 可用正交完备的本征函数展开,

$$f(r) = \sum_{m=1}^{\infty} f_m j_l(k_m r)$$

$$f_m = \frac{1}{[N_m]^2} \int_0^{r_0} f(r) j_l(k_m r) r^2 \, dr$$

5. 平面波展开

当平面波照射到球形物体上时,散射波的本征态为球面波,这类问题经常出现在量子力学中粒子的散射过程中。考虑沿 z 轴方向传播的平面波

$$u(r,t) = e^{ik(z-at)} = e^{ik(r\cos\theta - at)}$$

分离出时间变量后,波动方程变为三维亥姆霍兹方程:$\Delta v + k^2 v = 0$,其在球坐标系中的有限本征函数为

$$v(r,\theta) \sim j_l(kr) P_l^m(\cos\theta) \begin{pmatrix} \cos m\phi \\ \sin m\phi \end{pmatrix}$$

由于平面波与 ϕ 无关,所以 $m=0$,平面波可表示为本征态的叠加

$$e^{ikr\cos\theta} = \sum_{l=0}^{\infty} A_l j_l(kr) P_l(\cos\theta)$$

勒让德多项式的展开系数为

$$A_l j_l(kr) = \frac{2l+1}{2} \int_{-1}^{1} e^{ikrx} P_l(x)\,\mathrm{d}x$$

为了计算 A_l,考虑 $r \to \infty$ 的渐近行为

$$A_l j_l(kr) \sim A_l \frac{1}{kr} \cos\left(kr - \frac{l+1}{2}\pi\right)$$

对方程右边作分部积分

$$\frac{2l+1}{2} \int_{-1}^{1} e^{ikrx} P_l(x)\,\mathrm{d}x = \frac{2l+1}{2ikr}\left[e^{ikrx} P_l(x)\right]_{-1}^{1} - \frac{2l+1}{2ikr} \int_{-1}^{1} e^{ikrx}\left[P_l(x)\right]'\mathrm{d}x$$

$$= \frac{2l+1}{2ikr}\left[e^{ikr} - (-1)^l e^{-ikr}\right] - \frac{2l+1}{2ikr} \int_{-1}^{1} e^{ikrx}\left[P_l(x)\right]'\mathrm{d}x$$

$$= \frac{2l+1}{ikr} e^{\frac{i(l+1)\pi}{2}} \cos\left(kr - \frac{l+1}{2}\pi\right) - \frac{2l+1}{2ikr} \int_{-1}^{1} e^{ikrx}\left[P_l(x)\right]'\mathrm{d}x$$

$$\xrightarrow{r\to\infty} \frac{2l+1}{ikr} e^{\frac{i(l+1)\pi}{2}} \cos\left(kr - \frac{l+1}{2}\pi\right) - O\left(\frac{1}{r^2}\right)$$

其中右边第二项再作分部积分,结果将正比于 $1/r^2$。当 $r \to \infty$ 时将比第一项的 $1/r$ 更快地衰减,所以

$$A_l = -i(2l+1) e^{\frac{i(l+1)\pi}{2}} = (2l+1)i^l$$

最后得到平面波按球面波展开公式:

$$e^{ikr\cos\theta} = \sum_{l=0}^{\infty} (2l+1)i^l j_l(kr) P_l(\cos\theta)$$

说明 在中心力场的粒子散射过程中,角动量守恒,量子力学中将散射波按角动量本征态展开的处理方法称作分波法。

例 15.5 匀质球,半径为 r_0,初始时刻球体温度均匀为 u_0,置于温度为 u_1 的环境中,求解球内各处温度的变化。

解 先将边界条件齐次化:$u = v + u_1$,由于边界条件具有球对称性,所以

$$l = 0, \quad m = 0$$

又考虑到球心的温度有限,可以推知径向部分的解为零阶球贝塞尔函数,所以方程的解具有如下形式:

$$v(r,t) = e^{-k^2 a^2 t} j_0(kr)$$

其中 k 由球面的齐次边界条件决定

$$\mathrm{j}_0(k_n r_0) = \frac{\sin k r_0}{k r_0} = 0 \rightarrow k_n = \frac{n\pi}{r_0}$$

所以

$$v(r,t) = \sum_{n=1}^{\infty} A_n \frac{\sin(n\pi r/r_0)}{n\pi r/r_0} \mathrm{e}^{-(n\pi a/r_0)^2 t}$$

由初始条件定出 A_n，最后结果是

$$u(r) = u_1 + 2(u_1 - u_0)\sum_{n=1}^{\infty}(-1)^n \frac{\sin(n\pi r/r_0)}{n\pi r/r_0}\mathrm{e}^{-(n\pi a/r_0)^2 t}$$

6. 变形贝塞尔方程

许多变形的贝塞尔方程，包括虚宗量贝塞尔方程和球贝塞尔方程，都可以通过下面的变换推演出，令

$$u(z) = z^\alpha Z_\nu(\lambda z^\beta)$$

则 $u(z)$ 满足方程

$$z^2 \frac{\mathrm{d}^2 u}{\mathrm{d}z^2} + (1-2\alpha)z\frac{\mathrm{d}u}{\mathrm{d}z} + (\lambda^2\beta^2 z^{2\beta} + \alpha^2 - \nu^2\beta^2)u = 0$$

再令

$$u(z) = z^{-\nu}\mathrm{e}^{\lambda x/2}Z_\nu(\mathrm{i}\lambda z/2)$$

则 $u(z)$ 满足方程

$$z\frac{\mathrm{d}^2 u}{\mathrm{d}z^2} + ((2\nu+1)-\lambda z)\frac{\mathrm{d}u}{\mathrm{d}z} - \left(\nu+\frac{1}{2}\right)\lambda u = 0$$

或者令

$$u(z) = \frac{1}{\cos z}Z_\nu(z)$$

则有

$$z^2\frac{\mathrm{d}^2 u}{\mathrm{d}z^2} + (z - 2z\tan z)\frac{\mathrm{d}u}{\mathrm{d}z} - (\nu^2 + z\tan z)\lambda u = 0$$

令

$$u(z) = \frac{1}{\sin z}Z_\nu(z)$$

有

$$z^2\frac{\mathrm{d}^2 u}{\mathrm{d}z^2} + (z - 2z\cot z)\frac{\mathrm{d}u}{\mathrm{d}z} - (\nu^2 - z\cot z)\lambda u = 0$$

注记

温度下降速度与物体的大小或者表面积成反比，即物体越大，温度越稳定，受环境影响越慢。假设地球从最初的火球降到现在的温度，开尔文曾推测出地球的年龄大约一亿岁。但这一结果仍然远小于地球的实际年龄。究其原因，可能是由于地球内部元素的放射性会产生大量的热，使地球变冷的速度大大减慢。

动物的新陈代谢速度与个体大小也有一定的关系，通常个体越小的动物，新陈代谢越快，因为在同样的环境中它们热量散失得更快。我们可以提出一个问题：为何恐龙进化出

如此巨大的躯体？能否推测是因为当时地球温度偏低呢？

习题

[1] 证明递推关系：(1) $j_{k+1}(x) = \dfrac{2k+1}{x} j_k(x) - j_{k-1}(x)$；

(2) $k j_{k-1}(x) - (k+1) j_{k+1}(x) = (2k+1) j_k'(x)$。

[2] 半径为 r_0 的匀质球，初始温度分布为 $f(r)\cos\theta$，保持球面温度为 $0\,℃$，求球内格点的温度变化。

答案：

$$u(r,\theta,t) = \frac{2}{r_0^3} \sum_{n=1}^{\infty} \frac{\int_0^{r_0} j_1(k_n r) f(r) r^2 \, \mathrm{d}r}{[j_0(k_n r_0)]^2} P_1(\cos\theta) j_1(k_n r) \mathrm{e}^{-a^2 k_n^2 t}$$

式中，$k_n = x_n / r_0$，x_n 是方程 $x = \tan x$ 的第 n 个根。

[3] 半径为 r_0 的球面径向速度分布为 $v = v_0 \cos\theta \cos\omega t$，假设 r_0 远小于声波的波长，求该球面所发射的稳恒振动的速度势分布。

答案：$u(r,\theta,t) = -\dfrac{v_0 \omega r_0^3}{2ar} P_1(\cos\theta) \sin\dfrac{\omega}{a}(r-at)$。

[4] 有实心圆鼓如图 15.6 所示，假设鼓侧面固定，上下面可自由振动，研究其本征振动。

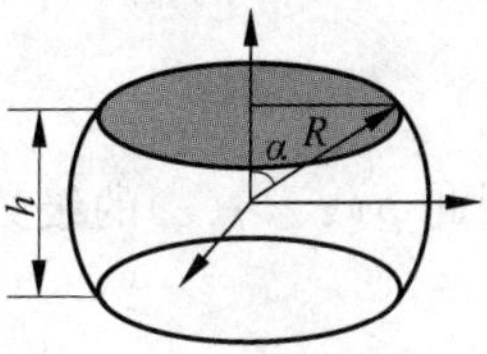

答案：

图 15.6

$$u_{mpn}(r,\theta,\phi) = j_{\lambda_{mp}}(k_{mpn} r) \left\{ \left[Q_{\lambda_{mp}}^m \left(\frac{h}{2R} \right) \right]' P_{\lambda_{mp}}^m \cos\theta - \right.$$

$$\left. \left[P_{\lambda_{mp}}^m \left(\frac{h}{R} \right) \right]' Q_{\lambda_{mp}}^m \cos\theta \right\} \sin m\phi$$

$$k_{mpn} = \frac{x_n^{\lambda_{mp}}}{R} \quad (m,n,p \in \mathbb{N})$$

15.4 特殊函数分类

在物理学领域，微分方程在无穷远处解的行为通常都很重要，比如薛定谔方程的束缚态解要求粒子出现在无穷远的概率为零。我们已经看到，微分方程定解的形状，完全由系数函数决定，本节我们研究一般二阶常微分方程的基本性质，以及不同方程的特殊函数解之间的关系。

1. 富克斯方程

富克斯方程（Fuchsian equation）就是系数函数为单值解析，且全部奇点（包括无穷远点）都是正规奇点的二阶常微分方程。绝大多数物理方程都属于富克斯方程，因此有必要对富克斯方程进行分类。下面我们讨论在闭复平面 $\overline{\mathbb{C}}$ 上系数函数为有理函数（即两个多项式之比）的情形。

考虑一般的二阶常微分方程

$$\frac{d^2 w}{dz^2} + p(z)\frac{dw}{dz} + q(z)w = 0 \tag{15.4.1}$$

为了确定方程无穷远的性状,令 $z = \dfrac{1}{t}$,并设 $v(t) = w\left(\dfrac{1}{t}\right)$,代入方程,得

$$\frac{d^2 v}{dt^2} + \left[\frac{2}{t} - \frac{1}{t^2}r(t)\right]\frac{dv}{dt} + \frac{1}{t^4}s(t)v = 0 \tag{15.4.2}$$

式中,

$$r(t) = p\left(\frac{1}{t}\right), \quad s(t) = q\left(\frac{1}{t}\right)$$

如果 $z = \infty$ 是方程(15.4.1)的正规奇点,则 $t = 0$ 必是方程(15.4.2)的正规奇点,所以有

$$r(t) = a_1 t + a_2 t^2 + \cdots = \sum_{k=1}^{\infty} a_k t^k$$

$$s(t) = b_2 t^2 + b_3 t^3 + \cdots = \sum_{k=2}^{\infty} b_k t^k$$

因此 $p(z), q(z)$ 的级数形式应为

$$\begin{cases} p(z) = \dfrac{a_1}{z} + \dfrac{a_2}{z^2} + \cdots = \sum_{k=1}^{\infty} \dfrac{a_k}{z^k} \\[3mm] q(z) = \dfrac{b_2}{z^2} + \dfrac{b_3}{z^3} + \cdots = \sum_{k=2}^{\infty} \dfrac{b_k}{z^k} \end{cases} \tag{15.4.3}$$

根据 9.2 节可知,方程(15.4.2)至少有一个解

$$v_1(t) = t^s \left(1 + \sum_{k=1}^{\infty} c_k t^k\right)$$

其中 s 为指标方程的大根,即方程(15.4.1)有一个解为

$$w_1(z) = z^{-s}\left(1 + \sum_{k=1}^{\infty} c_k \frac{1}{z^k}\right)$$

2. 正规奇点

1) 五个正规奇点

假设富克斯方程具有五个正规奇点,$z_k \,(k = 1, 2, 3, 4)$ 和 ∞,则方程可以一般地表示为

$$\frac{d^2 w}{dz^2} + \left(\sum_{k=1}^{4}\frac{\alpha_k}{z - z_k}\right)\frac{dw}{dz} + \left[\sum_{k=1}^{4}\frac{\beta_k}{(z - z_k)^2} + \frac{Az^2 + Bz + C}{\displaystyle\prod_{k=1}^{4}(z - z_k)}\right]w = 0 \tag{15.4.4}$$

在数学物理中出现的线性常微分方程都是方程(15.4.4)的某个特殊情形,即不同正规奇点的合流为一个奇点。方程的奇点经过合流后,性质一般会发生变化,有些仍然是正规奇点,如果有三个或更多个奇点合流,奇点就不再是正规的了。根据方程(15.4.4)中五个奇点的不同合流方式,可以得到六种不同类型的方程,它们按以下三条进行分类:

(1) 指标相差为 $\dfrac{1}{2}$ 的奇点数；

(2) 其他正规奇点数；

(3) 非正规奇点数。

其中第(1)、(2)类仍属于正规奇点。方程的类别见表15.3。

表 15.3

类　　型	第(1)类	第(2)类	第(3)类	方 程 名 称
Ⅰ	3	1	0	拉梅
Ⅱ	2	0	1	马丢
Ⅲ	1	2	0	勒让德
Ⅳ	0	1	1	贝塞尔
Ⅴ	1	0	1	韦伯
Ⅵ	0	0	1	斯托克斯

2）三个正规奇点

假设富克斯方程有三个正规奇点 z_1, z_2, z_3，取分式线性变换

$$\zeta(z) = \frac{(z-z_1)(z_3-z_2)}{(z-z_2)(z_3-z_1)}$$

它将三个奇点分别映射为

$$z_1 \mapsto 0, \quad z_2 \mapsto \infty, \quad z_3 \mapsto 1$$

于是我们可以直接假设三个正规奇点取 $z=0,1,\infty$，可以证明，$p(z)$ 和 $q(z)$ 的最一般形式为

$$p(z) = \frac{A_1}{z} + \frac{B_1}{z-1}$$

$$q(z) = \frac{A_2}{z^2} + \frac{B_2}{(z-1)^2} - \frac{A_3}{z(z-1)}$$

其中 A_1, A_2, A_3, B_1, B_2 为常数，这个微分方程被称作黎曼方程。对每个正规奇点写出相应的指标方程：

$$\lambda^2 + (A_1-1)\lambda + A_2 = 0$$

$$\mu^2 + (B_1-1)\mu + B_2 = 0$$

$$\nu^2 + (1-A_1-B_1)\nu + (A_2+B_2-A_3) = 0$$

由此可得到三组特征指标 $(\lambda_1, \lambda_2), (\mu_1, \mu_2), (\nu_1, \nu_2)$ 满足黎曼恒等式

$$\lambda_1 + \lambda_2 + \mu_1 + \mu_2 + \nu_1 + \nu_2 = 1 \tag{15.4.5}$$

解出 A_1, A_2, A_3, B_1, B_2，经过适当变量替换后，就化为超几何方程

$$z(z-1)u'' + [(\alpha+\beta+1)z - \gamma]u' + \alpha\beta u = 0 \tag{15.4.6}$$

前面介绍过的连带勒让德方程也是有三个正规奇点 $z=\pm 1, \infty$ 的富克斯方程。

3）两个正规奇点

如果富克斯方程最多有两个正规奇点 z_1, z_2，作分式线性变换

$$\zeta(z) = \frac{z-z_1}{z-z_2}$$

则两个正规奇点分别映射为

$$z_1 \mapsto 0, \quad z_2 \mapsto \infty$$

令 $\zeta = 1/z$,方程(15.4.1)变为

$$\frac{\mathrm{d}^2 u}{\mathrm{d}\zeta^2} + \Phi(\zeta)\frac{\mathrm{d}u}{\mathrm{d}\zeta} + \Theta(\zeta)u = 0$$

根据式(15.4.3)可知,$\zeta = 0$ 最多是 $\Phi(\zeta)$ 的单极点和 $\Theta(\zeta)$ 的二阶极点,有

$$\Phi(\zeta) = \frac{a_1}{\zeta}, \quad \Theta(\zeta) = \frac{b_2}{\zeta^2}$$

于是两个正规奇点的富克斯方程就等价于如下方程:

$$w'' + \frac{a_1}{z}w' + \frac{b_2}{z^2}w = 0$$

它是一个欧拉型方程。由 9.1 节我们已知,欧拉型方程可以化为常系数微分方程。所以只有两个正规奇点的富克斯方程没有什么特别之处,它简单地等价于二阶常系数微分方程。

3. 超几何函数

不同类型的斯图姆-刘维尔方程,在附加三类齐次边界条件,或者存在自然边界条件的情况下,其本征解为不同的特殊函数集。这些特殊函数集之间有着密切的关系,它们都根源于富克斯方程的正规奇点数及其合流情况。对于三个正规奇点 $z = 0, 1, \infty$ 的超几何方程(15.4.6),我们在 9.2 节中已经得到它在 $z = 0$ 邻域的一个级数解

$$u_1 = F(\alpha, \beta, \gamma; z) = \frac{\Gamma(\gamma)}{\Gamma(\alpha)\Gamma(\beta)}\sum_{k=0}^{\infty}\frac{\Gamma(\alpha+k)\Gamma(\beta+k)}{k! \ \Gamma(\gamma+k)}z^k \quad (|z| < 1) \tag{15.4.7}$$

如果要求超几何函数在正规奇点 $z = 1$ 收敛,则必须将无穷级数截断为多项式,即取整数 $\alpha = -n$ 或 $\beta = -n$。

超几何函数(15.4.7)有许多奇妙的性质,下面仅列出几个简单的递推关系:

$$(\gamma - 1)F(\gamma - 1) - \alpha F(\alpha + 1) - (\gamma - \alpha - 1)F = 0$$
$$\gamma F - \beta z F(\beta + 1, \gamma + 1) - \gamma F(\alpha - 1) = 0$$
$$\alpha F(\alpha + 1) - \beta F(\beta + 1) - (\alpha - \beta)F = 0$$
$$\gamma(1-z)F - \gamma F(\alpha - 1) + (\gamma - \beta)z F(\gamma + 1)\frac{\mathrm{d}}{\mathrm{d}z}F(\alpha, \beta, \gamma; z)$$
$$= \frac{\alpha\beta}{\gamma}F(\alpha + 1, \beta + 1, \gamma + 1; z)$$

另外

$$F(\alpha, \beta, \gamma; 0) = 1$$
$$F(\alpha, \beta, \gamma; z) = F(\beta, \alpha, \gamma; z)$$

许多初等函数都可以用超几何函数表示,例如:

$$(1+z)^\alpha = F(-\alpha, \beta, \beta; -z)$$
$$\arcsin z = zF\left(\frac{1}{2}, \frac{1}{2}, \frac{3}{2}; z^2\right)$$
$$\arctan z = zF\left(\frac{1}{2}, 1, \frac{3}{2}; -z^2\right)$$

$$\ln(1+z) = zF(1,1,2; -z)$$

在 2.5 节我们讨论过完全椭圆积分也可用超几何函数表示：

$$K(k) \equiv F\left(\frac{\pi}{2}, k\right) = \frac{\pi}{2}F\left(\frac{1}{2}, \frac{1}{2}, 1; k^2\right)$$

$$E(k) \equiv E\left(\frac{\pi}{2}, k\right) = \frac{\pi}{2}F\left(-\frac{1}{2}, \frac{1}{2}; 1, k^2\right)$$

当 $\gamma \notin \mathbb{Z}$ 时，超几何方程的第二个解为

$$u = z^{1-\gamma}F(\alpha - \gamma + 1, \beta - \gamma + 1, 2 - \gamma; z)$$

当 $\gamma \in \mathbb{Z}$ 时，方程的第二个解的情况比较复杂，根据考虑 α, β 的不同关系，其解的形式也不一样，但基本上在 $z = 0$ 或者 $z = 1$ 都有发散出现，对物理问题没有意义，暂不讨论。

4. 特殊函数类

在数学物理中，许多特殊函数都与超几何函数有关，因为大多数方程的正规奇点数都不超过三个，它们都可以通过分式线性变换转化为超几何方程，因而可以用超几何函数表示，列举如下。

1）雅可比函数

它是下述方程的解

$$(1 - x^2)u'' + [\beta - \alpha - (\alpha + \beta + 2)x]u' + \lambda(\lambda + \alpha + \beta + 1)u = 0 \quad (15.4.8)$$

作变量替换 $x = 1 - z$，并定义 $\alpha_1 = \lambda, \beta_1 = \lambda + \alpha + \beta + 1, \gamma_1 = 1 + \alpha$，得到方程的一个解，称作第一类雅可比函数

$$P_\lambda^{(\alpha,\beta)}(z) = \frac{\Gamma(\lambda + \alpha + 1)}{\Gamma(\lambda + 1)\Gamma(\alpha + 1)}F\left(-\lambda, \lambda + \alpha + \beta + 1, 1 + \alpha; \frac{1-z}{2}\right)$$

当 $\lambda = n$ 为非负整数时，雅可比函数截断为 n 阶雅可比多项式。

2）盖根堡函数

它是雅可比函数取 $\alpha = \beta = \mu - \frac{1}{2}$ 时的特殊情形，定义为

$$C_\lambda^\mu(z) = \frac{\Gamma(\lambda + 2\mu)}{\Gamma(\lambda + 1)\Gamma(2\mu)}F\left(-\lambda, \lambda + 2\mu, \mu + \frac{1}{2}; \frac{1-z}{2}\right)$$

当 $\lambda = n$ 为整数时，无穷级数截断为盖根堡多项式。

3）勒让德函数

它是雅可比函数取 $\alpha = \beta = 0$ 时的特殊情形，

$$P_\lambda(z) = P_\lambda^{(0,0)}(z) = C_\lambda^{\frac{1}{2}}(z) = F\left(-\lambda, \lambda + 1, 1; \frac{1-z}{2}\right) \quad (\mid 1 - z \mid < 2)$$

当 $\lambda = n$ 为整数时，无穷级数截断为勒让德多项式。

4）连带勒让德函数

$$P_\lambda^\mu(z) = \frac{1}{\Gamma(1-\mu)}\left(\frac{z+1}{z-1}\right)^{\frac{\mu}{2}}F\left(-\lambda, \lambda + 1, 1 - \mu; \frac{1-z}{2}\right) \quad (\mid 1 - z \mid < 2)$$

5）契比雪夫函数

$$T_n(z) = F\left(n, -n, \frac{1}{2}; \frac{1-z}{2}\right)$$

6）合流超几何函数

我们在 9.2 节中已经叙述过,超几何方程经过适当变换可以化为合流超几何方程

$$zu'' + (\gamma - z)u' - \alpha u = 0 \tag{15.4.9}$$

其中 $z=0$ 仍为正规奇点,而 $z=\beta,\infty$ 合流为一个非正规奇点。它的解称作合流超几何函数或库默尔函数

$$F(\alpha,\gamma;z) = \lim_{\beta \to 0} F\left(\alpha,\beta,\gamma;\frac{z}{\beta}\right) = \frac{\Gamma(\gamma)}{\Gamma(\alpha)} \sum_{n=0}^{\infty} \frac{\Gamma(\alpha+n)}{\Gamma(n+1)\Gamma(\gamma+n)} z^n \tag{15.4.10}$$

当 $\alpha = -n$ 时,$F(\alpha,\gamma;z)$ 截断为多项式。

7）惠泰克函数（Whittaker function）

在合流超几何方程(15.4.9)中,令

$$y = \mathrm{e}^{\frac{z}{2}} z^{-\frac{\gamma}{2}} w(z)$$

可消去一阶导数项,得到

$$w'' + \left[-\frac{1}{4} + \left(\frac{\gamma}{2} - \alpha\right)\frac{1}{z} + \frac{\gamma}{2}\left(1 - \frac{\gamma}{2}\right)\frac{1}{z^2}\right] w = 0$$

取 $\gamma = 1 + 2m, \dfrac{\gamma}{2} - \alpha = k$,便得到惠泰克方程

$$w'' + \left(-\frac{1}{4} + \frac{k}{z} + \frac{1/4 - m^2}{z^2}\right) w = 0 \tag{15.4.11}$$

方程的解称作惠泰克函数

$$\mathrm{M}_{k,m}(z) = \mathrm{e}^{-\frac{z}{2}} z^{\frac{\gamma}{2}} F(\alpha,\gamma;z) = \mathrm{e}^{-\frac{z}{2}} z^{\frac{1}{2}+m} F\left(\frac{1}{2} + m - k, 1 + 2m; z\right) \tag{15.4.12}$$

对于更一般形式的惠泰克方程

$$y'' + \left(\frac{1-\lambda-2\beta}{z} - 2\lambda\alpha z^{\lambda-1}\right)y' +$$

$$\left[\lambda^2\left(\alpha^2 - \frac{A^2}{4}\right)z^{2\lambda-2} + \lambda(2\alpha\beta + Ak\lambda)z^{\lambda-2} + \right.$$

$$\left. \frac{\beta(\beta+\lambda) + \lambda^2(1/4 - m^2)}{z^2}\right]y = 0 \tag{15.4.13}$$

其解可以用惠泰克函数表示出来,即

$$y(z) = z^{\beta} \mathrm{e}^{\alpha\lambda z} \mathrm{M}_{k,m}(Az^{\lambda}) \tag{15.4.14}$$

事实上,以前我们接触过的一些方程及其特殊函数,都是一般的惠泰克方程(15.4.13)或合流超几何方程的特殊情形,列举几例如下:

（1）贝塞尔方程

取 $\lambda = 1, \alpha = 0, \beta = -\dfrac{1}{2}, k = 0, A = 2\mathrm{i}$,有

$$y'' + \frac{1}{z}y' + \left(1 - \frac{m^2}{z^2}\right)y = 0$$

贝塞尔方程与合流超几何方程有相同的奇点结构:$z=0$ 是正规奇点,$z=\infty$ 是非正规奇点,其解为贝塞尔函数

$$J_\nu(z) = z^\nu e^{-iz} F\left(\nu + \frac{1}{2}, 2\nu + 1; z\right)$$

（2）韦伯方程

取 $\lambda = 2, \alpha = 0, \beta = -\frac{1}{2}, k = \frac{n}{2} + \frac{1}{4}, m = \pm\frac{1}{4}, A = \frac{1}{2}$，有

$$y'' + \left(n + \frac{1}{2} - \frac{z^2}{4}\right)y = 0$$

韦伯方程的解为韦伯函数

$$D_n(z) = 2^{\frac{n}{2} + \frac{1}{4}} z^{-\frac{1}{2}} M_{\frac{n}{2} + \frac{1}{4}, -\frac{1}{4}}\left(\frac{z^2}{2}\right)$$

（3）厄米方程

取 $\lambda = 2, \alpha = \frac{1}{2}, \beta = -\frac{1}{2}, k = \frac{n}{2}, m = \pm\frac{1}{4}, A = 1$，有

$$y'' - 2zy' + 2ny = 0$$

厄米方程的解为厄米多项式

$$H_n(z) = 2^{\frac{n}{2}} e^{\frac{z^2}{2}} D_n(\sqrt{2}z)$$

（4）拉盖尔方程

取 $\lambda = 1, \alpha = \frac{1}{2}, \beta = -\frac{1+\mu}{2}, k = n + \frac{1}{2}(1+\mu), m = \frac{\mu}{2}, A = 1$，有

$$zy'' + (\mu + 1 - z)y' + ny = 0$$

拉盖尔方程的解为拉盖尔多项式

$$L_n^\mu(z) = \frac{\Gamma(\mu + 1 + n)}{n! \; \Gamma(\mu + 1)} F(-n, \mu + 1; z)$$

注记

超球坐标系中对 n 维拉普拉斯方程作分离变量（10.5节），得到与极角有关部分满足的常微分方程（$k = 1, 2, \cdots, n - 2$）：

$$\frac{1}{\sin^{n-k-1}\theta_k} \frac{d}{d\theta_k}\left(\sin^{n-k-1}\theta_k \frac{d}{d\theta_k}\right)\Theta_k + \left(\lambda_k - \frac{\lambda_{k+1}}{\sin^2\theta_k}\right)\Theta_k = 0$$

式中，λ_k 是分离变量常数。令 $x_k = \cos\theta_k$，上述方程变为

$$(1 - x_k^2)\frac{d^2\Theta_k}{dx_k^2} - (n - k)x_k\frac{d\Theta_k}{dx_k} + \left(\lambda_k - \frac{\lambda_{k+1}}{1 - x_k^2}\right)\Theta_k = 0$$

取

$$\lambda_k = l_k(l_k + n - k - 1) \quad (l_k \in \mathbf{N})$$

该方程的解即为雅可比函数：$\Theta_k = P_{\lambda_k}^{(\alpha_k, \beta_k)}(x_k)$，其中 $\alpha_k = \beta_k = (n - k - 2)/2$，其中 $0 \leq l_{n-1} \leq \cdots \leq l_1$。当 $n = 3$ 时，雅可比函数退化为连带勒让德函数。

习题

[1] 证明下列方程的解在 $z = 0$ 有一个本性奇点：

$$w' + \frac{1}{z^2}w = 0$$

[2] 证明：

$$\arcsin z = zF\left(\frac{1}{2}, \frac{1}{2}, \frac{3}{2}; z^2\right)$$

[3] 证明 $z = \infty$ 不是合流超几何方程的正规奇点。

15.5 合流超几何函数

最后介绍一个特殊函数的应用例子，这就是合流超几何方程，

$$xy'' + (\gamma - x)y' - \alpha y = 0$$

方程在 $x = 0, \infty$ 有正规奇点，在第 9 章我们得到方程的一个级数解为

$$F(\alpha, \gamma, x) = \sum_{k=0}^{\infty} \frac{\Gamma(k+\alpha)\,\Gamma(\gamma)}{k!\ \Gamma(\alpha)\Gamma(k+\gamma)} x^k \quad (\,|\,x\,| < \infty)$$

称作合流超几何函数或者库默尔函数。该级数的收敛半径 $R = \infty$，但在 ∞ 发散，对于量子力学中的束缚态来说，需要将其截断为多项式。下面我们通过求解氢原子的薛定谔方程来理解合流超几何函数。

例 15.6 求解三维类氢原子的本征方程：

$$\mathrm{H}\psi \equiv -\frac{\hbar^2}{2m}\Delta\psi + V(\boldsymbol{r})\psi = E\psi \tag{15.5.1}$$

其中静电库仑势为 $V(\boldsymbol{r}) = -\dfrac{Ze^2}{r}$。

解 取自然单位 $\hbar = m = 1$，方程变为

$$\Delta\psi + \left(2E + \frac{2Ze^2}{r}\right)\psi = 0$$

在球坐标系中分离变量 $\psi(r, \theta, \varphi) = R(r)Y_{lm}(\theta, \varphi)$，其中角向部分即为球谐函数 $Y_{lm}(\theta, \varphi)$，对应的本征值为 $l(l+1)$，令 $u = rR(r)$，径向部分满足的方程为

$$\frac{\mathrm{d}^2 u}{\mathrm{d}r^2} + \left[2E + \frac{2Ze^2}{r} - \frac{l(l+1)}{r^2}\right]u = 0$$

其中 $r = 0, \infty$ 是方程的正规奇点。

我们先研究方程的极限行为：当 $r \to 0$ 时，方程可渐近地表示为

$$\frac{\mathrm{d}^2 u}{\mathrm{d}r^2} - \frac{l(l+1)}{r^2}u = 0$$

考虑到物理解的有限性，需取 $u \propto r^{l+1}$；另一方面，当 $r \to \infty$ 时，方程可渐近地表示为

$$\frac{\mathrm{d}^2 u}{\mathrm{d}r^2} + 2Eu = 0$$

由于我们只关注束缚态，即 $E < 0$，所以取 $u \sim \mathrm{e}^{-\sqrt{-2E}\,r}$。令 $u = r^{l+1}\mathrm{e}^{-\beta r}f(r)$，其中 $\beta = \sqrt{-2E}$，得

$$rf'' + [2(l+1) - 2\beta r]f' - 2[(l+1)\beta - 1]f = 0$$

进一步令

$$\xi = 2\beta r, \quad \gamma = 2(l+1), \quad \alpha = (l+1) - \frac{1}{\beta}$$

有

$$\xi y'' + (\gamma - \xi) y' - \alpha y = 0$$

这样就化为标准的合流超几何方程,其中

$$p(\xi) = \xi^{\gamma} \mathrm{e}^{-\xi}, \quad q(\xi) = 0, \quad \rho(\xi) = \xi^{\gamma-1} \mathrm{e}^{-\xi}$$

它在 $\xi = 0$ 有正规奇点,满足自然边界条件,属于斯图姆-刘维尔本征值问题,其中一个级数解为

$$F(\alpha, \gamma, \xi) = \sum_{k=0}^{\infty} \frac{\Gamma(k+\alpha)\Gamma(\gamma)}{k!\ \Gamma(\alpha)\Gamma(k+\gamma)} \xi^k$$

由于 $F(\alpha, \gamma, \xi)$ 在 $\xi \to \infty$ 时发散,故根据束缚态的物理条件,可取负整数 $\alpha = -n_r$,将无穷级数截断为多项式,令 $n = n_r + l + 1$,则有 $\beta = 1/n$,于是

$$E = -\frac{1}{2}\beta^2 = -\frac{1}{2n^2}$$

补充上单位,即得到类氢原子的量子化能级公式:

$$E_n = -\frac{mZ^2 e^4}{2\hbar^2} \cdot \frac{1}{n^2} = -\frac{Z^2 e^2}{2a} \frac{1}{n^2} \quad (n = 1, 2, \cdots)$$

其中 $a = \dfrac{\hbar^2}{me^2}$ 称为玻尔半径,归一化的径向波函数为

$$R_{nl}(r) = \mathrm{N}_{nl} \xi^l \mathrm{e}^{-\frac{\xi}{2}} F(-n+l+1, 2l+2, \xi)$$

其归一化系数为

$$\mathrm{N}_{nl} = \frac{2}{a^{3/2} n^2 (2l+1)!} \sqrt{\frac{(n+l)!}{(n-l-1)!}}$$

再乘上与角度有关的球谐函数,类氢原子的完整本征波函数为

$$\psi_{nlm}(r, \theta, \varphi) = R_{nl}(r) Y_{lm}(\theta, \varphi) \tag{15.5.2}$$

对于每一组本征值 (n, l, m),电子云在空间的本征态分布为 $|\psi_{nlm}(r, \theta, \varphi)|^2$,如图 15.7 所示。(图片来自 Wikipedia)

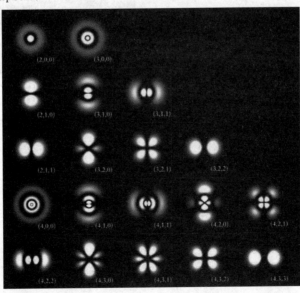

图　15.7

习题

[1] 证明韦伯-厄米方程可化为合流超几何方程：

$$y'' + \left(\nu + \frac{1}{2} - \frac{1}{4}z^2 \right) y = 0$$

提示：作变量替换 $y(z) = \mathrm{e}^{-z^2/4} u(z)$。

[2] 求解一维谐振子运动的量子力学定态方程：

$$-\frac{\hbar^2}{2m} \frac{\mathrm{d}^2}{\mathrm{d}x^2} \psi + \frac{1}{2}m\omega^2 x^2 \psi = E\psi$$

第16章

格林函数

16.1 格林函数定义

我们已经学习了用分离变量法或积分变换法求解各类定解问题,本章介绍另一种积分方法——格林函数法。格林函数又称点源影响函数,是一个点源在一定的边界条件或初始条件下所产生的场分布。对于线性微分方程,知道了格林函数,就可以利用线性叠加原理,结合边界条件,以积分形式计算连续分布的源所产生的场分布,所以格林函数主要用于处理有外源的线性微分方程问题。

1. 形式理论

线性向量空间 $\mathbb{V}$ 的算符 $\boldsymbol{A}$,作用于向量 $|a\rangle$ 得到 $|b\rangle = \boldsymbol{A}|a\rangle$,如果 $\boldsymbol{A}$ 是非奇异的,即其矩阵表示的行列式不为零,则存在逆算符 $\boldsymbol{A}^{-1}$,解得 $|a\rangle = \boldsymbol{A}^{-1}|b\rangle$。对于非齐次的 n 阶线性常微分方程 $\boldsymbol{L}u(x) = f(x)$,

$$\boldsymbol{L} = p_n(x) \frac{\mathrm{d}^n}{\mathrm{d}x^n} + p_{n-1}(x) \frac{\mathrm{d}^{n-1}}{\mathrm{d}x^{n-1}} + \cdots + p_1(x) \frac{\mathrm{d}}{\mathrm{d}x} + p_0(x)$$

我们也可以解出

$$u(x) = \boldsymbol{L}^{-1} f(x)$$

前提是作用于希尔伯特空间 $\mathcal{H}$ 的线性微分算符 $\boldsymbol{L}$ 存在逆算符 $\boldsymbol{G} = \boldsymbol{L}^{-1}$。由于 $\boldsymbol{L}$ 是微分算符,可以推测它的逆算符 $\boldsymbol{G}$ 是一个积分算符,称作格林算符。方程的解可以形式地表示成

$$|u\rangle = \boldsymbol{G}|f\rangle$$

将上式左乘 $\langle x|$,并在 $\boldsymbol{G}$ 和 $|f\rangle$ 之间插入完备关系 $\boldsymbol{I} = \int \rho(y)\mathrm{d}y\,|y\rangle\langle y|$,便得到非齐次方程的积分形式解:

$$u(x) = \int_{\Omega} G(x, y) f(y) \rho(y) \mathrm{d}y \tag{16.1.1}$$

式中的积分核 $G(x, y) = \langle x|\boldsymbol{G}|y\rangle$ 称作格林函数(Green's function)。

将微分算符 $\boldsymbol{L}$ 作用于形式解,

$$Lu(x) = \int_\Omega LG(x,y)f(y)\rho(y)\mathrm{d}y = f(x) \tag{16.1.2}$$

于是有

$$LG(x,y) = \frac{\delta(x-y)}{\rho(y)} \tag{16.1.3}$$

该式称作微分算符 L 的格林函数方程。取权重 $\rho(x)=1$，格林函数方程回到常见的形式

$$LG(x,y) = \delta(x-y) \tag{16.1.4}$$

式(16.1.3)表明格林函数与 $\delta(x-y)$ 有关，因此它可视作分布函数。

格林算符 G 是微分算符 L 的逆算符，那么算符 L 什么时候是可逆的呢？可以证明，当且仅当算符 L 的行列式不为零，或者没有零本征值时，算符 L 是可逆的。

2. 二阶线性微分方程

上述形式理论只是示意性推导，并不是正确的结论，因为它没有考虑边界的影响。实际的格林函数不仅依赖于微分算符 L，还与边界条件有关。由于物理问题大多数属于二阶线性微分方程，因此我们将重点研究此类问题的格林函数。

1）伴随算符

在第 14 章我们介绍了伴随算符（厄米共轭算符）的概念，一个算符的伴随算符与该算符的形式有关，伴随算符的边界条件也与原算符的边界条件有关。

例 16.1 求微分算符 L 的伴随算符和伴随边界条件：

$$\begin{cases} Lu = x^2 u'' + u' + 2u \\ u(1) = 0, \quad u'(2) + u(2) = 0 \end{cases}$$

解 对下式作分部积分

$$\langle v \mid L \mid u \rangle$$
$$= \int_1^2 v[x^2 u'' + u' + 2u]\mathrm{d}x$$
$$= [x^2 vu' - (x^2 v)'u + vu]_{x=1}^{x=2} + \int_1^2 u[(x^2 v)'' - v' + 2v]\mathrm{d}x$$

针对上式左边的积分表达式，定义

$$L^\dagger v = (x^2 v)'' - v' + 2v = x^2 v'' + (4x-1)v' + 4v$$

取

$$P(x) = x^2 vu' - (x^2 v)'u + vu = x^2(vu' - v'u) + (-2x+1)vu$$

令边界值 $P(1)=P(2)=0$，则有 $\langle v \mid L \mid u \rangle = \langle u \mid L^\dagger \mid v \rangle$，所以 L 的伴随算符为

$$L^\dagger = x^2 \frac{\mathrm{d}^2}{\mathrm{d}x^2} + (4x-1)\frac{\mathrm{d}}{\mathrm{d}x} + 4$$

由于

$$P(2) = 4v(2)u'(2) - 4v'(2)u(2) - 3v(2)u(2)$$
$$= -[7v(2) + 4v'(2)]u(2) = 0$$

所以伴随算符 $L^\dagger$ 满足的齐次边界条件为

$$7v(2) + 4v'(2) = 0$$

同理可得

$$P(1) = 0 \rightarrow v(1) = 0$$

可见伴随算符 $L^\dagger$ 与算符 L 满足不同的齐次边界条件。

如果 $L = L^\dagger$，则称 L 为自伴算符。本例的 $L \neq L^\dagger$，所以不是自伴算符。

2）二阶自伴微分算符

在第 14 章我们讲到，任意的二阶常微分算符都可以形式上转化为自伴的斯图姆-刘维尔型算符

$$L = L^\dagger = -\frac{\mathrm{d}}{\mathrm{d}x}\left[p(x)\frac{\mathrm{d}}{\mathrm{d}x}\right] + q(x)$$

式中，$p(x)$，$q(x)$ 为实函数，内积权重取作 $\rho(x) = 1$。

线性微分算符可逆的必要条件是其带有齐次边界条件。当研究格林函数时，我们必须限制在齐次边界条件的范围内。通常有以下几种边界条件：

(1) 狄里希利边界条件：$u(a) = u(b) = 0$；

(2) 纽曼边界条件：$u'(a) = u'(b) = 0$；

(3) 混合边界条件：$\alpha u(a) - u'(a) = \beta u(b) - u'(b) = 0$；

(4) 周期边界条件：$u(a) = u(b)$，$u'(a) = u'(b)$。

3）格林积分公式

微分算符的格林函数满足方程(16.1.2)，

$$LG(\boldsymbol{r}, \boldsymbol{r}') = \delta(\boldsymbol{r} - \boldsymbol{r}')$$

根据微分方程

$$Lu(\boldsymbol{r}) = f(\boldsymbol{r})$$

有

$$G(\boldsymbol{r}, \boldsymbol{r}')Lu(\boldsymbol{r}) - u(\boldsymbol{r})LG(\boldsymbol{r}, \boldsymbol{r}') = G(\boldsymbol{r}, \boldsymbol{r}')f(\boldsymbol{r}) - u(\boldsymbol{r})\delta(\boldsymbol{r} - \boldsymbol{r}')$$

两边积分得

$$u(\boldsymbol{r}') = \int_\Omega G(\boldsymbol{r}, \boldsymbol{r}')f(\boldsymbol{r})\mathrm{d}\boldsymbol{r} - \int_\Omega [G(\boldsymbol{r}, \boldsymbol{r}')Lu(\boldsymbol{r}) - u(\boldsymbol{r})LG(\boldsymbol{r}, \boldsymbol{r}')]\mathrm{d}\boldsymbol{r}$$

或者

$$u(\boldsymbol{r}) = \int_\Omega G(\boldsymbol{r}', \boldsymbol{r})f(\boldsymbol{r}')\mathrm{d}\boldsymbol{r}' - \int_\Omega [G(\boldsymbol{r}', \boldsymbol{r})Lu(\boldsymbol{r}') - u(\boldsymbol{r}')LG(\boldsymbol{r}', \boldsymbol{r})]\mathrm{d}\boldsymbol{r}' \qquad (16.1.5)$$

另一方面，格林函数方程的伴随方程为

$$L^\dagger \widetilde{G}(\boldsymbol{r}, \boldsymbol{r}') = \delta(\boldsymbol{r} - \boldsymbol{r}')$$

$\widetilde{G}(\boldsymbol{r}, \boldsymbol{r}')$ 称作伴随格林函数，我们有

$$\widetilde{G}(\boldsymbol{r}, \boldsymbol{r}'')LG(\boldsymbol{r}, \boldsymbol{r}') - G(\boldsymbol{r}, \boldsymbol{r}')L^\dagger \widetilde{G}(\boldsymbol{r}, \boldsymbol{r}'') = \widetilde{G}(\boldsymbol{r}, \boldsymbol{r}'')\delta(\boldsymbol{r} - \boldsymbol{r}') - G(\boldsymbol{r}, \boldsymbol{r}')\delta(\boldsymbol{r} - \boldsymbol{r}'')$$

两边积分，根据伴随算符定义，左边为零，所以有

$$\widetilde{G}(\boldsymbol{r}', \boldsymbol{r}'') = G(\boldsymbol{r}'', \boldsymbol{r}') \qquad (16.1.6)$$

它揭示了格林函数与伴随格林函数之间的对称性。由于算符 L 是自伴的，其格林函数必满足

$$G(\boldsymbol{r}, \boldsymbol{r}') = G(\boldsymbol{r}', \boldsymbol{r}) \qquad (16.1.7)$$

式(16.1.7)称作格林函数的互易关系，表明 r' 的点源在 r 处产生的场等于 r 的点源在 r' 处产生的场。由此方程的积分解可表示为

$$u(\boldsymbol{r}) = \int_{\Omega} G(\boldsymbol{r},\boldsymbol{r}') f(\boldsymbol{r}') \mathrm{d}\boldsymbol{r}' - \int_{\Omega} [G(\boldsymbol{r},\boldsymbol{r}') Lu(\boldsymbol{r}') - u(\boldsymbol{r}') LG(\boldsymbol{r},\boldsymbol{r}')] \mathrm{d}\boldsymbol{r}' \quad (16.1.8)$$

3. 斯图姆-刘维尔算符

对于斯图姆-刘维尔算符的非齐次方程

$$Lu \equiv -\frac{\mathrm{d}}{\mathrm{d}x}\left[p(x)\frac{\mathrm{d}}{\mathrm{d}x}\right]u + q(x)u = f(x) \quad (16.1.9)$$

相应的格林函数方程为 $LG(x,x') = \delta(x-x')$，根据式(16.1.8)，有

$$u(x) = \int_a^b G(x,x') f(x') \mathrm{d}x' - \int_a^b [G(x,x') Lu(x') - u(x') LG(x,x')] \mathrm{d}x'$$

将右边第二项分部积分，解得

$$u(x) = \int_a^b G(x,x') f(x') \mathrm{d}x' - [Gpu' - upG'] \big|_a^b \quad (16.1.10)$$

类似地，对于三维斯图姆-刘维尔算符的非齐次方程：

$$Lu \equiv -\nabla \cdot [p(\boldsymbol{r})\nabla]u + q(\boldsymbol{r})u = f(\boldsymbol{r}) \quad (16.1.11)$$

其格林函数方程为 $LG(\boldsymbol{r},\boldsymbol{r}') = \delta(\boldsymbol{r}-\boldsymbol{r}')$，应用第二格林公式可得

$$u(\boldsymbol{r}) = \iiint_{\Omega} G(\boldsymbol{r},\boldsymbol{r}') f(\boldsymbol{r}') \mathrm{d}V' -$$

$$\oiint_{\Sigma}\left[G(\boldsymbol{r},\boldsymbol{r}') p(\boldsymbol{r}')\frac{\partial u(\boldsymbol{r}')}{\partial n'} - u(\boldsymbol{r}') p(\boldsymbol{r}')\frac{\partial G(\boldsymbol{r},\boldsymbol{r}')}{\partial n'}\right] \mathrm{d}S' \quad (16.1.12)$$

其中第二项来源于边界效应，Σ 表示 Ω 的边界。当 $f(\boldsymbol{r}') = 0$，即没有外源时，空间中的场分布将完全由边界上的值决定。

现在能否直接利用式(16.1.10)或式(16.1.12)来求解方程的定解问题呢？由于式(16.1.10)或式(16.1.12)中的积分需要同时知道边界（表面）Σ 上的物理量及其导数值，而三类边界条件不会同时给出边界 Σ 上的 u 和 $\dfrac{\partial u}{\partial n}$ 值，因此方程的第二项边界积分还需要作进一步考虑。注意到格林函数方程的自伴性要求其满足齐次边界条件，因此

(1) 对于第一类边值问题，$u|_{\Sigma} = \varphi(\boldsymbol{r})$，取 $G|_{\Sigma} = 0$，有

$$u(\boldsymbol{r}) = \iiint_{\Omega} G(\boldsymbol{r},\boldsymbol{r}') f(\boldsymbol{r}') \mathrm{d}V' + \oiint_{\Sigma} \varphi(\boldsymbol{r}') p(\boldsymbol{r}')\frac{\partial G(\boldsymbol{r},\boldsymbol{r}')}{\partial n'} \mathrm{d}S' \quad (16.1.13)$$

(2) 对于第三类边值问题，$\left[\alpha\dfrac{\partial u}{\partial n} + \beta u\right]_{\Sigma} = \varphi(\boldsymbol{r})$，取 $\left[\alpha\dfrac{\partial G}{\partial n} + \beta G\right]_{\Sigma} = 0$，有

$$u(\boldsymbol{r}) = \iiint_{\Omega} G(\boldsymbol{r},\boldsymbol{r}') f(\boldsymbol{r}') \mathrm{d}V' - \frac{1}{\alpha}\oiint_{\Sigma} G(\boldsymbol{r},\boldsymbol{r}') p(\boldsymbol{r}') \varphi(\boldsymbol{r}') \mathrm{d}S' \quad (16.1.14)$$

(3) 对于第二类边值问题，可能不能定义位势方程的格林函数。这是因为格林函数方程为 $-\nabla \cdot [p(\boldsymbol{r})\nabla]G(\boldsymbol{r},\boldsymbol{r}') + q(\boldsymbol{r})G(\boldsymbol{r},\boldsymbol{r}') = \delta(\boldsymbol{r}-\boldsymbol{r}')$，对两边积分有

$$-\oiint_{\Sigma} p(\boldsymbol{r}')\frac{\partial G(\boldsymbol{r},\boldsymbol{r}')}{\partial n} \mathrm{d}S + \iiint_{\Omega} q(\boldsymbol{r}) G(\boldsymbol{r},\boldsymbol{r}') \mathrm{d}V = 1$$

如果要求格林函数满足第二类齐次边界条件，即 $\dfrac{\partial G}{\partial n}\Big|_{\Sigma} = 0$，则必有 $\iiint_{\Omega} q(\boldsymbol{r}) G(\boldsymbol{r},\boldsymbol{r}') \mathrm{d}V \equiv 1$，

这不是总能得到满足的,如对于泊松方程有 $q(r)=0$,显然存在矛盾。从物理上看热传导方程,当系统中有一个点热源,而在边界上绝热,不能有热量流出,系统不可能达到稳恒状态,所以不存在第二类齐次边界条件的格林函数,需要引入推广的格林函数,在此不予讨论。

至此,我们原则上可以用格林函数来求解微分方程的定解问题了,接下来还有一个问题:如何求得格林函数?

注记

单位点电荷产生的电势 $v(r,r')$ 由方程决定:$\Delta v(r,r')=\delta(r-r')$,根据叠加原理,连续分布电荷在空间中产生的电势满足泊松方程

$$\Delta u(r)=\rho(r)$$

$$\rightarrow \Delta u(r)=\int_\Omega \rho(r')\delta(r-r')\mathrm{d}r'=\Delta\int_\Omega \rho(r')v(r,r')\mathrm{d}r'$$

形式上有

$$u(r)\sim\int_\Omega \rho(r')v(r,r')\mathrm{d}r'$$

即连续分布电荷产生的电势可由点电荷产生的电势叠加而成。严格地说,这种推导只适用于无限大系统,因为它没有考虑边界的效应。我们知道,对于有限大系统,即便不存在电荷,空间也是可以有电场分布的,它取决于边界上的电势分布。因此,正确的 $v(r,r')$ 还需满足一定的边界条件,完整的表达式就是式(16.1.10)和式(16.1.12)。我们将满足齐次边界条件的点源产生的物理场分布 $v(r,r')$ 称作格林函数,专门用符号 $G(r,r')$ 表示。

对于某些线性微分算符 L,在第二类齐次边界条件下存在零本征值,即其行列式 $\det L=0$,因此算符是不可逆的,这样就不存在格林函数。如本征方程

$$\Delta u+k^2 u=0$$

在第二类齐次边界条件下,无论一维、二维还是三维情形都存在零本征值(见第 9 章和 15.3 节),因此算符 $L=\Delta+k^2$ 是不可逆的,故不存在格林函数。但在第一类齐次边界条件下,算符没有零本征值,所以格林函数是存在的。

习题

[1] 求微分算符 L 的伴随算符和伴随边界条件:

$$\begin{cases} Lu=u''+x^2 u'+\dfrac{2}{x}u \\ u(a)=0, \quad u(b)=0 \end{cases}$$

[2] 判断微分算符 L 是否自伴算符:

$$\begin{cases} Lu=xu''+2u'+xu \\ u'(a)=0, \quad u'(b)=0 \end{cases}$$

16.2 位势方程

根据 16.1 节的推理,如果已知格林函数,就能求解非齐次方程的定解问题。而求解格林函数也就是求齐次边界条件的定解问题,比通常的非齐次边值问题来得简单。本节我们介绍几种求解格林函数的基本方法。

1. 基本解

格林函数方程为

$$LG(\boldsymbol{r},\boldsymbol{r}') = \delta(\boldsymbol{r}-\boldsymbol{r}')$$

1) 无界区域格林函数

格林函数方程在无界区域的解 G_0 称作基本解,由于基本解是无界空间问题,可以用傅里叶变换法求解。

例 16.2　求三维泊松方程的基本解。

解　三维无限空间的泊松方程为

$$\Delta G_0(\boldsymbol{r},\boldsymbol{r}') = -\delta(\boldsymbol{r}-\boldsymbol{r}')$$

将方程作三维傅里叶变换,得

$$G_0(\boldsymbol{k}) = \frac{1}{(2\pi)^3}\frac{\mathrm{e}^{-\mathrm{i}\boldsymbol{k}\cdot\boldsymbol{r}'}}{\boldsymbol{k}^2}$$

其中 $\boldsymbol{k}^2 = k_x^2 + k_y^2 + k_z^2$,作傅里叶逆变换,以 $\boldsymbol{r}-\boldsymbol{r}'$ 为球坐标系的极轴方向,对 $\boldsymbol{k}$ 进行积分,有

$$\begin{aligned}
G_0(\boldsymbol{r},\boldsymbol{r}') &= \frac{1}{(2\pi)^3}\iiint\frac{\mathrm{e}^{\mathrm{i}\boldsymbol{k}\cdot(\boldsymbol{r}-\boldsymbol{r}')}}{\boldsymbol{k}^2}\mathrm{d}\boldsymbol{k} \\
&= \frac{1}{(2\pi)^3}\int_0^\infty \mathrm{d}k\int_0^\pi \mathrm{d}\theta\int_0^{2\pi}\frac{\mathrm{e}^{-\mathrm{i}k|\boldsymbol{r}-\boldsymbol{r}'|\cos\theta}}{k^2}k^2\sin\theta\mathrm{d}\varphi \\
&= \frac{1}{(2\pi)^2}\int_0^\infty\frac{\mathrm{e}^{\mathrm{i}k|\boldsymbol{r}-\boldsymbol{r}'|}-\mathrm{e}^{-\mathrm{i}k|\boldsymbol{r}-\boldsymbol{r}'|}}{\mathrm{i}k|\boldsymbol{r}-\boldsymbol{r}'|}\mathrm{d}k = \frac{1}{2\pi^2}\int_0^\infty\frac{\sin k|\boldsymbol{r}-\boldsymbol{r}'|}{k|\boldsymbol{r}-\boldsymbol{r}'|}\mathrm{d}k \\
&= \frac{1}{4\pi|\boldsymbol{r}-\boldsymbol{r}'|}
\end{aligned}$$

这就是我们熟悉的无限空间中单位点电荷的电势分布。

2) 有限区域格林函数

将格林函数 G 分解成两部分 $G = G_0 + G_1$,其中 G_0 是基本解。则 G_1 满足相应的齐次方程,比如对于第一类边界问题,有

$$\boldsymbol{L}G_1 = 0$$

$$G_1|_\Sigma = (G-G_0)|_\Sigma = -G_0|_\Sigma$$

例 16.3　求半径为 R 的空心导体球内的格林函数(图 16.1):

$$\begin{cases}\Delta G(\boldsymbol{r},\boldsymbol{r}') = -\delta(\boldsymbol{r}-\boldsymbol{r}') \\ G|_{r=R} = 0\end{cases}$$

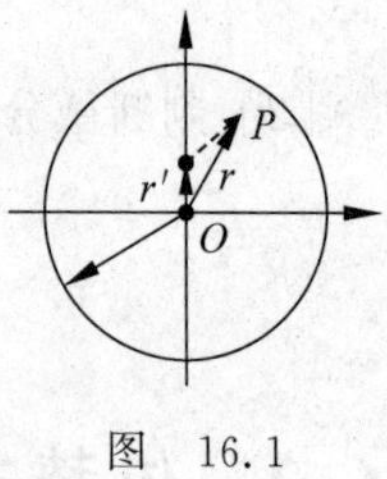

解　由例 16.2 知无限空间的基本解为

$$G_0(\boldsymbol{r},\boldsymbol{r}') = \frac{1}{4\pi|\boldsymbol{r}-\boldsymbol{r}'|}$$

图　16.1

所以

$$\Delta G_1(\boldsymbol{r},\boldsymbol{r}') = 0$$

$$G_1|_{r=R} = -G_0|_{r=R} = -\frac{1}{4\pi\sqrt{r'^2-2r'R\cos\theta+R^2}}$$

拉普拉斯方程在球内的解为

$$G_1(\boldsymbol{r},\boldsymbol{r}') = \sum_{l=0}^{\infty} A_l r^l \mathrm{P}_l(\cos\theta)$$

在球的表面上，$r=R$，利用勒让德多项式的母函数可得

$$\sum_{l=0}^{\infty} A_l R^l \mathrm{P}_l(\cos\theta) = -\frac{1}{4\pi}\frac{1}{\sqrt{R^2-2r'R\cos\theta+r'^2}} = -\frac{1}{4\pi}\sum_{l=0}^{\infty}\frac{1}{R^{l+1}}r'^l \mathrm{P}_l(\cos\theta)$$

其中系数

$$A_l = -\frac{1}{4\pi}\frac{r'^l}{R^{2l+1}}$$

所以

$$G_1(\boldsymbol{r},\boldsymbol{r}') = -\frac{1}{4\pi}\sum_{l=0}^{\infty}\frac{r'^l}{R^{2l+1}}r^l \mathrm{P}_l(\cos\theta) = -\frac{1}{4\pi}\frac{R}{r'}\sum_{l=0}^{\infty}\frac{1}{(R^2/r')^{l+1}}r^l \mathrm{P}_l(\cos\theta)$$

$$= -\frac{1}{4\pi}\frac{R/r'}{\sqrt{\tilde{r}^2-2\tilde{r}r+r^2}}$$

它等效于极轴上一个位于 $\tilde{r}=R^2/r'$ 的点电荷 $\tilde{q}=-R/r'$ 在无界空间产生的电势，这个假想电荷称作镜像电荷。本问题的格林函数就是点电荷和其镜像电荷产生的电势分布之和

$$G(\boldsymbol{r},\boldsymbol{r}') = G_0(\boldsymbol{r},\boldsymbol{r}') + G_1(\boldsymbol{r},\boldsymbol{r}')$$

$$= \frac{1}{4\pi|\boldsymbol{r}-\boldsymbol{r}'|} - \frac{1}{4\pi}\frac{R/r'}{\sqrt{\tilde{r}^2-2\tilde{r}r\cos\theta+r^2}}$$

2. 电像法

对于第一类边值问题的泊松方程，有时直接采用电像法求格林函数较为简便。

例 16.4　有一半径为 R 的接地导体球，球内的 Q 点放一个点电荷 $-\varepsilon_0$，求球内的格林函数：$\Delta G = -\delta(\boldsymbol{r}-\boldsymbol{r}')$，$G|_{r=R}=0$。

解　如图 16.2 所示，假设 Q 的球共轭点为 Q'，其位置为 $r_1 = \frac{R^2}{r'}$，电量为 $Q' = -\frac{R}{r'}Q$。

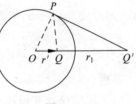

图　16.2

由几何学可知，这两个电荷能够保证球面上的电势为零，因此球内的格林函数即两个点电荷在球内产生的电势分布之和，结论同例 16.3，但过程显得简洁一些。

3. 本征函数展开法

对于有限大小系统，相应于分离变量法，可采用本征函数展开法求边值问题格林函数。考虑斯图姆-刘维尔算符的格林函数方程

$$\begin{cases} \boldsymbol{L}G - \lambda G = \delta(\boldsymbol{r}-\boldsymbol{r}') \\ G(\boldsymbol{r})|_\Sigma = 0 \end{cases} \tag{16.2.1}$$

相应齐次方程的本征值问题为

$$\begin{cases} L\psi_n(\boldsymbol{r}) = \lambda_n \psi_n(\boldsymbol{r}) \\ \psi_n(\boldsymbol{r})\,|_\Sigma = 0 \end{cases}$$

式中，λ_n 为本征值，ψ_n 为其本征函数。将格林函数 G 按本征函数 ψ_n 展开，

$$G(\boldsymbol{r},\boldsymbol{r}') = \sum_n C_n(\boldsymbol{r}')\psi_n(\boldsymbol{r})$$

代入方程(16.2.1)，两边乘以 $\psi_m^*(\boldsymbol{r})$ 并积分，利用本征函数的正交性，得到展开系数

$$C_n(\boldsymbol{r}') = \frac{1}{\lambda_n - \lambda}\psi_n^*(\boldsymbol{r}')$$

于是得

$$G(\boldsymbol{r},\boldsymbol{r}') = \sum_n \frac{1}{\lambda_n - \lambda}\psi_n^*(\boldsymbol{r}')\psi_n(\boldsymbol{r}) \tag{16.2.2}$$

例 16.5 求泊松方程在矩形区域内的格林函数：

$$\begin{cases} \Delta G(\boldsymbol{r},\boldsymbol{r}') = -\delta(\boldsymbol{r}-\boldsymbol{r}') \\ G(\boldsymbol{r},\boldsymbol{r}')\,|_{x=0} = G(\boldsymbol{r},\boldsymbol{r}')\,|_{x=a} = 0 \\ G(\boldsymbol{r},\boldsymbol{r}')\,|_{y=0} = G(\boldsymbol{r},\boldsymbol{r}')\,|_{y=b} = 0 \end{cases}$$

解 本题是定解问题式(16.2.1)在 $\lambda = 0$ 时的特例，相应的本征值问题为

$$\begin{cases} -\Delta\psi(\boldsymbol{r}) = \lambda\psi(\boldsymbol{r}) \\ \psi(\boldsymbol{r})\,|_{x=0} = \psi(\boldsymbol{r})\,|_{x=a} = \psi(\boldsymbol{r})\,|_{y=0} = \psi(\boldsymbol{r})\,|_{y=b} = 0 \end{cases}$$

解得本征函数为

$$\begin{cases} \psi_{mn}(x,y) = \dfrac{2}{\sqrt{ab}}\sin\mu_m x\sin\nu_n y \\ \lambda_{mn} = \mu_m^2 + \nu_n^2, \quad \mu_m = \dfrac{m\pi}{a}, \quad \nu_n = \dfrac{n\pi}{b} \end{cases}$$

由式(16.2.2)取 $\lambda = 0$，得到格林函数

$$G(\boldsymbol{r},\boldsymbol{r}') = \frac{4}{ab}\sum_{m,n} \frac{\sin\mu_m x'\sin\mu_n y'}{\mu_m^2 + \nu_n^2}\sin\mu_m x\sin\nu_n y$$

习题

[1] 用傅里叶变换法求二维泊松方程的基本解：

$$\Delta G_0(\boldsymbol{r},\boldsymbol{r}') = -\delta(\boldsymbol{r}-\boldsymbol{r}')$$

答案：

$$G_0(\boldsymbol{r},\boldsymbol{r}') = -\frac{1}{2\pi}\ln\frac{1}{|\boldsymbol{r}-\boldsymbol{r}'|}$$

[2] 用傅里叶变换法求三维亥姆霍兹方程的基本解：

$$\Delta G_0(\boldsymbol{r},\boldsymbol{r}') + k^2 G_0(\boldsymbol{r},\boldsymbol{r}') = -\delta(\boldsymbol{r}-\boldsymbol{r}')$$

答案：

$$G_0(\boldsymbol{r}-\boldsymbol{r}') = \frac{e^{-ik|\boldsymbol{r}-\boldsymbol{r}'|}}{4\pi|\boldsymbol{r}-\boldsymbol{r}'|}$$

[3] 用电像法求圆域内泊松方程在第一类边值问题的格林函数。

[4] 用电像法求解上半球内泊松方程在第一类边值问题的格林函数，球半径为 a（图 16.3）。

[5] 求解格林函数方程：

$$\begin{cases} \dfrac{\mathrm{d}^2}{\mathrm{d}x^2}G(x,x')+4G(x,x')=-\delta(x-x') \\ G(x,x')\mid_{x=0}=\dfrac{\mathrm{d}}{\mathrm{d}x}G(x,x')\mid_{x=1}=0 \end{cases}$$

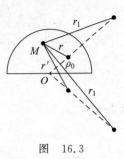

图 16.3

答案：

$$G(x,x')=\begin{cases} -\dfrac{1}{2\cos2}\sin2x\cos(2x'-2) & (x<x') \\ -\dfrac{1}{2\cos2}\sin2x'\cos(2x-2) & (x>x') \end{cases}$$

[6] 对于勒让德算符 $\boldsymbol{L}=-\dfrac{\mathrm{d}}{\mathrm{d}x}\left[(1-x^2)\dfrac{\mathrm{d}}{\mathrm{d}x}\right]$，

(1) 求格林函数：$\boldsymbol{L}G(x,x')=\delta(x-x')$；

(2) 求解非齐次方程：$\boldsymbol{L}u(x)=f(x)$。

16.3 应用举例

在得到格林函数后，现在可以利用积分式(16.1.10)和式(6.1.12)求解边值问题的积分形式解。

例 16.6 利用上面求出的格林函数，求解球内拉普拉斯方程的第一边值问题(图 16.4)：

$$\begin{cases} \Delta u=0 \\ u\mid_{r=a}=f(\theta,\varphi) \end{cases}\quad(r\leqslant a)$$

解 根据式(16.1.13)，有

$$u(\boldsymbol{r})=\iiint\limits_{\Omega}G(\boldsymbol{r},\boldsymbol{r}')\rho(\boldsymbol{r}')\mathrm{d}V'+\oiint\limits_{\Sigma}f(\boldsymbol{r}')\frac{\partial G(\boldsymbol{r},\boldsymbol{r}')}{\partial n'}\mathrm{d}S'$$

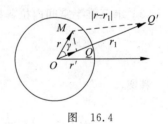

图 16.4

其中外源 $\rho(\boldsymbol{r}')=0$。格林函数为

$$G(\boldsymbol{r},\boldsymbol{r}')=-\frac{1}{4\pi}\frac{1}{\mid \boldsymbol{r}-\boldsymbol{r}'\mid}+\frac{a}{r'}\frac{1}{4\pi}\frac{1}{\mid \boldsymbol{r}-\boldsymbol{r}_1\mid}$$

利用关系式

$$\cos\gamma=\cos\theta\cos\theta'+\sin\theta\sin\theta'\cos(\varphi-\varphi')$$

可得

$$\frac{\partial}{\partial n'}\frac{1}{\mid \boldsymbol{r}-\boldsymbol{r}'\mid}=\frac{\partial}{\partial r'}\frac{1}{\sqrt{(r^2-2rr'\cos\gamma+r'^2)}}=-\frac{r'-r\cos\gamma}{(r^2-2rr'\cos\gamma+r'^2)^{3/2}}$$

消去分子里的 $\cos\gamma$，得

$$\frac{\partial}{\partial n'}\frac{1}{\mid \boldsymbol{r}-\boldsymbol{r}'\mid}\bigg|_\Sigma=\frac{r^2-\mid \boldsymbol{r}-\boldsymbol{r}'\mid-a^2}{2a\mid \boldsymbol{r}-\boldsymbol{r}'\mid^3}\bigg|_\Sigma$$

利用取边界条件 $r'\to a$，可得

$$\frac{\partial}{\partial n'}\left[\frac{a}{r'}\frac{1}{|\boldsymbol{r}-\boldsymbol{r}_1|}\right]\Big|_\Sigma = -\frac{a}{r'^2}\frac{1}{|\boldsymbol{r}-\boldsymbol{r}_1|} + \frac{a}{r'}\frac{\partial}{\partial r_1}\frac{1}{|\boldsymbol{r}-\boldsymbol{r}_1|}\frac{\partial r_1}{\partial r'}\Big|_{r_1\to r'}$$

$$= \frac{a^2-r^2-|\boldsymbol{r}-\boldsymbol{r}'|}{2a|\boldsymbol{r}-\boldsymbol{r}'|^3}\Big|_\Sigma$$

于是有

$$\frac{\partial G}{\partial n'}\Big|_\Sigma = \frac{1}{4\pi a}\frac{a^2-r^2}{|\boldsymbol{r}-\boldsymbol{r}'|^3}\Big|_\Sigma$$

代入积分公式,最后得

$$u(r,\theta,\varphi) = \int_0^\pi d\theta'\int_0^{2\pi}\frac{1}{4\pi a}\frac{a^2-r^2}{|\boldsymbol{r}-\boldsymbol{r}'|^3}f(\theta',\varphi')a^2\sin\theta'd\varphi'$$

$$= \frac{a}{4\pi}\int_0^\pi\int_0^{2\pi}f(\theta',\varphi')\frac{a^2-r^2}{(a^2-2ar\cos\gamma+r^2)^{3/2}}\sin\theta'd\theta'd\varphi'$$

该式也称作球面泊松公式。

习题

[1] 求圆内拉普拉斯方程的第一边值问题:

$$\begin{cases}\Delta_2 u = 0\\ u\mid_{\rho=a} = f(\varphi)\end{cases}\quad(\rho\leqslant a)$$

[2] 求二维半平面内拉普拉斯方程的第一边值问题:

$$\begin{cases}\Delta_2 u = 0\\ u\mid_{y=0} = f(x)\end{cases}\quad(y\geqslant 0)$$

答案:

$$u(x,y) = \frac{1}{\pi}\int_{-\infty}^\infty\frac{yf(x')}{(x-x')^2+y^2}dx'$$

[3] 求三维半空间内拉普拉斯方程的第一边值问题:

$$\begin{cases}\Delta u = 0\quad(z>0)\\ u\mid_{z=0} = f(x,y)\end{cases}$$

答案:

$$u(x,y,z) = \frac{z}{2\pi}\iint_{-\infty}^\infty\frac{f(x',y')}{[(x-x')^2+(y-y')^2+z^2]^{3/2}}dx'dy'$$

[4] 用格林函数法求解方程:

$$\begin{cases}\dfrac{d^2}{dx^2}u(x)+k^2u(x) = f(x)\\ u\mid_{x=a} = 0,\quad u'\mid_{x=b} = 0\end{cases}$$

答案:

$$G(x,x') = \begin{cases}\dfrac{\sin k(x'-b)\sin k(x-a)}{k\sin k(b-a)}\quad(x<x')\\[3mm] \dfrac{\sin k(x'-a)\sin k(x-b)}{k\sin k(b-a)}\quad(x>x')\end{cases}$$

$$u(x) = \int_a^b G(x, x') f(x') \mathrm{d}x'$$

16.4　发展方程

1. 含时问题格林函数

前面讨论了位势方程的格林函数方法,对于波动或输运等含时问题,同样可以运用格林函数进行求解,我们仅概述其意,不再作深入讨论。

1）波动方程

$$\begin{cases} u_{tt} - a^2 \Delta u = f(\boldsymbol{r}, t) \\ \left(\alpha \dfrac{\partial u}{\partial n} + \beta u \right) \Big|_\Sigma = \theta(M, t) \\ u \big|_{t=0} = \varphi(\boldsymbol{r}), \quad u_t \big|_{t=0} = \psi(\boldsymbol{r}) \end{cases}$$

格林函数所满足的定解问题为

$$\begin{cases} G_{tt} - a^2 \Delta G = \delta(\boldsymbol{r} - \boldsymbol{r}') \delta(t - t') \\ \left(\alpha \dfrac{\partial G}{\partial n} + \beta G \right) \Big|_\Sigma = 0 \\ G \big|_{t=0} = 0, \quad G_t \big|_{t=0} = 0 \end{cases}$$

采用类似 15.1 节的办法,可得波动方程的积分解

$$u(\boldsymbol{r}, t) = \iiint_\Omega \int_0^t G(\boldsymbol{r}, t; \boldsymbol{r}', t') f(\boldsymbol{r}', t') \mathrm{d}V' \mathrm{d}t' + a^2 \iint_\Sigma \int_0^t \left[G \frac{\partial u}{\partial n'} - u \frac{\partial G}{\partial n'} \right] \mathrm{d}S' \mathrm{d}t' +$$

$$\iiint_\Omega [G u_{t'} - u G_{t'}] \big|_{t'=0} \mathrm{d}V'$$

2）输运方程

$$\begin{cases} u_t - a^2 \Delta u = f(\boldsymbol{r}, t) \\ \left(\alpha \dfrac{\partial u}{\partial n} + \beta u \right) \Big|_\Sigma = \theta(M, t) \\ u \big|_{t=0} = \varphi(\boldsymbol{r}) \end{cases}$$

同样可得到其积分形式解为

$$u(\boldsymbol{r}, t) = \iiint_\Omega \int_0^t G(\boldsymbol{r}, t; \boldsymbol{r}', t') f(\boldsymbol{r}', t') \mathrm{d}V' \mathrm{d}t' + a^2 \iint_\Sigma \int_0^t \left[G \frac{\partial u}{\partial n'} - u \frac{\partial G}{\partial n'} \right] \mathrm{d}S' \mathrm{d}t' +$$

$$\iiint_\Omega [uG] \big|_{t'=0} \mathrm{d}V'$$

例 16.7　求自由粒子薛定谔方程的格林函数:

$$\begin{cases} \mathrm{i} \dfrac{\partial}{\partial t} \psi(\boldsymbol{r}, t) = -\dfrac{1}{2} \nabla^2 \psi(\boldsymbol{r}, t) \\ \psi(\boldsymbol{r}, t) \big|_{t=0} = \psi(\boldsymbol{r}, 0) \end{cases}$$

解　对空间坐标作傅里叶变换,$\Psi(\boldsymbol{k}, t) = \mathfrak{F}[\psi(\boldsymbol{r}, t)]$,解得

$$\Psi(\boldsymbol{k}, t) = \Psi(\boldsymbol{k}, 0) \mathrm{e}^{-\mathrm{i}k^2 t/2}$$

作傅里叶逆变换，

$$\psi(\boldsymbol{r},t) = \int_{-\infty}^{\infty} \boldsymbol{\Psi}(\boldsymbol{k},0) e^{-\frac{ik^2 t}{2}} e^{i\boldsymbol{k}\cdot\boldsymbol{r}} d\boldsymbol{k}$$

$$= \frac{1}{(2\pi)^3} \int_{-\infty}^{\infty} \int_{-\infty}^{\infty} \psi(\boldsymbol{r}',0) e^{-i\boldsymbol{k}\cdot\boldsymbol{r}'} d\boldsymbol{r}' e^{-ik^2 t/2} e^{i\boldsymbol{k}\cdot\boldsymbol{r}} d\boldsymbol{k}$$

$$= \int_{-\infty}^{\infty} \psi(\boldsymbol{r}',0) G(\boldsymbol{r},\boldsymbol{r}';t,0) d\boldsymbol{r}'$$

将初始波包 $\psi(\boldsymbol{r},0)$ 视作外源，则格林函数为

$$G(\boldsymbol{r},\boldsymbol{r}';t,0) = \frac{1}{(2\pi)^3} \int_{-\infty}^{\infty} e^{i\boldsymbol{k}\cdot(\boldsymbol{r}-\boldsymbol{r}')-i\frac{1}{2}k^2 t} d\boldsymbol{k}$$

在量子力学中，该格林函数又称作自由粒子的传播子，表示在 $t=0$ 时刻一个粒子从 $\boldsymbol{r}'$ 点经过时间 t，传播到 $\boldsymbol{r}$ 点的概率幅。对于一维系统有

$$G(x,x';t,0) = \sqrt{\frac{2\pi i m}{\hbar t}} e^{-\frac{im}{2\hbar t}(x-x')^2}$$

2. 本征函数展开法

本方法适用于具有齐次边界条件的有限大小系统。

例 16.8 求波动方程的格林函数：

$$\partial_{tt} G - a^2 \Delta G = \delta(\boldsymbol{r}-\boldsymbol{r}') \delta(t-t')$$

解 设 $u_n(\boldsymbol{r})$ 为亥姆霍兹方程 $\Delta u(\boldsymbol{r}) + \lambda u(\boldsymbol{r}) = 0$ 在齐次边界条件下的本征函数，相应的本征值为 λ_n。将格林函数按 $u_n(\boldsymbol{r})$ 展开，假设其展开系数为时间的函数

$$G(\boldsymbol{r},\boldsymbol{r}';t,t') = \sum_{n=1}^{\infty} C_n(\boldsymbol{r}';t) u_n(\boldsymbol{r})$$

利用

$$\Delta u_n(\boldsymbol{r}) = -\lambda_n u_n(\boldsymbol{r}), \quad \delta(\boldsymbol{r}-\boldsymbol{r}') = \sum_{n=1}^{\infty} u_n(\boldsymbol{r}) u_n(\boldsymbol{r}')$$

代入波动方程得

$$\sum_{n=1}^{\infty} \left[\frac{\partial^2}{\partial t^2} C_n(\boldsymbol{r}';t) + a^2 \lambda_n C_n(\boldsymbol{r}';t) \right] u_n(\boldsymbol{r}) = \sum_{n=1}^{\infty} \left[u_n(\boldsymbol{r}') \delta(t-t') \right] u_n(\boldsymbol{r})$$

比较两边"系数"，有

$$\frac{\partial^2}{\partial t^2} C_n(\boldsymbol{r}';t) + a^2 \lambda_n C_n(\boldsymbol{r}';t) = u_n(\boldsymbol{r}') \delta(t-t')$$

假设当 $t < t'$ 时，有

$$C_n(\boldsymbol{r}';t) = 0, \quad \frac{d}{dt} C_n(\boldsymbol{r}';t) = 0$$

解得

$$C_n(\boldsymbol{r}';t) = u_n(\boldsymbol{r}') \frac{\sin\omega_n(t-t')}{\omega_n} H(t-t'), \quad \omega_n = a\sqrt{\lambda_n}$$

于是得到格林函数

$$G(\boldsymbol{r},\boldsymbol{r}';t-t') = \sum_{n=1}^{\infty} u_n(\boldsymbol{r})u_n(\boldsymbol{r}')\frac{\sin\omega_n(t-t')}{\omega_n}H(t-t')$$

3. 拉普拉斯变换法

对于含时的格林函数,可以采用拉普拉斯变换法将其变为像空间中位势方程的格林函数,再按照 15.2 节的办法进行求解,最后反演求出原像函数,此处不再一一讲述。

注记

量子力学薛定谔方程通常被认为是无外源的,即始终是齐次方程,这样才能保证粒子数守恒,似乎不便引入有外源的格林函数。我们可以这样来考虑,令 $u(\boldsymbol{r},t)=\psi(\boldsymbol{r},t)-\psi(\boldsymbol{r},0)$,则 $u(\boldsymbol{r},t)$ 满足一个非齐次的薛定谔方程,

$$\begin{cases} \mathrm{i}\dfrac{\partial}{\partial t}u(\boldsymbol{r},t)+\dfrac{1}{2}\nabla^2 u(\boldsymbol{r},t)=-\dfrac{1}{2}\nabla^2\psi(\boldsymbol{r},0)\equiv f(\boldsymbol{r}) \\ u(\boldsymbol{r},t)\mid_{t=0}=0 \end{cases}$$

将 $f(\boldsymbol{r})$ 视作新场 $u(\boldsymbol{r},t)$ 的外源,$u(\boldsymbol{r},t)$ 自然不能再解释为波函数了,但可以定义其格林函数方程为

$$\mathrm{i}\frac{\partial}{\partial t}G(\boldsymbol{r},\boldsymbol{r}';t,t')+\frac{1}{2}\nabla^2 G(\boldsymbol{r},\boldsymbol{r}';t,t')=\delta(\boldsymbol{r}-\boldsymbol{r}')\delta(t-t')$$

作傅里叶变换 $\bar{G}(\boldsymbol{k};t,t')=\mathfrak{F}[G(\boldsymbol{r},\boldsymbol{r}';t,t')]$,有

$$\mathrm{i}\frac{\mathrm{d}}{\mathrm{d}t}\bar{G}(\boldsymbol{k};t,t')-\frac{1}{2}k^2\bar{G}(\boldsymbol{k};t,t')=\delta(t-t')$$

解得

$$\bar{G}(\boldsymbol{k};t,t')=-\mathrm{i}\mathrm{e}^{-\frac{\mathrm{i}}{2}k^2(t-t')}$$

所以

$$G(\boldsymbol{r},\boldsymbol{r}';t,t')=\frac{1}{(2\pi)^3}\int_{-\infty}^{\infty}\mathrm{e}^{\mathrm{i}\boldsymbol{k}\cdot(\boldsymbol{r}-\boldsymbol{r}')-\mathrm{i}\frac{1}{2}k^2(t-t')}\mathrm{d}\boldsymbol{k}$$

依此可以求得 $u(\boldsymbol{r},t)$ 的积分形式,从而解出 $\psi(\boldsymbol{r},t)$。

习题

[1] 用格林函数法求解

$$\begin{cases} u_t-a^2 u_{xx}=A\sin\omega t \\ u_x\mid_{x=0}=0, \quad u_x\mid_{x=l}=0 \\ u\mid_{t=0}=0 \end{cases}$$

答案:$u=\dfrac{A}{\omega}(1-\cos\omega t)$。

[2] 用格林函数法求解

$$\begin{cases} u_{tt}-a^2 u_{xx}=A\cos\dfrac{x}{l}\sin\omega t \\ u_x\mid_{x=0}=0, \quad u_x\mid_{x=l}=0 \\ u\mid_{t=0}=0, \quad u_t\mid_{t=0}=0 \end{cases}$$

［3］用积分变换法求无限空间中波动方程的格林函数：

$$\partial_{tt}G - a^2\Delta G = \delta(\boldsymbol{r} - \boldsymbol{r}')\delta(t - t')$$

答案：$G(\boldsymbol{r},\boldsymbol{r}';t,t') = \dfrac{1}{4\pi a}\dfrac{1}{|\boldsymbol{r} - \boldsymbol{r}'|}\delta(|\boldsymbol{r} - \boldsymbol{r}'| - a(t - t'))$。

16.5 微扰展开

从前面讨论中可以看出，用格林函数严格求解定解问题还是比较繁琐的。格林函数在理论上的真正功用在于它提供了一种有效方法，将没有严格解的问题作近似处理而得到有效的结果，这就是微扰展开法。它使得格林函数成为一种专门的计算技术，在量子场论和凝聚态物理中得到广泛的应用，本节简要介绍其基本思想。

1. 形式解

考虑在一定边界条件下 n 个自变量 $\boldsymbol{x} = (x_1, x_2, \cdots, x_n)$ 的非齐次方程：

$$\boldsymbol{L}u(\boldsymbol{x}) + \alpha V(\boldsymbol{x})u(\boldsymbol{x}) = f(\boldsymbol{x}) \tag{16.5.1}$$

式中，α 为常数，$V(\boldsymbol{x})$ 可视作外势场，将其移到右边并与 $f(\boldsymbol{x})$ 一起视作非齐次外源项，可以写出形式解

$$u(\boldsymbol{x}) = h(\boldsymbol{x}) + \int_D \mathrm{d}^n x' G_0(\boldsymbol{x}, \boldsymbol{x}')[f(\boldsymbol{x}) - \alpha V(\boldsymbol{x}')u(\boldsymbol{x}')] \tag{16.5.2}$$

这里假设 $h(\boldsymbol{x})$ 是对应于算符 $\boldsymbol{L}$ 的齐次方程的一个解：$\boldsymbol{L}h(\boldsymbol{x}) = 0$，它满足相应的非齐次边界条件。$D$ 为算符 $\boldsymbol{L}$ 的积分域，$G_0(\boldsymbol{x}, \boldsymbol{x}')$ 为算符 $\boldsymbol{L}$ 在一定边界条件下自由场的格林函数

$$\boldsymbol{L}G_0(\boldsymbol{x}, \boldsymbol{x}') = \delta(\boldsymbol{x} - \boldsymbol{x}')$$

将积分号里的第一项与 $h(\boldsymbol{x})$ 合并表示为 $F(\boldsymbol{x})$，于是得到方程的形式解

$$u(\boldsymbol{x}) = F(\boldsymbol{x}) - \alpha\int_D G_0(\boldsymbol{x}, \boldsymbol{x}')V(\boldsymbol{x}')u(\boldsymbol{x}')\mathrm{d}^n x' \tag{16.5.3}$$

这样的积分方程一般很难求得解析解。但是如果 α 足够小，可以将积分号里的项用级数展开方法进行微扰计算。在此之前，我们先看一个可解析求解的例子。

例16.9 求解一维定态薛定谔方程的束缚态：

$$-\frac{\hbar^2}{2\mu}\frac{\mathrm{d}^2\psi}{\mathrm{d}x^2} + V(x)\psi = E\psi \quad (E < 0)$$

解 令

$$\boldsymbol{L}\psi \equiv \left(\frac{\mathrm{d}^2}{\mathrm{d}x^2} - \kappa^2\right)\psi = \frac{2\mu}{\hbar^2}V(x)\psi$$

其中 $\kappa^2 = -\dfrac{2\mu E}{\hbar^2} > 0$。根据式(16.5.3)得方程的形式解为

$$\psi(x) = \psi_0(x) + \int_{-\infty}^{\infty}\frac{2\mu}{\hbar^2}G_0(x, y)V(y)\psi(y)\mathrm{d}y$$

由于 $\boldsymbol{L}\psi_0 = 0$，根据束缚态条件，当 $x \to \pm\infty$ 时，有 $\psi_0 = A\mathrm{e}^{\kappa x} + B\mathrm{e}^{-\kappa x} \to 0$。又可证明一维格林函数为

$$G_0(x,x') = -\frac{e^{-\kappa|x-x'|}}{2\kappa}$$

所以

$$\psi(x) = -\frac{\mu}{\hbar^2\kappa}\int_{-\infty}^{\infty}e^{-\kappa|x-x'|}V(x')\psi(x')\mathrm{d}x'$$

如果取外势 $V(x) = -V_0\delta(x-a)$，有

$$\psi(x) = -\frac{\mu}{\hbar^2\kappa}\int_{-\infty}^{\infty}e^{-\kappa|x-x'|}V_0\delta(x'-a)\psi(x')\mathrm{d}x' = \frac{\mu V_0}{\hbar^2\kappa}e^{-\kappa|x-a|}\psi(a)$$

当 $x=a$ 时方程成立，于是得

$$\frac{\mu V_0}{\hbar^2\kappa} = 1 \rightarrow E = -\frac{\mu V_0}{2\hbar^2}$$

它说明方程只有一个束缚态。

2. 级数展开

我们对方程的一般积分解公式(16.5.3)作纽曼级数(Neumann series)展开,将 u 反复代入被积函数,得到一个积分系列

$$u(\boldsymbol{x}) = F(\boldsymbol{x}) + \sum_{m=1}^{N-1}(-\alpha)^m\int_D\mathrm{d}^n\boldsymbol{x}'K^m(\boldsymbol{x},\boldsymbol{x}')F(\boldsymbol{x}') + $$
$$(-\alpha)^N\int_D\mathrm{d}^n\boldsymbol{x}'K^N(\boldsymbol{x},\boldsymbol{x}')u(\boldsymbol{x}') \tag{16.5.4}$$

式中,

$$K(\boldsymbol{x},\boldsymbol{x}') = V(\boldsymbol{x})G_0(\boldsymbol{x},\boldsymbol{x}')$$
$$K^m(\boldsymbol{x},\boldsymbol{x}') = \int_D\mathrm{d}^n\boldsymbol{y}K^{m-1}(\boldsymbol{x},\boldsymbol{y})K(\boldsymbol{y},\boldsymbol{x}) \quad (m \geqslant 2)$$

令 $N \rightarrow \infty$ 得到纽曼级数

$$u(\boldsymbol{x}) = F(\boldsymbol{x}) + \sum_{m=1}^{\infty}(-\alpha)^m\int_D\mathrm{d}^n\boldsymbol{x}'K^m(\boldsymbol{x},\boldsymbol{x}')F(\boldsymbol{x}') \tag{16.5.5}$$

写成简洁的算符形式,即

$$|u\rangle = |F\rangle + \sum_{m=1}^{\infty}(-\alpha)^m\boldsymbol{K}^m|F\rangle \tag{16.5.6}$$

该级数必须收敛才有意义,即要求

$$|\alpha|\left[\iint_D\mathrm{d}^n\boldsymbol{x}'\int_D\mathrm{d}^n\boldsymbol{x}|K^m(\boldsymbol{x},\boldsymbol{x}')|^2\right]^{1/2} < 1 \tag{16.5.7}$$

所以如果 α 足够小时,级数就可能收敛,这样就构成用微扰展开来求方程近似解的方法。

注记

在物理学中,费恩曼将纽曼级数式(16.5.5)发展成所谓的费恩曼图技术。由于在大多数情况下二阶偏微分方程都是齐次的,所以 $f(\boldsymbol{x}) = 0$,这时 $\boldsymbol{L}$ 和 $\boldsymbol{V}(\boldsymbol{x})$ 分别视作自由粒子算符和相互作用势,$\boldsymbol{L}u = 0$ 的解称作自由粒子解,记作 $u_f(\boldsymbol{x})$,于是

$$u(\boldsymbol{x}) = u_f(\boldsymbol{x}) - \alpha\int_{R^n}\mathrm{d}^n\boldsymbol{x}'G_0(\boldsymbol{x},\boldsymbol{x}')V(\boldsymbol{x}')u(\boldsymbol{x}') \tag{16.5.8}$$

将算符 $L+\alpha V$ 的格林函数记作 G，将积分域 D 改为 R^n 以表明没有边界约束加在 u 上，这使得我们能够使用格林函数的奇异部分。使用算符形式，假设 $G=G_0+A$，其中 $LG_0=I$，算符 A 待定，由于

$$LG=LG_0+LA=I+LA$$

另一方面，$(L+\alpha V)G=I$，所以

$$LA=-\alpha VG$$
$$\to A=-\alpha L^{-1}VG=-\alpha G_0VG$$

于是有

$$G=G_0-\alpha G_0VG \qquad (16.5.9)$$

将 G 反复代入算符方程(16.5.9)，有

$$G=G_0-\alpha G_0VG_0+\alpha^2G_0VG_0VG_0-\alpha^3G_0VG_0VG_0VG_0+\cdots$$
$$=\frac{G_0}{1-\alpha G_0V} \qquad (16.5.10)$$

该式在量子场论中称作戴森方程，写成函数形式即

$$G(\boldsymbol{x},\boldsymbol{y})=G_0(\boldsymbol{x},\boldsymbol{y})-\alpha\int_{R^n}\mathrm{d}^nx'G_0(\boldsymbol{x},\boldsymbol{x}')V(\boldsymbol{x}')G(\boldsymbol{x}',\boldsymbol{y}) \qquad (16.5.11)$$

将格林函数的微扰展开表示成无穷级数形式，即

$$G(\boldsymbol{x},\boldsymbol{y})=G_0(\boldsymbol{x},\boldsymbol{y})+\sum_{m=1}^{\infty}(-\alpha)^m\int_{R^n}\mathrm{d}^nx'G_0(\boldsymbol{x},\boldsymbol{x}')K^m(\boldsymbol{x}',\boldsymbol{y}) \qquad (16.5.12)$$

费恩曼的思想是将 $G(\boldsymbol{x},\boldsymbol{y})$ 视作相互作用粒子从 $\boldsymbol{x}$ 到 $\boldsymbol{y}$ 的传播子，$G_0(\boldsymbol{x},\boldsymbol{y})$ 则为自由粒子的传播子，用一条线段表示。$G(\boldsymbol{x},\boldsymbol{y})$ 可表示成粒子自由地从 $\boldsymbol{x}$ 传播到 $\boldsymbol{x}_1'$，在顶点处发生相互作用 $-\alpha V(\boldsymbol{x}_1')$，然后再从 $\boldsymbol{x}_1'$ 自由地传播到 $\boldsymbol{x}_2'$，又发生相互作用 $-\alpha V(\boldsymbol{x}_2')$，一直继续传播，直至 $\boldsymbol{y}$ 点，如图 16.5 所示。

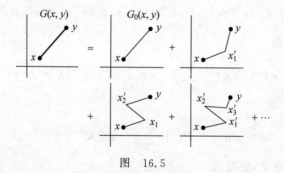

图 16.5

费恩曼图技术被广泛应用于相对论量子场论，那里 $n=4$ 表示四维时空。在量子电动力学中，$\alpha=e^2/\hbar c\approx 1/137$，称为精细结构常数，可见 $-\alpha V$ 是一个很好的微扰近似，这使得量子电动力学具有前所未有的精确性。费恩曼图也被引入（非相对论的）凝聚态物理学，成为微扰计算的重要工具。

习题

求解格林函数

$$\left(\frac{\mathrm{d}^2}{\mathrm{d}x^2}-k^2\right)G=\delta(x-x') \quad (-\infty<x<\infty)$$

第17章

变 分 法

17.1 泛函与变分

1. 最速降问题

约翰·伯努利提出过这样一个问题：在重力作用下，质点从 A 点到 B 点无摩擦地滑下，如图 17.1 所示，问沿什么样的路径所需时间最短？

取 y 轴方向向下，假设质点滑下时的路径用连续光滑函数 $y(x)$ 描述，根据机械能守恒定理，有

$$v = \frac{\mathrm{d}s}{\mathrm{d}t} = \sqrt{2gy}$$

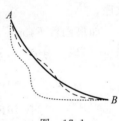

图 17.1

所以从 A 点到 B 点所需时间为

$$T = \int_{t(A)}^{t(B)} \mathrm{d}t = \int_A^B \frac{\mathrm{d}s}{\sqrt{2gy}} = \int_A^B \frac{\sqrt{1 + y'^2}}{\sqrt{2gy}} \mathrm{d}x \equiv J[y(x)]$$

称 J 为 $y(x)$ 的泛函，即函数的函数。$y(x)$ 为可取的函数类，称为泛函 $J[y(x)]$ 的变量函数。

泛函与普通函数的区别：普通函数的值取决于某点的位置 x，泛函的值取决于 A,B 之间的所有构型函数 $y(x)$，而且一般还与其导数 $y'(x)$ 也有关系。泛函大多以积分形式出现，典型的泛函可一般地表示为

$$J[y(x)] \equiv \int_a^b F(x, y, y') \mathrm{d}x \tag{17.1.1}$$

通常将函数 $F(x, y, y')$ 称作拉格朗日量。

伯努利的问题重新表述为：选取什么样的函数 $y(x)$ 曲线，使得 T 达到最小？

2. 泛函变分

泛函变分是求泛函极值的方法，通常是将问题转化为求解微分方程。设有连续的函数曲线 $y(x)$，将它略微变形，

$$y(x) \to \tilde{y}(x) = y(x) + \varepsilon\eta(x) \tag{17.1.2}$$

其中 ε 为很小的常数，$\eta(x)$ 为任意连续可导函数，则有

$$\delta y(x) = \tilde{y}(x) - y(x) = \varepsilon\eta(x) \tag{17.1.3}$$

称 δy 为函数 $y(x)$ 的变分。

那么，函数导数 $y'(x)$ 的变分 $\delta y'$ 是什么呢？由于

$$y' = \lim_{\Delta x \to 0} \frac{y(x + \Delta x) - y(x)}{\Delta x}$$

根据定义

$$\tilde{y}' = \lim_{\Delta x \to 0} \frac{\tilde{y}(x + \Delta x) - \tilde{y}(x)}{\Delta x} = \lim_{\Delta x \to 0} \frac{[y(x + \Delta x) + \varepsilon\eta(x + \Delta x)] - [y(x) + \varepsilon\eta(x)]}{\Delta x}$$

于是

$$\delta y' = \tilde{y}'(x) - y'(x) = \lim_{\Delta x \to 0} \frac{\varepsilon\eta(x + \Delta x) - \varepsilon\eta(x)}{\Delta x} = \varepsilon\eta'(x) \equiv (\delta y)' \tag{17.1.4}$$

因此，函数导数的变分即等于函数变分的导数，它表明取变分和函数求导可以互相交换次序。

如果函数 $F(x, y, y')$ 对于 x, y, y' 都是连续二阶可导，且 $y(x)$ 有连续的二阶导数，则当 $y(x)$ 取变分 $\delta y = \varepsilon\eta(x)$ 时，$J[y(x)]$ 相应的变化为

$$\delta J = J[y(x) + \delta y] - J[y(x)] = \int_a^b [F(x, \tilde{y}, \tilde{y}') - F(x, y, y')] \mathrm{d}x$$

$$= \int_a^b \left[\frac{\partial F}{\partial y}\varepsilon\eta + \frac{\partial F}{\partial y'}\varepsilon\eta' + O(\varepsilon^2)\right] \mathrm{d}x$$

其中 $O(\varepsilon^2)$ 表示 ε 的高阶无穷小。于是泛函的一阶变分为

$$\delta J = \int_a^b \left[\frac{\partial F}{\partial y}\delta y + \frac{\partial F}{\partial y'}\delta y'\right] \mathrm{d}x \tag{17.1.5}$$

它表明变分和积分也可以交换次序。式(17.1.5)表明，函数 y 与其导数 y' 应被视作独立的变分变量。

注记

一条两端固定、自然悬挂的绳子所呈现的形状称作悬垂线，假定绳子柔软而均匀，胡克(R. Hooke)曾观察到用小卵石砌成的拱门也呈现同样的形状。悬垂线看起来和抛物线很像，伽利略最初就是这样认为的。17 岁的惠更斯对此进行了反驳，尽管他还不能给出正确的悬垂线方程，不过他认为抛物线是在水平方向均匀受力时绳子的形状。

悬垂线问题最终由雅各布·伯努利、惠更斯和莱布尼茨分别解决。如图 17.2 所示，P 点的切向力是 F_1，水平方向的力是 F_0，它与 P 的位置无关时，悬垂线处于平衡状态，OP 段绳子的重力正比于 OP 弧长 s，雅各布·伯努利证明该曲线满足方程：

$$\frac{\mathrm{d}y}{\mathrm{d}x} = \frac{W}{F_0} = \frac{s}{a}$$

其中 a 为常数。作一些变换后，上述方程可化为

$$\frac{\mathrm{d}y}{\mathrm{d}x}=\frac{\sqrt{y^2-a^2}}{a}$$

它的解就是

$$y=a\cosh\left(\frac{x}{a}\right)-a$$

可见悬垂线是一条双曲函数。

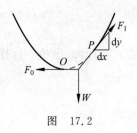

图　17.2

弹性线是指一段弹性细杆，一端点被压紧后将其弯曲所呈现的形状，雅各布·伯努利证明该曲线满足微分方程：

$$\mathrm{d}s=\frac{\mathrm{d}x}{\sqrt{1-x^4}}$$

为了从几何上阐释这个积分，他引入双纽线并证明其弧长恰好就是由这个公式表述，这成为研究双纽线的起点。我们在第 2 章叙述过，关于双纽线的研究最终导致了椭圆函数理论的发展。

关于最速降线问题，约翰·伯努利曾傲慢地向全世界数学家提出挑战。莱布尼茨和牛顿都曾独立解决，这条曲线就是旋轮线，它是沿一条直线滚动的圆周上固定点画出的轨迹。牛顿把他的解答以匿名的方式寄给约翰·伯努利，后者很快就认出了"利爪后面隐藏的狮子"。在所有的解决方案中，雅各布·伯努利的解法意义最为深远，它从各种可能的路径中将所需的曲线发现出来，提出了"可变曲线"的概念，这是变分法发展中最重要的一步。自尊心受伤的弟弟约翰·伯努利对此一直耿耿于怀。

习题

[1] 求泛函的二阶变分表达式。

[2] 由方程 $\dfrac{\mathrm{d}y}{\mathrm{d}x}=\dfrac{s}{a}$，$s$ 为曲线的弧长，证明：

$$\frac{\mathrm{d}y}{\mathrm{d}x}=\frac{\sqrt{y^2-a^2}}{a}$$

提示：利用

$$\frac{\mathrm{d}^2y}{\mathrm{d}x^2}=\frac{1}{2}\frac{\mathrm{d}}{\mathrm{d}y}\left(\frac{\mathrm{d}y}{\mathrm{d}x}\right)^2$$

17.2　泛函极值

下面讨论满足什么条件的函数 $y(x)$ 可以使泛函 $J[y(x)]$ 取极值。

1. 变分法基本引理

设 $y(x)$ 是 x 的连续函数，若关系式

$$\int_a^b y(x)\eta(x)\mathrm{d}x=0$$

对任何边界固定且具有二阶连续导数的连续函数 $\eta(x)$ 都成立，则必有 $y(x)=0$。

现在假设某个函数 $y(x)$ 使泛函 $J[y(x)]$ 取极值，当 $y(x)$ 发生一个小的变形

$\delta y = \varepsilon \eta(x)$，泛函 $J[y(x) + \varepsilon \eta(x)]$ 可视作参数 ε 的普通函数

$$\Phi(\varepsilon) = J[y(x) + \varepsilon \eta(x)]$$

在 $\varepsilon = 0$ 时取极值。这样，原来的泛函极值问题便转化成普通函数取极值的问题：

$$\left. \frac{\mathrm{d}\Phi(\varepsilon)}{\mathrm{d}\varepsilon} \right|_{\varepsilon=0} = 0$$

亦即

$$\frac{\mathrm{d}}{\mathrm{d}\varepsilon} \int_a^b F(x, y + \varepsilon\eta, y' + \varepsilon\eta') \mathrm{d}x \mid_{\varepsilon=0} = \int_a^b \left(\frac{\partial F}{\partial y} \eta + \frac{\partial F}{\partial y'} \eta' \right) \mathrm{d}x = 0 \qquad (17.2.1)$$

根据式(17.1.5)，它意味着泛函的变分 $\delta J = 0$。将上式第二项作分部积分

$$\int_a^b \frac{\partial F}{\partial y'} \delta y' \mathrm{d}x = \int_a^b \frac{\partial F}{\partial y'} \frac{\mathrm{d}}{\mathrm{d}x}(\delta y) \mathrm{d}x = \frac{\partial F}{\partial y'} \delta y \mid_a^b - \int_a^b \frac{\mathrm{d}}{\mathrm{d}x}\left(\frac{\partial F}{\partial y'} \right) \delta y \mathrm{d}x$$

于是泛函取极值的必要条件就是

$$\delta J = \frac{\partial F}{\partial y'} \delta y \mid_a^b - \int_a^b \left[\frac{\partial F}{\partial y} - \frac{\mathrm{d}}{\mathrm{d}x}\left(\frac{\partial F}{\partial y'} \right) \right] \delta y \mathrm{d}x = 0 \qquad (17.2.2)$$

2. 欧拉-拉格朗日方程

在式(17.2.2)中，如果 a, b 两端点固定，其变分始终为零，

$$\delta y \mid_{x=a} = \delta y \mid_{x=b} = 0$$

则

$$\int_a^b \left[\frac{\partial F}{\partial y} - \frac{\mathrm{d}}{\mathrm{d}x}\left(\frac{\partial F}{\partial y'} \right) \right] \delta y \mathrm{d}x = 0$$

根据变分法基本引理，得到泛函取极值时 $F(x, y, y')$ 满足的欧拉-拉格朗日方程：

$$\frac{\partial F}{\partial y} - \frac{\mathrm{d}}{\mathrm{d}x}\left(\frac{\partial F}{\partial y'} \right) = 0 \qquad (17.2.3)$$

例 17.1 求解最速降落问题：

$$T = \int_A^B \frac{\sqrt{1 + y'^2}}{\sqrt{2gy}} \mathrm{d}x$$

解 速降问题即降落时间取极小值，亦即泛函 T 取极值问题，拉格朗日量为

$$F(x, y, y') = \frac{\sqrt{1 + y'^2}}{\sqrt{2gy}}$$

由于 F 中不显含 x，故欧拉方程可化为

$$\frac{\partial F}{\partial y} - \frac{\mathrm{d}}{\mathrm{d}x}\left(\frac{\partial F}{\partial y'} \right) = 0 \rightarrow y' \frac{\partial F}{\partial y'} - F = c \qquad (17.2.4)$$

代入函数 F，有

$$y' \frac{\partial}{\partial y'} \sqrt{\frac{1 + y'^2}{y}} - \sqrt{\frac{1 + y'^2}{y}} = c$$

$$\rightarrow \frac{y'^2}{\sqrt{y(1 + y'^2)}} - \sqrt{\frac{1 + y'^2}{y}} = c$$

积分后得

$$\frac{1}{y(1+y'^2)}=c^2 \xrightarrow{c^2=1/c_1} \frac{\sqrt{y}\,\mathrm{d}y}{\sqrt{c_1-y}}=\mathrm{d}x$$

为了求解上述方程,可引进参数表示

$$y=c_1\sin^2\left(\frac{\theta}{2}\right)\rightarrow \mathrm{d}y=\frac{c_1}{2}\sin\theta\,\mathrm{d}\theta$$

于是

$$\mathrm{d}x=c_1\sin^2\left(\frac{\theta}{2}\right)\mathrm{d}\theta=\frac{c_1}{2}(1-\cos\theta)\mathrm{d}\theta$$

积分后即得

$$\begin{cases} x=\dfrac{c_1}{2}(\theta-\sin\theta)+c_2 \\[2mm] y=\dfrac{c_1}{2}(1-\cos\theta) \end{cases}$$

常数 c_1,c_2 可由端点位置确定。结果表明是一条旋轮线(cycloid)的参数方程,如图 17.3(a)所示。旋轮线有时又称摆线或等时线,因为从其上任何一点开始下降,到达底点所用的时间都相同(图 17.3(b)),换言之,小球在旋轮线上来回摆动的周期与振幅无关,这是相当奇妙的。

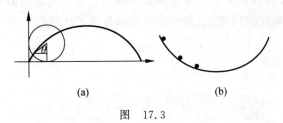

(a)　　　　　　　　(b)

图　17.3

练习　证明式(17.2.4)。

思考　如何证明旋轮线是等时线?

例 17.2　求泛函的极值曲线:

$$\begin{cases} J[y(x)]=\displaystyle\int_0^{\pi/2}\left[(y')^2-y^2\right]\mathrm{d}x \\[2mm] y(0)=0,\quad y(\pi/2)=1 \end{cases}$$

解　欧拉-拉格朗日方程为

$$\frac{\partial F}{\partial y}-\frac{\mathrm{d}}{\mathrm{d}x}\left(\frac{\partial F}{\partial y'}\right)=0 \rightarrow y''+y=0$$

解得

$$y=A\cos x+B\sin x$$

代入两端点的值,得

$$y=\sin x$$

3. 多元函数

对于二元函数的泛函

$$J[u(x)] = \iint\limits_{\Omega} F(x, y, u, u_x, u_y) \, \mathrm{d}x \, \mathrm{d}y$$

按照同样的思路,可以导出函数 F 满足的欧拉-拉格朗日方程

$$\frac{\partial F}{\partial u} - \frac{\partial}{\partial x}\left(\frac{\partial F}{\partial u_x}\right) - \frac{\partial}{\partial y}\left(\frac{\partial F}{\partial u_y}\right) = 0$$

一般 n 元函数的欧拉-拉格朗日方程为

$$\frac{\partial F}{\partial y} - \sum_{j=1}^{n} \frac{\partial}{\partial x_j}\left(\frac{\partial F}{\partial y_{x_j}}\right) = 0 \tag{17.2.5}$$

练习 证明式(17.2.5)。

4. 约束系统

1)等周问题

在一些泛函的极值问题中,变量函数 $y(x)$ 受到一些附加条件的约束,比如运动路径的长度固定,或者物体被限制在某个曲面上运动等,这类问题称作泛函的条件极值问题。如果这些约束以积分形式出现:

$$\int_a^b G(x, y, y') \, \mathrm{d}x = L$$

我们将其统称为等周问题,它源于求给定周长的线段所围成的最大面积。

仿照普通函数的条件极值问题,可采用拉格朗日乘子法进行处理,

$$\delta \int_a^b [F(x, y, y') + \lambda G(x, y, y')] \, \mathrm{d}x = 0 \tag{17.2.6}$$

相应的欧拉-拉格朗日方程为

$$\frac{\partial F}{\partial y} + \lambda \frac{\partial G}{\partial y} - \frac{\mathrm{d}}{\mathrm{d}x}\left(\frac{\partial F}{\partial y'}\right) - \lambda \frac{\mathrm{d}}{\mathrm{d}x}\left(\frac{\partial G}{\partial y'}\right) = 0 \tag{17.2.7}$$

例 17.3 求 $J[y(x)] = \int_0^1 (y')^2 \, \mathrm{d}x$ 的极值,其中 y 是归一化的:

$$\int_0^1 y^2 \, \mathrm{d}x = 1, \quad y(0) = 0, \quad y(1) = 0$$

解 由式(17.2.7),欧拉-拉格朗日运动方程为

$$y'' - \lambda y = 0 \rightarrow y = c_1 \mathrm{e}^{\sqrt{\lambda}y} + c_2 \mathrm{e}^{-\sqrt{\lambda}y}$$

由齐次边界条件,λ 只能取一些不连续值,

$$y_n = c_n \sin n\pi x, \quad \lambda_n = -n^2 \pi^2$$

再由归一化条件定出:$c_n = \pm\sqrt{2}$。于是得到泛函 J 的极值为

$$\int_0^1 2n^2 \pi^2 \cos^2 n\pi x \, \mathrm{d}x = n^2 \pi^2$$

当 $n = 1$ 时,函数 $y_1 = \pm\sqrt{2} \sin\pi x$ 使泛函取最小极值 π^2。

例 17.4 悬垂线问题:如图 17.4 所示,一长为 L 的柔软线段,两端固定在 $A(x_1, y_1)$,$B(x_2, y_2)$ 两点,求在重力作用下悬线的方程。

解 悬线的平衡状态要求其整体重心最低,假设线段的单位长度密度为1,其重心位置为

$$F = y\sqrt{1 + y'^2}$$

可得到泛函的极值问题

$$J[y] = \int_{x_1}^{x_2} y\sqrt{1 + y'^2}\,\mathrm{d}x$$

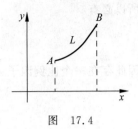

图 17.4

由于线段长度是给定的,因此有约束条件

$$\int_{x_1}^{x_2}\sqrt{1 + y'^2}\,\mathrm{d}x = L$$

令 $F = y\sqrt{1 + y'^2} + \lambda\sqrt{1 + y'^2}$,由于 F 不显含 x,所以

$$y'\frac{\partial F}{\partial y'} - F = c$$

$$\rightarrow y + \lambda = c\sqrt{1 + y'^2} \rightarrow y'^2 = \left(\frac{y + \lambda}{c}\right)^2 - 1$$

最后可求得

$$y + \lambda = \frac{1}{c_1}\cosh(c_1 x + c_2)$$

这是一条双曲函数线的方程,参数 c_1, c_2 由 A, B 的坐标确定,λ 可由线段长度求出。

2) 有限约束

对于给定边界条件下的泛函

$$J = \int_a^b F(x, y, z, y', z')\,\mathrm{d}x$$

如果函数 $y(x), z(x)$ 之间还满足附加约束:$G(x, y, z) = 0$,我们要求出泛函取极值所满足的条件。

从几何上说,该问题等价于求给定曲面上的空间函数曲线 $y(x), z(x)$,它给出 J 的极值。一个自然的途径是从方程 $G(x, y, z) = 0$ 中解出一个函数,由此化为只有一个独立函数的泛函问题。事实上只要在极值曲线上 $\frac{\partial}{\partial z}G \neq 0$,就能够解出 $z = g(x, y)$,同时将 z' 视作 x, y, y' 的函数,并利用关系

$$G_x + y'G_y + z'G_z = 0, \quad z' = \frac{\partial}{\partial x}g + y'\frac{\partial}{\partial y}g$$

将 z' 消去即可得到

$$F(x, y, z, y', z') = F\left(x, y, g(x, y), y', \frac{\partial}{\partial x}g + y'\frac{\partial}{\partial y}g\right)$$

根据 $y(x)$ 满足的欧拉-拉格朗日方程

$$\frac{\mathrm{d}}{\mathrm{d}x}\left(F_{y'} + F_{z'}\frac{\partial g}{\partial y}\right) - \left[F_y + F_z\frac{\partial g}{\partial y} + F_{z'}\left(\frac{\partial^2 g}{\partial x \partial y} + y'\frac{\partial^2 g}{\partial^2 y}\right)\right] = 0$$

化简得

$$\left(\frac{\mathrm{d}}{\mathrm{d}x}F_{y'} - F_y\right) + \left(\frac{\mathrm{d}}{\mathrm{d}x}F_{z'} - F_z\right)\frac{\partial g}{\partial y} = 0$$

又因为

$$G_y + G_z\frac{\partial g}{\partial y} = 0$$

所以必有

$$\left(\frac{\mathrm{d}}{\mathrm{d}x}F_{y'}-F_y\right):\left(\frac{\mathrm{d}}{\mathrm{d}x}F_{z'}-F_z\right)=G_y:G_z$$

因此存在一个比例因子 $\lambda=\lambda(x)$，使得

$$\begin{cases}\dfrac{\mathrm{d}}{\mathrm{d}x}F_{y'}-F_y-\lambda G_y=0\\[2mm]\dfrac{\mathrm{d}}{\mathrm{d}x}F_{z'}-F_z-\lambda G_z=0\end{cases}$$

令 $\widetilde{F}=F+\lambda G$，则它满足欧拉-拉格朗日方程：

$$\frac{\mathrm{d}}{\mathrm{d}x}\widetilde{F}_{y'}-\widetilde{F}_y=0,\quad\frac{\mathrm{d}}{\mathrm{d}x}\widetilde{F}_{z'}-\widetilde{F}_z=0$$

例 17.5　求给定曲面 $G(x,y,z)=0$ 上的给定两点之间的短程线方程。

解　对于由参数方程

$$x=x(t),\quad y=y(t),\quad y=y(t)$$

所表示的短程线，本问题的拉格朗日量为

$$F=\sqrt{\dot{x}^2+\dot{y}^2+\dot{z}^2}$$

有

$$\frac{\mathrm{d}}{\mathrm{d}t}\frac{\dot{x}}{\sqrt{\dot{x}^2+\dot{y}^2+\dot{z}^2}}:\frac{\mathrm{d}}{\mathrm{d}t}\frac{\dot{y}}{\sqrt{\dot{x}^2+\dot{y}^2+\dot{z}^2}}:\frac{\mathrm{d}}{\mathrm{d}t}\frac{\dot{z}}{\sqrt{\dot{x}^2+\dot{y}^2+\dot{z}^2}}=G_x:G_y:G_z$$

或者

$$\begin{cases}\dfrac{\mathrm{d}}{\mathrm{d}t}\dfrac{\dot{x}}{\sqrt{\dot{x}^2+\dot{y}^2+\dot{z}^2}}-\lambda(t)G_x=0\\[4mm]\dfrac{\mathrm{d}}{\mathrm{d}t}\dfrac{\dot{y}}{\sqrt{\dot{x}^2+\dot{y}^2+\dot{z}^2}}-\lambda(t)G_y=0\\[4mm]\dfrac{\mathrm{d}}{\mathrm{d}t}\dfrac{\dot{z}}{\sqrt{\dot{x}^2+\dot{y}^2+\dot{z}^2}}-\lambda(t)G_z=0\end{cases}$$

这三个方程与约束条件 $G(x,y,z)=0$ 一起，可以定出短程线方程及乘子 $\lambda(t)$，具体应用可参看习题[5]和习题[6]。

5. 可变端点

考虑单个因变量泛函 $\int_a^b F(x,y,y')\mathrm{d}x$，如果其端点是可移动的，根据式(17.2.2)，泛函取极值除了需满足欧拉-拉格朗日方程之外，还需要附加额外的约束条件：

(1) 如果两端自由，即 $\delta y|_a,\delta y|_b$ 可取任意值，所以必定有

$$\frac{\partial F}{\partial y'}\bigg|_{x=a}=\frac{\partial F}{\partial y'}\bigg|_{x=b}=0$$

(2) 如果只有 A 端固定，B 端自由(图 17.5(a))，则除了 A 端有 $\delta y|_{x=a}=0$，在 B 端需附加约束条件

$$\frac{\partial F}{\partial y'}\Big|_{x=b}=0$$

（3）如果 A 端固定，B 端约束在某一函数曲线 $y=f(x)$ 上，如图 17.5（b）所示，则需满足横交条件（证明可见参考文献[8]、[9]）：

$$F+\left[\frac{\mathrm{d}f(x)}{\mathrm{d}x}-y'\right]\frac{\partial F}{\partial y'}=0$$

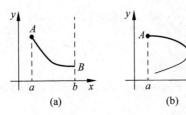

图 17.5

例 17.6 求在 x-y 平面上从点 $A(0,1)$ 到直线 $y=2-x$ 的最短曲线方程。

解 这是一个可变端点问题

$$\mathrm{d}s=\sqrt{\mathrm{d}x^2+\mathrm{d}y^2}=\sqrt{1+y'^2}\,\mathrm{d}x$$

所以问题为求下述泛函的极值

$$\begin{cases}J[y]=\displaystyle\int_0^b\sqrt{1+(y')^2}\,\mathrm{d}x\\[2mm]y(x)\big|_{x=0}=1,\quad y(x)\big|_{x=b}=2-b\end{cases}$$

其中 b 待定，由于 $F=\sqrt{1+(y')^2}$ 不显含 y，故欧拉方程为

$$\frac{\mathrm{d}}{\mathrm{d}x}F_{y'}=\frac{\mathrm{d}}{\mathrm{d}x}\frac{y'}{\sqrt{1+(y')^2}}=0$$

解得

$$y=cx+d$$

代入端点 $A(0,1)$ 得 $d=1$。再由横交条件

$$\left[F+[f'(x)-y']F_{y'}\right]_{x=b}=0\ \rightarrow\ y'(x)\big|_{x=b}=1$$

定出 $c=1,b=1/2$，于是曲线方程为

$$y=x+1$$

它就是从 A 点到给定直线的垂线方程，这也是把边界约束在曲线上称作横交条件的原因。

注记

拉格朗日乘子法用于求含有一个或多个约束的多变量函数的极值。以二元函数为例，假设要求函数 $f(x,y)$ 在受到约束 $g(x,y)=0$ 时的极值，从图 17.6 可见，当 $f(x,y)$ 的等值线与曲线 $g(x,y)=0$ 相切时，函数 $f(x,y)$ 取极值。在切点 P，等值线与 $g(x,y)=0$ 的法向相同，即 $\nabla f(x,y)=-\lambda\,\nabla g(x,y)$，其中 λ 为常数，或者令 $F=f+\lambda g$，有 $\nabla F(x,y)=0$，即

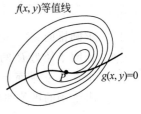

图 17.6

$$\frac{\partial}{\partial x}F(x,y)=\frac{\partial}{\partial y}F(x,y)=0$$

如果 n 自变量系统有 M 个约束,则令

$$F=f+\sum_{i=1}^{M}\lambda_i g_i$$

其中 $\lambda_i(i=1,2,\cdots,M)$ 为 M 个拉格朗日乘子,满足

$$\frac{\partial F}{\partial x_k}=0 \quad (k=1,2,\cdots,n)$$

习题

[1] 假设泛函依赖于多个因变量

$$J[x,y_1(x),y_2(x),\cdots,y_n(x),y_1'(x),y_2'(x),\cdots,y_n'(x)]$$

证明其欧拉-拉格朗日方程为

$$\frac{\partial F}{\partial y_i}-\frac{\mathrm{d}}{\mathrm{d}x}\left(\frac{\partial F}{\partial y_i'}\right)=0 \quad (i=1,2,\cdots,n)$$

[2] 如果泛函含有 $y(x)$ 的高阶导数

$$J[x,y(x),y'(x),y''(x),\cdots]$$

证明其欧拉-拉格朗日方程为

$$\frac{\partial F}{\partial y}-\frac{\partial}{\partial x}\left(\frac{\partial F}{\partial y'}\right)+\frac{\partial^2}{\partial x^2}\left(\frac{\partial F}{\partial y''}\right)-\frac{\partial^3}{\partial x^3}\left(\frac{\partial F}{\partial y'''}\right)+\cdots=0$$

[3] 求约束条件 $y'=u-y$ 下泛函的极值:

$$J=\frac{1}{2}\int_0^{x_1}[y^2(x)+u^2(x)]\mathrm{d}x$$

式中,$y(0)=0$,$y(x_1)$ 任意。

答案:

$$\begin{cases}y(x)=c_1\mathrm{e}^{\sqrt{2}x}+c_2\mathrm{e}^{-\sqrt{2}x}\\[2mm]u=c_1(1+\sqrt{2})\mathrm{e}^{\sqrt{2}x}+c_2(1-\sqrt{2})\mathrm{e}^{-\sqrt{2}x}\end{cases}$$

$$c_1=\frac{y_0}{1+(1+\sqrt{2})^2\mathrm{e}^{2\sqrt{2}x_1}},\quad c_2=\frac{y_0(1+\sqrt{2})^2\mathrm{e}^{2\sqrt{2}x_1}}{1+(1+\sqrt{2})^2\mathrm{e}^{2\sqrt{2}x_1}}$$

[4] 求经典等周问题:长度为 L 的线段所能围成的最大面积。

提示:该问题也可理解为,给定面积下周长取极小的函数方程;也可取线元为自变量,面积公式为

$$A=2\int_0^{L/2}y\sqrt{1-y'^2}\,\mathrm{d}s,\quad y(0)=0,\quad y(L/2)=0$$

[5] 求圆锥面 $x^2+y^2=z^2$ 上的短程线方程。

[6] 证明半径为 R 的球面上两点之间的短程线为过两点的大圆圆弧。

[7] 求在 x-y 平面上从点 $A(2,4)$ 到抛物线 $y=2-x^2$ 的最短线方程。

[8] 求泛函的极值曲线:

$$J[y]=\int_0^{x_1}\frac{\sqrt{1+(y')^2}}{y-1}\,\mathrm{d}x$$

其中一端 $y(0)=0$,另一端 $y(x_1)$ 可在圆周 $(x-9)^2+y^2=9$ 上自由移动。

答案: $(x-4)^2+(y-1)^2=16$。

17.3 物理学之数学原理

1. 费马原理

光线在 A,B 两点之间传播的实际路径,与其他可能的邻近路径相比,其光程最小 (图 17.7),即变分取极值:

$$\delta L=\delta\int_A^B n(x,y,y')\mathrm{d}s=0 \tag{17.3.1}$$

其中 $n(x,y,y')$ 为介质的折射率分布。

例 17.7 求折射率为 n_0 的均匀介质中光的传播路径。

解 光程的泛函变分为

$$\delta J=\delta\int_A^B n(x,y)\mathrm{d}\ell=\delta\int_A^B n_0\sqrt{1+y'^2}\,\mathrm{d}x=0$$

$$\to\frac{\mathrm{d}}{\mathrm{d}x}\left(\frac{y'}{\sqrt{1+y'^2}}\right)=0\to y''=0$$

$$\to y=cx+d$$

即光在均匀介质中沿直线传播。

例 17.8 利用费马原理(Fermat's principle)推导出斯涅耳折射定律(Snell's law of refraction)。

解 设折射率分布为

$$n(x)=\begin{cases}n_1 & (y\geqslant 0)\\ n_2 & (y<0)\end{cases}$$

如图 17.8 所示,光线从 A 点传播至 B 点,光程为

$$J=\int_A^B n(x)\sqrt{1+y'^2}\,\mathrm{d}x$$

由于拉格朗日量不显含自变量 x,所以

$$y'\frac{\partial F}{\partial y'}-F=c\to n(y)=c\sqrt{1+y'^2}$$

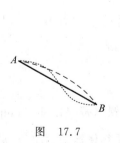

图 17.7

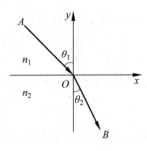

图 17.8

由于 y' 就是曲线的斜率，对应于倾角为 ϕ：$y' = \tan\phi$，所以沿着光路有

$$n\cos\phi \equiv c$$

所以在均匀介质中，倾角为常数，即光沿直线传播。于是在界面处有

$$n_1\cos\phi_1 = n_2\cos\phi_2$$

$$\rightarrow n_1\sin\theta_1 = n_2\sin\theta_2$$

2. 最小作用量原理

在牛顿力学中，保守力学系统的作用量定义为

$$S = \int_{t_0}^{t_1} L(q_j, \dot{q}_j, t)\,\mathrm{d}t \tag{17.3.2}$$

其中质点的拉格朗日量为 $L = T(q_j, \dot{q}_j) - V(q_j, \dot{q}_j)$，$T$ 和 V 分别为质点的动能和势能，$q_j\,(j=1,2,\cdots,n)$ 为广义坐标。最小作用量原理（the least action principle）是指，在给定时间区间的所有可能位形中，实际运动路径使作用量 S 取极小值，即

$$\delta S = 0 \tag{17.3.3}$$

最小作用量原理经常也称作哈密顿原理（Hamilton's principle）。

依据前面的论证，由最小作用量原理可以直接导出质点的欧拉-拉格朗日运动方程：

$$\frac{\partial L}{\partial q_j} - \frac{\mathrm{d}}{\mathrm{d}t}\frac{\partial L}{\partial \dot{q}_j} = 0 \quad (j=1,2,\cdots,n) \tag{17.3.4}$$

再由这个方程可直接推导出牛顿第二定律 $m\ddot{q} = -\nabla v(q)$，从而建立一套与牛顿力学理论完全等价的保守力学体系——分析力学。

例 17.9 设有一根长为 l，密度为 ρ 的均匀弦，被张力 τ 拉紧，试根据哈密顿原理推导其运动方程。

解 弦振动的动能为

$$T = \frac{1}{2}\int_0^l \rho(u_t)^2\,\mathrm{d}x$$

弦的总伸长量为

$$\Delta l = \int_0^l \sqrt{1+(u_x)^2}\,\mathrm{d}x - l \approx \frac{1}{2}\int_0^l (u_x)^2\,\mathrm{d}x$$

弹性势能与弦的伸长量成正比

$$V = \frac{1}{2}\int_0^l \tau(u_x)^2\,\mathrm{d}x$$

拉格朗日量为 $L = T - V$，哈密顿原理使下列作用量取极值

$$S = \int_{t_0}^{t} L\,\mathrm{d}t = \frac{1}{2}\int_{t_0}^{t}\int_0^l [\rho(u_t)^2 - \tau(u_x)^2]\,\mathrm{d}x\,\mathrm{d}t$$

由欧拉-拉格朗日方程，很容易得到我们熟悉的弦运动方程

$$u_{tt} - a^2 u_{xx} = 0, \quad a^2 = \frac{\tau}{\rho}$$

作用量还可以表示成另一种形式，这是欧拉以及莫佩尔蒂（M. de Maupertuis）等人的功劳，欧拉给出作用量的定义为 $S = \int_A^B p \cdot \mathrm{d}q$，其中 q 是物体运动的路径，p 是在路径上的

动量,即作用量是在运动路径上的动量累积。物体在保守力场中运动的路径是使这个作用量取极小值,该作用量的特点是回避了时间这个量,也就是不关心每个时刻的运动量变化,相当于在相空间里表述物体运动的特征。

例 17.10　求重力作用下物体从 A 点运动到 B 点的轨迹。

解　根据机械能守恒定理

$$\frac{1}{2}mv^2 = \frac{1}{2}mv_A^2 + mgy$$

所以作用量为

$$S = \int_A^B p \cdot \mathrm{d}q = m\int_A^B v\,\mathrm{d}s = m\int_A^B \sqrt{v_A^2 + 2gy} \cdot \sqrt{1 + \left(\frac{\mathrm{d}x}{\mathrm{d}y}\right)^2}\,\mathrm{d}y$$

其拉格朗日量为

$$F = \sqrt{v_A^2 + 2gy} \cdot \sqrt{1 + \left(\frac{\mathrm{d}x}{\mathrm{d}y}\right)^2}$$

由于它不显含 $x(y)$,根据最小作用量原理,得到欧拉-拉格朗日方程:

$$\frac{\mathrm{d}}{\mathrm{d}y}\left[\frac{\partial F}{\partial(\partial x/\partial y)}\right] = 0 \rightarrow \frac{\sqrt{v_A^2 + 2gy}}{\sqrt{1 + (\mathrm{d}x/\mathrm{d}y)^2}}\frac{\mathrm{d}x}{\mathrm{d}y} = c_1$$

$$\rightarrow \frac{\mathrm{d}x}{\mathrm{d}y} = \frac{c_1}{\sqrt{v_A^2 + 2gy - c_1^2}}$$

其中,c_1 是积分常数,积分得

$$x = \frac{c_1}{g}\sqrt{v_A^2 + 2gy - c_1^2} + c_2$$

$$\rightarrow 2gy = \left(\frac{g}{c_1}\right)^2 (x - c_2)^2 + c_1^2 - v_A^2$$

c_2 也是积分常数。不出所料,这是一条抛物线方程。假设物体作平抛运动,初始位置为 $(0,0)$,初始速度为 $(v_0,0)$,则 $y = \frac{g}{2v_0^2}x^2$。

思考

(1) 欧拉-莫佩尔蒂定义的作用量与由拉格朗日量 $L = T - V$ 定义的作用量,是否是同一个物理量?

(2) 作用量具有角动量量纲,它与角动量有关系吗?

(3) 行星在中心力场中作周期运动,那么沿闭合轨道的作用量 $S = \oint p \cdot \mathrm{d}q$ 是什么?

3. 对称性与守恒定理

在保守的力学系统中,质点的动能 $T = \sum_j \frac{1}{2}m\dot{q}_j^2$,在外势场 V 中运动的拉格朗日量为 $L = T - V$。在从一种位形转换到另一种位形的一切可能变化中,如果系统保持某种对称性,那么必然存在一个相应的物理守恒量,这个被称作诺特定理(Noether's theorem)的普遍法则,揭示了对称性与物理守恒定理之间的普遍联系,比如:

(1) 如果系统具有空间平移不变性,即当 $q_j \rightarrow q_j + \varepsilon$ 时拉格朗日量 L 保持不变,$\dfrac{\partial L}{\partial q_j} = 0$,则由欧拉-拉格朗日方程知

$$\frac{\mathrm{d}}{\mathrm{d}t} \frac{\partial L}{\partial \dot{q}_j} = 0 \rightarrow \frac{\partial L}{\partial \dot{q}_j} = 常数$$

在均匀外势场中,$V = 0$,拉格朗日量 L 不显含 x_j,

$$\frac{\partial L}{\partial \dot{x}_j} = m\dot{x}_j = 常数$$

这就是动量守恒定理。

(2) 如果系统具有时间平移不变性,即拉格朗日量 L 不显含时间 t,$\dfrac{\partial L}{\partial t} = 0$,则

$$\frac{\mathrm{d}L}{\mathrm{d}t} = \frac{\partial L}{\partial t} + \sum_j \left(\dot{q}_j \frac{\partial L}{\partial q_j} + \ddot{q}_j \frac{\partial L}{\partial \dot{q}_j} \right)$$

$$\rightarrow \frac{\mathrm{d}L}{\mathrm{d}t} = \sum_j \left(\dot{q}_j \frac{\mathrm{d}}{\mathrm{d}t} \frac{\partial L}{\partial \dot{q}_j} + \ddot{q}_j \frac{\partial L}{\partial \dot{q}_j} \right) = \frac{\mathrm{d}}{\mathrm{d}t} \sum_j \dot{q}_j \frac{\partial L}{\partial \dot{q}_j}$$

$$\rightarrow H \overset{\text{def}}{=} \sum_j \dot{q}_j \frac{\partial L}{\partial \dot{q}_j} - L = 常数$$

这就是机械能守恒定理,守恒量 H 被称作哈密顿量。将拉格朗日量代入,有

$$H = \sum_j \dot{q}_j \frac{\partial L}{\partial \dot{q}_j} - L = T + V$$

(3) 在拉格朗日量中经常采用广义坐标,比如对于刚体的转动,选用角度 θ_j,则刚体的动能为 $T = \sum_j \dfrac{1}{2} I \dot{\theta}_j^2$,其中 I 为转动惯量,如果系统具有转动对称性,比如拉格朗日量 L 不显含 θ_j,则

$$\frac{\partial L}{\partial \dot{\theta}_j} = I \dot{\theta}_j = 常数$$

这就是角动量守恒定理。

4. 哈密顿力学

至此,我们可以简述一下哈密顿力学体系的基本理论。对应于广义坐标 q_j,可以引入与之对应的广义动量:

$$p_j = \frac{\partial L}{\partial \dot{q}_j}$$

如果 L 与时间无关,哈密顿量表示为

$$H = \sum_j p_j \dot{q}_j - L$$

初看起来,哈密顿量依赖于 $p_j, q_j, \dot{q}_j$,但由于

$$dH = \sum_j \dot{q}_j \, dp_j + \sum_j p_j \, d\dot{q}_j - \sum_j \left(\frac{\partial L}{\partial q_j} dq_j + \frac{\partial L}{\partial \dot{q}_j} d\dot{q}_j \right)$$

$$= \sum_j \dot{q}_j \, dp_j - \sum_j \frac{\partial L}{\partial q_j} dq_j$$

以及

$$dH = \sum_j \left(\frac{\partial H}{\partial q_j} dq_j + \frac{\partial H}{\partial p_j} dp_j \right)$$

二者比较,可见哈密顿量只包含独立变量 p_j, q_j,且

$$\frac{\partial H}{\partial q_j} = -\frac{\partial L}{\partial q_j}, \quad \frac{\partial H}{\partial p_j} = \dot{q}_j$$

再利用欧拉-拉格朗日方程可得

$$\dot{q}_j = \frac{\partial H}{\partial p_j}, \quad \dot{p}_j = -\frac{\partial H}{\partial q_j}$$

该式称作哈密顿方程。

引入泊松括号

$$[g, h] = \sum_j \left(\frac{\partial g}{\partial p_j} \frac{\partial h}{\partial q_j} - \frac{\partial g}{\partial q_j} \frac{\partial h}{\partial p_j} \right)$$

根据

$$\dot{g} = \sum_j \left(\frac{\partial g}{\partial q_j} \dot{q}_j + \frac{\partial g}{\partial p_j} \dot{p}_j \right)$$

$$\rightarrow \dot{g} = [H, g]$$

哈密顿方程可写成

$$\dot{q}_j = [H, q_j], \quad \dot{p}_j = [H, p_j]$$

取 $g = p_j, h = q_j$,有

$$[p_j, q_j] = 1$$

泊松括号等于 1 的一对物理量被称作正则共轭量。

注记

　　牛顿第二定律是微分形式的运动方程,它描述了每一时空点物体受力与加速度之间的瞬时关系,据此可以推导出行星绕日运动的路径。牛顿第二定律也可以用于非保守力。在牛顿之后的 150 年,人们开始换一种方式提出问题:在给定初始和终点位置的条件下,物体在保守力作用下能够有什么样的路径呢?我们关注的不再是物体在时空中每一点的运动状态,而是考虑在一定约束下物体能有什么样的选择。如果物体的运动路径是唯一的,正像行星所表现的那样,那么选择这条路径的凭据是什么呢?经典最小作用量原理指出,物体必定沿着作用量取极限值的路径行进。所以,当人们以不同方式来看待同一问题时,终于发掘出作用量这一埋藏在大自然深处的璀璨瑰宝。

　　细心的读者可能会注意到,描述运动状态的时间、位置和速度的概念,已经悄悄退居幕后,这是一个好的迹象。也许有人会问,物体是如何"嗅出"作用量最小的路径呢?有没有可能不止唯一的运动路径?这看似童稚的想法可不是空穴来风,它只是不会出现在决定论的经典力学中。在微观世界中却是真实存在的,这个问题最终引导人们进入一个令人着迷的

魔幻境域,这就是,微观粒子的运动总是在同时尝试所有可能的路径。

　　量子力学的最初缘起与作用量有着深刻的联系。当玻尔(N. Bohr)在考虑氢原子结构的量子化时,采用的是角动量量子化。索末菲(A. Sommerfeld)对此作推广时改为作用量量子化的形式:$S=\oint p \cdot dq = n\hbar (n \in \mathbb{N})$,这件事虽然在量子力学的发展过程中似乎是一个插曲,但却意义非凡,它表明经典作用量取极值与原子结构量子化(定态)之间存在着必然的逻辑。后来,费恩曼的路径积分理论采用的也是作用量这种形式,即微观粒子沿某条路径的作用量贡献一个相因子,从 A 到 B 的概率幅就是所有路径的相因子叠加:

$$\mathcal{A} = \sum_{所有路径} e^{iS/\hbar}$$

　　诺特定理不仅应用于质点动力学,还更广泛地应用于经典和量子场论,其中有无穷多自由度。连续物理系统的作用量就是拉格朗日密度对时间和空间的积分,最小作用量原理同样决定系统运动的全部行为。拉格朗日密度的连续对称性由李群描述,相应的守恒量即李群的生成元。比如拉格朗日密度在连续转动下保持不变,则系统的角动量守恒。

　　除了时空平移/转动不变性,对于电磁系统,其拉格朗日密度在连续的整体规范变换(相位变换)下保持不变,诺特定理告诉我们,它对应于电荷守恒定律。更为神奇的是,当人们进一步将整体规范变换局域化后,自然界中基本相互作用的奥秘之门就此被打开了,电磁相互作用以及强、弱相互作用的规律都体现为局域规范变换的不变性,它们构成了粒子物理的统一标准理论。当初作为推演保守力系牛顿理论的最小作用量原理,终于化蛹为蝶,成为描述全部自然现象的决定性基石。

习题

　　[1] 求光线在二维非均匀介质 $n(x,y)=n_0\sqrt{x+y}$ 中传播的路径方程。

　　[2] 在外势 $V(r)$ 中运动的质点的拉格朗日量为 $L=\frac{1}{2}m\dot{r}^2-V(r)$,求作用量 $S[L(r)]$ 取极值的轨迹方程。

　　[3] 对于一维谐振子,拉格朗日量为 $L=\frac{1}{2}m(\dot{x}^2-\omega^2 x^2)$,令 $T=t_b-t_a$,证明其经典作用量为

$$S_{cl} = \frac{m\omega}{2\sin\omega T}(x_b^2 + x_a^2)\cos\omega T - 2x_b x_a$$

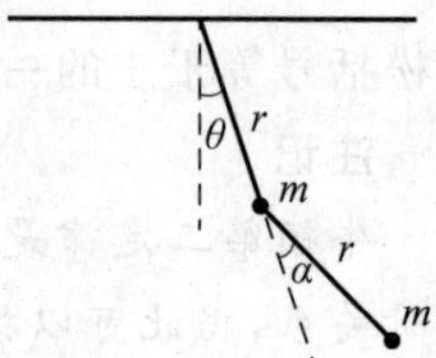

　　[4] 推导如图 17.9 所示的双摆运动方程。

　　提示:写出拉格朗日量

图 17.9

$$L = mr^2\left[\dot{\theta}^2 + \frac{1}{2}(\dot{\theta}+\dot{\alpha})^2 + \dot{\theta}(\dot{\theta}+\dot{\alpha})\cos\alpha\right] - mgr[2\cos\theta + \cos(\theta-\alpha)]$$

17.4 微分方程定解问题

　　基本思想:将微分方程的定解问题与某一泛函的极值问题联系起来,函数满足的欧拉-拉格朗日方程即待解的微分方程。求解微分方程定解问题转化为寻找满足泛函极值条件的函数。

1．本征值问题

1）考虑本征值问题

$$\begin{cases} \Delta u + \lambda u = 0 \\ u \mid_{\Sigma} = 0 \end{cases}$$

方程左乘 $-u$，然后积分，得到一个泛函

$$J[u] = -\iiint\limits_{\Omega}(u\Delta u + \lambda u^2)\mathrm{d}\tau$$

利用格林公式，可将泛函中的二阶导数项化为一阶导数

$$J[u] = -\iint\limits_{\Sigma} u\,\frac{\partial u}{\partial n}\mathrm{d}\sigma + \iiint\limits_{\Omega}[(\nabla u)^2 - \lambda u^2]\mathrm{d}\tau$$

由边界条件知 $\displaystyle\iint\limits_{\Sigma} u\,\frac{\partial u}{\partial n}\mathrm{d}\sigma = 0$，所以

$$J[u] = \iiint\limits_{\Omega}[(\nabla u)^2 - \lambda u^2]\mathrm{d}\tau$$

其欧拉-拉格朗日方程就是

$$\Delta u + \lambda u = 0$$

所以原来的本征值问题，就转化为求泛函 $J[u]$ 的极值问题。考虑到归一化条件 $\displaystyle\iiint\limits_{\Omega} u^2\mathrm{d}\tau = 1$，泛函 $J[u]$ 的极值问题，其实就是泛函

$$J_1[u] = \iiint\limits_{\Omega}(\nabla u)^2\mathrm{d}\tau$$

在约束条件下的极值问题，本征值 λ 就是拉格朗日乘子。泛函 $J_1[u]$ 的极值就是方程的最小本征值 λ_0。

类似地，微分方程的第二类或第三类齐次边界定解问题，也对应泛函极值问题。

2）斯图姆-刘维尔型方程

$$\begin{cases} -\dfrac{\mathrm{d}}{\mathrm{d}x}\left[p(x)\dfrac{\mathrm{d}y}{\mathrm{d}x}\right] + q(x)y(x) = \lambda\rho(x)y(x) \\ y(a) = 0, \quad y(b) = 0 \end{cases}$$

它等价于在归一化约束条件 $\displaystyle\int_a^b \rho(x)y^2(x)\mathrm{d}x = 1$ 下，求泛函的极值

$$J[y] = \int_a^b [p(x)(y')^2 + q(x)y^2]\mathrm{d}x$$

这样，我们就将斯图姆-刘维尔型方程的本征值问题与泛函的极值问题等价起来。

2．非齐次方程边值问题

1）泊松方程

$$\begin{cases} \Delta u = -\rho(\boldsymbol{r}) \\ u(\boldsymbol{r})\mid_{\Sigma} = f(\Sigma) \end{cases}$$

于是泊松方程等价于泛函 $J[u]$ 在边界条件下的极值问题：

$$\delta J[u] = \iiint_\Omega [\Delta u + \rho(\boldsymbol{r})]\delta u\, \mathrm{d}\tau$$

利用格林公式及边界上的变分 $\delta u|_\Sigma = 0$，可得泛函

$$J[u] = \iiint_\Omega \left[\frac{1}{2}(\nabla u)^2 - \rho(\boldsymbol{r})u\right]\mathrm{d}\tau$$

其欧拉-拉格朗日方程即上述泊松方程

$$\Delta u = -\rho(\boldsymbol{r})$$

2）非齐次斯图姆-刘维尔型方程

$$\begin{cases} \dfrac{\mathrm{d}}{\mathrm{d}x}\left[p(x)\dfrac{\mathrm{d}y}{\mathrm{d}x}\right] + q(x)y(x) = f(x) \\ y(x_0) = y_0, \quad y(x_1) = y_1 \end{cases}$$

该方程意味着下述泛函 $J[y]$ 取极值

$$\delta J[y(x)] = \int_{x_0}^{x_1} \left\{\frac{\mathrm{d}}{\mathrm{d}x}\left[p(x)\frac{\mathrm{d}y}{\mathrm{d}x}\right] + q(x)y(x) - f(x)\right\}\delta y(x)\mathrm{d}x = 0$$

由于

$$\int_{x_0}^{x_1} q(x)y(x)\delta y(x)\mathrm{d}x = \frac{1}{2}\delta\int_{x_0}^{x_1} q(x)y^2(x)\mathrm{d}x$$

$$\int_{x_0}^{x_1} f(x)\delta y(x)\mathrm{d}x = \delta\int_{x_0}^{x_1} f(x)y(x)\mathrm{d}x$$

以及

$$\int_{x_0}^{x_1} \frac{\mathrm{d}}{\mathrm{d}x}\left[p(x)\frac{\mathrm{d}y}{\mathrm{d}x}\right]\delta y(x)\mathrm{d}x = -\delta\int_{x_0}^{x_1} \frac{1}{2}p(x)\left(\frac{\mathrm{d}y}{\mathrm{d}x}\right)^2\mathrm{d}x$$

所以微分方程是泛函 $J[y]$ 取极值的必要条件：

$$J[y(x)] = \int_{x_0}^{x_1} \left\{\frac{1}{2}\left[p(x)\left(\frac{\mathrm{d}y}{\mathrm{d}x}\right)^2 - q(x)y^2(x)\right] + f(x)y(x)\right\}\mathrm{d}x$$

式中，$\delta y(x)|_{x_0} = \delta y(x)|_{x_1} = 0$。

习题

写出本征值问题所对应的泛函极值问题（$\beta \neq 0$）：

$$\begin{cases} \Delta u + \lambda u = 0 \\ \left(\alpha u + \beta \dfrac{\partial u}{\partial n}\right)_\Sigma = 0 \end{cases}$$

答案：

$$J_1[u] = \iiint_\Omega (\nabla u)^2\mathrm{d}\tau + \beta\iint_\Sigma u^2\mathrm{d}\sigma$$

17.5　瑞利-里兹近似

通过将微分方程的定解问题转化为泛函的条件极值问题，变分法提供了一种求微分方程近似解的新途径，称作瑞利-里兹近似方法。对于具有三类齐次边界条件的斯图姆-刘维

尔型方程,本征函数具有振荡性,基态则没有节点,我们可利用这一特点。

例 17.11 求微分方程定解问题:

$$\begin{cases} -\dfrac{\mathrm{d}^2 y}{\mathrm{d}x^2} + ky = 1 & (k > 0) \\ y(0) = y(1) = 0 \end{cases}$$

解 求该方程定解问题等价于求泛函 $J[y]$ 在相应边界条件下的极值问题,

$$J[y] = \frac{1}{2}\int_0^1 \left[\left(\frac{\mathrm{d}y}{\mathrm{d}x}\right)^2 + ky^2 - 2y \right]\mathrm{d}x$$

由于齐次边界条件,方程的解应具有对称性:$y(x-1/2) = y(x+1/2)$,所以近似解可以选取级数形式为

$$y = \alpha_1 x(1-x) + \alpha_2 x^2 (1-x)^2 + \alpha_3 x^3 (1-x)^3 + \cdots$$

如果取二阶近似

$$y = \alpha_1 x(1-x) + \alpha_2 x^2 (1-x)^2$$

则有

$$\begin{aligned} J[y] &= \frac{1}{2}\int_0^1 \left[\left(\frac{\mathrm{d}y}{\mathrm{d}x}\right)^2 + ky^2 - 2y \right]\mathrm{d}x \\ &= \left(\frac{1}{6} + \frac{k}{60}\right)\alpha_1^2 + \left(\frac{1}{15} + \frac{k}{140}\right)\alpha_1 \alpha_2 + \left(\frac{1}{105} + \frac{k}{1260}\right)\alpha_2^2 - \left(\frac{\alpha_1}{6} + \frac{\alpha_2}{30}\right) \end{aligned}$$

其取极值的条件为

$$\frac{\partial J[y]}{\partial \alpha_1} = \frac{\partial J[y]}{\partial \alpha_2} = 0$$

解得

$$\alpha_1 = \frac{14(k+36)}{k^2 + 112k + 1008}, \quad \alpha_2 = -\frac{42k}{k^2 + 112k + 1008}$$

本题的精确解为

$$y(x) = \frac{1}{k}\left[1 - \frac{\cosh\sqrt{k}\,(x-1/2)}{\cosh(\sqrt{k}/2)} \right]$$

图 17.10 中实线表示精确解,圆圈为瑞利-里兹近似结果(取 $k=2$),可见符合得还是比较好的。

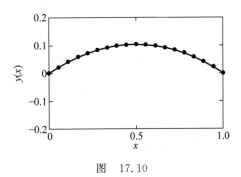

图　17.10

例 17.12 求方程的最小本征值：

$$\begin{cases} \dfrac{1}{x}\dfrac{\mathrm{d}}{\mathrm{d}x}\left(x\dfrac{\mathrm{d}y}{\mathrm{d}x}\right)+\lambda y=0 \\ y(0)\text{ 有界}, \quad y(1)=0 \end{cases}$$

解 根据 17.4 节的论述，该本征值问题等价于求泛函

$$J[y]=\int_0^1 x(y')^2\mathrm{d}x$$

在相应边界条件，以及约束条件

$$J_1[y]=\int_0^1 xy^2\mathrm{d}x=1$$

下的极值问题。由于方程的解应该具有偶对称性，假设它为如下级数形式：

$$y=\alpha_1(1-x^2)+\alpha_2(1-x^2)^2+\alpha_3(1-x^2)^3+\cdots$$

取二阶近似

$$J[y]=\int_0^1 x(y')^2\mathrm{d}x=\alpha_1^2+\frac{4}{3}\alpha_1\alpha_2+\frac{2}{3}\alpha_2^2$$

约束条件为

$$J_1[y]=\int_0^1 xy^2\mathrm{d}x=\frac{1}{6}\alpha_1^2+\frac{1}{4}\alpha_1\alpha_2+\frac{1}{10}\alpha_2^2=1$$

取泛函的条件极值

$$\frac{\partial(J[y]-\lambda J_1[y])}{\partial\alpha_1}=2\alpha_1+\frac{4}{3}\alpha_2-\lambda\left(\frac{1}{3}\alpha_1+\frac{1}{4}\alpha_2\right)=0$$

$$\frac{\partial(J[y]-\lambda J_1[y])}{\partial\alpha_2}=\frac{4}{3}\alpha_1+\frac{4}{3}\alpha_2-\lambda\left(\frac{1}{4}\alpha_1+\frac{1}{5}\alpha_2\right)=0$$

其有非零解的充分必要条件为

$$\begin{vmatrix} 2-\dfrac{\lambda}{3} & \dfrac{4}{3}-\dfrac{\lambda}{4} \\ \dfrac{4}{3}-\dfrac{\lambda}{4} & \dfrac{4}{3}-\dfrac{\lambda}{5} \end{vmatrix}=0 \rightarrow 3\lambda^2-128\lambda+640=0$$

于是得

$$\lambda=\frac{64}{3}-\frac{8}{3}\sqrt{34}\approx 5.7841\cdots$$

解得

$$\alpha_1\approx 1.650\cdots, \quad \alpha_2\approx 1.053\cdots$$

将 λ 与解析结果比较：

$$R(\rho)=J_0(\sqrt{\lambda_1}\rho)$$

$$\lambda_1=(2.4048/1)^2=5.7831$$

例 17.13 估算谐振子薛定谔方程的基态能量。

解 薛定谔方程为

$$-\frac{\hbar^2}{2m}\frac{\mathrm{d}^2}{\mathrm{d}x^2}\psi+\frac{1}{2}kx^2\psi=Ey$$

考虑到 $x \to \pm\infty$ 时, $\psi \to 0$, 所以选取试验波函数为

$$\psi = \mathrm{e}^{-ax^2}, \qquad \int_{-\infty}^{\infty} |\psi|^2 \mathrm{d}x = 1$$

相应的能量为

$$E \equiv \lambda = \frac{\int_{-\infty}^{\infty} \psi^* \left(-\frac{\hbar^2}{2m}\frac{\mathrm{d}^2}{\mathrm{d}x^2} + \frac{1}{2}kx^2\right)\psi \mathrm{d}x}{\int_{-\infty}^{\infty}|\psi|^2 \mathrm{d}x} = \frac{\hbar^2 \alpha}{2m} + \frac{k}{8\alpha}$$

将 λ 对 α 取极值

$$\frac{\mathrm{d}\lambda}{\mathrm{d}\alpha} = 0 \to \alpha = \frac{\sqrt{km}}{2\hbar}$$

最后得到能量的极小值

$$E_{\min} = \lambda = \frac{\hbar}{2}\sqrt{\frac{k}{m}} = \frac{1}{2}\hbar\omega$$

变分计算的结果恰好就是精确解的结果。

注记

瑞利-里兹方法与量子力学的变分原理密切相关: 如果 H 为系统的哈密顿量, E_0 是其基态能量, 那么对于任意函数 $\psi(r)$, 有

$$\frac{\int \psi^*(r) H\psi(r)\mathrm{d}r}{\int \psi^*(r)\psi(r)\mathrm{d}r} \geqslant E_0$$

证明很简单: 假设 $\{\varphi_n(r)\}_{n=1}^{\infty}$ 是 H 的本征函数完备集, 展开函数 $\psi(r)$,

$$\psi(r) = \sum_n a_n \phi_n(r)$$

则有

$$\frac{\int \psi^*(r) H\psi(r)\mathrm{d}r}{\int \psi^*(r)\psi(r)\mathrm{d}r} = \frac{\sum_n |a_n|^2 E_n}{\sum_n |a_n|^2} \geqslant E_0$$

因此, 瑞利-里兹近似方法需要尽量选择好的变分函数作为近似基态波函数。试验变分函数的选取主要基于以下考虑: ① 必须满足边界条件; ② 应尽量与精确解接近; ③ 本征值的计算应该尽量简便。

习题

[1] 用瑞利-里兹方法求近似解:

$$\begin{cases} -y'' + ky = 1 \\ y(0) = y'(1) = 0 \end{cases}$$

提示: 分别取试探解为

(1) $y = c_1 x(2-x) + c_2 x^2(2-x)^2$;

(2) $y = c_1 \sin\frac{\pi}{2}x + c_2 \sin\frac{3\pi}{2}x$。

［2］用瑞利-里兹近似方法求最低的两个本征值问题：

$$\begin{cases} y'' + \lambda y = 0 \\ y(-1) = y(1) = 0 \end{cases}$$

提示：取试探函数为

(1) $y = c_1(1-x^2) + c_2 x(1-x^2)$；

(2) $y = c_1(1-x^2) + c_2 x^2(1-x^2)$。

附　　录

附录 I　傅里叶变换函数表

序号	原　函　数	像　函　数
1	$e^{-a^2x^2}$	$\dfrac{1}{2a\sqrt{\pi}}e^{-\omega^2/4a^2}$
2	$e^{-a|x|}$	$\dfrac{1}{\pi a}\dfrac{a^2}{a^2+\omega^2}$
3	$e^{-ax}H(x)$	$\dfrac{1}{2\pi}\dfrac{a-\mathrm{i}\omega}{a^2+\omega^2}$
4	$e^{-a|x|}\operatorname{sgn}x$	$-\dfrac{\mathrm{i}}{\pi}\dfrac{\omega}{a^2+\omega^2}$
5	$\begin{cases}1 & (|x|<L)\\ 0 & (|x|>L)\end{cases}$	$\dfrac{1}{\pi}\dfrac{\sin\omega L}{\omega}$
6	$\begin{cases}1-\dfrac{|x|}{L} & (|x|<L)\\ 0 & (|x|>L)\end{cases}$	$\dfrac{L}{2\pi}\left[\dfrac{\sin(L\omega/2)}{\omega L/2}\right]^2$
7	$\begin{cases}\dfrac{x}{L} & (|x|<L)\\ 0 & (|x|>L)\end{cases}$	$\dfrac{\mathrm{i}}{\pi\omega}\left[\cos\omega L-\dfrac{\sin\omega L}{\omega L}\right]$
8	$\begin{cases}\dfrac{|x|}{L} & (|x|<L)\\ 0 & (|x|>L)\end{cases}$	$\dfrac{L}{\pi}\left[\dfrac{\sin\omega L}{\omega L}-2\left(\dfrac{\sin(\omega L/2)}{\omega L}\right)^2\right]$
9	$e^{\pm\mathrm{i}a^2x^2}$	$\dfrac{1\pm\mathrm{i}}{2a\sqrt{2\pi}}e^{\mp\mathrm{i}\omega^2/4a^2}$
10	$\dfrac{\sin\omega_0 x}{x}$	$\begin{cases}\dfrac{1}{2} & (|\omega|<\omega_0)\\ 0 & (|\omega|>\omega_0)\end{cases}$
11	$\dfrac{1}{|x|}\ \ (x\neq0)$	$\dfrac{1}{|\omega|}\ \ (\omega\neq0)$
12	$\dfrac{1}{|x|^a}\ \ (0<\operatorname{Re}a<1)$	$\dfrac{\sin(a\pi/2)}{\pi}\dfrac{\Gamma(1-a)}{|\omega|^{1-a}}$
13	$\dfrac{\operatorname{sech}ax}{\operatorname{sech}\pi x}\ \ (-\pi<a<\pi)$	$\dfrac{1}{2\pi}\dfrac{\sin a}{\cosh\omega+\cos a}$
14	$\dfrac{\cosh ax}{\cosh\pi x}\ \ (-\pi<a<\pi)$	$\dfrac{1}{\pi}\dfrac{\cos(a/2)\cos(\omega/2)}{\cosh\omega+\cos a}$
15	$H(x)$	$\dfrac{1}{2\pi}\left[\pi\delta(\omega)-\dfrac{\mathrm{i}}{\omega}\right]$
16	$e^{\mathrm{i}\omega_0 x}$	$\delta(\omega-\omega_0)$

续表

序号	原 函 数	像 函 数
17	$\displaystyle\sum_{n=-\infty}^{\infty}\delta(x-nx_0)$	$\displaystyle\sum_{n=-\infty}^{\infty}\frac{1}{x_0}\delta\left(\omega-n\frac{2\pi}{x_0}\right)$
18	$\cos(a\sin\omega_0 x+bx)$	$\displaystyle\frac{1}{2}\sum_{n=-\infty}^{\infty}J_n(a)[\delta(\omega-b-n\omega_0)+\delta(\omega+b+n\omega_0)]$
19	$\cos(a\cos\omega_0 x+bx)$	$\displaystyle\frac{1}{2}\sum_{n=-\infty}^{\infty}J_n(a)[i^n\delta(\omega-b-n\omega_0)+(-i)^n\delta(\omega+b+n\omega_0)]$
20	$\sin(a\sin\omega_0 x+bx)$	$\displaystyle\frac{i}{2}\sum_{n=-\infty}^{\infty}J_n(a)[-\delta(\omega-b-n\omega_0)+\delta(\omega+b+n\omega_0)]$
21	$\sin(a\cos\omega_0 x+bx)$	$\displaystyle\frac{i}{2}\sum_{n=-\infty}^{\infty}J_n(a)[-i^n\delta(\omega-b-n\omega_0)+(-i)^n\delta(\omega+b+n\omega_0)]$
22	$e^{-a\cos\omega_0 x}$	$\displaystyle\sum_{n=-\infty}^{\infty}(-1)^nJ_n(a)\delta(\omega-n\omega_0)$
23	$e^{-a\sin\omega_0 x}$	$\displaystyle\sum_{n=-\infty}^{\infty}i^nJ_n(a)\delta(\omega-n\omega_0)$

附录 Ⅱ   拉普拉斯变换函数表

序号	原 函 数	像 函 数
1	$t^a\ (a>-1)$	$\dfrac{\Gamma(a+1)}{p^{a+1}}$
2	$e^{-\lambda t}$	$\dfrac{1}{p+\lambda}$
3	$\sin(\omega t+\alpha)$	$\dfrac{\omega\cos\alpha+p\sin\alpha}{p^2+\omega^2}$
4	$\cos(\omega t+\alpha)$	$\dfrac{p\cos\alpha-\omega\sin\alpha}{p^2+\omega^2}$
5	$t^n\sin\omega t$	$n!\,\dfrac{\mathrm{Im}(p+i\omega)^{n+1}}{(p^2+\omega^2)^{n+1}}$
6	$t^n\cos\omega t$	$n!\,\dfrac{\mathrm{Re}(p+i\omega)^{n+1}}{(p^2+\omega^2)^{n+1}}$
7	$\mathrm{sech}\omega t$	$\dfrac{\omega}{p^2-\omega^2}$
8	$\cosh\omega t$	$\dfrac{p}{p^2-\omega^2}$
9	$\dfrac{e^{bt}-e^{at}}{t}$	$\ln\dfrac{p-a}{p-b}$
10	$\dfrac{1}{\sqrt{\pi t}}$	$\dfrac{1}{\sqrt{p}}$
11	$\dfrac{1}{\sqrt{\pi t}}e^{-a^2/4t}$	$\dfrac{e^{-a\sqrt{p}}}{\sqrt{p}}$

序号	原 函 数	像 函 数
12	$\dfrac{1}{\sqrt{\pi t}}e^{-2a\sqrt{t}}$	$\dfrac{1}{\sqrt{p}}e^{-a^2/p}\,\mathrm{erfc}\left(\dfrac{a}{\sqrt{p}}\right)$
13	$e^{-a^2t^2}$	$\dfrac{\sqrt{\pi}}{2}e^{p^2/4a^2}\,\mathrm{erfc}\left(\dfrac{p}{2a}\right)$
14	$\dfrac{1}{\sqrt{\pi a}}\sin 2\sqrt{at}$	$\dfrac{1}{p\sqrt{p}}e^{-a/p}$
15	$\dfrac{1}{\sqrt{\pi a}}\cos 2\sqrt{at}$	$\dfrac{1}{\sqrt{p}}e^{-a/p}$
16	$\mathrm{erf}(\sqrt{at})$	$\dfrac{\sqrt{a}}{p\sqrt{p+a}}$
17	$\mathrm{erfc}\left(\dfrac{a}{2\sqrt{t}}\right)$	$\dfrac{1}{p}e^{-a\sqrt{p}}$
18	$\dfrac{1}{1\pm t}$	$\mp e^{\pm p}Ei(\mp p)$
19	$\dfrac{1}{1+t^2}$	$\sin p\,Ci(p)-\cos p\,Si(p)$
20	$\dfrac{1}{\sqrt{1+t}}$	$\sqrt{\dfrac{\pi}{p}}e^{p}\,\mathrm{erfc}\sqrt{p}$
21	$J_n(t)$	$\dfrac{1}{\sqrt{p^2+1}}$
22	$\dfrac{J_n(at)}{t}$	$\dfrac{1}{na^n}(\sqrt{p^2+a^2}-p)^n$
23	$I_n(at)$	$\dfrac{1}{\sqrt{p^2-a^2}}$
24	$\lambda^n e^{-\lambda t}I_n(\lambda t)$	$\dfrac{\left[\sqrt{p^2+2\lambda p}-(p+\lambda)\right]^n}{\sqrt{p^2+2\lambda p}}$
25	$t^n J_n(t)\,(n>1/2)$	$\dfrac{2^n\Gamma\left(n+\dfrac{1}{2}\right)}{\sqrt{\pi}(p^2+1)^{n+1/2}}$
26	$t^{n/2}J_n(2\sqrt{t})$	$\dfrac{1}{p^{n+1}}e^{-1/p}$
27	$J_0(a\sqrt{t^2-\tau^2})H(t-\tau)$	$\dfrac{1}{\sqrt{p^2+a^2}}e^{-\tau\sqrt{p^2+a^2}}$
28	$\dfrac{J_1(a\sqrt{t^2-\tau^2})}{\sqrt{t^2-\tau^2}}H(t-\tau)$	$\dfrac{e^{-\tau p}-e^{-\tau\sqrt{p^2+a^2}}}{a\tau}$
29	$\dfrac{1}{\sqrt{\pi t}}\sin\dfrac{1}{2t}$	$\dfrac{1}{\sqrt{p}}e^{-\sqrt{p}}\sin\sqrt{p}$
30	$\dfrac{1}{\sqrt{\pi t}}\cos\dfrac{1}{2t}$	$\dfrac{1}{\sqrt{p}}e^{-\sqrt{p}}\cos\sqrt{p}$

附录Ⅲ　z 变换函数表

序号	原　函　数	像　函　数
1	$\delta(k)$	1
2	$\delta(k-m)$　$(m\geqslant0)$	z^{-m}
3	$H(k-m)$	$\dfrac{z}{z-1}\cdot z^{-m}$
4	k	$\dfrac{z}{(z-1)^2}$
5	k^2	$\dfrac{z(z+1)}{(z-1)^3}$
6	k^3	$\dfrac{z(z^2+4z+1)}{(z-1)^4}$
7	a^k	$\dfrac{z}{z-a}$
8	ka^k	$\dfrac{az}{(z-a)^2}$
9	k^2a^k	$\dfrac{az(z+a)}{(z-a)^3}$
10	k^3a^k	$\dfrac{az(z^2+4az+a^2)}{(z-a)^4}$
11	$\dfrac{k(k-1)\cdots(k-m+1)}{m!}$	$\dfrac{z}{(z-a)^{m+1}}$
12	$\sin\beta k$	$\dfrac{z\sin\beta}{z^2-2z\cos\beta+1}$
13	$\cos\beta k$	$\dfrac{z(z-\cos\beta)}{z^2-2z\cos\beta+1}$
14	$a^k\sin\beta k$	$\dfrac{az\sin\beta}{z^2-2az\cos\beta+a^2}$
15	$a^k\cos\beta k$	$\dfrac{z(z-a\cos\beta)}{z^2-2az\cos\beta+a^2}$
16	$\dfrac{1}{k}a^k$　$(k>0)$	$\ln\dfrac{z}{z-a}$
17	$\dfrac{1}{k!}a^k$	$e^{a/z}$
18	$\dfrac{1}{k+1}$	$z\ln\dfrac{z}{z+1}$
19	$\dfrac{1}{2k+1}$	$\sqrt{z}\arctan\sqrt{\dfrac{1}{z}}$
20	$\dfrac{1}{(2k)!}$	$\cosh\sqrt{\dfrac{1}{z}}$

参 考 文 献

[1] 梁昆淼. 数学物理方法[M]. 4 版. 北京：高等教育出版社，2010.

[2] 吴崇试. 数学物理方法[M]. 修订版. 北京：高等教育出版社，2015.

[3] 沙巴特. 复分析导论：第一卷[M]. 胥鸣伟，李振宇，译. 北京：高等教育出版社，2018.

[4] 拉夫连季耶夫，沙巴特. 复变函数论方法[M]. 施祥林，夏定中，吕乃刚，译. 北京：高等教育出版社，2006.

[5] GOMELIN T G. Complex analysis[M]. 北京：世界图书出版公司，2008.

[6] STEIN E M，SHAKARCHI R. 复分析[M]. 北京：机械工业出版社，2017.

[7] HASSANI S. Mathematical physics：a modern introduction to its foundations[M]. 2nd ed. 北京：世界图书出版公司北京公司，2017.

[8] RILEY K，HOBSON M，BENCE S. Mathematical methods for physics and engineering[M]. 2nd ed. Cambridge：Cambridge University Press，2002.

[9] 柯朗，希尔伯特. 数学物理方法 I[M]. 钱敏，郭敦仁，译. 北京：科学出版社，2011.

[10] 王竹溪，郭敦仁. 特殊函数概论[M]. 北京：北京大学出版社，2018.

[11] GRADSBTEYN I S，RYZBIK L M. Tables of integrals，series，and products[M]. 北京：世界图书出版公司，2004.

[12] 史迪威. 数学及其历史[M]. 袁向东，冯绪宁，译. 北京：高等教育出版社，2011.

参 考 文 献